水利工程施工技术组织与管理

刘建伟　主编

黄河水利出版社
·郑州·

内容提要

本书共分十三章，主要内容包括：水利工程施工组织、施工组织设计、土石坝、河岸溢洪道、渠系建筑物、水处理构筑物、水生态治理工程、水土保持工程、水利工程质量管理、水利工程进度管理、水利工程施工安全管理、水利工程环境安全管理和水利工程招标投标等。

本书可供从事水利工程施工的工程技术人员参考使用，也可供相关院校师生参考使用。

图书在版编目(CIP)数据

水利工程施工技术组织与管理/刘建伟主编. —郑州：黄河水利出版社，2015.9

ISBN 978-7-5509-1257-1

Ⅰ.①水… Ⅱ.①刘… Ⅲ.①水利工程-施工组织 ②水利工程-施工管理 Ⅳ.①TV512

中国版本图书馆 CIP 数据核字(2015)第 235988 号

组稿编辑：贾会珍 电话：0371-66028027 E-mail：110885539@qq.com

出 版 社：黄河水利出版社

地址：河南省郑州市顺河路黄委会综合楼 14 层 邮政编码：450003

发行单位：黄河水利出版社

发行部电话：0371-66026940、66020550、66028024、66022620(传真)

E-mail：hhslcbs@126.com

承印单位：河南省瑞光印务股份有限公司

开本：787 mm×1 092 mm 1/16

印张：19.5

字数：450 千字 印数：1—1 000

版次：2015 年 9 月第 1 版 印次：2015 年 9 月第 1 次印刷

定价：45.00 元

前　言

水利工程基本建设项目近年来得到国家的高度重视，水利工程建设项目也迅速发展，但随之而来的是水利工程技术人员的数量和质量远远满足不了要求，特别是中小型水利工程现场实际工程负责人的管理和技术水平较低，工程质量、安全状况提升不快，工程建设项目存在安全隐患。为了提高施工现场负责人的业务水平，为水利工程建设提供人员保障，我们编写了本书。

本书共分十三章，主要内容包括：水利工程施工组织、施工组织设计、土石坝、河岸溢洪道、渠系建筑物、水处理构筑物、水生态治理工程、水土保持工程、水利工程质量管理、水利工程进度管理、水利工程施工安全管理、水利工程环境安全管理和水利工程招标投标等。本书可供从事水利工程施工的工程技术人员参考使用，也可供相关院校师生参考使用。

本书所有编写人员均来自一线工程技术人员，都拥有丰富的实践经验。本书编写人员及编写分工如下：河南省水利第一工程局刘建伟编写第一章和第五章，河南省水利第一工程局王宇洁编写第二章和第四章，黄河水利委员会供水局徐进进编写第三章和第十二章，黄河建工集团有限公司李艳霞编写第六章，聊城安泰黄河水利工程维修养护有限公司姚秀芝编写第七章和第十章，聊城安泰黄河水利工程维修养护有限公司陈霞编写第八章，河南省水利第一工程局李宝亭编写第九章，聊城安泰黄河水利工程维修养护有限公司熊长军编写第十一章，聊城市黄河工程局郭蕾编写第十三章。全书由刘建伟担任主编，由李宝亭、李艳霞、徐进进担任副主编。

由于编者水平有限，书中不足之处在所难免，请读者批评指正。

编　者

2015 年 7 月

目　录

第一章　水利工程施工组织

第一节　施工组织设计

一、施工组织设计的作用

施工组织设计实际是水利水电工程设计文件的重要组成部分，是优化工程设计、编制工程总概算、编制投标文件、编制施工成本及国家控制工程投资的重要依据，是组织工程建设、选择施工队伍、进行施工管理的指导性文件。做好施工组织设计，对正确选定坝址、坝型及工程设计优化，合理组织工程施工，保证工程质量，缩短建设工期，降低工程造价，提高工程的投资效益等都有十分重要的作用。

水利水电工程由于建设规模大、设计专业多、范围广，面临洪水的威胁和受到某些不利的地址、地形条件的影响，施工条件往往较困难。因此，水利工程施工组织设计工作就显得更为重要。特别是现在国家投资制度的改革，由于现在是市场化运作，项目法人制、招标投标制、项目监理制，代替过去的计划经济方式，对施工组织设计的质量、水平、效益的要求也越来越高。在设计阶段施工组织设计往往影响投资、效益，决定着方案的优劣；招投标阶段，在编制投标文件时，施工组织设计是确定施工方案、施工方法的根据，是确定标底和标价的技术依据。其质量好坏直接关系到能否在投标竞争中取胜，承揽到工程的关键问题；施工阶段，施工组织设计是施工实施的依据，是控制投资、质量、进度以及安全施工和文明施工的保证，也是施工企业控制成本，增加效益的保证。

二、工程建设项目划分

水利水电工程建设项目是指按照经济发展和生产需要提出，经上级主管部门批准，具有一定的规模，按总体进行设计施工，由一个或若干个互相联系的单项工程组成，经济上统一核算，行政上统一管理，建成后能产生社会经济效益的建设单位。

水利水电建设项目通常可逐级划分为若干个单项工程、单位工程、分部和分项工程。单项工程由几个单位工程组成，具有独立的设计文件，具有同一性质或用途，建成后可独立发展作用或效益，如拦河坝工程、引水工程、水力发电工程等。

单位工程是单项工程的组成部分，可以有独立的设计、可以进行独立的施工，但建成后不能独立发挥作用的工程部分。单项工程可划分为若干个单位工程，如大坝的基础开挖、坝体混凝土浇筑施工等。

分部工程是单位工程的组成部分。对于水利水电工程，一般将人力、物力消耗定额相近的结构部位归为同一分项工程。如溢流坝的混凝土可分为坝身、闸墩、胸墙、工作桥、护坦等分项工程。建设项目划分如图 1-1 所示。

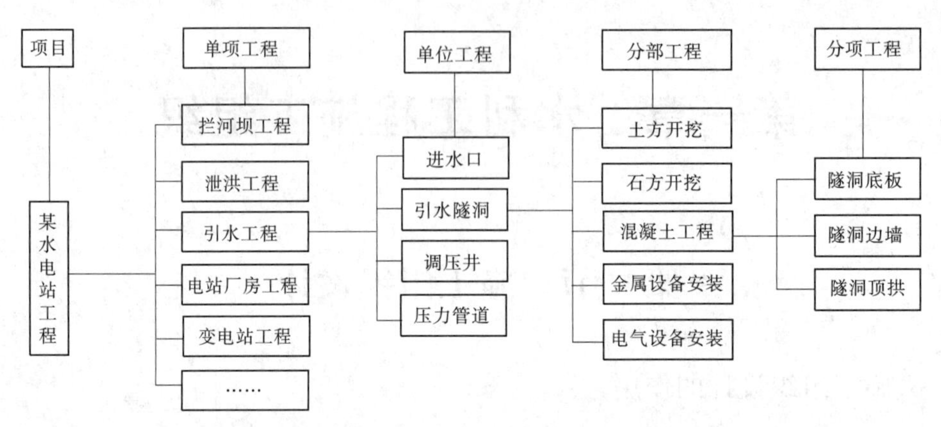

图 1-1　建设项目划分示意图

三、施工组织设计的分类

施工组织设计是一个总的概念,根据工程项目的编制阶段、编制对象或范围的不同,施工组织设计在编制的深度和广度上也有所不同。

(一)按工程项目编制阶段分类

根据工程项目建设设计阶段和作用的不同,可以将施工组织设计分为设计阶段施工组织设计、招标投标阶段施工组织设计、施工阶段施工组织设计。

1. 设计阶段施工组织设计

这里所说的设计阶段主要是指设计阶段中的初步设计。在做初步设计时,采用的设计方案,必然联系到施工方法和施工组织,不同的施工组织,所涉及的施工方案是不一样的,所需投资也就不一样。

设计阶段的施工组织设计是整个项目的全面施工安排和组织,涉及范围是整个项目,内容要重点突出,施工方法拟定要经济可行。

这一阶段的施工组织设计,是初步设计的重要组成部分,也是编制总概算的依据之一,由设计部门编写。

2. 施工投标阶段的施工组织设计

水利水电工程施工投标文件一般由技术标和商务标组成,其中的技术标的就是施工组织设计部分。

这一阶段的施工组织设计是投标者以招标文件为主要依据,是投标文件的重要组成部分,也是投标报价的基础,以在投标竞争中取胜为主要目的。施工招投标阶段的施工组织设计主要由施工企业技术部门负责编写。

3. 施工阶段的施工组织设计

施工企业通过竞争,取得对工程项目的施工建设权,从而也就承担了对工程项目的建设的责任,这个建设责任,主要是在规定的时间内,按照双方合同规定的质量、进度、投资、安全等要求完成建设任务。这一阶段的施工组织设计,主要以分部工程为编制对象,以指导施工,控制质量、控制进度、控制投资,从而顺利完成施工任务为主要目的。

施工阶段的施工组织设计,是对前一阶段施工组织设计的补充和细化,主要由施工企业项目经理部技术人员负责编写,以项目经理为批准人,并监督执行。

(二)按工程项目编制的对象分类

按工程项目编制的对象分类,可分为施工组织总设计、单位工程施工组织设计及分部(分项)工程施工组织设计。

1. 施工组织总设计

施工组织总设计是以整个建设项目为对象编制的,用以指导整个工程项目施工全过程的各项施工活动的全局性、控制性文件。它是对整个建设项目施工的全面规划,涉及范围较广,内容比较概括。

施工组织总设计用于确定建设总工期、各单位工程项目开展的顺序及工期、主要工程的施工方案、各种物资的供需设计、全工地临时工程及准备工作的总体布置、施工现场的布置等工作,同时也是施工单位编制年度施工计划和单位工程项目施工组织设计的依据

2. 单位工程施工组织设计

单位工程施工组织设计是以一个单位工程(一个建筑或构筑物)为编制对象,用以指导其施工全过程的各项施工活动的指导性文件,是施工单位年度施工设计和施工组织总设计的具体化,也是施工单位编制作业计划和制定季、月、旬施工计划的依据。单位工程施工组织设计一般在施工图设计完成后,根据工程规模、技术复杂程度的不同,其编制内容的深度和广度亦有所不同。对于简单单位工程,施工组织设计一般只编制施工方案并附以施工进度和施工平面图,即"一案、一图、一表"。在拟建工程开工之前,由工程项目的技术负责人负责编制。

3. 分部(分项)工程施工组织设计

分部(分项)工程施工组织设计也叫分部(分项)工程施工作业设计。它是以分部(分项)工程为编制对象,用以具体实施其分部(分项)工程施工全过程的各项施工活动的技术、经济和组织的实施性文件。一般在单位工程施工组织设计确定了施工方案后,由施工队(组)技术人员负责编制,其内容具体、详细、可操作性强,是直接指导分部(分项)工程施工的依据。

施工组织总设计、单位工程施工组织设计和分部(分项)工程施工组织设计,是同一工程项目,不同广度、深度和作用的三个层次。

四、施工组织设计编制原则、依据和要求

(一)施工组织设计编制原则

(1)执行国家有关方针政策,严格执行国家基本建设程序和有关技术标准、规程规范,并符合国内招标、投标规定和国际招标、投标惯例。

(2)结合国情积极开发和推广新材料、新技术、新工艺和新设备,凡经实践证明技术经济效益显著的科研成果,应尽量采用。

(3)统筹安排,综合平衡,妥善协调各分部分项工程,达到均衡施工。

(4)结合实际,因地制宜。

(二)施工组织设计编制依据

(1)可行性研究报告及审批意见、设计任务书、上级单位对本工程建设的要求或批

文。

(2)工程所在地区有关基本建设的法规或条例、地方政府对本工程建设的要求。

(3)国民经济各有关部门(交通、林业、环保等)对本工程建设期间有关要求及协议。

(4)当前水利水电工程建设的施工装备、管理水平和技术特点。

(5)工程所在地区和河流的地形、地质、水文、气象特点和当地建材情况等自然条件、施工电源、水源及水质、交通、环保、旅游、防洪、灌溉排水、航运、过木、供水等现状和近期发展规划。

(6)当地城镇现有状况,如加工能力、生活、生产物资和劳动力供应条件,居民生活卫生习惯等。

(7)施工导流及通航过木等水工模型试验、各种材料试验、混凝土配合比试验、重要结构模型试验、岩土物理力学试验等成果。

(8)工程有关工艺试验或生产性试验成果。

(9)勘测、设计各专业有关成果。

(三)施工组织设计的质量要求

(1)采用资料、计算公式和各种指标选定依据可靠,正确合理。

(2)采用的技术措施先进、方案符合施工现场实际。

(3)选定的方案有良好的经济效益。

(4)文字通顺流畅,简明扼要,逻辑性强,分析论证充分。

(5)附图、附表完整清晰,准确无误。

五、施工组织设计的编制方法

(1)进行施工组织设计前的资料准备。

(2)进行施工导流、截流设计。

(3)分析研究并确定主体工程施工方案。

(4)施工交通运输设计。

(5)施工工厂设施设计。

(6)进行施工总体布置。

(7)编制施工进度计划。

六、施工组织设计的工作步骤

(1)根据枢纽布置方案,分析研究坝址施工条件,进行导流设计和施工总进度的安排,编制出控制性进度表。

(2)提出控制性进度之后,各专业根据该进度提供的指标进行设计,并为下一道工序提供相关资料。单项工程进度是施工总进度的组成部分,与施工总进度之间是局部与整体的关系,其进度安排不能脱离总进度的指导,同时它又是检验编制施工总进度是否合理可行,从而为调整、完善施工总进度提供依据。

(3)施工总进度优化后,计算提出分年度的劳动力需要量、最高人数和总劳动力量,计算主要建筑材料总量及分年度供应量、主要施工机械设备需要总量及分年度供应数量。

(4)进行施工方案设计和比选。施工方案是指选择施工方法、施工机械、工艺流程、划分施工段。在编制施工组织设计时,需要经过比较才能确定最终的施工方案。

(5)进行施工布置。是指对施工现场进行分区设置,确定生产、生活设施、交通线路的布置。

(6)提出技术供应计划。指人员、材料、机械等施工资料的供应计划。

(7)编制文字说明。文字说明是对上述各阶段的成果进行说明。

七、施工组织设计的编制内容

(一)施工条件分析

施工条件分析的主要目的是判断它们对工程施工的作用和可能造成的影响,以充分利用有利条件,避免或减小不利因素的影响。

施工条件主要包括自然条件与工程条件两个方面。

1. 自然条件

(1)洪水枯水季节的时段、各种频率下的流量及洪峰流量、水位与流量关系、洪水特征、冬季冰凌情况(北方河流)、施工区支沟各种频率洪水、泥石流及上下游水利水电工程对本工程施工的影响;

(2)枢纽工程区的地形、地质、水文地质条件等资料;

(3)枢纽工程区的气温、水文、降水、风力及风速、冰情和雾等资料。

2. 工程条件

(1)枢纽建筑物的组成、结构型式、主要尺寸和工程量;

(2)泄流能力曲线、水库特征水位及主要水能指标、水库蓄水分析计算、库区淹没及移民安置条件等规划设计资料;

(3)工程所在地点的对外交通运输条件、上下游可利用的场地面积及分布情况;

(4)工程的施工特点及与其他有关部门的施工协调;

(5)施工期间的供水、环保及大江大河上的通航、过木、鱼群洄游等特殊要求;

(6)主要天然建筑材料及工程施工中所用大宗材料的来源和供应条件;

(7)当地水源、电源、通信的基础条件;

(8)国家、地区或部门对本工程施工准备、工期等的要求;

(9)承包市场的情况,有关社会经济调查和其他资料等。

(二)施工导流

施工导流的目的是妥善解决施工全过程中的挡水、泄水、蓄水问题,通过对各期导流特点和相互关系,进行系统分析、全面规划、周密安排,以选择技术上可行、经济上合理的导流方案,保证主体工程的正常安全施工,并使工程尽早发挥效益。

1. 导流标准

导流建筑物的级别、各期施工导流的洪水频率及流量、坝体拦洪度汛的洪水频率及流量。

2. 导流方式

(1)导流方式及选定方案的各期导流工程布置及防洪度汛、下游供水措施、大江大河上的通航、过木和鱼群洄游措施、北方河流上的排冰措施；

(2)水利计算的主要成果；必要时对一些导流方案进行模型试验的成果资料。

3.导流建筑物设计

(1)导流挡水、泄水建筑物布置型式的方案比较及选定方案的建筑物布置、结构型式及尺寸、工程量、稳定分析等主要成果；

(2)导流建筑物与永久工程结合的可能性，以及结合方式和具体措施。

4.导流工程施工

(1)导流建筑物(如隧洞、明渠、涵管等)的开挖、衬砌等施工程序、施工方法、施工布置、施工进度；

(2)选定围堰的用料来源、施工程序、施工方法、施工进度及围堰的拆除方案；

(3)基坑的排水方式、抽水量及所需设备。

5.截流

(1)截流时段和截流设计流量；

(2)选定截流方案的施工布置、备料计划、施工程序、施工方法措施；必要时所进行的截流试验的成果资料。

6.施工期间的通航和过木等

(1)在大江大河上，有关部门对施工期(包括蓄水期)通航、过木等的要求；

(2)施工期间过闸(坝)通航船只、木筏的数量、吨位、尺寸及年运量、设计运量等；

(3)分析可通航的天数和运输能力；

(4)分析可能碍航、断航的时段及其影响，并研究解决措施；

(5)经方案比较，提出施工期各导流阶段通航、过木的措施、设施、结构布置和工程量；

(6)论证施工期通航与蓄水期永久通航的过闸(坝)设施相结合的可能性及相互间的衔接关系。

(三)料场的选择、规划与开采

1.料场选择

分析块石料、反滤料与垫层料、混凝土骨料、土料等各种用料的料场分布、质量、储量、开采加工条件及运输条件、剥采比、开挖弃渣利用率及其主要技术参数，通过试验成果及技术经济比较选定料场。

2.料场规划

根据建筑物各部位、不同高程的用料数量及技术要求，各料场的分布高程、储量及质量、开采加工及运输条件、受洪水和冰冻等影响的情况，拦洪蓄水和环境保护、占地及迁建赔偿以及施工机械化程度、施工强度、施工方法、施工进度等条件，对选定料场进行综合平衡和开采规划。

3.料场开采

对用料的开采方式、加工工艺、废料处理与环境保护，开采、运输设备选择，储存系统布置等进行设计。

(四)主体工程施工

主体工程的施工包括建筑工程和金属结构及机电设备安装工程两大部分。

通过分析研究,确定完整可行的施工方法,使主体工程设计方案能够经济、合理、满足总进度要求的条件下如期建成,并保证工程质量和施工安全。同时提出对水工枢纽布置和建筑物型式等的修改意见,并为编制工程概算奠定基础。

1. 闸、坝等挡水建筑物施工

包括土石方开挖及基础处理的施工程序、方法、布置及进度;各分区混凝土的浇筑程序、方法、布置、进度及所需准备工作;碾压混凝土坝上游防渗面板的施工方案、分缝分块及通仓碾压的施工措施;混凝土温控措施的设计;土石坝的备料、运输、上坝卸料、填筑碾压等的施工程序、工艺方法、机械设备、布置、进度及拦洪度汛、蓄水的计划措施;土石坝各施工期的物料开采、加工、运输、填筑的平衡及施工强度和进度安排,开挖弃渣的利用计划;施工质量控制的要求及冬雨季施工的措施意见。

2. 输(排)水、泄(引)水建筑物施工

输水、排水及泄洪、引水等建筑物的开挖、基础处理、浆砌石或混凝土衬砌的施工程序、方法、布置及进度;预防坍塌、滑坡的安全保护措施。

3. 河道工程施工

土石方开挖及岸坡防护的施工程序、工艺方法、机械设备、布置及进度;开挖料的利用、堆渣地点及运输方案。

4. 渠系建筑物施工

渠道、渡槽等渠系建筑物的施工,可参照上述相关主体工程施工的相关内容。

(五)施工工厂设施

1. 砂石加工系统

砂石料加工系统的布置、生产能力与主要设备、工艺布置设计及要求;除尘、降噪、废水排放等的方案措施。

2. 混凝土生产系统

混凝土总用量、不同强度等级及不同品种混凝土的需用量;混凝土拌和系统的布置、工艺、生产能力及主要设备;建厂计划安排和分期投产措施。

3. 混凝土制冷、制热系统

制冷、加冰、供热系统的容量、技术和进度要求。

4. 压缩空气、供水、供电和通信系统

(1)集中或分散供气方式、压气站位置及规模;

(2)工地施工生产用水、生活用水、消防用水的水质、水压要求,施工用水量及水源选择;

(3)各施工阶段用电最高负荷及当地电力供应情况,自备电源容量的选择;

(4)通信系统的组成、规模及布置。

5. 机械修配厂、加工厂

(1)施工期间所投入的主要施工机械、主要材料的加工及运输设备、金属结构等的种类与数量;

(2)修配加工能力;

(3)机械修配厂、汽车修配厂、综合加工厂(包括钢筋、木材和混凝土预制构件加工制作)及其他施工工厂设施(包括制氧厂、钢管制作加工厂、车辆保养场等)的厂址、布置和生产规模;

(4)选定场地和生产建筑面积;

(5)建厂土建安装工程量;

(6)修配加工所需的主要设备。

(六)施工总布置

(1)施工总布置的规划原则。

(2)选定方案的分区布置,包括施工工厂、生活设施、交通运输等,提出施工总布置图和房屋分区布置一览表。

(3)场地平整土石方量,土石方平衡利用规划及弃渣处理。

(4)施工永久占地和临时占地面积;分区分期施工的征地计划。

(七)施工总进度

1. 设计依据

(1)施工总进度安排的原则和依据,以及国家或建设单位对本工程投入运行期限的要求;

(2)主体工程、施工导流与截流、对外交通、场内交通及其他施工临建工程、施工工厂设施等建筑安装任务及控制进度因素。

2. 施工分期

工程筹建期、工程准备期、主体工程施工期、工程完建期四个阶段的控制性关键项目、进度安排、工程量及工期。

3. 工程准备期进度

阐述工程准备期的内容与任务,拟定准备工程的控制性施工进度。

4. 施工总进度

(1)主体工程施工进度计划协调、施工强度均衡、投入运行(蓄水、通水、第一台机组发电等)日期及总工期;

(2)分阶段工程形象面貌的要求,提前发电的措施;

(3)导截流工程、基坑抽排水、拦洪度汛、下闸蓄水及主体工程控制进度的影响因素及条件;

(4)通过附表,说明主体工程及主要临建工程量、逐年(月)计划完成主要工程量、逐年最高月强度、逐年(月)劳动力需用量、施工最高峰人数、平均高峰人数及总工日数;

(5)施工总进度图表(横道图、网络图等)。

(八)主要技术供应

1. 主要建筑材料

对主体工程和临建工程,按分项列出所需钢材、木材、水泥、油料、火工材料等主要建筑材料需用量和分年度(月)供应期限及数量。

2. 主要施工机械设备

对施工所需主要机械和设备，按名称、规格型号、数量列出汇总表，并提出分年度(月)供应期限及数量。

(九)附图

在以上设计内容的基础上，还应结合工程实际情况提出如下附图：

(1)施工场内外交通图；

(2)施工转运站规划布置图；

(3)施工征地规划范围图；

(4)施工导流方案图；

(5)施工导流分期布置图；

(6)导流建筑物结构布置图；

(7)导流建筑物施工方法示意图；

(8)施工期通航布置图；

(9)主要建筑物土石方开挖施工程序及基础处理示意图；

(10)主要建筑物土石方填筑施工程序、施工方法及施工布置示意图；

(11)主要建筑物混凝土施工程序、施工方法及施工布置示意图；

(12)地下工程开挖、衬砌施工程序、施工方法及施工布置示意图；

(13)机电设备、金属结构安装施工示意图；

(14)当地建筑材料开采、加工及运输路线布置图；

(15)砂石料系统生产工艺布置图；

(16)混凝土拌和系统及制冷系统布置图；

(17)施工总布置图；

(18)施工总进度表及施工关键路线图。

第二节　施工组织的原则

建设项目一旦批准立项，如何组织施工和进行施工前准备工作就成为保证工程按计划实施的重要工作。施工组织的原则如下：

(1)贯彻执行党和国家关于基本建设各项制度，坚持基本建设程序。

我国关于基本建设的制度有：对基本建设项目必须实行严格的审批制度，施工许可制度、从业资格管理制度、招标投标制度、总承包制度、发承包合同制度、工程监理制度、建筑安全生产管理制度、工程质量责任制度、竣工验收制度等。这些制度为建立和完善建筑市场的运行机制、加强建筑活动的实施与管理，提供了重要的法律依据，必须认真贯彻执行。

(2)严格遵守国家和合同规定的工程竣工及交付使用期限。

对总工期较长的大型建设项目，应根据生产或使用的需要，安排分期分批建设、投产或交付使用，以及早日发挥建设投资的经济效益。在确定分期分批施工的项目时，必须注意是每期交工的项目可以独立地发挥效用，即主要项目和有关的辅助项目应同时完工，可以立即交付使用。

(3)合理安排施工程序和顺序。

水利水电工程建筑产品的固定性,使得水利水电工程建筑施工各阶段工作始终在同一场地上进行。前一段的工作如不完成,后一段就不能进行,即使交叉地进行,也必须严格遵守一定的程序和顺序。施工程序和顺序反映客观规律的要求,其安排应符合施工工艺,满足技术要求,掌握施工程序和顺序,有利于组织立体交叉、流水作业,有利于为后续工程创造良好的条件,有利于充分利用空间、争取时间。

(4)尽量采用国内外先进施工技术,科学地确定施工方案。

先进的施工技术是提高劳动生产率、改善工程质量、加快施工进度、降低工程成本的主要途径。在选择施工方案时,要积极采用新材料、新设备、新工艺和新技术,努力为新结构的推行创造条件,要注意结合工程特点和现场条件,施工技术的先进适用性和经济合理性相结合,还要符合施工验收规范、操作规程的要求和遵守有关防火、保安及环卫等规定,确保工程质量和施工安全。

(5)采用流水施工方法和网络计划安排进度计划。

在编制施工进度计划时,应从实际出发,采用流水施工方法组织均衡施工,以达到合理使用资源、充分利用空间、争取时间的目的。

网络计划是现代计划管理的有效方法,采用网络计划编制施工进度计划,可使计划逻辑严密、层次清晰、关键问题明确,同时便于对计划方案进行优化、控制和调整,并有利于计算机在计划管理中的应用。

(6)贯彻工厂预制和现场相结合的方针,提高建筑工业化程度。

建筑技术进步的重要标志之一是建筑工业化,在制定施工方案时必须根据地区条件和构建性质,通过技术经济比较,恰当地选择预制方案或现场浇筑方案。确定预制方案时,应贯彻工厂预制与现场预制相结合的方针,努力提高建筑工业化程度,但不能盲目追求装配化程度的提高。

(7)充分发挥机械效能,提高机械化程度。

机械化施工可加快工程进度,减轻劳动强度,提高劳动生产率。为此,在选择施工机械时,应充分发挥机械的效能,并使主导工程的大型机械如土方机械、吊装机械能连续作业,以减少机械台班费用,同时,还应使大型机械与中小型机械相结合,机械化与半机械化相结合,扩大机械化施工范围,实现施工综合机械化,以提高机械化施工程度。

(8)加强季节性施工措施,确保全年连续施工。

为了确保全年连续施工,减少季节性施工的技术措施费用,在组织施工时,应充分了解当地气象条件和水文地质条件。尽量避免把土方工程、地下工程、水下工程安排在雨期和洪水期施工;尽量避免把混凝土现浇结构安排在冬期施工;高空作业、结构吊装则应避免在风季施工。对那些必须在冬雨期施工的项目,则应采用相应的技术措施,既要确保全年连续施工、均衡施工,更要确保工程质量和施工安全。

(9)合理地部署施工现场,尽可能地减少临时工程。

在编制施工组织设计施工时,应精心地进行施工总平面图的规划,合理地部署施工现场,节约施工用地;尽量利用永久工程、原有建筑物及已有设施,以减少各种临时设施;尽量利用当地资源,合理安排运输、装卸与储存作业,减少物资运输量,避免二次搬运。

第三节　施工进度计划

施工进度计划是施工组织设计的主要组成部分,它是根据工程项目建设工期的要求,对其中的各个施工环节在时间上所作的统一计划安排。根据施工的质量和时间等要求均衡人力、技术、设备、资金、时间、空间等施工资源,来规定各项目施工的开工时间、完成时间、施工顺序等,以确保施工安全顺利按时完工。

一、施工进度计划的类型

施工进度计划可划分为以下三大类型:

(1)施工总进度计划。

施工总进度计划是对一个水利水电工程枢纽(即建设项目)编制的。要求定出整个工程中各个单项工程的施工顺序及起止时间,以及准备工作、扫尾工作的施工期限。

(2)单项(或单位)工程进度计划。

单项(或单位)工程进度计划是针对枢纽中的单项工程(或单位工程)进行编制的。应根据总进度中规定的工期,确定该单项工程(或单位工程)中各分部工程及准备工作的顺序及起止日期,为此要进一步从施工技术、施工措施等方面论证该进度的合理性、组织平行流水作业的可行性。

(3)施工作业计划。

在实际施工时,施工单位应再根据各单位工程进度计划编制出具体的施工作业计划,即具体安排各工种、各工序间的顺序和起止日期。

二、施工总进度计划的编制步骤

(一)收集资料

编制施工进度计划一般要具备以下资料:

(1)上级主管部门对工程建设开工、竣工投产的指示和要求,有关工程建设的合同协议。

(2)工程勘测和技术经济调查的资料,如水文、气象、地形、地质、水文地质和当地建筑材料等,以及工程所在地区和库区的工矿企业、矿产资源、水库淹没和移民安置等资料。

(3)工程规划设计和概预算方面的资料,包括工程规划设计的文件和图纸,主管部门关于投资和定额的要求等资料。

(4)国民经济各部门对施工期间防洪、灌溉、航运、放木、供水等方面的要求。

(5)施工组织设计其他部分对施工进度的限制和要求,如交通运输能力、技术供应条件、分期施工强度限制等。

(6)施工单位施工能力方面的资料等。

(二)列出工程项目

项目列项的通常做法是先根据建设项目的特点划分成若干个工程项目,然后按施工先后顺序和相互关联密切程度,依次将主要工程项目一一列出,并填入工程项目一览表中。

施工总进度计划主要是起控制总工期的作用,要注意防止漏项。

(三)计算工程量

工程量的计算应根据设计图纸、所选定的施工方法和《水利水电工程工程量计算规定》,按工程性质考虑工程分期和施工顺序等因素,分别按土石、石方、水上、水下、开挖、回填、混凝土等进行计算。

计算工程量时,应注意以下几个问题:

(1)工程量的计量单位要与概算定额一致。施工总进度计划中,为了便于计算劳动量和材料、构配件及施工机具的需要量,工程量的计量单位必须与概算定额的单位一致。

(2)要依据实际采用的施工方法计算工程量。如土方工程施工中是否放坡和留工作面,及其坡度大小和工作面的尺寸,是采用柱坑单独开挖,还是条形开挖或整片开挖,都直接影响工程量的大小。因此,必须依据实际采用的施工方法计算工程量,以便与施工的实际情况相符合,使施工进度计划真正起到指导施工的作用。

(3)要依据施工组织的要求计算工程量。有时为了满足分期、分段组织施工的需要,要计算不同高程(如对拦河坝)、不同桩号(如对渠道)的工程量,并作出累积曲线。

(四)计算施工持续时间

1.定额计算法

根据计算的工程量,采用相应的定额资料,可以按式(1-1)计算或估算各项目的施工持续时间:

$$D_i = \frac{V}{kmnN} \tag{1-1}$$

式中 D_i——项目的施工持续时间,d;

V——项目工程量,m^3、m^2、m、t 等;

m——日工作时数,h,实行一班制时,$m = 8 \times 1 = 8$ h;

n——每小时工作人数或机械设备数量;

N——人工工时产量定额或机械台时产量定额;

k——考虑不确定因素而计入的系数,$k < 1$。

定额资料的选用,应视工作深度而定,并与工程列项相一致。一般来说,对施工总进度计划可用概算定额,对单项工程进度计划用预算定额,对施工作业计划用施工定额或生产定额。

2."三时"估算法

这种方法是根据以往的施工经验进行估算,适用于采用新材料、新技术、新工艺、新结构等无定额可查的施工过程。为了提高估算的精确性,通常采用"三时"经验估算法,即先估算出该施工项目的最短时间 D_a、最长时间 D_b 和最可能时间 D_m 等三个施工持续时间,然后按式(1-2)计算出该施工项目的持续时间 D_i:

$$D_i = \frac{D_a + 4D_m + D_b}{6} \tag{1-2}$$

式中 D_a——最短时间,即最乐观的估计时间,或称最紧凑的估算时间,亦称项目的紧缩工期；

D_b——最长时间，即最悲观的估计时间，或称最松动的估算时间；

D_m——最可能的估计时间。

3. 工期推算法

目前水利工程施工多采用招标投标制、并在中标后签订施工承包合同的方法承揽施工任务，一般已在施工承包合同中规定了工程的施工工期 T_r。因此安排施工进度计划必须以合同规定工期 T_r 为主要依据，由此安排施工进度计划的方法称为工期推算法（又称“倒排计划法”）。

根据拟定的各项目的施工持续时间 D_i 及流水施工法的施工组织情况，施工单位自定出的完成该工程施工任务的计划工期 T_p，应小于合同工期，即 $T_p \leq T_r$。

（五）初拟施工进度

对于堤坝式水利水电枢纽工程的施工总进度计划来说，其关键项目一般均位于河床，故常以导流程序为主要线索，先将施工导流、围堰进占、截流、基坑排水、基坑开挖、基础处理、施工度汛、坝体拦洪、下闸蓄水、机组安装和引水发电等关键控制性进度安排好，再将相应的准备工作、结束工作和配套辅助工程的进度进行合理安排，便可构成总的轮廓进度。然后分配和安排不受水文条件控制的其他工程项目，则形成整个枢纽工程施工总进度计划草案。

（六）优化、调整和修改

初拟施工进度以后，要配合施工组织设计其他部分的分析，对一些控制环节、关键项目的施工强度、资源需用量、投资过程等重大问题，进行分析计算、优化论证，以对初拟的进度计划作必要的修改和调整，使之更加完善合理。

经过优化调整修改之后的施工进度计划，可以作为设计成果，整理以后提交审核。

三、施工进度计划的成果表达

施工进度计划的成果，可根据情况采用横道图、网络图、工程进度曲线和形象进度图等一些形式进行反映表达。

（一）横道图

施工进度横道图是应用范围最广、应用时间最长的进度计划表现形式，图表上标有工程中主要项目的工程量、施工时段、施工工期。

施工进度计划横道图的最大优点是直观、简单、方便，适应性强，且易于被人们所掌握和贯彻；缺点是难以表达各分项工程之间的逻辑关系，不能表示反映进度安排的工期、投资或资源等参数的相互制约关系，进度的调整做修改工作复杂，优化困难。

不论工程项目和施工内容多么错综复杂，总可以用横道图逐一表示出来，因此，尽管进度计划的技术和形式已不断改进，但横道图进度计划目前仍作为一种常见的进度计划表示形式而被继续沿用。

（二）网络图

施工进度网络图是20世纪50年代开始在横道图进度计划基础上发展起来的，它是系统工程在编制施工进度中的应用。

工作是指计划任务按需要粗细程度划分而成的一个子项目或子任务。根据计划编制的粗细不同,工作既可以是一个单项工程,也可以是一个分项工程乃至一个工序。

1. 相关概念

在实际生活中,工作一般有两类:一类是既需要消耗时间又需要消耗资源的工作(如开挖、混凝土浇筑等);另一类是仅需要消耗时间而不需要消耗资源的工作(如混凝土养护、抹灰干燥等技术间歇)。

在双代号网络图中,除了上述两种工作外,还有一种既不需要消耗时间也不需要消耗资源的工作——称为“虚工作”(或称“虚拟项目”)。虚工作在实际生活中是不存在的,在双代号网络图中引入使用,主要是为了准确而清楚地表达各工作间的相互逻辑关系,虚工作一般采用虚箭线来表示,其持续时间为零。

节点是网络图中箭线端部的圆圈或其他形状的封闭图形。在双代号网络图中,它表示工作之间的逻辑关系;在单代号网络图中,它表示一项工作。

无论在双代号网络图中,还是在单代号网络图中,对一个节点来说,可能有很多箭线指向该节点,这些箭线就称为内向箭线(或称内向工作);同样也可能有很多箭线由同一节点出发,这些箭线就称为外向箭线(或称外向工作)。网络图中第一个节点叫起点节点(或称源节点),它意味着一个工程项目的开工,起点节点只有外向工作,没有内向工作;网络图中最后一个节点叫终点节点,它意味着一个工程项目的完工,终点节点只有内向工作,没有外向工作。

一个工程项目往往包括很多工作,工作间的逻辑关系比较复杂,可采用紧前工作与紧后工作把这种逻辑关系简单、准确地表达出来,以便于网络图的绘制和时间参数的计算。就前面所述的截流专项工程而言,列举说明如下:

(1)紧前工作。

紧排在本工作之前的工作称为本工作的紧前工作。对 E 工作(隧洞衬砌)来说,只有 D 工作(隧洞开挖)结束后 E 才能开始,且工作 D、E 之间没有其他工作,则工作 D 称为工作 E 的紧前工作。

(2)紧后工作。

紧排在本工作之后的工作称为本工作的紧后工作。紧后工作与紧前工作是一对相对应的概念,如上所述 D 是 E 的紧前工作,则 E 就是 D 的紧后工作。

2. 绘图规则

1)双代号网络图的绘图规则

绘制双代号网络图的最基本规则是明确地表达出工作的内容,准确地表达出工作间的逻辑关系,并且使所绘出的图易于识读和操作。具体绘制时应注意以下几方面的问题:

(1)一项工作应只有唯一的一条箭线和相应的一对节点编号,箭尾的节点编号应小于箭头的节点编号。

(2)双代号网络图中应只有一个起点节点、一个终点节点。

(3)在网络图中严禁出现循环回路。

(4)双代号网络图中,严禁出现没有箭头节点或没有箭尾节点的箭线。

(5)节点编号严禁重复。

(6)绘制网络图时,宜避免箭线交叉。

(7)对平行搭接进行的工作,在双代号网络图中,应分段表达。

(8)网络图应条理清楚,布局合理。

(9)分段绘制。对于一些大的建设项目,由于工序多,施工周期长,网络图可能很大,为使绘图方便,可将网络图划分成几个部分分别绘制。

2)单代号网络图的绘图规则

同双代号网络图的绘制一样,绘制单代号网络图也必须遵循一定的绘图规则。当违背了这些规则时,就可能出现逻辑关系混乱、无法判别各工作之间的直接后继关系、无法进行网络图的时间参数计算。这些基本规则主要是:

(1)有时需在网络图的开始和结束增加虚拟的起点节点和终点节点。这是为了保证单代号网络计划有一个起点和一个终点,这也是单代号网络图所特有的。

(2)网络图中不允许出现循环回路。

(3)网络图中不允许出现有重复编号的工作,一个编号只能代表一项工作。

(4)在网络图中除起点节点和终点节点外,不允许出现其他没有内向箭线的工作节点和没有外向箭线的工作节点。

(5)为了计算方便,网络图的编号应是后继节点编号大于前导节点编号。

3. 施工进度的调整

施工进度计划的优化调整,应在时间参数计算的基础上进行,其目的在于使工期、资源(人力、物资、器材、设备等)和资金取得一定程度的协调和平衡。

1)资源冲突的调整

所谓资源冲突是指在计划时段内,某些资源的需用量过大,超出了可能供应的限度。为了解决这类矛盾,可以增加资源的供应量,但往往要花费额外的开支;也可以调整导致资源冲突的某些项目的施工时间,使冲突缓解,但这可能会引起总工期的延长。如何取舍,要权衡得失而定。

2)工期压缩的调整

当网络计划的计算总工期 T_p 与限定的总工期 T_r 不符时,或计划执行过程中实际进度与计划进度不一致时,需要进行工期调整。

工期调整分压缩调整和延长调整。工程实践中经常要处理的是工期压缩问题。

当 $T_p < T_r$ 或计划执行超前时,说明提前完成施工项目,有利于工程经济效益的实现。这时,只要不打乱施工秩序,不造成资源供应方面的困难,一般可不必考虑调整问题。

当 $T_p > T_r$ 或计划执行拖延时,为了挽回延期的影响,需进行工期压缩调整或施工方案调整。

(三)工程进度曲线

以时间为横轴,以单位时间完成的数量或完成数量的累计为纵轴建立坐标系,将有关的数据点绘于坐标系内,顺次完成一条光滑的曲线,就是工程施工进度曲线。工程进度曲线上任意点的切线斜率表示相应时间的施工速度。

(1)在固定的施工机械、劳动力投入的条件下,若对施工进行适当的管理控制,无任何偶发的时间损失,能以正常的速度进行施工,则工程每天完成的数量保持一定,施工进度曲线呈直线形状。

(2)在一般情况下的施工中,施工初期由于临时设施的布置、工作的安排等原因,施工后期又由于清理、扫尾等原因,其施工进度的速度一般都较中期要小,即每天完成的数量通常自初期至中期呈递增变化趋势,由中期至末期呈递减变化趋势,施工进度曲线近似呈S形,其拐点对应的时间表示每天完成数量的高峰期。

(四)工程形象进度图

工程形象进度图是把工程进度计划以建筑物的形象、升程来表达的一种方法。这种方法直接将工程项目的进度目标和控制工期标注在工程形象图的相应部位,直观明了,特别适合在施工阶段使用。此法修改调整进度计划也极为方便,只需修改相应项目的日期、升程,而形象图并不改变。

第二章　施工组织总设计

第一节　施工组织总设计概述

施工组织总设计是水利水电工程设计文件的重要组成部分，是编制工程投资估算、总概算和招标投标文件的主要依据，是工程建设和施工管理的指导性文件。认真做好施工组织设计对正确选定坝址、坝型、枢纽布置、整体优化设计方案、合理组织工程施工、保证工程质量、缩短建设周期、降低工程造价都有十分重要的作用。

在进行施工组织总设计编制时，应依据现状、相关文件和试验成果等，具体如下。

(1)可行性研究报告及审批意见、设计任务书、上级单位对本工程建设的要求或批件。

(2)工程所在地区有关基本建设的法规或条例、地方政府对本工程建设的要求。

(3)国民经济各有关部门(铁道、交通、林业、灌溉、旅游、环保、城镇供水等)对本工程建设期间有关要求及协议。

(4)当前水利水电工程建设的施工装备、管理水平和技术特点。

(5)工程所在地区和河流的自然条件(地形、地质、水文、气象特征和当地建材情况等)、施工电源、水源及水质、交通、环保、旅游、防洪、灌溉、航运、过木、供水等现状和近期发展规划。

(6)当地城镇现有修配、加工能力，生活、生产物资和劳动力供应条件，居民生活、卫生习惯等。

(7)施工导流及通航过木等水工模型试验、各种原材料试验、混凝土配合比试验、重要结构模型试验、岩土物理力学试验等成果。

(8)工程有关工艺试验或生产性试验成果。

(9)勘测、设计各专业有关成果。

第二节　施工方案

研究主体工程施工是为了正确选择水工枢纽布置和建筑物型式，保证工程质量与施工安全，论证施工总进度的合理性和可行性，并为编制工程概算提供需求的资料。

一、施工方案选择原则

(1)施工期短、辅助工程量及施工附加量小，施工成本低。

(2)先后作业之间、土建工程与机电安装之间、各道工序之间协调均衡，干扰较小。

(3)技术先进、可靠。

(4)施工强度和施工设备、材料、劳动力等资源需求均衡。

二、施工设备选择及劳动力组合原则

(1)适应工地条件,符合设计和施工要求;保证工程质量;生产能力满足施工强度要求。

(2)设备性能机动、灵活、高效、能耗低、运行安全可靠。

(3)通过市场调查,应按各单项工程工作面、施工强度、施工方法进行设备配套选择,使各类设备均能充分发挥效率。

(4)通用性强,能在先后施工的工程项目中重复使用。

(5)设备购置及运行费用较低,易于获得零配件,便于维修、保养、管理、调度。

(6)在设备选择配套的基础上,应按工作面、工作班制、施工方法以混合工种结合国内平均先进水平进行劳动力优化组合设计。

三、主体工程施工

水利工程施工涉及工种很多,其中主体工程施工包括土石方明挖、地基处理、混凝土施工、碾压式土石坝施工、地下工程施工等,下面介绍其中两项工程量较大、工期较长的主体工程施工。

(一)混凝土施工

(1)混凝土施工方案选择原则:

①混凝土生产、运输、浇筑、温控防裂等各施工环节衔接合理;

②施工机械化程度符合工程实际,保证工程质量,加快工程进度和节约工程投资;

③施工工艺先进,设备配套合理,综合生产效率高;

④能连续生产混凝土,运输过程的中转环节少、运距短,温控措施简易、可靠;

⑤初、中、后期浇筑强度协调平衡;

⑥混凝土施工与机电安装之间干扰少。

(2)混凝土浇筑程序、各期浇筑部位和高程应与供料线路、起吊设备布置和机电安装进度相协调,并符合相邻块高差及温控防裂等有关规定。各期工程形象进度应能适应截流、拦洪度汛、封孔蓄水等要求。

(3)混凝土浇筑设备选择原则:

①起吊设备能控制整个平面和高程上的浇筑部位;

②主要设备型号单一,性能良好,生产率高,配套设备能发挥主要设备的生产能力;

③在固定的工作范围内能连续工作,设备利用率高;

④浇筑间歇能承担模板、金属构件及仓面小型设备吊运等辅助工作;

⑤不压浇筑块,或不因压块而延长浇筑工期;

⑥生产能力在能保证工程质量前提下能满足高峰时段浇筑强度要求;

⑦混凝土宜直接起吊入仓,若用带式输送机或自卸汽车入仓卸料时,应有保证混凝土质量的可靠措施;

⑧当混凝土运距较远,可用混凝土搅拌运输车,防止混凝土出现离析或初凝,保证混

凝土质量。

(4)模板选择原则:

①模板类型应适合结构物外型轮廓,有利于机械化操作和提高周转次数;

②有条件部位宜优先用混凝土或钢筋混凝土模板,并尽量多用钢模、少用木模;

③结构型式应力求标准化、系列化,便于制作、安装、拆卸和提升,条件适合时应优先选用滑模和悬臂式钢模。

(5)坝体分缝应结合水工要求确定。最大浇筑仓面尺寸在分析混凝土性能、浇筑设备能力、温控防裂措施和工期要求等因素后确定。

(6)坝体接缝灌浆应考虑:

①接缝灌浆应待灌浆区及以上冷却层混凝土达到坝体稳定温度或设计规定值后进行,在采取有效措施情况下,混凝土龄期不宜短于4个月;

②同一坝缝内灌浆分区高度10~15 m;

③应根据双曲拱坝施工期应力确定封拱灌浆高程和浇筑层顶面间的允许高差;

④对空腹坝封顶灌浆,或受气温年变化影响较大的坝体接缝灌浆,宜采用较坝体稳定温度更低的超冷温度。

(7)用平浇法浇筑混凝土时,设备生产能力应能确保混凝土初凝前将仓面覆盖完毕;当仓面面积过大,设备生产能力不能满足时,可用台阶法浇筑。

(8)大体积混凝土施工必须进行温控防裂设计,采用有效地温控防裂措施以满足温控要求。有条件时宜用系统分析方法确定各种措施的最优组合。

(9)在多雨地区雨季施工时,应掌握分析当地历年降雨资料,包括降雨强度、频度和一次降雨延续时间,并分析雨日停工对施工进度的影响和采取防雨措施的可能性与经济性。

(10)低温季节混凝土施工必要性应根据总进度及技术经济比较论证后确定。在低温季节进行混凝土施工时,应作好保温防冻措施。

(二)碾压式土石坝施工

(1)认真分析工程所在地区气象台(站)的长期观测资料。统计降水、气温、蒸发等各种气象要素不同量级出现的天数,确定对各种坝料施工影响程度。

(2)料场规划原则:

①料物物理力学性质符合坝体用料要求,质地较均一;

②贮量相对集中,料层厚,总贮量能满足坝体填筑需用量;

③有一定的备用料区保留部分近料场作为坝体合龙和抢拦洪高程用;

④按坝体不同部位合理使用各种不同的料场,减少坝料加工;

⑤料场剥离层薄,便于开采,获得率较高;

⑥采集工作面开阔、料物运距较短,附近有足够的废料堆场;

⑦不占或少占耕地、林场。

(3)料场供应原则:

①必须满足坝体各部位施工强度要求;

②充分利用开挖渣料,做到就近取料,高料高用,低料低用,避免上下游料物交叉使

用;

③垫层料、过渡层和反滤料一般宜用天然砂石料,工程附近缺乏天然砂石料或使用天然砂石料不经济时,方可采用人工料;

④减少料物堆存、倒运,必须堆存时,堆料场宜靠近坝区上坝道路,并应有防洪、排水、防料物污染、防分离和散失的措施;

⑤力求使料物及弃渣的总运输量最小。做好料场平整,防止水土流失。

(4)土料开采和加工处理:

①根据土层厚度、土料物理力学特性、施工特性和天然含水量等条件研究确定主次料场,分区开采;

②开采加工能力应能满足坝体填筑强度要求;

③若料场天然含水量偏高或偏低,应通过技术经济比较选择具体措施进行调整,增减土料含水量宜在料场进行;

④若土料物理力学特性不能满足设计和施工要求,应研究使用人工砾质土的可能性;

⑤统筹规划施工场地、出料线路和表土堆存场,必要时应做还耕规划。

(5)坝料上坝运输方式应根据运输量、开采、运输设备型号、运距和运费、地形条件以及临建工程量等资料,通过技术经济比较后选定。并考虑以下原则:

①满足填筑强度要求;

②在运输过程中不得掺混、污染和降低料物理力学性能;

③各种坝料尽量采用相同的上坝方式和通用设备;

④临时设施简易,准备工程量小;

⑤运输的中转环节少;

⑥运输费用较低。

(6)施工上坝道路布置原则:

①各路段标准原则满足坝料运输强度要求,在认真分析各路段运输总量、使用期限、运输车型和当地气象条件等因素后确定;

②能兼顾地形条件,各期上坝道路能衔接使用,运输不致中断;

③能兼顾其他施工运输,两岸交通和施工期过坝运输,尽可能与永久公路结合;

④在限制坡长条件下,道路最大纵坡不大于15%。

(7)上料用自卸汽车运输上坝时,用进占法卸料,铺土厚度根据土料性质和压实设备性能通过现场试验或工程类比法确定,压实设备可根据土料性质,细颗粒含量和含水量等因素选择。

(8)土料施工尽可能安排在少雨季节,若在雨季或多雨地区施工,应选用适合的土料和施工方法,并采取可靠的防雨措施。

(9)寒冷地区当日平均气温低于0 ℃时,黏性土按低温季节施工;当日平均气温低于-10 ℃时,一般不宜填筑土料,否则应进行技术经济论证。

(10)面板堆石坝的面板垫层为级配良好的半透水细料,要求压实密度较高。垫层下游排水必须通畅。

(11)混凝土面板堆石坝上游坝坡用振动平碾,在坝面顺坡分级压实,分级长度一般为 10～20 m；也可用夯板随坝面升高逐层夯实。压实平整后的边坡用沥青乳胶或喷混凝土固定。

(12)混凝土面板垂直缝间距应以有利滑模操作、适应混凝土供料能力，便于组织仓面作业为准，一般用高度不大的面板，坝一般不设水平缝。高面板坝由于坝体施工期度汛或初期蓄水发电需要，混凝土面板可设置水平缝分期度汛。

(13)混凝土面板浇筑宜用滑模自下而上分条进行，滑模滑行速度通过实验选定。

(14)沥青混凝土面板堆石坝的沥青混合料宜用汽车配保温吊罐运输，坝面上设喂料车、摊铺机、震动碾和牵引卷扬台车等专用设备。面板宜一期铺筑，当坝坡长大于 120 m 或因度汛需要，也可分两期铺筑，但两期间的水平缝应加热处理。纵向铺筑宽度一般为 3～4 m。

(15)沥青混凝土心墙的铺筑层厚宜通过碾压试验确定，一般可采用 20～30 cm。铺筑与两侧过渡层填筑尽量平起平压，两者离差不大于 3 m。

(16)寒冷地区沥青混凝土施工不宜裸露越冬，越冬前已浇筑的沥青混凝土应采取保护措施。

(17)坝面作业规划：

①土质防渗体应与其上、下游反滤料及坝壳部分平起填筑；

②垫层料与部分坝壳料均宜平起填筑，当反滤料或垫层料施工滞后于堆后棱体时，应预留施工场地；

③混凝土面板及沥青混凝土面板宜安排在少雨季节施工，坝面上应有足够施工场地；

④各种坝料铺料方法及设备宜尽量一致，并重视结合部位填筑措施，力求减少施工辅助设施。

(18)碾压式土石坝施工机械选型配套原则：

①提高施工机械化水平；

②各种坝料坝面作业的机械化水平应协调一致；

③各种设备数量按施工高峰时段的平均强度计算，适当留有余地；

④振动碾的碾型和碾重根据料场性质、分层厚度、压实要求等条件确定。

第三节　施工总进度计划

编制施工总进度时，应根据国民经济发展需要，采取积极有效措施满足主管部门或业主对施工总工期提出的要求。如果确认要求工期过短或过长、施工难以实现或代价过大，应以合理工期报批。

一、工程建设施工阶段

(一)工程筹建期

工程筹建期工程正式开工前由业主单位负责为承包单位进场开工创造条件所需的时间。筹建工作有对外交通、施工用电、通信、征地、移民以及招标、评标、签约等。

(二)工程准备期

工程准备期准备工程开工起至河床基坑开挖(河床式)或主体工程开工(引水式)前的工期。所作的必要准备工程一般包括:场地平整、场内交通、导流工程、临时建房和施工工厂等。

(三)主体工程施工

主体工程施工一般从河床基坑开挖或从引水道或厂房开工起,至第一台机组发电或工程开始受益为止的期限。

(四)工程完建期

工程完建期自水电站第一台机组投入运行或工程开始受益起,至工程竣工止的工期。

工程施工总工期为后三项工期之和。并非所有工程的四个建设阶段均能截然分开,某些工程的相邻两个阶段工作也可交错进行。

二、施工总进度的表示形式

根据工程不同情况分别采用以下三种形式

(1)横道图。具有简单、直观等优点。

(2)网络图。可从大量工程项目中表示控制总工期的关键路线,便于反馈、优化。

(3)斜线图。易于体现流水作业。

三、主体工程施工进度编制

(一)坝基开挖与地基处理工程施工进度

(1)坝基岸坡开挖一般与导流工程平行施工,并在河流截流前基本完成。平原地区的水利工程和河床式水电站如施工条件特殊,也可两岸坝基与河床坝基交叉进行开挖,但以不延长总工期为原则。

(2)基坑排水一般安排在围堰水下部分防渗设施基本完成之后、河床地基开挖前进行。对土石围堰与软质地基的基坑,应控制排水下降速度。

(3)不良地质地基处理宜安排在建筑物覆盖前完成。固结灌浆时间可与混凝土浇筑交叉作业,经过论证,也可在混凝土浇筑前进行。帷幕灌浆可在坝基面或廊道内进行,不占直线工期,并应蓄水前完成。

(4)两岸岸坡有地质缺陷的坝基,应根据地基处理方案安排施工工期,当处理部位在坝基范围以外或地下时,可考虑与坝体浇筑(填筑)同时进行,在水库蓄水前按设计要求处理完毕。

(5)采用过水围堰导流方案时,应分析围堰过水期限及过水前后对工期带来的影响,在多泥砂河流上应考虑围堰过水后清淤所需工期。

(6)地基处理工程进度应根据地质条件、处理方案、工程量、施工程序、施工水平、设备生产能力和总进度要求等因素研究确定。对处理复杂、技术要求高、对总工期起控制作用的深覆盖层的地基处理应作深入分析,合理安排工期。

(7)根据基坑开挖面积、岩土等级、开挖方法及按工作面分配的施工设备性能、数量等分析计算坝基开挖强度及相应的工期。

(二)混凝土工程施工进度

(1)在安排混凝土工程施工进度时,应分析有效工作天数,大型工程经论证后若需加快浇筑进度,可分别在冬、雨、夏季采取确保施工质量的措施后施工。一般情况下,混凝土浇筑的月工作日数可按25 d计。对控制直线工期工程的工作日数,宜将气象因素影响的停工天数从设计日历天数中扣除。

(2)混凝土的平均升高速度与坝型、浇筑块数量、浇筑块高、浇筑设备能力以及温控要求等因素有关,一般通过浇筑排块确定。

大型工程宜尽可能应用计算机模拟技术,分析坝体浇筑强度、升高速度和浇筑工期。

(3)混凝土坝施工期历年度汛高程与工程面貌按施工导流要求确定,如施工进度难于满足导流要求,则可相互调整,确保工程度汛安全。

(4)混凝土的接缝灌浆进度(包括厂坝间接缝灌浆)应满足施工期度汛与水库蓄水安全要求,并结合温控措施与二期冷却进度要求确定。

(5)混凝土坝浇筑期的月不均衡系数:

①大型工程宜小于2;

②中型工程宜小于2.3。

(三)碾压式土石坝施工进度

(1)碾压式土石坝施工进度应根据导流与安全度汛要求安排,研究坝体的拦洪方案,论证上坝强度,确保大坝按期达到设计拦洪高程。

(2)坝体填筑强度拟定原则:

①满足总工期以及各高峰期的工程形象要求,且各强度较为均衡;

②月高峰填筑量与填筑总量比例协调,一般可取1:20~1:40;

③坝面填筑强度应与料场出料能力、运输能力协调;

④水文、气象条件对土石坝各种坝料的施工进度有不同程度的影响,须分析相应的有效施工工日,一般应按照有关规范要求结合本地区水文、气象条件参考附近已建工程综合分析确定;

⑤土石坝上升速度主要受塑性心墙(或斜墙)的上升速度控制,而心墙或斜墙的上升速度又和土料性能、有效工作日、工作面、运输与碾压设备性能以及压实参数有关,一般宜通过现场试验确定;

⑥碾压式土石坝填筑期的月不均衡系数宜小于2.0。

(四)地下工程施工进度

地下工程施工进度受工程地质和水文地质影响较大,各单项工程施工程序互相制约,安排时应统筹兼顾开挖、支护、浇筑、灌浆、金属结构、机电安装等各个工序。

(1)地下工程一般可全年施工,具体安排施工进度时,应根据各工程项目规模、地质条件、施工方法及设备配套情况,用关键线路法确定施工程序和各洞室、各工序间的相互衔接和最优工期。

(2)地下工程月进度指标根据地质条件、施工方法、设备性能及工作面情况分析确定。

(五)金属结构及机电安装进度

(1)施工总进度中应考虑预埋件、闸门、启闭设备、引水钢管、水轮发电机组及电气设备的安装工期,妥善协调安装工程与土建工程施工的交叉衔接,并适当留有余地。

(2)对控制安装进度的土建工程(如斜井开挖、支墩浇筑、厂房吊车梁及厂房顶板、副厂房、开关站基础等)交付安装的条件与时间均应在施工进度文件中逐项研究确定。

(六)施工劳动力及主要资源供应

单位工程施工进度计划编制确定以后,根据施工图纸、工程量计算资料、施工方案、施工进度计划等有关技术资料,着手编制劳动力需要量计划,各种主要材料、构件和半成品需要量计划及各种施工机械的需要量计划。它们不仅是为了明确各种技术工人和各种技术物资的需要量,而且还是做好劳动力与物资的供应、平衡、调度、落实的依据,也是施工单位编制月、季生产作业计划的主要依据之一。它们是保证施工进度计划顺利执行的关键。

1. 劳动力需要量计划

劳动力需要量计划主要是作为安排劳动力的平衡、调配和衡量劳动力耗用指标、安排生活福利设施的依据,其编制方法是将施工进度计划表内所列各施工过程每天(或旬、月)所需工人人数按工种汇总而得。其表格形式如表 2-1 所示。

表 2-1 劳动力需要量计划表

<table>
<tr><th rowspan="2">序号</th><th rowspan="2">工种名称</th><th rowspan="2">需要人数</th><th colspan="3">××月</th><th colspan="3">××月</th><th rowspan="2">备注</th></tr>
<tr><th>上旬</th><th>中旬</th><th>下旬</th><th>上旬</th><th>中旬</th><th>下旬</th></tr>
<tr><td></td><td></td><td></td><td></td><td></td><td></td><td></td><td></td><td></td><td></td></tr>
<tr><td></td><td></td><td></td><td></td><td></td><td></td><td></td><td></td><td></td><td></td></tr>
</table>

2. 主要材料需要量计划

主要材料需要量计划是备料、供料和确定仓库、堆场面积及组织运输的依据,其编制方法是将施工进度计划表中各施工过程的工程量,按材料名称、规格、数量、使用时间计算汇总而得。其表格形式如表 2-2 所示。

表 2-2 主要材料需要量计划表

<table>
<tr><th rowspan="3">序号</th><th rowspan="3">工种名称</th><th rowspan="3">需要人数</th><th colspan="2">需要量</th><th colspan="6">需要时间</th><th rowspan="3">备注</th></tr>
<tr><th rowspan="2">单位</th><th rowspan="2">数量</th><th colspan="3">××月</th><th colspan="3">××月</th></tr>
<tr><th>上旬</th><th>中旬</th><th>下旬</th><th>上旬</th><th>中旬</th><th>下旬</th></tr>
<tr><td></td><td></td><td></td><td></td><td></td><td></td><td></td><td></td><td></td><td></td><td></td><td></td></tr>
<tr><td></td><td></td><td></td><td></td><td></td><td></td><td></td><td></td><td></td><td></td><td></td><td></td></tr>
<tr><td></td><td></td><td></td><td></td><td></td><td></td><td></td><td></td><td></td><td></td><td></td><td></td></tr>
</table>

对于某分部分项工程是由多种材料组成时,应按各种材料分类计算,如混凝土工程应换算成水泥、砂、石、外加剂和水的数量列入表格。

3. 构件和半成品需要量计划

建筑结构构件、配件和其他加工半成品的需要量计划主要用于落实加工订货单位,并按照所需规格、数量、时间,组织加工、运输和确定仓库或堆场,可根据施工图和施工进度计划编制。其表格形式如表 2-3 所示。

表 2-3 构件和半成品需要量计划表

序号	构件、半成品名称	规格	图号、型号	需要量		使用部位	制作单位	供应日期	备注
				单位	数量				

4. 施工机械需要量计划

施工机械需要量计划主要用于确定施工机械的类型、数量、进场时间,可据此落实施工机械来源,组织进场。其编制方法为将单位工程施工进度计划表中的每一个施工过程每天所需的机械类型、数量和施工日期进行汇总,即得施工机械需要量计划。其表格形式如表 2-4所示。

表 2-4 施工机械需要量计划表

序号	机械名称	型号	需要量		现场使用起止时间	机械进场或安装时间	机械退场或拆卸时间	供应单位
			单位	数量				

四、横道图实例介绍

某堤防施工总进度计划横道图如表 2-5 所示。

表 2-5 某堤防施工总进度计划表

序号	主要工程项目	2006年				
		2月	3月	4月	5月	6月
1	准备工作					
2	清基及削坡					
3	堤身填筑及整形					
4	浆砌石脚槽					
5	干砌石护坡					
6	抛石					
7	导滤料					
8	草皮护坡					
9	锥探灌浆					
10	竣工资料整理及工程验收					

第四节　施工总体布置

施工总体布置是在施工期间对施工场区进行的空间组织规划。它是根据施工场区的地形地貌、枢纽布置和各项临时设施布置的要求，研究施工场地的分期、分区、分标布置方案，对施工期间所需的交通运输、施工工厂设施、仓库、房屋、动力供应、给排水管线等在平面上进行总体规划、布置，以做到尽量减小施工相互干扰，并使各项临时设施最有效地为主体工程施工服务，为施工安全、工程质量、加快施工进度提供保证。

一、设计原则

（1）各项临时设施在平面上的布置应紧凑、合理，尽量减少施工用地，且不占或少占农田。

（2）合理布置施工场区内各项临时设施的位置，在确保场内运输方便、畅通的前提下，尽量缩短运距、减少运量，避免或减少二次搬运，以节约运输成本、提高运输效率。

（3）尽量减少一切临时设施的修建量，节约临时设施费用。为此，要充分利用原有的建筑物、运输道路、给排水系统、电力动力系统等设施为施工服务。

（4）各种生产、生活福利设施均要考虑便于工人的生产、生活。

（5）要满足安全生产、防火、环保、符合当地生产生活习惯等方面的要求。

二、施工总体布置的方法

（一）场外运输线路的布置

（1）当场外运输主要采用公路运输方式时，场外公路的布置应结合场内仓库、加工厂的布置综合考虑。

（2）当场外运输主要采用铁路运输方式时，要考虑铁路的转弯半径和坡度的限制，确定铁路的起点和进场位置。对于拟建永久性铁路的大型工业企业工地，一般应提前修建铁路专用线，并宜从工地的一侧或两侧引入，以便更好地为施工服务而不影响工地内部的交通运输。

（3）当场外运输主要采用水路运输方式时，应充分利用原有码头的吞吐能力。如需增设码头，则卸货码头应不少于两个，码头宽度应大于2.5 m。

（二）仓库的布置

仓库一般将某些原有建筑物和拟建的永久性房屋作为临时库房，选择在平坦开阔、交通方便的地方，采用铁路运输方式运至施工现场时，应沿铁路线布置转运仓库和中心仓库。仓库外要有一定的装卸场地，装卸时间较长的还要留出装卸货物时的停车位置，以防较长时间占用道路而影响通行。另外仓库的布置还应考虑安全、方便等方面的要求。氧气、炸药等易燃易爆物资的仓库应布置在工地边缘、人员较少的地点；油料等易挥发、易燃物资的仓库应设置在拟建工程的下风方向。

（三）仓库物资储备量的计算

仓库物资储备量的确定原则是，既要确保工程施工连续、顺利进行，又要避免因物资大量积压而使仓库面积过大、积压资金，增加投资。

仓库物资储备量的大小通常是根据现场条件、供应条件和运输条件而定。

对于经常或连续使用的水泥、砂石、钢材、预制构件和砖等材料，可按储备期计算其储备量：

$$P = \frac{K_1 Q T_i}{T} \tag{2-1}$$

式中　P——仓库物资的储备量，m^3 或 t 等；

Q——某项工程所需材料或成品、半成品等物资的总需要量，m^3 或 t 等；

T——某项工程所需的该种物资连续使用的日期，天；

T_i——某种物资的储备期，天，根据材料来源、供应季节、运输条件等确定；

K_1——物资使用的不均衡系数，一般取 1.2～1.5。

（四）加工厂的布置

总的布置要求是：使加工用的原材料和加工后的成品、半成品的总运输费用最小，并使加工厂有良好的生产条件，做到加工厂生产与工程施工互不干扰。

各类加工厂的具体布置要求如下：

（1）工地混凝土搅拌站：有集中布置、分散布置、集中与分散相结合布置三种方式。当运输条件较好时，以集中布置较好；当运输条件较差时，以分散布置在各使用地点并靠近井架或布置在塔吊工作范围内为宜；也可根据工地的具体情况，采用集中布置与分散布置相结合的方式。若利用城市的商品混凝土搅拌站，只要商品混凝土的供应能力和输送设备能够满足施工要求，可不设置工地搅拌站。

（2）工地混凝土预制构件厂：一般宜布置在工地边缘、铁路专用线转弯处的扇形地带或场外邻近工地处。

（3）钢筋加工厂：宜布置在接近混凝土预制构件厂或使用钢筋加工品数量较大的施工对象附近。

（4）木材加工厂：原木、锯材的堆场应靠近公路、铁路或水路等主要运输方式的沿线，锯木、成材、粗细木等加工车间和成品堆场应按生产工艺流程布置。

（5）金属结构加工厂、锻工和机修等车间：因为这些加工厂或车间之间在生产上相互联系比较密切，应尽可能布置在一起。

（6）产生有害气体和污染环境的加工厂：如沥青熬制、石灰熟化、石棉加工等加工厂，除应尽量减少毒害和污染外，还应布置在施工现场的下风方向，以便减少对现场施工人员的伤害。

（五）加工厂的面积

对于钢筋加工厂、模板加工厂、混凝土预制构件厂、锯木车间等，其建筑面积可按式（2-2）计算确定：

$$A = \frac{K_1 Q}{K_2 T S} = \frac{K_1 Q f}{K_2} \tag{2-2}$$

式中　A——加工厂的建筑面积，m^2；

K_1——加工量的不均衡系数，一般 1.3～1.5；

K_2——加工厂建筑面积或占地面积的有效利用系数，一般取0.6～0.7；

Q——加工总量，m^3 或 t；

T——加工总时间，月；

S——每平方米加工厂面积上的月平均加工量定额，$m^3/(m^2 \cdot 月)$ 或 $t/(m^2 \cdot 月)$，S 值可根据生产加工经验确定；

f——加工厂完成单位加工产量所需的建筑面积定额，m^2/m^3 或 m^2/t，$f=1/TS$。

（六）场内运输道路的布置

在规划施工道路中，既要考虑车辆行驶安全、运输方便、连接畅通，又要尽量减少道路的修筑费用。根据仓库、加工厂和施工对象的相互位置，研究施工物资周转运输量的大小，确定主要道路和次要道路，然后进行场内运输道路的规划。连接仓库、加工厂等的主要道路一般应按双行、循环形道路布置。循环形道路的各段尽量设计成直线段，以便提高车速。次要道路可按单行支线布置，但在路端应设置回车场地。

（七）临时生活设施的布置

临时生活设施包括行政管理用房屋、居住生活用房和文化生活福利用房。包括工地办公室、传达室、汽车库、职工宿舍、开水房、招待所、医务室、浴室、小学、图书馆和邮亭等。

工地所需的临时生活设施，应尽量利用原有的准备拆除的或拟建的永久性房屋。工地行政管理用房设置在工地入口处或中心地区；现场办公室应靠近施工地点布置。居住和文化生活福利用房，一般宜建在生活基地或附近村寨内。

（八）供水管网的布置

（1）应尽量提前修建并充分利用拟建的永久性供水管网作为工地临时供水系统，节约修建费用。在保证供水要求的前提下，新建供水管线的长度越短越好，并应适当采用胶皮管、塑料管作为支管，使其具有可移动性，以便于施工。

（2）供水管网的铺设要与场地平整规划协调一致，以防重复开挖；管网的布置要避开拟建工程和室外管沟的位置，以防二次拆迁改建。

（3）临时水塔或蓄水池应设置在地势较高处。

（4）供水管网应按防火要求布置室外消防栓。室外消防栓应靠近十字路口、工地出入口，并沿道路布置，距路边应不大于2 m，距建筑物的外墙应不小于5 m；为兼顾拟建工程防火而设置的室外消防栓，与拟建工程的距离也不应大于25 m；工地室外消防栓必须设有明显标志，消防栓周围3 m范围内不准堆放建筑材料、停放机械设备和搭建临时房屋等；消防栓供水干管的直径不得小于100 mm。

（九）工地临时供电系统的布置

1. 变压器的选择与布置要求

当施工现场只需设置一台变压器时，供电线路可按枝状布置，变压器应设置在引入电源的安全区域内。

当工地较大，需要设置多台变压器时，应先用一台主降压变压器，将工地附近的110 kV或35 kV的高压电网上的电压降至10 kV或6 kV，然后通过若干个分变压器将电压降至380/220V。主变压器与各分变压器之间采用环状连接布置；每个分变压器到该变压器负担的各用电点的线路可采用枝状布置，分变电器应设置在用电设备集中、用电量大的地方或该变压器所负担区域的中心地带,以尽量缩短供电线路的长度;低压变电器的有效供电半径一般为400～500 m。

2. 供电线路的布置要求

(1)工地上的3 kV、6 kV或10 kV高压线路,可采用架空裸线,其电杆距离为40～60 m,也可用地下电缆。户外380/220V的低压线路,可采用架空裸线,与建筑物、脚手架等相近时必须采用绝缘架空线,其电杆距离为25～40 m。分支线和引入线必须从电杆处连接,不得从两杆之间的线路上直接连接。电杆一般采用钢筋混凝土电杆,低压线路也可采用木电杆。

(2)配电线路宜沿道路的一侧布置,高出地面的距离一般为4～6 m,要保持线路平直;离开建筑物的安全距离为6 m,跨越铁路或公路时的高度应不小于7.5 m;在任何情况下,各供电线路均不得妨碍交通运输和施工机械的进场、退场、装拆及吊装等;同时要避开堆场、临时设施、开挖的沟槽或后期拟建工程的位置,以免二次拆迁。

(3)各用电点必须配备与用电设备功率相匹配的,由闸刀开关、熔断保险、漏电保护器和插座等组成的配电箱,其高度与安装位置应以操作方便、安全为准;每台用电机械或设备均应分设闸刀开关和熔断器,实行单机单闸,严禁一闸多机。

(4)设置在室外的配电箱应有防雨措施,严防漏电、短路及触电事故的发生。

三、施工总布置图的绘制

(一)施工总布置图的内容构成

施工总布置图一般应包括以下内容:

(1)原有地形、地物。

(2)一切已建和拟建的地上及地下的永久性建筑物及其他设施。

(3)施工用的一切临时设施,主要包括:

①施工道路、铁路、港口或码头;

②料场位置及弃渣堆放点;

③混凝土拌和站、钢筋加工等各类加工厂、施工机械修配厂、汽车修配厂等;

④各种建筑材料、预制构件和加工品的堆存仓库或堆场,机械设备停放场;

⑤水源、电源、变压器、配电室、供电线路、给排水系统和动力设施;

⑥安全消防设施;

⑦行政管理及生活福利所用房屋和设施;

⑧测量放线用的永久性定位标志桩和水准点等。

(二)施工总布置图绘制的步骤与要求

1. 确定图幅的大小和绘图比例

图幅大小和绘图比例应根据工地大小及布置的内容多少来确定。图幅一般可选用A1图纸(841 mm×594 mm)或A2图纸(594 mm×420 mm),比例一般采用1:1 000或1:2 000。

2. 绘制建筑总平面图中的有关内容

将现场测量的方格网、现场原有的并将保留的建筑物、构筑物和运输道路等其他设施按比例准确地绘制在图面上。

3. 绘制各种临时设施

根据施工平面布置要求和面积计算的结果，将所确定的施工道路、仓库堆场、加工厂、施工机械停放场、搅拌站等的位置、水电管网及动力设施等的布置，按比例准确地绘制在建筑总平面图上。

4. 绘制正式的施工总布置图

在完成各项布置后，再经过分析、比较、优化、调整修改，形成施工总布置图草图，然后再按规范规定的线型、线条、图例等对草图进行加工、修饰，标上指北针、图例等，并作必要的文字说明，则成为正式的施工总布置图。

施工总体布置方案应遵循因地制宜、因时制宜、有利生产、方便生活、易于管理、安全可靠、经济合理的原则，经全面系统比较论证后选定。

四、施工总体布置方案比较指标

(1) 交通道路的主要技术指标包括工程质量、造价、运输费及运输设备需用量。

(2) 各方案土石方平衡计算成果，场地平整的土石方工程量和形成时间。

(3) 风、水、电系统管线的主要工程量、材料和设备等。

(4) 生产、生活福利设施的建筑物面积和占地面积。

(5) 有关施工征地移民的各项指标。

(6) 施工工厂的土建、安装工程量。

(7) 站场、码头和仓库装卸设备需要量。

(8) 其他临建工程量。

五、施工总体布置及场地选择

施工总体布置应该根据施工需要分阶段逐步形成，满足各阶段施工需要，做好前后衔接，尽量避免后阶段拆迁。初期场地平整范围按施工总体布置最终要求确定。施工总体布置应着重研究以下内容。

(1) 施工临时设施项目的划分、组成、规模和布置。

(2) 对外交通衔接方式、站场位置、主要交通干线及跨河设施的布置情况。

(3) 可资利用场地的相对位置、高程、面积和占地赔偿。

(4) 供生产、生活设施布置的场地。

(5) 临建工程和永久设施的结合。

(6) 前后期结合和重复利用场地的可能性。

若枢纽附近场地狭窄、施工布置困难，可采取适当利用或重复利用库区场地，布置前期施工临建工程，充分利用山坡进行小台阶式布置。提高临时房屋建筑层数和适当缩小间距。利用弃渣填平河滩或冲沟作为施工场地。

六、施工分区规划

(一) 施工总体布置分区

(1) 主体工程施工区。

(2)施工工厂区。

(3)当地建材开采区。

(4)仓库、站、场、厂、码头等储运系统。

(5)机电、金属结构和大型施工机械设备安装场地。

(6)工程弃料堆放区。

(7)施工管理中心及各施工工区。

(8)生活福利区。

要求各分区间交通道路布置合理、运输方便可靠、能适应整个工程施工进度和工艺流程要求,尽量避免或减少反向运输和二次倒运。

(二)施工分区规划布置原则

(1)以混凝土建筑物为主的枢纽工程,施工区布置宜以砂、石料开采、加工、混凝土拌和浇筑系统为主;以当地材料坝为主的枢纽工程,施工区布置宜以土石料采挖、加工、堆料场和上坝运输线路为主。

(2)机电设备、金属结构安装场地宜靠近主要安装地点。

(3)施工管理中心设在主体工程、施工工厂和仓库区的适中地段;各施工区应靠近各施工对象。

(4)生活福利设施应考虑风向、日照、噪声、绿化、水源水质等因素,其生产、生活设施应有明显界限。

(5)特种材料仓库(炸药、雷管库、油库等)应根据有关安全规程的要求布置。

(6)主要施工物资仓库、站场、转运站等储运系统一般布置在场内外交通衔接处。外来物资的转运站远离工区时,应在工区按独立系统设置仓库、道路、管理及生活福利设施。

七、施工总体布置实例

三峡水利枢纽是当今世界上最大的水利枢纽工程,它位于长江三峡的西陵峡中段,坝址在湖北宜昌三斗坪。工程由大坝及泄水建筑物、厂房、通航建筑物等组成,具有防洪、发电、航运、供水等巨大的综合利用效益。坝顶高程185 m,坝长2 309.47 m,总库容1 820万m^3,总装机1 820万kW。

三峡枢纽大坝为混凝土重力坝,左右两岸布置电站厂房,左岸布置升船机和永久船闸。主体建筑物土石开挖10 400万m^3,填方4 149.2万m^3,混凝土2 671.4万m^3。

初步设计推荐的施工总进度安排按三期施工。施工准备及一期工程5年,二期工程6年,三期工程6年,总工期17年。一期工程主要为围护右岸,挖明渠,建纵向围堰;二期工程主要为围护左岸,主河床施工,修建溢流坝及左厂房;三期工程为围护右岸,主要施工右厂房。

(一)场地布置条件

坝址河流宽阔,两岸低山丘陵,沟谷发育。右岸沿江有75~90 m高程带状台地,坝线下游沿江6 km范围内有三斗坪、高家冲、白庙子、东岳庙、杨家湾等场地;上游有徐家冲、茅坪等缓坡地可以利用。左岸台地较少,而冲沟发育较好,坝线下游7 km范围内有覃家沱、许家冲、陈家冲、瓦窑坪、坝河口、杨淌河等较大冲沟,山脊普遍高程为100~140 m,沟底78~90 m;另有面积约100万 m^2 的陈家坝滩地,地面高程65 m左右;坝线上游有刘家河、苏家坳等场地。左右岸共有可利用场地15 km^2,可满足施工场地布置要求。

(二)场地布置原则

(1)主要施工场地和交通道路布置在20年一遇洪水位77 m高程以上。

(2)以宜昌市为后方基地,充分利用已建施工工厂、仓库、车站、码头、生活系统。坝址附近主要布置砂石、混凝土拌和及制冷系统,机电、金属结构安装基地,汽车机械保养、中小修配加工企业和办公生活房屋。

(3)由于两岸都布置有主体建筑物,左岸尤为集中,故采取两岸布置并以左岸为主的方式。

(4)生产与生活区相对分开。

(5)节约用地,多利用荒山坡地布置施工工厂和生活区,利用基坑开挖弃渣填滩造地,布置后期使用的安装基地和施工设施。

(6)根据主体工程高峰年施工需要,坝区布置相应规模的生产、交通、生活、服务系统,按两岸采用公路运输方式进行施工总体规划。

(三)左岸布置

1.覃家沱—古树岭区

该区是左岸前方施工主要基地。布置有120 m高程、82 m高程及98.7 m高程三个混凝土生产系统。120 m高程混凝土系统设4×4 m^3 和6×4 m^3 拌和楼各1座,供应大坝120 m高程以上及临时船闸、升船机和永久船闸一部分混凝土浇筑;82 m高程混凝土系统设4×4 m^3 和6×3 m^3 拌和楼各1座,供应溢流坝、厂房坝段下游面120 m高程以下部位和电厂混凝土浇筑;98.7 m高程混凝土系统设2座4×3 m^3 拌和楼,月产量20万 m^3,供应永久船闸混凝土浇筑。各混凝土系统分设水泥、粉煤灰贮存罐及供风站。古树岭布置人工骨料加工系统,设备生产能力为2 108 m^3/h,承担左岸4个混凝土生产系统砂石料供应。

2.刘家河—苏家坳区

该区是左岸坝上游施工基地,苏家坳90 m高程布置4×3 m^3 及4×6 m^3 拌和楼各1座供应溢流坝、厂房坝段上游面和混凝土纵向围堰90 m高程以上混凝土浇筑。刘家河、瞿家湾一带为弃渣场和二期围堰土石料备料堆场,弃渣量约600万 m^3。上游引航道130 m平台至左坝头185 m平台一带在弃渣场上布置有钢筋、混凝土预制场、木材加工厂、机械修配厂、汽车停放保养场及承包商营地等。

3.陈家坝—望家坝区

除望家坝约1万 m^2 地面高程在70 m以上外,其余均在60 m高程左右,葛洲坝蓄水后常年被淹。作为左岸主要弃渣场,结合主体工程弃渣填筑场地,布置后期使用的企业,如金属结构、压力钢管安装场和机电设备仓库,以及二期围堰土石料堆场。弃渣容量约1 600万 m^3。

4.许家冲—黎家湾区

许家冲、陈家冲布置容量约800万 m^3 的岩石利用料堆场及220 kV施工变电所,柳树湾布置生产能力为200 m^3/h的前期砂砾料加工系统;黎家湾布置物资仓库、材料仓库和承包商营地等。

5. 瓦窑坪—坝河口区

该区为左岸主要办公生活区，布置有业主、监理、设计、施工办公、生活各类设施，建有高水准的餐厅、医院、体育场馆、公园、游泳池、接待中心等，是三峡坝区的办公、商业、文化中心。

6. 坝河口—大象溪区

该区是对外交通与场内交通相衔接的区域，沿江峡大道布置有政府有关部门办事机构、保税仓库、鹰子嘴水厂、临时砂石码头、重件杂货码头；大象溪布置贮量为 8 000 t 的油库；杨淌河布置前期临时货场、临时炸药库和爆破材料贮放场地。

（四）右岸布置

1. 徐家冲—茅坪区

徐家冲弃渣场弃渣容量约 1 600 万 m^3，谢家坪弃渣容量约 450 万 m^3。此两处为右岸主要弃渣场。茅坪溪布置围堰备料场、围堰施工土石料堆场和茅坪溪防护大坝施工承包商营地。

2. 三斗坪—高家冲区

该区是右岸前方主要施工基地。青树湾布置 85 m 高程和 120 m 高程混凝土系统。85 m 高程布置 4×3 m^3 拌和楼 2 座和 6×3 m^3 拌和楼 1 座，担负混凝土纵向围堰和导流明渠上游碾压混凝土围堰 58 m 和 50 m 高程以下混凝土浇筑，二期拆迁至左岸的 75 m 和 79 m 高程混凝土系统安装使用，三期工程在 84 m 高程布置 2 座 4×3 m^3 拌和楼，担负右岸大坝 85 m 高程以下和电站厂房及三期上游横向混凝土围堰浇筑，120 m 高程新建 4×3 m^3 和 6×4 m^3 拌和楼各 1 座，担负三期碾压混凝土围堰、明渠坝段和厂房的混凝土供应。枫箱沟布置生产能力为 815 m^3/h 的砂石加工系统和砂石料堆场；高家冲、鸡公岭可弃渣 680 万 m^3，布置容量为 3 000 万 m^3 的基岩利用料堆场，三斗坪布置汽车停放场、施工机械停放场、金属结构拼装场、基础处理基地；高家冲口布置生产能力为 200 m^3/h 砂砾料加工系统、机电设备库、实验室等。

3. 白庙子—东岳庙区

白庙子布置混凝土预制、钢筋、木材加工厂、水厂、消防站、建材仓库和物资仓库；东岳庙布置葛洲坝集团办公生活中心营地；江边布置船上水厂基地和砂石码头。

4. 杨家湾区

该区布置对外交通水运码头、水泥和粉煤灰中转贮存系统，右桥头布置有桥头公园。

（五）场内交通

三峡场内运输总量约 53 850 万 t，其中汽车运输量约 38 210 万 t。共兴建公路约 108 km，大中型公路桥梁 6 座，总长约 1 700 m。根据坝区场地条件，考虑结合城镇发展，布置公路主干线联通施工辅助企业、仓库、生活区。左岸布置有江峡大道、江峡一路两条纵向主干道，坝址上下游交通在临时船闸运行后由苏覃路改经苏黄路；右岸布置西陵大道，在导流明渠边坡加宽马道，以沟通坝区上下游交通。

为满足施工期和未来两岸交通运输需要，在距坝轴线约 4 km 的望家坝—大沱修建西陵长江公路大桥。因三峡工程分期导流及航运需要，要求最好河床不建桥墩，经长期研究、比较，选定悬索桥，主跨约 900 m，跨越下航道隔流堤，总长约 1 450 m。根据泥沙模型试验和实测资料，左岸滩地普遍淤积厚度较大，因此港口集中布置于右岸杨家湾，港区岸线约1 km，布置水泥、重件杂货、客运等 4 座码头；左岩设重件码头，兼作杂货码头使用。

工程施工初期，于右岸茅坪、三斗坪和丝瓜槽，左岸覃家沱、坝河口、小湾和乐天溪共设置 7 座临时简易码头，担负两岸临时交通汽渡和施工机械设备进场运输。

（六）办公生活布置

初步设计文件估算施工高峰期职工人数 42 700 人，在坝区居住的 39 700 人，共需修建办公生活房屋建筑面积 66 万 m^2，其中生活 44.5 万 m^2，公共房屋 13.7 万 m^2，办公房屋 7.8 万 m^2。右岸集中布置于东岳庙、高家冲两处，占地面积分别约 25 万 m^2 和 7 万 m^2；左岸集中布置于瓦窑坪一带，洞湾布置部分前期办公生活房屋。实施结果比原设计数字少一些，但大多数房屋与永久使用相结合。

（七）场地排水与环保

场内集水面积约 63 km^2，设计排水量采用 10 年一遇小时降雨量 80 mm 标准，以暗排为主，管网结构为箱涵或涵管，分区形成独立排水系统。考虑到施工附属企业一般不产生严重有害废水，施工期暂按混流制，即雨水、污水合用同一排水管道直接排入长江。排污管道与雨水道同时建成，先将排污管道封闭，工程建成后再改分流制，污水经处理后排入长江。各小区利用地形或行道树形成分隔带，降低噪声和灰尘，空地尽可能保留原有植被，场地绿化除选择适当地方重点绿化外，生产、生活小区利用零散场地植树种花进行绿化。晴天或干燥季节施工要求路面洒水降尘。

（八）施工布置的特点与经验教训

三峡工程规模巨大，项目和标段繁多，施工总体布置的核心内容是如何适应这些项目及标段对施工场地、道路等方面的要求。三峡工程的施工总体布置在兼顾诸多因素的条件下满足了区域经济发展和国家宏观经济发展进程。

(1)施工总体布置格局较好地适应了施工管理模式和生产力水平。以左岸为主、右岸为辅，生产区、生活区相对分开。西陵大桥以上布置施工区，主要包括混凝土生产系统、弃渣、综合加工厂、临时营地等；江峡大道以右布置仓储区及辅助工厂；西陵大桥以下，江峡大道与江峡一路间布置办公、生活服务设施。右岸高家溪以上布置施工区，高家溪以下布置办公生活区及仓储、服务设施等。

(2)施工交通规划和道路技术标准较合理，施工期间基本无交通堵塞和道路返修现象。

(3)施工场地排水规划保障了坝区排水通畅。雨水与污水排放系统布置考虑近期与远期相结合。

(4)施工景观布置与环境保护相结合。各小区利用行道树形成分隔带，空地尽可能保留原有植被，场地绿化除选择适当地方重点绿化外，生产、生活小区利用零散场地植树种花进行绿化，降低了噪音和灰尘，形成良好的生产生活环境。

另外，根据工程施工实践，三峡工程施工总体布置在施工征地和考虑地方交通方面还有待改进。有关三峡工程施工的总体布置，如图 2-1 所示。

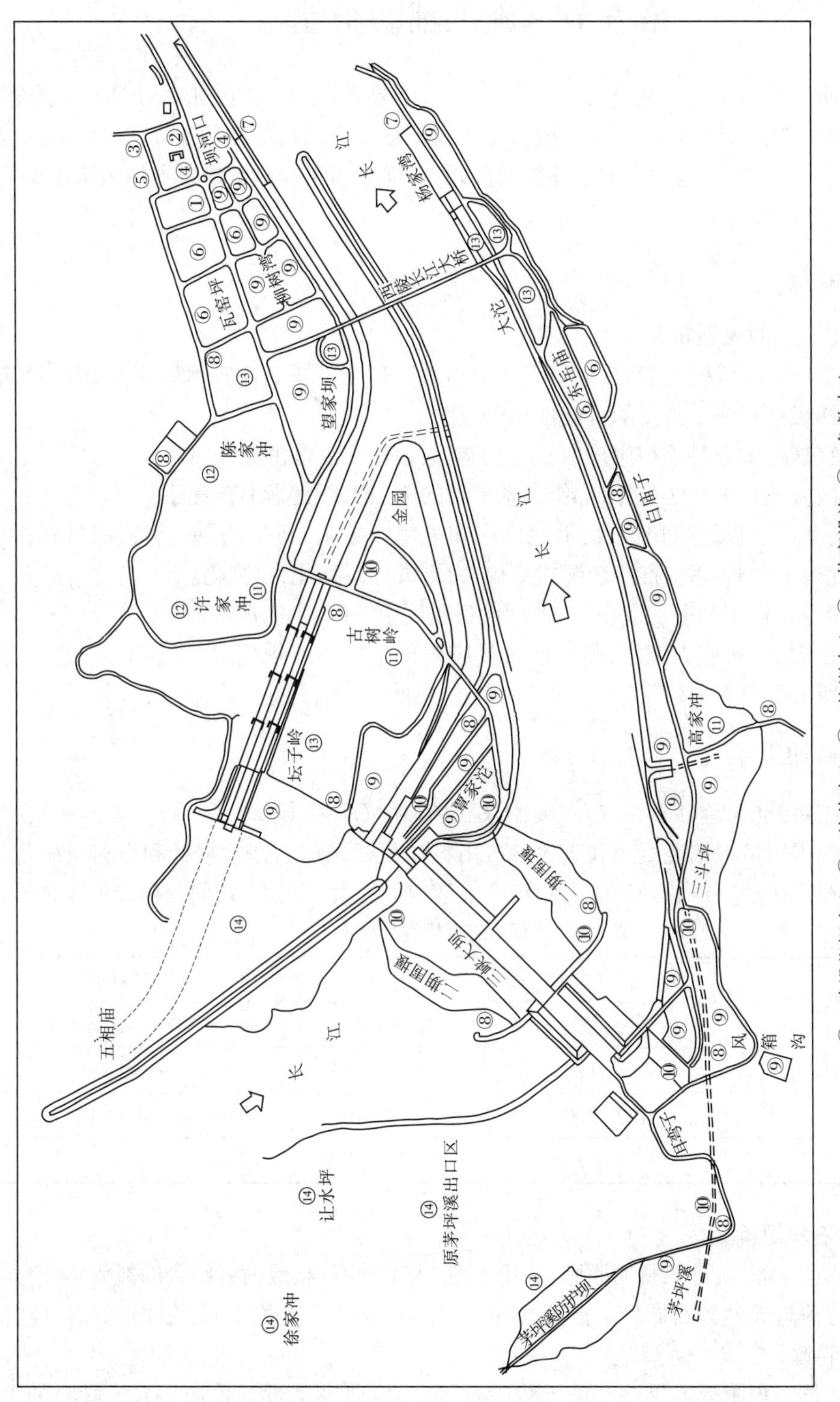

①—建设指挥中心；②—接待中心；③—培训中心；④—体育设施；⑤—急救中心；
⑥—办公生活区；⑦—港口码头；⑧—变电所；⑨—生产区；⑩—混凝土拌和系统；
⑪—混凝土骨料加工系统；⑫—利用料堆场；⑬—绿化区；⑭—弃渣场

图 2-1　三峡工程施工总布置图

第五节　施工辅助企业

为施工服务的施工工厂设施(简称施工工厂)主要有:砂石加工、混凝土生产、预冷、预热、压缩空气、供水、供电和通信、机械修配及加工系统等。其任务是制备施工所需的建筑材料,供应水、电和风,建立工地与外界通信联系,维修和保养施工设备。加工制作少量非标准件和金属结构。

一、一般规定

(1)施工工厂的规划布置:

①施工工厂设施规模的确定,应研究利用当地工矿企业进行生产和技术协作以及结合本工程及梯级电站施工需要的可能性和合理性;

②厂址宜靠近服务对象和用户中心,设于交通运输和水电供应方便处;

③生活区应该与生产区分开,协作关系密切的施工工厂宜集中布置。

(2)施工工厂的设计应积极、慎重地推广和采用新技术、新工艺、新设备、新材料;提高机械化、自动化水平,逐步推广装配式结构,力求设计系列化,定型化。

(3)尽量选用通用和多功能设备,提高设备利用率、降低生产成本。

(4)需在现场设置施工工厂,其生产人员应根据工厂生产规模,按工作班制,进行定岗定员计算所需生产人员。

二、砂石加工系统

砂石加工系统(简称砂石系统)主要由采石场和砂石厂组成。

砂石原料需用量根据混凝土和其他砂石用料计及开采加工运输损耗和弃料量确定。砂石系统规模可按砂石厂的处理能力和年开采量划分为大、中、小型,划分标准见表2-6。

表2-6　砂石系统规模划分标准

规模类型	砂石厂处理能力		采料场
	小时(t)	月(万t)	年开采(万t)
大型	>500	>15	>120
中型	120~500	4~15	30~120
小型	<120	<4	<30

(一)砂石料源确定

根据优质、经济、就近取材的原则,选用天然、人工砂石料、或两者结合的料源:

(1)工程附近天然砂石储量丰富,质量符合要求,级配及开采、运输条件较好时,应优先作为比较料源;

(2)在主体工程附近无足够合格天然砂石料时,应研究就近开采加工人工骨料的可能性和合理性;

(3)尽量不占或少占耕地;

(4)开挖渣料数量较多,且质量符合要求,应尽量利用;

(5)当料物较多或情况较复杂时,宜采用系统分析法优选料源。

(二)对选定的主要料场开挖渣料应作开采规划。

料场开采规划原则主要包括:

(1)尽可能机械化集中开采,合理选择采、挖、运设备;

(2)若料场比较分散,上游料场用于浇筑前期,近距离料场宜作为生产高峰用;

(3)力求天然级配与混凝土需用级配接近,并能连续均衡开采;

(4)受洪水或冰冻影响的料场应要有备料、防洪或冬季开采等措施。

(三)砂石厂厂址选择原则

(1)设在料场附近;多料场供应时,设在主料场附近;砂石利用率高、运距近、场地许可时,亦可设在混凝土工厂附近。

(2)砂石厂人工骨料加工的粗碎车间宜设在离采场 1 ~2 km 范围内,且尽可能靠近混凝土系统,以便共用成品堆料场。

(3)主要设施的地基稳定,有足够的承受能力。

成品堆料场容量尚应满足砂石自然脱水要求。当堆料场总容量较大时,宜多堆毛料或半成品;毛料或半成品可采用较大的堆料高度。

(四)成品骨料堆存和运输应符合要求

(1)有良好的排水系统。

(2)必须设置隔墙避免各级骨料混杂,隔墙高度可按骨料动摩擦角 34° ~37°加 0.5 m 超高确定。

(3)尽量减少转运次数,粒度大于 40 mm 的骨料抛料落差大于 3 m 时,应设缓降设备。碎石与砾石、人工砂与天然砂混合使用时,碎砾石混合比例波动范围应小于 10%,人工、天然砂料的波动范围应小于 15%。

(五)大中型砂石系统堆料场一般宜采用地弄取料

大中型砂石系统堆料场设计时应注意:

(1)地弄进口高出堆料地面;

(2)地弄底板一般宜设大于 5‰的纵坡;

(3)各种成品骨料取料口不宜小于 3 个;

(4)不宜采用事故停电时不能自动关闭的弧门;

(5)较长的独头地弄应设有安全出口。

石料加工以湿法除尘为主,工艺设计应注意减少生产环节,降低转运落差,密闭尘源。应采取措施降低或减少噪声影响。

三、混凝土生产系统

混凝土生产必须满足质量、品种、出机口温度和浇筑强度的要求,小时生产能力可按月高峰强度计算,月有效生产时间可按 500 h 计,不均匀系数按 1.5 考虑,并按充分发挥浇筑设备的能力进行校核。

拌和加冰和掺合料以及生产干硬性或低坍落度混凝土时，均应核算拌和楼的生产能力。

混凝土生产系统（简称混凝土系统）规模按生产能力分大、中、小型，划分标准见表2-7。

表2-7　混凝土系统规模划分标准

规模定型	小时生产能力（m^3）	月生产能力（$\times 10^3\ m^3$）
大型	>200	>6
中型	50～200	1.5～6
小型	<50	<1.5

独立大型混凝土系统拌和楼总数以1～2座以下为宜，一般不超过3座，且规格、型号应尽可能相同。

（一）混凝土系统布置原则

（1）拌和楼尽可能靠近浇筑地点，并应满足爆破安全距离要求。

（2）妥善利用地形减少工程量，主要建筑物应设在稳定、坚实、承载能力满足要求的地基上。

（3）统筹兼顾前、后期施工需要，避免中途搬迁，不与永久性建筑物干扰；高层建筑物应与输电设备保持足够的安全距离。

（二）混凝土系统尽可能集中布置

下列情况可考虑分散设厂：

（1）水工建筑物分散或高差悬殊、浇筑强度过大，集中布置使混凝土运距过远、供应有困难。

（2）两岸混凝土运输线不能沟通。

（3）砂石料场分散，集中布置骨料运输不便或不经济。

（三）混凝土系统内部布置原则

（1）利用地形高差。

（2）各个建筑物布置紧凑，制冷、供热、水泥、粉煤灰等设施均宜靠近拌和楼。

（3）原材料进料方向与混凝土出料方向错开。

（4）系统分期建成投产或先后拆迁，能满足不同施工期混凝土浇筑要求。

（四）拌和楼出料线布置原则

（1）出料能力能满足多品种、多标号混凝土的发运，保证拌和楼不间断地生产。

（2）出料线路平直、畅通。如采用尽头线布置，应核算其发料能力。

（3）每座拌和楼有独立发料线，使车辆进出互不干扰。

（4）出料线高程应和运输线路相适应。

轮换上料时，骨料供料点至拌和楼的输送距离宜在300 m以内。输送距离过长，一条带式输送机向两座拌和楼供料或采用风冷、水冷骨料时，均应核算储仓容量和供料能力。

混凝土系统成品堆料场总储量一般不超过混凝土浇筑月高峰日平均3～5天的需用量。特别困难时，可减少到1天的需用量。

砂石与混凝土系统相距较近并选用带式输送机运输时,成品堆料场可以共用,或混凝土系统仅设活容积为1~2班用料量的调节料仓。

水泥应力求固定厂家计划供应,品种在2~3种以内为宜。应积极创造条件,多用散装水泥。

仓库储水泥量应根据混凝土系统的生产规模、水泥供应及运输条件、施工特点及仓库布置条件等综合分析确定,既要保证混凝土连续生产,又要避免储存过多、过久,影响水泥质量,水泥和粉煤灰在工地的储备量一般按可供工程使用日数而定。

①材料由陆路运输时,储备量应可供工程使用:4~7天。

②材料由水路运输时,储备量应可供工程使用5~15天。

当中转仓库距工地较远时,可增加2~3天。

袋装水泥仓库容量以满足初期临建工程需要为原则。仓库宜设在干燥地点,有良好的排水及通风设施。水泥量大时,宜用机械化装卸、拆包和运输。

运输散装水泥优先选用气力卸载车辆;站台卸载能力、输送管道气压与输送高度应与所用的车辆技术特性相适应;受料仓和站台长度按同时卸载车辆的长度确定;尽可能从卸载点直接送至水泥仓库,避免中断站转送。

四、混凝土预冷、预热系统

(一)混凝土预冷系统

混凝土的拌和出机口温度较高、不能满足温控要求时,拌和料应进行预冷。

拌和料预冷方式可采用骨料堆场降温,加冷水,粗骨料预冷等单项或多项综合措施。加冷水或加冰拌和不能满足出机温度时,结合风冷或冷水喷淋冷却粗骨料,水冷骨料须用冷风保温。骨料进一步冷却,需风冷、淋冷水并用。粗骨料预冷可用水淋法、风冷法、水浸法、真空汽化法等措施。直接水冷法应有脱水措施,使骨料含水率保持稳定;风冷法在骨料进入冷却仓前宜冲洗脱水,5~20 mm骨料的表面水含量不得超过1%。

(二)混凝土预热系统

(1)低温季节混凝土施工,须有预热设施。

(2)优先用热水拌和以提高混凝土拌和料温度,若尚不能满足浇筑温度要求,再进行骨料预热,水泥不得直接加热。

(3)混凝土材料加热温度应根据室外气温和浇筑温度通过热平衡计算确定,拌和水温一般不宜超过60 ℃。骨料预热设施根据工地气温情况选择,当地最低月平均气温在-10 ℃以上时,可在露天料场预热;在-10 ℃以下时,宜在隔热料仓内预热;预热骨料宜用蒸汽排管间接加热法。

(4)供热容量除满足低温季节混凝土浇筑高峰时期加热骨料和拌和水外,尚应满足料仓、骨料输送廊道、地弄、拌和楼、暖棚等设施预热时耗热量。

(5)供热设施宜集中布置,尽量缩短供热管道减少热耗,并应满足防火、防冻要求。

(6)混凝土组成材料在冷却、加热生产、运输过程中,必须采取有效的隔热、降温或采暖措施,预冷、预热系统均需围护隔热材料。

(7)有预热要求的混凝土在日平均气温低于-5 ℃时,对输送骨料的带式输送机廊道、地弄、装卸料仓等均需采暖，骨料卸料口要采取措施防止冻结。

五、压缩空气、供水、供电和通信系统

（一）压缩空气

（1）压气系统主要供石方开挖、混凝土施工、水泥输送、灌浆、机电及金属结构安装所需压缩空气。

（2）根据用气对象的分布、负荷特点、管网压力损失和管网设置的经济性等综合分析确定集中或分散供气方式，大型风动凿岩机及长隧洞开挖应尽可能采用随机移动式空压机供气，以减少管网和能耗。

（3）压气站位置应尽量靠近耗气负荷中心、接近供电和供水点，处于空气洁净、通风良好、交通方便、远离需要安静和防振的场所。

（4）同一压气站内的机型不宜超过两种规格，空压机一般为2~3台，备用1台。

（二）施工供水

施工供水量应满足不同时期日高峰生产用水和生活用水需要，并按消防用水量进行校核。水源选择原则：

（1）水量充沛可靠，靠近用户；

（2）满足水质要求，或经过适当处理后能满足要求；

（3）符合卫生标准的自流或地下水应优先作为生活饮用水源；

（4）冷却水或其他施工废水应根据环保要求与论证确定回收净化作为施工循环用水源；

（5）水量有限而与其他部门共用水源，应签订协议，防止用水矛盾。

水泵型号及数量根据设计供水量的变化、水压要求、调节水池的大小、水泵效率、设备来源等因素确定。同一泵站的水泵型号尽可能统一。

泵站内应设备用水泵，当供水保证率要求不高时，可根据具体情况少设或不设。

（三）施工供电

供电系统应保证生产、生活高峰负荷需要。电源选择应结合工程所在地区能源供应和工程具体条件，经过技术经济比较确定。一般优先考虑电网供电，并尽可能提前架设电站永久性输电线路；施工准备期间，若无其他电源，可建临时发电厂供电，电网供电后，电厂作为备用电源。

各施工阶段用电最高负荷按需要系数法计算；当资料缺乏时，用电高峰负荷可按全工程用电设备总容量的25%~40%估算。

对工地因停电可能造成人身伤亡或设备事故、引起国家财产严重损失的一类负荷必须保证连续供电，设两个以上电源；若单电源供电，须另设发电厂作备用电源。

自备电源容量确定原则：

（1）用电负荷全由自备电源供给时，其容量应能满足施工用电最高负荷要求。

（2）作为系统补充电源时，其容量为施工用电最高负荷与系统供电容量的差值。

（3）事故备用电源，其容量必须满足系统供电中断时工地一类负荷用电要求。

（4）自备电源除满足施工供电负荷和大型电动机起动电压要求外，尚应考虑适当的

备用容量或备用机组。

供电系统中的输、配电电压等级根据输送半径及容量确定。

（四）施工通信

施工通信系统应符合迅速、准确、安全、方便的原则。

通信系统组成与规模应根据工程规模大小、机械程度高低、施工设施布置、以及用户分布情况确定，一般以有线通信为主。机械化程度较高的大型工程，需增设无线通信系统。有线调度电话总机和施工管理通信的交换机容量可按用户数加20%～30%的备用量确定，当资料缺乏时，可按每百人5～10门确定。

水情预报、远距离通信、以及调度施工现场流动人员、设备可采用无线电通信。其工作频率应避免与该地区无线电设备干扰。

供电部门的通信主要采用电力载波。载波机型号和工作频率应按《电力系统通信规划》选择。当变电站距供电部门较近且架设通信线经济时，可架设通信线。

与工地外部通信一般应通过邮电部门挂长途电话方式解决，其中继线数量一般可按每百门设双向中继线2～3对；有条件时，可采用电力载波、电缆载波、微波中继、卫星通信或租用邮电系统的通道等方式通信，并与电力调度通信及对外永久通信的通道并作。

六、机械修配及加工厂

（一）机械修配厂（站）

机械修配厂（站）主要进行设备维修和更换零部件。尽量减少在工地的设备加工、修理工作量，使机械修配厂向小型化、轻装化发展。应接近施工现场，便于施工机械和原材料运输，附近有足够场地存放设备、材料、并靠近汽车修配厂。

机械修配厂各车间的设备数量应按承担的年工作量（总工时或实物工作量）和设备年工作时数（或生产率）计算，最大规模设备应与生产规模相适应。尽可能采用通用设备，以提高设备利用率。

汽车大修尽可能不在工地进行，当汽车数量较多且使用期多超过大修周期、工地又远离城市或基地，方可在工地设置汽车修理厂，大型或利用率较低的加工设备尽可能与修配厂合用。当汽车大修量较小时，汽车修理厂可与机械修配厂合并。

压力钢管加工制作地点主要根据钢管直径、管壁厚度、加工运输条件等因素确定。大型钢管一般宜在工地制作；直径较小且管壁较厚的钢管可在专业工厂内加工成节或瓦状，运至工地组装。

（二）木材加工厂

木材加工厂承担工程锯材、制作细木构件、木模板和房屋建筑构件等加工任务。根据工程所需原木总量、木材来源及其运输方式，锯材、构件、木模板的需要量和供应计划，场内运输条件等确定加工厂的规模。

当工程布置比较集中时，木材加工厂宜和钢筋加工、混凝土构件预制共同组成综合加工厂，厂址应设在公路附近装、卸料方便处，并应远离火源和生活办公区。

（三）钢筋加工厂

钢筋加工厂承担主体及临时工程和混凝土预制厂所用钢筋的冷处理、加工及预制钢筋骨架等任务。规模一般按高峰月日平均需用量确定。

(四)混凝土构件预制厂

混凝土构件预制厂供应临建和永久工程所需的混凝土预制构件,混凝土构件预制厂规模根据构件的种类、规格、数量、最大重量、供应计划、原材料来源及供应运输方式等计算确定。

当预制件量小于3 000 m^3/年时,一般只设简易预制场。预制构件应优先采用自然保护,大批量生产或寒冷地区低温季节才采取蒸汽保护。

当混凝土预制与钢筋加工、木材加工组成综合加工厂时,可不设钢筋、木模加工车间;当由附近混凝土系统供应混凝土时,可不设或少设拌和设备。木材、钢筋、混凝土预制厂在南方以工棚为主,少雨地区可露天作业。

第三章　土石坝

第一节　土石坝的特点和类型

土石坝是土坝与堆石坝的总称,是指由当地土料、石料或混合料,经过抛填、辗压方法堆筑成的挡水建筑物。由于筑坝材料主要来自坝区,因而也称当地材料坝。土石坝得以广泛应用和发展的主要原因是:

(1)可以就地取材,节约大量水泥、木材和钢材,几乎任何土石料均可筑坝。

(2)能适应各种不同的地形、地质和气候条件。

(3)大功率、多功能、高效率施工机械的发展,提高了土石坝的施工质量,加快了进度,降低了造价,促进了高土石坝建设的发展。

(4)岩土力学理论、试验手段和计算技术的发展,提高了大坝分析计算的水平,加快了设计进度,进一步保障了大坝设计的安全可靠性。

(5)高边坡、地下工程结构、高速水流消能防冲等设计和施工技术的综合发展,对加速土石坝的建设和推广也起了重要的促进作用。

(6)结构简单,便于维修和加高扩建等。

一、土石坝的工作特点

(一)稳定方面

土石坝不会产生水平整体滑动。土石坝失稳的形式,主要是坝坡的滑动或坝坡连同部分坝基一起滑动。

(二)渗流方面

土石坝挡水后,在坝体内形成由上游向下游的渗流。渗流不仅使水库损失水量,还易引起管涌、流土等渗透变形。坝体内渗流的水面线叫作浸润线,如图3-1所示。浸润线以下的土料承受着渗透动水压力,并使土的内摩擦角和黏结力减小,对坝坡稳定不利。

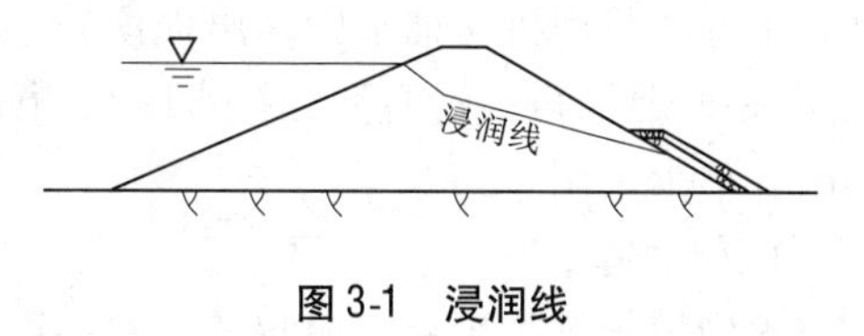

图3-1　浸润线

(三)冲刷方面

土石坝为散粒体结构,抗冲能力很低。

(四)沉降方面

由于土石料存在较大的孔隙,且易产生相对的移动,在自重及其他荷载作用下产生沉降,分为均匀沉降和不均匀沉降。均匀沉降使坝顶高程不足,不均匀沉降还会产生裂缝。

(五)其他方面

严寒地区水库水面冬季结冰膨胀对坝坡产生很大的推力,导致护坡的破坏。地震地区的地震惯性力也会增加滑坡和液化的可能性。

二、土石坝的类型

(一)按坝高分类

土石坝按坝高可分为低坝、中坝和高坝。我国《碾压式土石坝设计规范》(DL/T 5395—2007)规定,高度在 30 m 以下的为低坝,高度为 30 ~ 70 m 的为中坝,高度超过 70 m 的为高坝。土石坝的坝高应从坝体防渗体(不含混凝土防渗墙、灌浆帷幕、截水墙等坝基防渗设施)底部或坝轴线部位的建基面算至坝顶(不含防浪墙),取其大者。

(二)按施工方法分类

按其施工方法可分为碾压式土石坝、水力冲填坝、水中填土坝和定向爆破堆石坝。

1. 碾压式土石坝

碾压式土石坝分层铺填土石料,分层压实填筑的,坝体质量良好,目前最为常用,世界上现有的高土石坝都是碾压式的。本章主要讲述碾压式土石坝。

按照土料在坝身内的配置和防渗体所用的材料种类,碾压式土石坝可分为以下几种主要类型:

(1)均质坝(见图 3-2(a))。坝体基本上是由均一的黏性土料筑成,整个剖面起防渗和稳定作用。

(2)黏土心墙坝和黏土斜墙坝(见图 3-2(b)、(c))。用透水性较好的砂石料做坝壳,以防渗性能较好的土质做防渗体。设在坝体中央或稍向上游倾斜的称为心墙坝或斜心墙坝;设在靠近上游面的称为斜墙坝。

(3)人工材料心墙和斜墙坝(见图 3-2(j)、(k)、(l))。防渗体由沥青混凝土、钢筋混凝土或其他人工材料,其余部分用土石料构成。

(4)多种土质坝(见图 3-2(d)、(e))。坝身由几种不同的土料构成。

2. 水力冲填坝

水力冲填坝是以水力为动力完成土料的开采、运输和填筑等全部工序而建成的坝。其施工方法是用机械抽水到高出坝顶的土场,以水冲击土料形成泥浆,然后通过泥浆泵将泥浆送到坝址,再经过沉淀和排水固结而筑成坝体。这种坝因筑坝质量难以保证,目前在国内外很少采用。

3. 水中填土坝

水中填土坝是用易于崩解的土料一层一层倒入,由许多小土堤分隔围成的、静水中填筑而成的坝。这种施工方法无需机械压实,而是靠土的重力进行压实和排水固结。该法施工受雨季影响小,工效较高,且不用专门碾压设备,但由于坝体填土干容重低,抗剪强度小,要求坝坡缓,工程量大等,仅在我国华北黄土地区、广东含砾风化黏性土地区曾用此法建造过一些坝,并未得到广泛的应用。

4. 定向爆破堆石坝

定向爆破堆石坝是按预定要求埋设炸药,使爆出的大部分岩石抛填到预定的地点而堆成的坝。这种坝填筑防渗部分比较困难。

以上四种坝中应用最广泛的是碾压式土石坝。

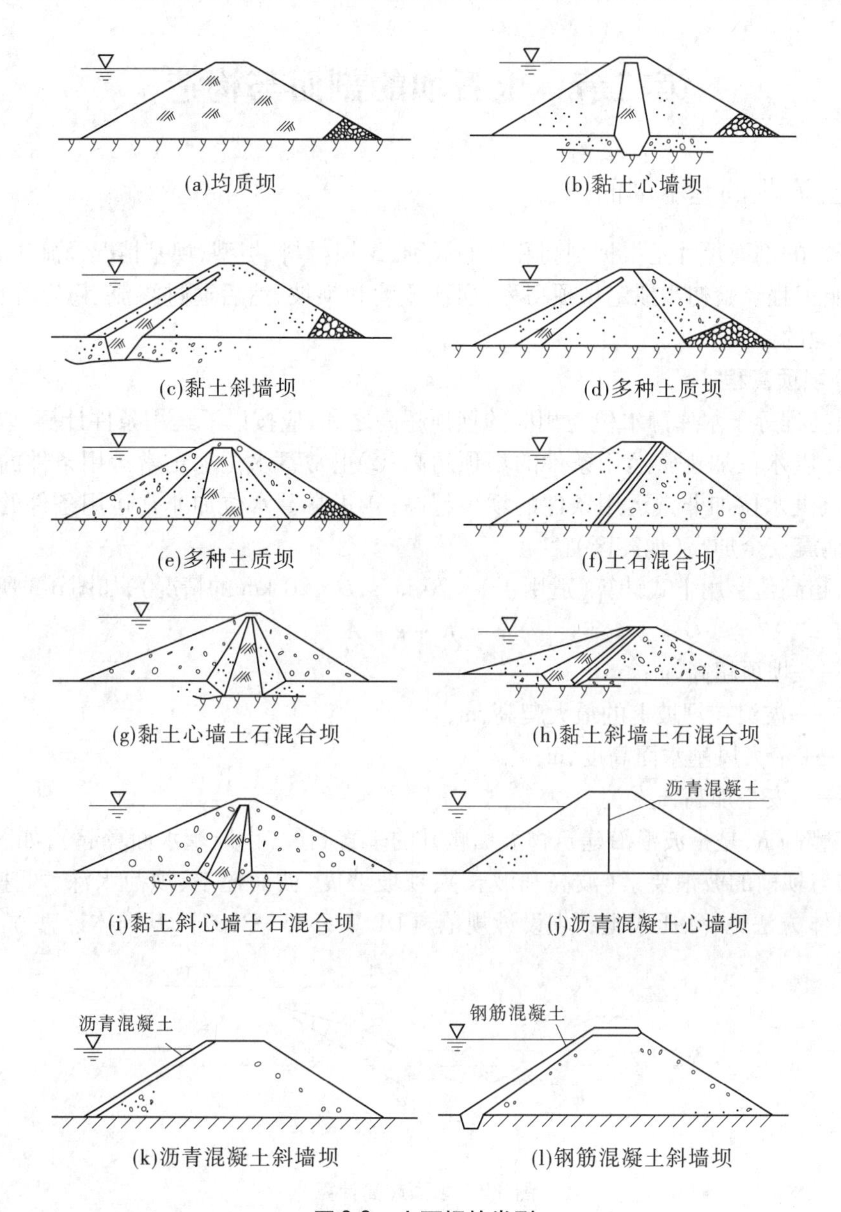

图 3-2　土石坝的类型

(三)按坝体材料所占比例分类

土石坝按坝体材料所占比例可分为三种：

(1)土坝。土坝的坝体材料以土和砂砾为主。

(2)土石混合坝(见图 3-2(f)、(g)、(h)、(i))。当两种材料均占相当比例时,称为土石混合坝。

(3)堆石坝。以石渣、卵石、爆破石料为主,除防渗体外,坝体的绝大部分或全部由石料堆筑起来的称为堆石坝。

第二节　土石坝的剖面与构造

一、土石坝的基本剖面

土石坝的剖面尺寸是根据坝高和坝的级别、筑坝材料、坝型、坝基情况及施工、运行等条件,参照工程经验初步拟定坝顶高程、坝顶宽度和坝坡,然后通过渗流、稳定分析,最终确定的合理的剖面形状。

(一)坝顶高程

坝顶高程等于水库静水位与相应的坝顶超高之和,应按以下运用条件计算,取其最大值:①设计洪水位加正常运用条件的坝顶超高;②正常蓄水位加正常运用条件的坝顶超高;③校核洪水位加非常运用条件的坝顶超高;④正常蓄水位加非常运用条件的坝顶超高,再加地震安全加高(地震区)。

坝顶超高值 y 用下式计算(适用于 $v<20$ m/s,$D<20$ km 的情况),如图 3-3 所示。

$$y = R + e + A \tag{3-1}$$

式中　y——坝顶超高,m;

R——波浪在坝坡上的最大爬高,m;

e——最大风壅水面高度,m;

A——安全加高,m。

波浪爬高 R,是指波浪沿建筑物坡面爬升的垂直高度(由风壅水面算起),如图 3-3 中的 R。它与坝前的波浪要素(波高和波长)、坝坡坡度、坡面糙率、坝前水深、风速等因素有关。具体方法见《碾压式土石坝设计规范》(DL/T 5395—2007),其具体计算方法如下:

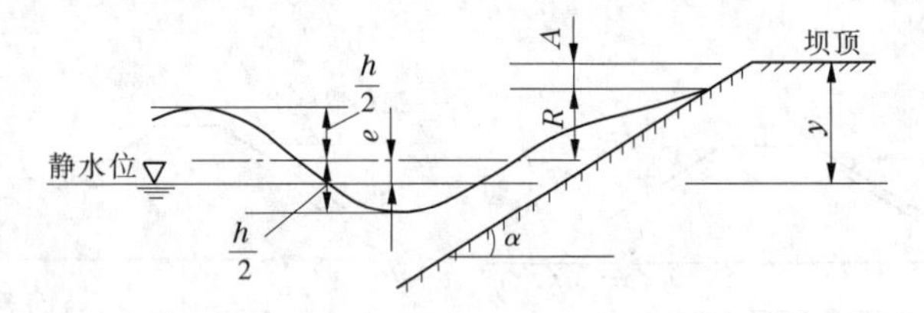

图 3-3　坝顶超高计算

(1)波浪的平均爬高 R_m。当坝坡系数 $m=1.5\sim5.0$ 时,平均爬高 R_m 为

$$R_m = \frac{K_\Delta K_w}{\sqrt{1+m^2}}\sqrt{h_m L_m} \tag{3-2}$$

当 $m\leqslant1.25$ 时

$$R_m = K_\Delta K_w R_0 h_m \tag{3-3}$$

式中　R_0——无风情况下,平均波高 $h_m=1.0$ m、$K_\Delta=1$ 时的爬高值,可查表 3-1;

K_Δ——斜坡的糙率渗透系数,根据护面的类型查表 3-2;

K_w——经验系数,按表 3-3 确定;

m——单坡的坡度系数,若单坡坡角为 α,则 $m=\cot\alpha$;

h_m、L_m——平均波高和波长,m,采用莆田试验站公式计算。

当1.25 < m < 1.5 时,可由 m 为1.25 和1.5 的值按直线内插求得。

表3-1　R_0 值

m	0	0.5	1.0	1.25
R_0	1.24	1.45	2.20	2.50

表3-2　糙率渗透系数 K_Δ

护面类型	K_Δ	护面类型	K_Δ
光滑不透水护面(沥青混凝土)	1.0	砌石护面	0.75～0.80
混凝土板护面	0.9	抛填两层块石(不透水基础)	0.60～0.65
草皮护面	0.85～0.9	抛填两层块石(透水基础)	0.50～0.55

表3-3　经验系数 K_w

$\frac{v_0}{\sqrt{gH}}$	≤1	1.5	2.0	2.5	3.0	3.5	4.0	>5.0
K_w	1	1.02	1.08	1.16	1.22	1.25	1.28	1.33

(2)设计爬高 R。不同累计频率的爬高 R_p 与 R_m 的比,可根据爬高统计分布表(见表3-4)确定。设计爬高值按建筑物级别而定,对于1、2、3级土石坝取累计频率 $p=1\%$ 的爬高值 $R_{1\%}$;对4、5级坝取 $p=5\%$ 的 $R_{5\%}$。

表3-4　爬高统计分布(R_p/R_m)

h_m/H	p(%)									
	0.1	1	2	4	5	10	14	20	30	50
<0.1	2.66	2.23	2.7	1.0	1.84	1.64	1.53	1.39	1.22	0.96
0.1～0.3	2.44	2.08	1.94	1.80	1.75	1.57	1.48	1.36	1.21	0.97
>0.3	2.3	1.86	1.76	1.65	1.61	1.48	1.39	1.31	1.19	0.99

当风向与坝轴的法线成一夹角 β 时,波浪爬高应乘以折减系数 K_β,其值由表3-5确定。

表3-5　斜向坡折减系数 K_β

β(°)	0	10	20	30	40	50	60
K_β	1	0.98	0.96	0.92	0.87	0.82	0.76

风壅水面高度 e 可按式(3-4)计算

$$e=\frac{Kv^2D}{2gH_m}\cos\beta \tag{3-4}$$

式中 D——风区长度,m,取值方法同重力坝;

H_m——坝前水域平均水深,m;

K——综合摩阻系数,一般取 $K = 3.6 \times 10^{-6}$;

β——风向与水域中心线(或坝轴线法线)的夹角,(°);

v——计算风速,m/s,正常运用条件下的 1、2 级坝,采用多年平均最大风速的 1.5~2.0倍,正常运用条件下的 3、4 级和 5 级坝,采用多年平均最大风速的 1.5 倍,非常运用条件下,采用多年平均最大风速。

(3)安全加高 A 可按表 3-6 确定。

表 3-6 安全加高 A (单位:m)

运用情况		坝的级别			
		1	2	3	4、5
设计		1.50	1.00	0.70	0.50
校核	山区、丘陵区	0.70	0.50	0.40	0.30
	平原、滨海区	1.00	0.70	0.50	0.30

(二)坝顶宽度

坝顶宽度应根据运行、施工、构造、交通和人防等要求综合确定。如无特殊要求,高坝可选用 10~15 m,中、低坝可选用 5~10 m。

坝顶宽度必须考虑心墙和斜墙顶部及反滤层的需求。寒冷地区还需有足够的宽度以保护黏性土料防渗体免受冻害。

(三)坝坡

坝坡应根据坝型、坝高、坝的等级、坝体和坝基材料的性质、坝所承受的荷载及施工和运用条件等因素,经技术经济比较确定。一般情况下,确定坝坡可参考如下规律:

(1)在满足稳定要求的前提下,尽可能采用较陡的坝坡,以减少工程量。

(2)从坝体的上部到下部,坝坡逐步放缓,以满足抗渗稳定和结构稳定性的要求。

(3)均质坝的上下游坝坡常比心墙坝的坝坡缓。

(4)心墙坝两侧坝壳采用非黏性土料,土体颗粒的内摩擦角大,透水性大,上下游坝坡可陡些,坝体剖面较小,但施工干扰大。

(5)黏土斜墙坝的上游坝坡比心墙坝的坝坡缓,而下游坝坡可比心墙坝坝坡陡些,施工干扰小,斜墙易断裂。

(6)土料相同时上游坝坡缓于下游坝坡,原因是上游坝坡经常浸在水中,土的抗剪强度低,库水位下降时易发生渗流破坏。

(7)黏性土料的坝坡与坝高有关,坝高越大则坝坡越缓;而砂或砂砾料坝体的坝坡与坝高关系不大。通常用黏性土料做成的坝坡,常沿高度分成数段,每段 10~30 m,从上而下逐渐放缓,相邻坡率差值取 0.25 或 0.5。砂土和砂砾料坝体可不变坡,但一般也常采用变坡形式。

(8)碾压堆石坝的坝坡比土坝陡。

土石坝坝坡确定的步骤是：根据经验用类比法初步拟定，再经过核算、修改及技术经济比较后确定。

碾压式土石坝上下游坝坡常沿高程每隔 10 ~ 30 m 设置一条马道，其宽度不小于 1.5 ~ 2.0 m，用以拦截雨水，防止冲刷坝面，同时也兼作交通、检修和观测之用，还有利于坝坡稳定。马道一般设在坡度变化处。

二、土石坝的构造

土石坝的构造主要包括坝顶、防渗体、排水设施、护坡与排水等部分。

(一)坝顶

坝顶护面材料应根据当地材料情况及坝顶用途确定，宜采用砂砾石、碎石、单层砌石或沥青混凝土等柔性材料，如图 3-4 所示。

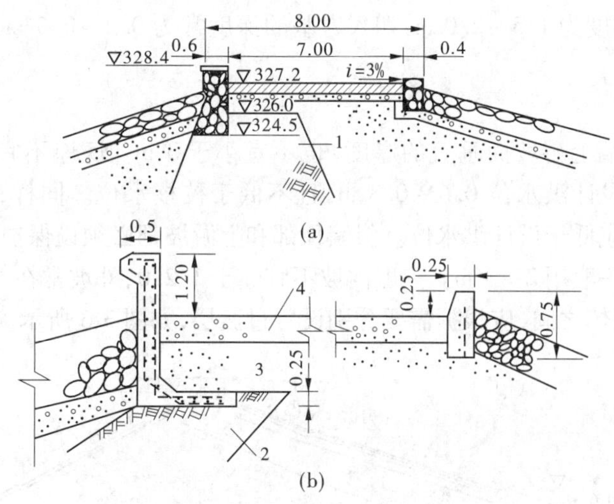

1—心墙；2—斜心墙；3—回填土；4—坝顶路面

图 3-4　土石坝坝顶构造　（单位：m）

坝顶面可向上、下游侧或下游侧放坡，坡度宜根据降雨强度，选择 2% ~ 3%，并做好向下游的排水系统。坝顶上游侧宜设防浪墙，墙顶应高于坝顶 1.0 ~ 1.2 m，墙底必须与防渗体紧密结合。防浪墙应坚固而不透水。

(二)防渗体

设置防渗设施的目的：减少通过坝体和坝基的渗流量；降低浸润线，增加下游坝坡的稳定性；降低渗透坡降，防止渗透变形。防渗体主要是心墙、斜墙、铺盖、截水墙等，它的结构尺寸应能满足防渗、构造、施工和管理方面的要求。

1. 黏土心墙

心墙一般布置在坝体中部，有时稍偏上游并稍微倾斜，如图 3-5 所示。

心墙坝顶部厚度一般不小于 3 m，底部厚度不宜小于作用水头的 1/4。黏土心墙两侧边坡多为 1∶0.15 ~ 1∶0.3。心墙的顶部应高出设计洪水位 0.3 ~ 0.6 m，且不低于校核水位，当有可靠的防浪墙时，心墙顶部高程也不应低于设计洪水位。心墙顶与坝顶之间应设有保护层，厚度不小于该地区的冰结或干燥深度，同时按结构要求不宜小于 1 m。心墙与

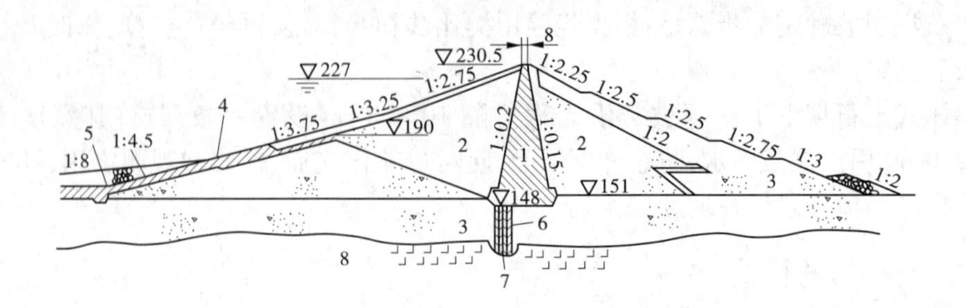

1—黏土心墙;2—半透水料;3—砂卵石;4—施工时挡土黏土斜墙;

5—盖层;6—混凝土防渗墙;7—灌浆帷幕;8—玄武岩

图 3-5　毛家村黏土心墙土石坝　(高程:m)

坝壳之间应设置过渡层,岩石地基上的心墙,一般还要设混凝土垫座,或修建 1 ~3 道混凝土齿墙。齿墙的高度为 1. 5 ~2. 0 m,切入岩基的深度常为 0. 2 ~0. 5 m,有时还要在下部进行帷幕灌浆。

2. 黏土斜墙

顶厚(指与斜墙上游坡面垂直的厚度)也不宜小于 3 m。底厚不宜小于作用水头的 1/5。墙顶应高出设计洪水位 0. 6 ~0. 8 m,且不低于校核水位。同样,如有可靠的防浪墙,斜墙顶部也不应低于设计洪水位。斜墙顶部和上游坡都必须设保护层,厚度不得小于冰冻和干燥深度,一般用 2 ~3 m。一般内坡不宜陡于 1∶2. 0,外坡常在 1∶2. 5 以上。斜墙与保护层及下游坝体之间,应根据需要分别设置过渡层,如图 3-6 所示。

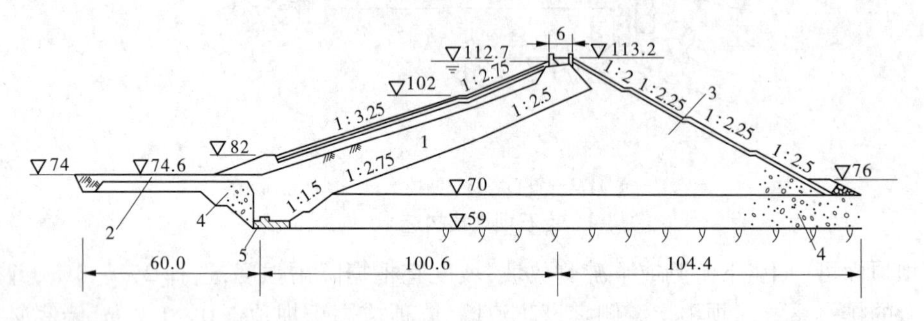

1—黏土斜墙;2—铺盖;3—坝坡;4—砂砾石;5—混凝土盖板齿墙

图 3-6　汤河土坝　(高程:m)

3. 沥青混凝土防渗墙

沥青混凝土防渗墙的结构形式有心墙(见图 3-7)、斜墙。

沥青混凝土防渗墙的特点:①沥青混凝土具有良好的塑性和柔性,渗透系数为 10^{-7} ~ 10^{-10} cm/s,防渗性能好;②沥青混凝土在产生裂缝时,有较好的自行愈合能力;③施工受气候影响小。

沥青心墙受外界温度影响小,结构简单,修补困难,厚度 $H/30$,顶厚 30 ~40 cm,上游侧设黏性土过渡层,沥青墙坏了可修补,下游侧设排水。

沥青斜墙不漏水,不需设排水;一层即可,斜墙与基础连接要适应变形的要求,为柔性结构。

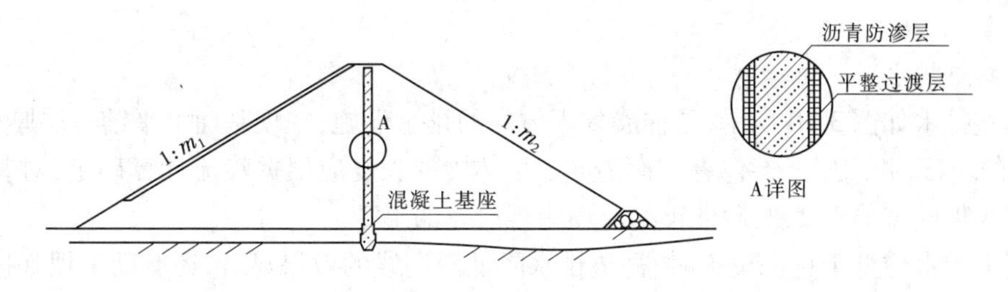

图 3-7　沥青混凝土心墙坝

（三）排水设施

由于在土石坝中渗流不可避免，所以土石坝应设置坝体排水，用以降低浸润线，改变渗流方向，防止渗流溢出处产生渗透变形，保护坝坡土不产生冻胀破坏。常用的坝体排水有以下几种形式。

1. 贴坡排水

贴坡排水如图 3-8 所示，可以防止坝坡土发生渗透破坏，保护坝坡免受下游波浪淘刷，对坝体施工干扰较小，易于检修，但不能有效降低浸润线，多用于浸润线很低和下游无水的情况。土质防渗体分区坝常用这种排水体。

贴坡排水设计应遵守下列规定：顶部高程应高于坝体浸润线的逸出点，超过的高度应使坝体浸润线在该地区的冻结深度以下，1、2 级坝不小于 2.0 m，3、4 级和 5 级坝不小于 1.5 m，并应超过波浪沿坡面的爬高；底部应设排水沟和排水体，材料应满足防浪护坡的要求。

2. 棱体排水

棱体排水如图 3-9 所示，棱体排水可降低浸润线，防止渗透变形，保护下游坝脚不受尾水淘刷，且有支撑坝体增加稳定的作用。但石料用量较大、费用较高，与坝体施工有干扰，检修也较困难。

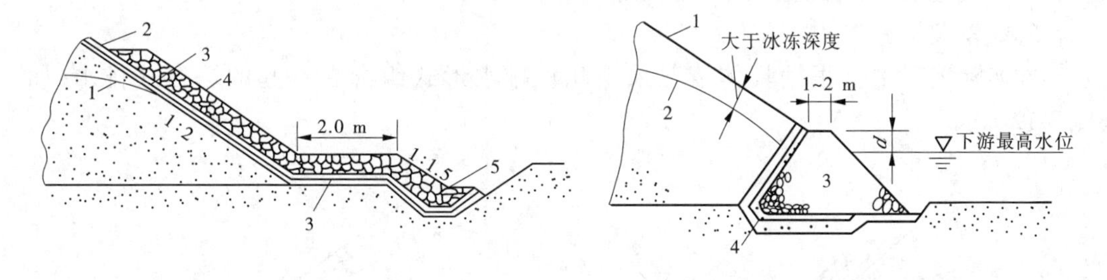

1—浸润线；2—护坡；3—反滤层；4—排水体；5—排水沟

图 3-8　贴坡排水

1—坝坡；2—浸润线；3—堆石棱体；4—反滤层

图 3-9　棱体排水

棱体排水设计应遵守下列规定：在下游坝脚处用块石堆成棱体，顶部高程应超出下游最高水位，超过的高度，1、2 级坝不小于 1.0 m，3、4 级和 5 级坝不小于 0.5 m，超出高度应大于波浪沿坡面的爬高；顶部高程应使坝体浸润线距坝面的距离大于该地区的冻结深度；顶部宽度应根据施工条件及检查观测需要确定但不宜小于 1.0 m；应避免在棱体上出现锐角。

3. 褥垫排水

褥垫排水如图 3-10 所示，是伸展到坝体内的排水设施，在坝基面上平铺一层厚 0.4 ~ 0.5 m 的块石，并用反滤层包裹。褥垫伸入坝体内的长度应根据渗流计算确定，对黏性土均质坝为坝底宽的 1/2，对砂性土均质坝为坝底宽的 1/3。

当下游水位低于排水设施时，褥垫排水降低浸润线的效果显著，还有助于坝基排水固结。当坝基产生不均匀沉陷时，褥垫排水层易遭断裂，而且检修困难，施工时有干扰。

4. 管式排水

管式排水如图 3-11 所示，埋入坝体的暗管可以是带孔的陶瓦管、混凝土管或钢筋混凝土管，还可以由碎石堆筑而成。平行于坝轴线的集水管收集渗水，经由垂直于坝轴线的排水管排向下游。

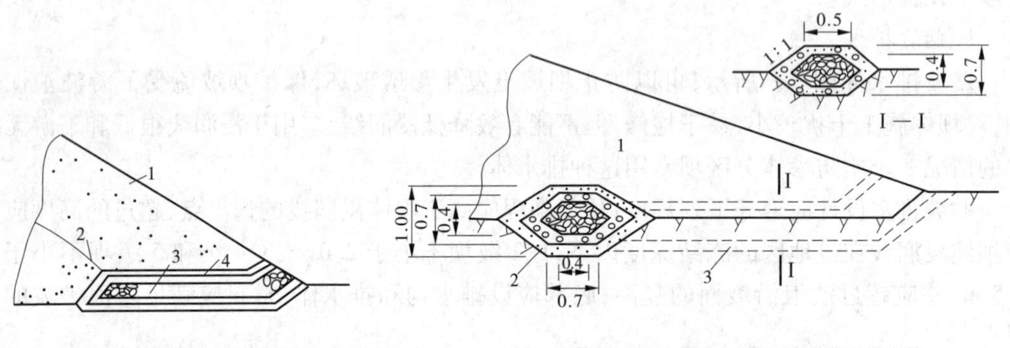

1—坝坡；2—浸润线；3—褥垫排水；4—反滤层

图 3-10　褥垫排水

1—坝体；2—反滤层；3—横向排水带或排水管

图 3-11　管式排水

管式排水的优缺点与褥垫排水相似，排水效果不如褥垫排水好，但用料少。一般用于土石坝岸坡地段，因为这里坝体下游经常无水，排水效果好。

5. 综合式排水

在实际工程中常根据具体情况采用几种排水形式组合在一起的综合式排水，如图 3-12所示。

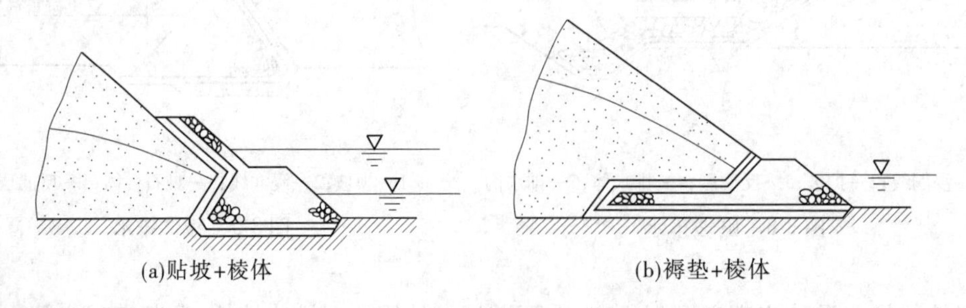

(a)贴坡+棱体　　(b)褥垫+棱体

图 3-12　综合排水

(四)土石坝的护坡与坝坡排水

护坡的形式、厚度及材料粒径应根据坝的等级、运用条件和当地材料情况，根据以下因素进行技术经济比较确定。上游护坡应考虑:波浪淘刷,顺坝水流冲刷,漂浮物和冰层的撞击及冻冰的挤压。下游护坡应考虑:冻胀、干裂及蚁、鼠等动物的破坏,雨水、大风、水下部位的风浪、冰层和水流的作用。

1. 上游护坡

上游护坡的形式有:抛石(堆石)护坡、干砌石护坡、浆砌石护坡、预制或现浇的混凝土或钢筋混凝土板(或块)护坡、沥青混凝土护坡、其他形式护坡(如水泥土护坡)。

护坡的范围为:上部自坝顶起,如设防浪墙应与防浪墙连接;下部至死水位以下不宜小于2.50 m,4、5级坝可减至1.50 m,最低水位不确定时应护至坝脚。

(1)抛石(堆石)护坡。它是将适当级配的石块倾倒在坝面垫层上的一种护坡。其优点是施工速度快,节省人力,但工程量比砌石护坡大。堆石厚度一般认为至少要包括2~3层块石,这样便于在波浪作用下自动调整,不致因垫层暴露而遭到破坏。当坝壳为黏性小的细粒土料时,往往需要两层垫层,靠近坝壳的一层垫层最小厚度为15 cm。

(2)砌石护坡。是用人工将块石铺砌在碎石或砾石垫层上,有干砌石和浆砌石两种。要求石料比较坚硬并耐风化。

干砌石应力求嵌紧,石块大小及护坡厚度应根据风浪大小经过计算确定,通常厚度为20~60 cm。有时根据需要用2~3层的垫层,它起反滤作用。干砌石护坡构造如图3-13所示。

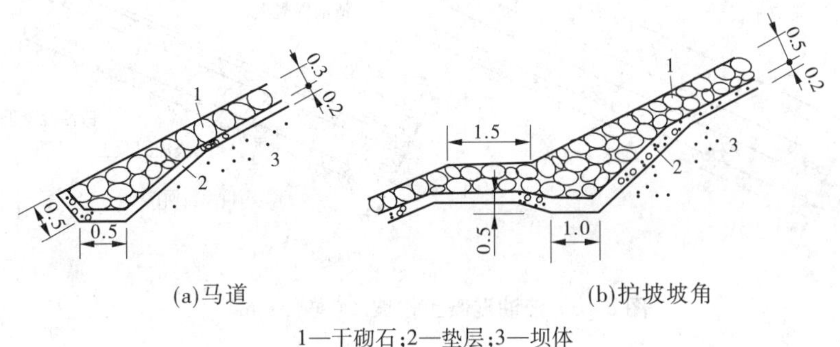

(a)马道 (b)护坡坡角

1—干砌石;2—垫层;3—坝体

图3-13 砌石护坡构造 (单位:m)

浆砌石护坡能承受较大的风浪,也有较好的抗冰层推力的性能。但水泥用量大,造价较高。若坝体为黏性土,则要有足够厚度的非黏性土防冻垫层,同时要留有一定缝隙以便排水通畅。

(3)混凝土和钢筋混凝土板护坡。当筑坝地区缺乏石料时可考虑采用此种形式。预制板的尺寸一般采用:方形板为1.5 m×2.5 m、2 m×2 m或3 m×3 m,厚为0.10~0.20 m。预制板底部设砂砾石或碎石垫层。现场浇筑的尺寸可大些,可采用5 m×5 m、10 m×10 m,甚至20 m×20 m。严寒地区冰推力对护坡危害很大,因此也有用混凝土板做护坡的,但其垫层厚度要超过冻深,如图3-14所示。

(4)水泥土护坡。将粗砂、中砂、细砂掺上7%~12%的水泥(重量比),分层填筑于坝面作为护坡,叫水泥土护坡。它是随着土石坝逐层填筑压实的,每层压实后的厚度不超过15 cm。这种护坡厚度0.6~0.8 m,相应的水平宽度2~3 m,如图3-15所示。

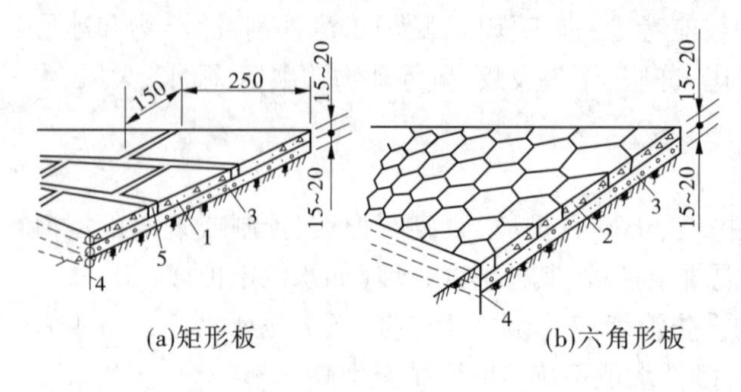

1—矩形混凝土板;2—六角形混凝土板;3—碎石或砾石;
4—木档柱;5—结合缝

图 3-14　混凝土板护坡　(单位:cm)

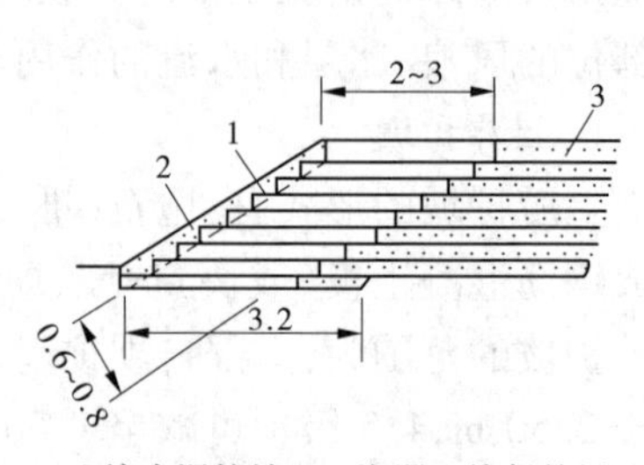

1—土壤水泥护坡;2—潮湿土壤保护层;
3—压实的透水土料

图 3-15　水泥土护坡　(单位:m)

(5)渣油混凝土护坡。在坝面上先铺一层厚 3 cm(夯实后的厚度)的渣油混凝土,上铺 10 cm(不夯)的卵石做排水层,第三层铺 8 ~ 10 cm 的渣油混凝土,夯实后在第三层表面倾倒温度为 130 ~ 140 ℃的渣油砂浆,并立即将 0.5 m × 1.0 m × 0.15 m 的混凝土板平铺其上,板缝间用渣油砂浆灌满。这种护坡在冰冻区试用成功,如图 3-16 所示。

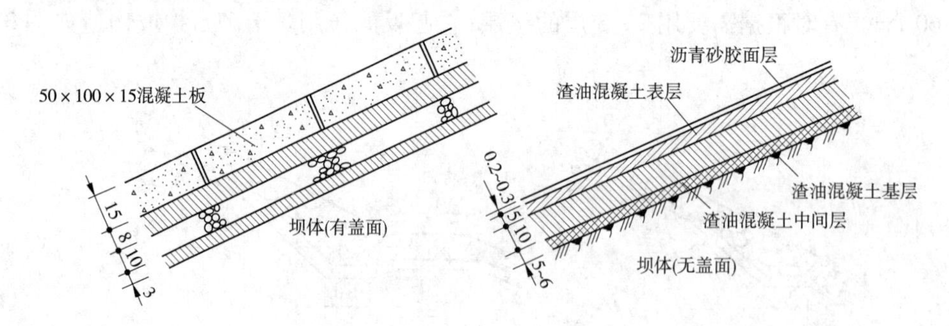

图 3-16　渣油混凝土护坡　(单位:cm)

以上各种护坡的垫层按反滤层要求确定。垫层厚度一般对砂土可用 15 ~ 30 cm 以上,卵砾石或碎石可用 30 ~ 60 cm 以上。

2. 下游护坡

下游护坡形式有干砌石,堆石、卵石和碎石、草皮,钢筋混凝土框格填石,其他形式(如土工合成材料)。

护坡的范围为由坝顶护至排水棱体,无排水棱体时护至坝脚。

3. 坝坡排水

为防止雨水的冲刷,在下游坝坡上常设置纵横向连通的排水沟。常用的形式有纵沟、横沟和岸坡排水沟。

沿土石坝与岸坡的结合处,常设置岸坡排水沟以拦截山坡上的雨水。坝面上的纵向排水沟沿马道内侧布置,用浆砌石或混凝土板敷设成矩形或梯形。若坝较短,纵向排水沟拦截的雨水可引至两岸的排水沟排至下游。若坝较长,则应沿坝轴线方向每隔 50 ~ 100 m 设一横向排水沟,以便排除雨水。排水沟的横断面,一般深 0.2 m、宽 0.3 m,如图 3-17

所示。

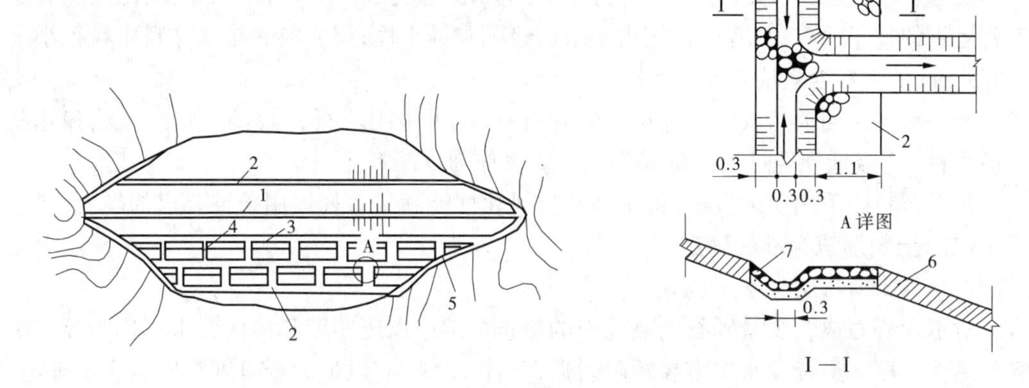

1—坝顶;2—马道;3—纵向排水沟;4—横向排水沟;5—岸坡截水沟;
6—草皮护坡;7—浆砌石排水沟

图3-17　排水沟布置与构造

三、筑坝材料选择与填筑标准

(一)坝体各组成部分对材料的要求

坝体不同部分由于任务和工作条件不同,对材料的要求也有所不同。

1. 均质坝土料

均质坝土料应具有一定的抗渗性能,其渗透系数不宜大于 10^{-4} cm/s;黏粒含量一般为10%～30%;有机质含量(按质量计)不大于5%。最常用于均质坝的土料是砂质黏土和壤土。

2. 防渗体土料

防渗体土料应满足下列要求:①渗透系数:均质坝应不大于 1×10^{-4} cm/s,心墙和斜墙应不大于 1×10^{-5} cm/s;②水溶盐(指易溶盐、中溶盐,按质量计)含量不大于3%;③有机质含量(按质量计):均质坝应不大于5%,心墙和斜墙应不大于2%;④具有较好的塑性和渗透稳定性;⑤浸水与失水时体积变化较小。

以下几种黏性土不宜作为坝的防渗体填筑料,必须采用时,应根据其特性采取相应的措施:塑性指数大于20和液限大于40%的冲积黏土,膨胀土,开挖、压实困难的干硬黏土,冻土,分散性黏土。

3. 坝壳土石料

料场开采和建筑物开挖的无黏性土(包括砂、砾石、卵石、漂石等)、石料和风化料、砾石土均可作为坝壳料,并应根据材料性质用于坝壳的不同部位。均匀中、细砂及粉砂可用于中、低坝坝壳的干燥区,但地震区不宜采用。采用风化石料和软岩填筑坝壳时,应按压实后的级配研究确定材料的物理力学指标,并应考虑浸水后抗剪强度的降低、压缩性增加等不利情况。对软化系数低、不能压碎成砾石的风化石料和软岩宜填筑在干燥区。下游坝壳水下部位和上游坝壳水位变动区应采用透水料填筑。

4. 排水体、护坡石料

反滤料、过渡层料和排水体料应符合下列要求:质地致密;抗水性和抗风化性能满足工程运用的技术要求;具有符合使用要求的级配和透水性;反滤料和排水体料中粒径小于0.075 mm 的颗粒含量应不超过5%。

反滤料可利用天然或经过筛选的砂砾石料,也可采用块石、砾石轧制,或天然和轧制的掺合料。3 级低坝经过论证可采用土工织物作为反滤料。

护坡石料应采用质地致密、抗水性和抗风化性能满足工程运用条件要求的硬岩石料。

(二)土料填筑标准的确定

1. 黏性土的压实标准

对不含砾石或含少量砾石的黏性土的填筑标准应以压实度和最优含水率作为控制指标。黏性土压实最优含水率多在塑限附近,设计干重度应以最大干重度乘以压实度确定。

$$\gamma_d = P\gamma_{d\max} \tag{3-5}$$

式中 γ_d——设计干重度,kN/m^3;

P——压实度;

$\gamma_{d\max}$——标准击实试验平均最大干重度,kN/m^3。

对于1、2 级坝和高坝压实度为0.98~1.00,对于3 级及其以下的中坝压实度为0.96~0.98;设计地震烈度为8 度、9 度地区,宜取上述规定的大值;有特殊用途和性质特殊的土料压实度宜另行确定。

2. 非黏性土料的压实标准

砂砾石和砂的填筑标准以相对密度为设计控制指标,并应符合下列要求:砂砾石的相对密度不应低于0.75,砂的相对密度不应低于0.70,反滤料宜为0.70;砂砾料中粗粒料含量小于50%时,应保证细料(粒径小于5 mm 的颗粒)的相对密度也符合上述要求;地震区的相对密度设计标准应符合《水工建筑物抗震设计规范》(SL 203—97)的规定。压密程度一般与含水量关系不大,而与粒径级配和压实功能有密切关系。非黏性土料设计中的一个重要问题是防止产生液化,解决的途径除要求有较高的密实度外,还要注意颗粒不能太小,级配要适当,不能过于均匀。

堆石料的填筑标准宜用孔隙率为设计控制指标,并应符合下列要求:土质防渗体分区坝和沥青混凝土心墙坝的堆石料,孔隙率宜取20%~28%;沥青混凝土面板坝堆石料的孔隙率宜在混凝土面板堆石坝和土质防渗体分区坝的孔隙率之间选择;采用软岩、风化岩石筑坝时,孔隙率宜根据坝体变形、应力及抗剪强度等要求确定;设计地震烈度为8 度、9 度的地区,可取上述孔隙率的小值。

第三节 土石坝的渗流分析

一、渗流计算的任务

(1)确定坝体浸润线和下游出逸点的位置,绘制坝体及坝基内的等势线分布图或流网图。

(2)确定坝体与坝基的渗流量,以便估计水库渗漏损失和确定坝体排水设备的尺寸。

(3)确定坝坡出逸段和下游地基表面的出逸坡降,以及不同土层之间的渗透比降。

(4)确定库水位降落时上游坝坡内的浸润线位置或孔隙压力。

(5)确定坝肩的等势线、渗流量和渗透比降。

二、渗流计算的方法

土石坝渗流分析通常是把一个实际比较复杂的空间问题近似转化为平面问题。土石坝的渗流分析方法主要有解析法、手绘流网法、试验法和数值法四种。

解析法分为流体力学法和水力学法。本节主要介绍水力学法。

手绘流网法是一种简单易行的方法,能够求渗流场内任一点的渗流要素,并具有一定的精度,但在渗流场内具有不同土质,且其渗透系数差别较大的情况下较难应用。

(一)渗流分析的计算情况

(1)上游正常蓄水位与下游相应的最低水位。

(2)上游设计洪水位与下游相应的水位。

(3)上游校核洪水位与下游相应的水位。

(4)库水位降落时上游坝坡稳定最不利的情况。

(二)渗流分析的水力学法

1. 基本假定

(1)坝体土是均质的,坝内各点在各个方向的渗透系数相同。

(2)渗流是层流,符合达西定律,$v = KJ$。

(3)渗流是渐变流,过水断面上各点的坡降和流速是相等的。

2. 渗流计算基本公式

对于不透水地基上矩形土体内的渗流,如图 3-18 所示。

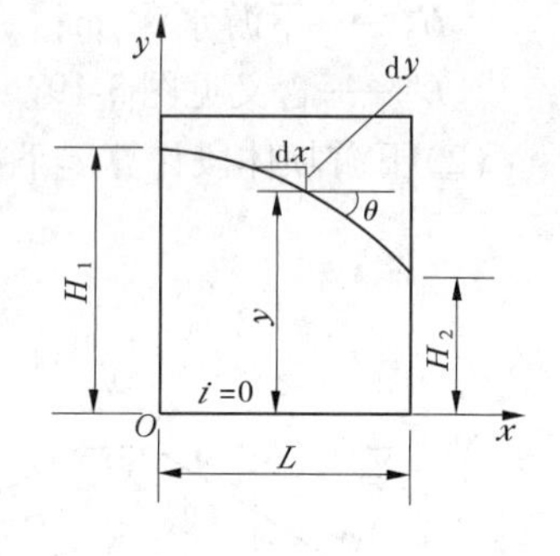

图 3-18　渗流计算图

应用达西定律,并假定任一铅直过水断面内各点的渗透坡降相等,对不透水地基上的矩形土体,流过断面上的平均流速为

$$v = -K\frac{dy}{dx} = -KJ \tag{3-6}$$

单宽流量

$$q = vy = -Ky\frac{dy}{dx} \tag{3-7}$$

自上游向下游积分

$$q = \frac{K(H_1^2 - H_2^2)}{2L} \tag{3-8}$$

自上游向区域中某点(x,y)积分,得浸润线方程

$$y = \sqrt{H_1^2 - \frac{2q}{K}x} \tag{3-9}$$

由式(3-9)可知,浸润线是一个二次抛物线。当渗流量 q 已知时,即可绘制浸润线,若边界条件已知,即可计算单宽渗流量。

三、均质坝的渗流计算

(一)不透水地基上均质土石坝的渗流计算

1. 土石坝下游有水而无排水设备的情况

以下游有水而无排水设备或设有贴坡排水的情况,过 B' 点作铅垂线将坝体分为两部分;用虚拟矩形 $AEOF$ 代替三角形 AMF,如图 3-19 所示。

等效矩形宽度 $\Delta L = \lambda H_1$,λ 值由下式计算:

$$\lambda = \frac{m_1}{2m_1 + 1} \tag{3-10}$$

式中　m_1——上游坝面的边坡系数,如为变坡则取平均值;

H_1——上游水深,m。

(1)上游坝体段计算:

$$q_1 = K\frac{H_1^2 - (H_2 + a_0)^2}{2L'} \tag{3-11}$$

式中　a_0——浸润线出逸点在下游水面以上高度,m;

K——坝身土料渗透系数;

H_1——上游水深,m;

H_2——下游水深,m;

L'——含义见图 3-19。

(2)下游坝体段计算。下游水位以上部分单宽渗流量(见图 3-20):

$$q'_2 = K\frac{a_0}{m_2 + 0.5} \tag{3-12}$$

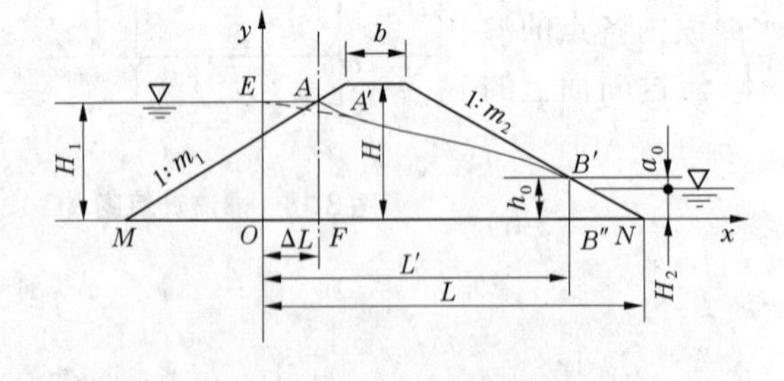

图 3-19　不透水地基上均质土坝的渗流计算图

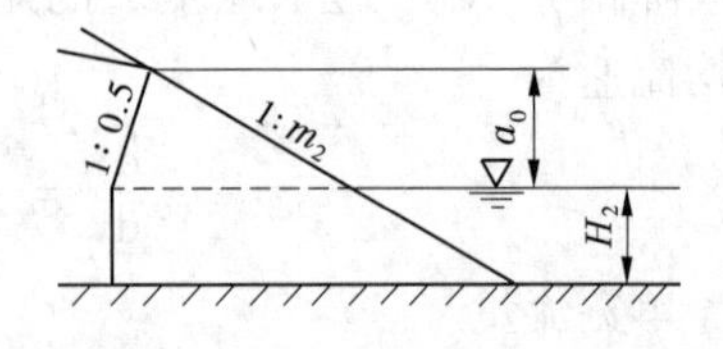

图 3-20　下游楔形体渗流计算图

下游水位以下部分单宽渗流量:

$$q''_2 = K\frac{a_0 H_2}{(m_2 + 0.5)a_0 + \dfrac{m_2 H_2}{1 + 2m_2}} \tag{3-13}$$

通过下游坝体总单宽渗流量：

$$q_2 = q'_2 + q''_2 = K\frac{a_0}{m_2 + 0.5}(1 + \frac{H_2}{a_0 + a_m H_2}) \tag{3-14}$$

式中

$$a_m = \frac{m_2}{2(m_2 + 0.5)^2} \tag{3-15}$$

根据水流连续条件：

$$q_1 = q_2 = q \tag{3-16}$$

可求两个未知数渗流量 q 和逸出点高度 a_0。

可由式(3-9)确定浸润线。上游坝面附近的浸润线需作适当修正，自 A 点作与坝坡 AM 正交的平滑曲线，曲线下端与计算求得的浸润线相切于 A' 点。

当下游无水时，以上各式中的 $H_2 = 0$；当下游有贴坡排水时，因贴坡式排水基本上不影响坝体浸润线的位置，所以计算方法与下游不设排水时相同。

2. 土石坝下游有褥垫排水

如图3-21所示，浸润线为抛物线，其方程为

$$L' = \frac{y^2 - h_0^2}{2h_0} + x \tag{3-17}$$

$$h_0 = \sqrt{L'^2 + H_1^2} - L' \tag{3-18}$$

通过坝身的单宽渗流量：

$$q = \frac{K}{2L'}(H_1^2 - h_0^2) \tag{3-19}$$

3. 土石坝下游有棱体排水

如图3-22所示，当下游无水时，按上述褥垫排水情况计算。

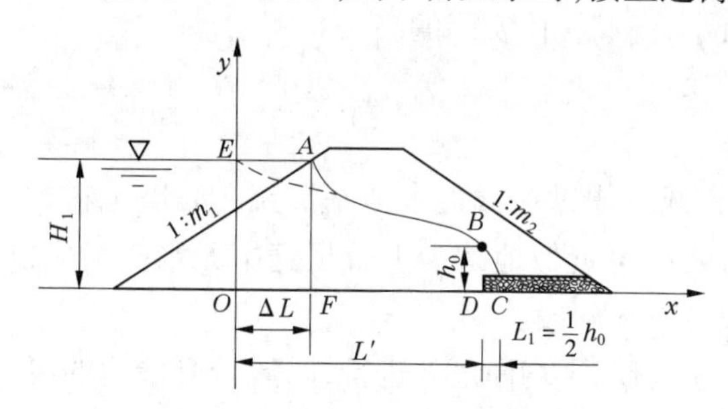

图3-21　有褥垫排水时渗流计算图

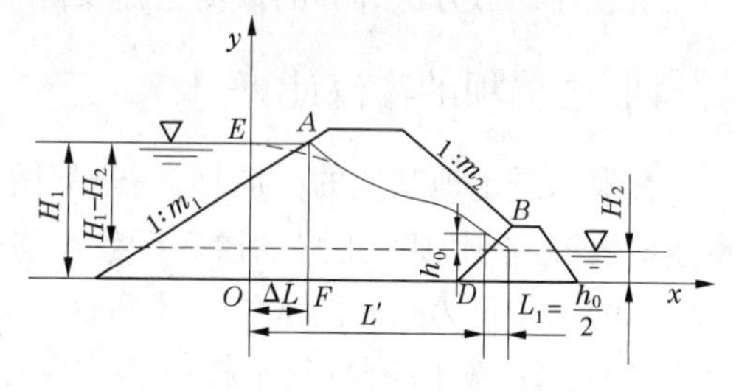

图3-22　有棱体排水时渗流计算图

当下游有水时，将下游水面以上部分按照褥垫排水下游无水情况处理，即

$$y = \sqrt{H_1^2 - \frac{2q}{K}x} \tag{3-20}$$

$$q = \frac{K}{2L'}[(H_1^2 - (H_2 + h_0)^2] \tag{3-21}$$

$$h_0 = \sqrt{L'^2 + (H_1 - H_2)^2} - L' \tag{3-22}$$

(二)有限深透水地基上均质土石坝的渗流计算

对坝体和地基渗透系数相近的均质土坝，可先假定地基不透水，按上述方法确定坝体

的渗流量 q_1 和浸润线；坝体浸润线可不考虑坝基渗透的影响，仍用地基不透水情况下算出的结果，然后假定坝体不透水，计算坝基的渗流量 q_2；最后将 q_1 和 q_2 相加，即可近似地得到坝体坝基的渗流量。当坝体的渗透系数是坝基渗透系数的百分之一时，认为坝体是不透水的；反之，当坝基的渗透系数是坝体渗透系数的百分之一时，认为坝基是不透水地基。

考虑坝基透水的影响，上游面的等效矩形宽度应按下式计算：

$$\Delta L = \frac{\beta_1\beta_2 + \beta_3 \frac{K_T}{K}}{\beta_1 + \frac{K_T}{K}} \tag{3-23}$$

$$\beta_1 = \frac{2m_1H_1}{T} + \frac{0.44}{m_1} - 0.12, \beta_2 = \frac{m_1H_1}{1 + 2m_1}, \beta_3 = m_1H_1 + 0.44T$$

式中　T——透水地基厚度；

K_T——透水地基的渗透系数。

下游无水时，通过坝体和坝基的单宽渗流量：

$$q = q_1 + q_2 = K\frac{H_1^2}{2L'} + K_T\frac{TH_1}{L' + 0.44T} \tag{3-24}$$

下游有水时，通过坝体和坝基的单宽渗流量：

$$q = K\frac{H_1^2 - H_2^2}{2L'} + K_T\frac{H_1 - H_2}{L' + 0.44T}T \tag{3-25}$$

浸润线仍按式(3-9)计算，式中的 q 用坝身的渗流量 q_1 代入。

用这种近似方法计算的渗流量比实际值小，浸润线比实际的高。

四、心墙坝的渗流计算

有限深透水地基上的心墙坝，一般都做有截水槽以拦截透水地基渗流。心墙土料的渗透系数 K_e 常比坝壳土料的渗透系数小得多，故可近似地认为上游坝壳中无水头损失，心墙前的水位仍为水库的水位。计算时一般分下述两段。

(1)心墙、截水墙段：其土料一般是均一的，可取平均厚度 δ 进行计算。若心墙后的浸润线高度为 h，则通过心墙、截水墙的渗流量 q_1 为

$$q_1 = K_e\frac{(H_1 + T)^2 - (h + T)^2}{2\delta} \tag{3-26}$$

式中符号意义如图 3-23 所示。

(2)下游坝壳和坝基段：由于心墙后浸润线的位置较低，可近似地取浸润线末端与堆石棱体的上游相交，然后分别计算坝体和坝基的渗流量

$$q_2 = K\frac{h_2}{2L} + K_TT\frac{h}{L + 0.44T} \tag{3-27}$$

按连续性 $q_1 = q_2 = q$，可由式(3-26)和式(3-27)求得 q 和 h。心墙后的浸润线可按下式近似计算：

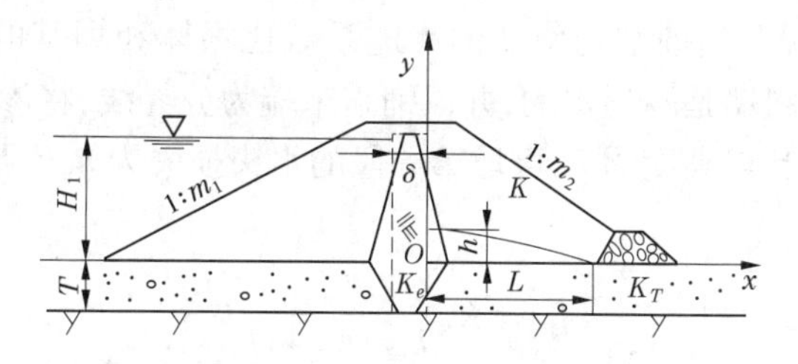

图 3-23　心墙坝渗流计算图

$$y = \sqrt{h^2 - \frac{h^2}{L}x} \tag{3-28}$$

取 $T=0$,即可得到不透水地基心墙坝的渗流量计算公式。当下游有水时,可近似地假定浸润线逸出点在下游水面与堆石棱体内坡的交点处,用上述同样的方法进行计算。

五、斜墙坝的渗流计算

有限深透水地基上的斜墙土坝,一般同时设有截水墙或铺盖。前者用于地基透水层较薄时截断透水地基渗流;后者用于透水地基较厚时延长渗径、减少渗透坡降,防止渗透变形。两种结构的布置如图 3-24 所示。

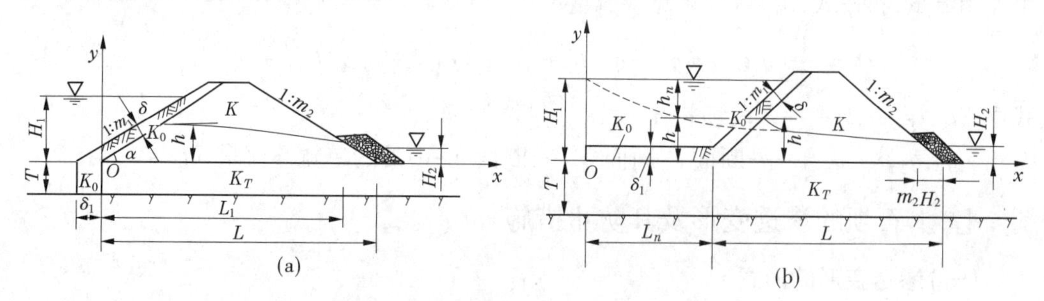

图 3-24　透水地基斜墙土坝渗流计算图

(1)有截水墙的情况。它与心墙土坝的情况类似,也可分为两段:斜墙和截水墙段、坝体和坝基段。计算前一段时,取斜墙和截水墙的平均厚度分别为 δ 和 δ_1。当斜墙后浸润线起点距坝底面的高度为 h 时,可取该点以下斜墙及截水墙上下游面水头差都为 H_1-h(见图 3-24(a)),则通过第一段的渗流量 q_1 可近似地用下式计算:

$$q_1 = \frac{K_0(H_1^2 - h^2)}{2\delta\sin\alpha} + \frac{K_0(H_1 - h)}{\delta}T \tag{3-29}$$

第二段,即斜墙后的坝体和坝基段,当下游无排水或只设贴坡排水时,渗流量 q_2 为

$$q_2 = \frac{K(h^2 - H_2^2)}{2(L - m_2H_2)} + \frac{K_T(h - H_2)}{l + 0.44T}T \tag{3-30}$$

根据 $q_1 = q_2 = q$,可由式(3-29) 和式(3-30) 求得 q 和 h。当 $T = 0$ 时,也可得出不透水地基上斜墙坝的渗流量计算公式。

斜墙后坝体浸润线方程为

$$y = \sqrt{\frac{L_1}{L_1 - m_1h}h^2 - \frac{h^2}{L_1 - m_1h}x} \tag{3-31}$$

(2)有铺盖的情况。当铺盖与斜墙的渗透系数比坝体和坝基的渗透系数小很多时,可近似地认为铺盖与斜墙是不透水的,并以铺盖末端为分界线,将渗流区分为两段进行计算。设坝体的浸润线起点高度为 h,可取第一段的水头损失为 h_n(见图 3-24(b)),则两段的渗流量计算公式为

$$q_1 = K_T \frac{h_n}{L_n + 0.44T} T \tag{3-32}$$

$$q_2 = K \frac{h^2 - H_2^2}{2(L - m_2 H_2)} + K_T \frac{h - H_2}{L + 0.44T} T \tag{3-33}$$

同理,根据 $q_1 = q_2 = q$ 求解式(3-32)、式(4-33)可得出 q 和 h。斜墙后坝体浸润线方程用式(3-31)求得。

六、总渗流量的计算

计算总渗流量时,应根据地形、地质、防渗排水的变化情况,将土石坝沿坝轴线分为若干段,如图 3-25 所示,然后分别计算各段的平均单宽渗流量,再按式(3-34)计算总渗流量:

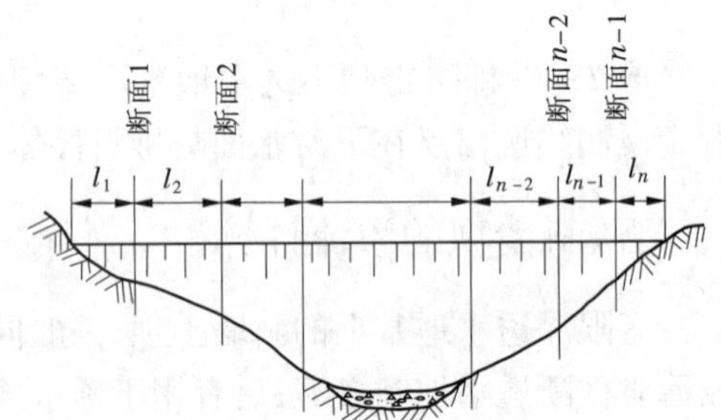

图 3-25　总渗流量计算图

$$Q = \frac{1}{2}[q_1 l_1 + (q_1 + q_2) l_2 + \cdots + (q_{n-2} + q_{n-1}) l_{n-1} + q_{n-1} l_n] \tag{3-34}$$

式中　$l_1, l_2, \cdots, l_n$——各段坝长,m;

$q_1, q_2, \cdots, q_{n-1}$——断面 1,断面 2,…,断面 $n-1$ 处的单宽渗流量,m^3/s。

七、土石坝的渗透变形及其防止措施

(一)渗透变形的形式

(1)管涌。在渗流作用下,坝体或坝基中的细小颗粒被渗流带走逐步形成渗流通道的现象称为管涌,常发生在坝的下游坡或闸坝下游地基面渗流逸出处。没有凝聚力的无黏性砂土、砾石砂土中容易出现管涌;黏性土的颗粒之间存在凝聚力(或称黏结力),渗流难以把其中的颗粒带走,一般不易发生管涌。

(2)流土。在渗流作用下,成块土体被掀起浮动的现象称为流土。它主要发生在黏性土及均匀非黏性土体的渗流出口处。发生流土时的水力坡降称为流土的破坏坡降。

(3)接触冲刷。当渗流沿两种不同土壤的接触面流动时,把其中细颗粒带走的现象,称为接触冲刷。接触冲刷可能使临近接触面的不同土层混合起来。

(4)接触流土和接触管涌。渗流方向垂直于两种不同土壤的接触面时,例如在黏土心墙(或斜墙)与坝壳砂砾料之间,坝体或坝基与排水设施之间,以及坝基内不同土层之间的渗流,可能把其中一层的细颗粒带到另一层的粗颗粒中去,称为接触管涌。当其中一层为黏性土,由于含水量增大、凝聚力降低而成块移动,甚至形成剥蚀时,称为接触流土。

(二)渗透变形的临界坡降和允许坡降

1. 产生管涌的临界坡降 J_c 和允许坡降 $[J_c]$

当渗流方向为由下向上时,根据土粒在渗流作用下的平衡条件,在非黏性土中产生管

涌的临界坡降 J_c，可用南京水利科学研究院的经验公式推算，适用于中、小型工程及初步设计。

$$J_c = \frac{42d_3}{\sqrt{\frac{K}{n^3}}} \tag{3-35}$$

式中　d_3——相应于粒径曲线上含量为3%的粒径，mm；

K——渗透系数，cm/s；

n——土壤孔隙率（%）。

允许渗透坡降$[J_c]$，可根据建筑物的级别和土壤的类型选用安全系数2～3。

2. 产生流土的临界坡降 J_B 和允许坡降$[J_B]$

当渗流自下向上作用时，常采用根据极限平衡得到的太沙基公式计算，即

$$J_B = (G-1)(1-n) \tag{3-36}$$

式中　G——土粒比重；

n——土的孔隙率。

J_B 一般为0.8～1.2。南京水利科学研究院建议把式(3-36)乘以1.17。允许渗透坡降$[J_B]$也要采用一定的安全系数，对于黏性土，可用1.5；对于非黏性土，可用2.0～2.5。

（三）防止渗透变形的工程措施

为防止渗透变形，常采用的工程措施有：全面截阻渗流，延长渗径；设置排水设施，设置反滤层；设排渗减压井。

反滤层的作用是滤土排水，它是提高抗渗破坏能力、防止各类渗透变形，特别是防止管涌的有效措施。在任何渗流流入排水设施处一般都要设置反滤层。

砂石反滤层的结构：反滤层一般是由2～3层不同粒径的非黏性土、砂和砂砾石组成的。层次排列应尽量与渗流的方向垂直，各层次的粒径则按渗流方向逐层增加，如图3-26所示。

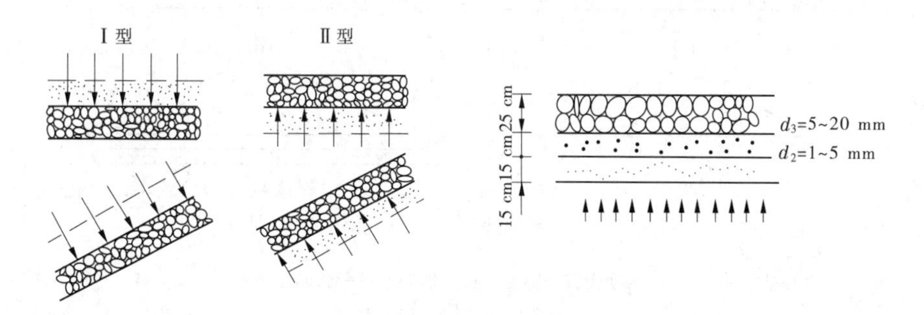

图3-26　反滤层布置图

砂石反滤层的设计原则：被保护土壤的颗粒不得穿过反滤层，各层的颗粒不得发生移动。相邻两层间，较小的一层颗粒不得穿过较粗一层的孔隙；反滤层不能被堵塞，而且应具有足够的透水性，以保证排水畅通。应保证耐久、稳定。

砂石反滤层的材料：质地坚硬，抗水性和抗风化性能满足工程条件要求；具有要求的级配；具有要求的透水性；粒径小于0.075 mm的颗粒含量应不超过5%。

土工织物已广泛应用于坝体排水反滤层及作为坝体和渠道的防渗材料。在土坝坝体底部或在靠下游边坡的坝体内部沿水平方向敷设土工织物，可提高土体抗剪强度，增加边坡稳定性，详见《土工合成材料应用技术规范》(GB 50290—98)。

第四节 土石坝的稳定分析

一、稳定计算的目的

稳定分析是确定坝体设计剖面经济安全的主要依据。由于土石坝体积大、坝体重，不可能产生水平滑动，其失稳形式主要是坝坡滑动或坝坡与坝基一起滑动。

土石坝稳定计算的目的是保证土石坝在自重、孔隙压力、外荷载的作用下，具有足够的稳定性，不致发生通过坝体或坝基的整体破坏或局部剪切破坏。

二、滑裂面的形状及工作情况

坝坡稳定计算时，应先确定滑裂面的形状，土石坝滑坡的形式与坝体结构、土料和地基的性质及坝的工作条件密切相关，图 3-27 所示为各种可能的滑裂面形式。

(一)曲线滑裂面

当滑裂面通过黏性土的部位时，其形状常是上陡下缓的曲面，由于曲线近似圆弧，因而在实际计算中常用圆弧表示，如图 3-27(a)、(b)所示。

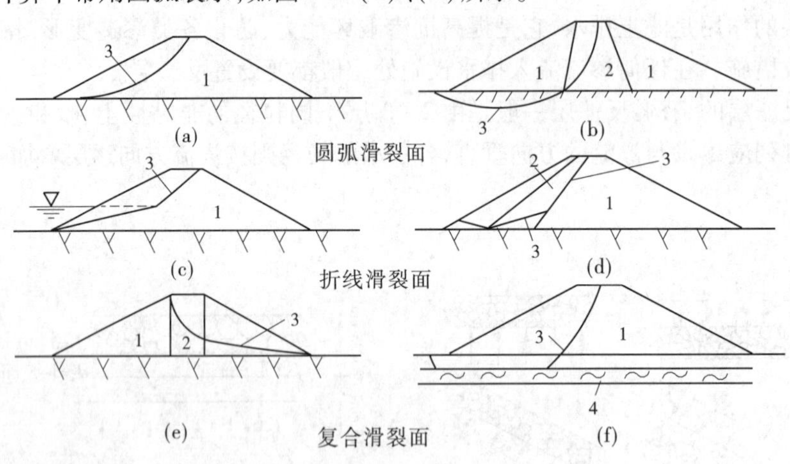

图 3-27 滑裂面形式

(二)直线或折线滑裂面

滑裂面通过无黏性土时，滑裂面的形状可能是直线形或折线形。当坝坡干燥或全部浸入水中时呈直线形；当坝坡部分浸入水中时呈折线形，如图 3-27(c)所示。斜墙坝的上游坡失稳时，通常是沿着斜墙与坝体交界面滑动，如图 3-27(d)所示。

(三)复合滑裂面

当滑裂面通过性质不同的几种土料时，可能是由直线和曲线组成的复合形状滑裂面，如图3-27(e)、(f)所示。

三、稳定安全系数标准

(一)稳定计算情况

1. 正常运用情况

(1)上游为正常蓄水位、下游为相应的最低水位或上游为设计洪水位、下游为相应的最高水位,坝内形成稳定渗流时,上、下游坝坡的稳定计算。

(2)水库水位位于正常水位和设计水位之间范围内的正常降落,上游坝坡的稳定计算。

2. 非常运用情况Ⅰ

(1)施工期,考虑孔隙压力时的上、下游坝坡稳定计算。

(2)水库水位非常降落,如自校核洪水位降落至死水位以下,以及大流量快速泄空等情况下的上游坝坡稳定计算。

(3)校核洪水位下有可能形成稳定渗流时的下游坝坡稳定计算。

3. 非常运用情况Ⅱ

正常运用情况遇到地震时上、下游坝坡稳定验算。

(二)稳定安全系数标准

采用计入条块间作用力计算方法时,坝坡的抗滑稳定安全系数应不小于表3-7规定的数值。采用不计入条块间作用力的瑞典圆弧法计算坝坡稳定时,对1级坝,正常应用情况下最小稳定安全系数应不小于1.30,其他情况应比表中规定的降低8%。

表3-7　容许最小抗滑稳定安全系数

运用条件	工程等级			
	1	2	3	4、5
正常运用	1.50	1.35	1.30	1.25
非常运用Ⅰ	1.30	1.25	1.20	1.15
非常运用Ⅱ	1.20	1.15	1.15	1.10

四、土料抗剪强度指标的选取

稳定计算时应该采用黏性土固结后的强度指标。确定抗剪强度指标的方法有前述的有效应力法和总应力法两种。《碾压式土石坝设计规范》(DL/T 5395—2007)规定,对1级坝和2级以下高坝在稳定渗流期必须采用有效应力法作为依据。3级以下中低坝可采用两种方法的任一种。

土料的抗剪强度指标 φ 为颗粒间的内摩擦角,C 为凝聚力。对同一种土料,其抗剪强度指标 φ、C 并不是一个常量,它与土的性质、土料的固结度、应力历史、荷载条件等诸多因素有关。

(一)黏性土的抗剪强度选用

施工期与竣工时,按不排水剪或快剪测定的指标 φ、C 进行总应力分析,但实际上施工期孔隙水压力会部分消散,故按总应力分析偏于保守。

稳定渗流期:采用有效应力强度指标进行有效应力分析具有良好的精度。

水库水位降落期:上游坝坡的控制情况,适宜采用有效应力分析。

对于重要的工程,抗剪强度指标的选择应注意填土的各向性、应力历史等。

(二)非黏性土的抗剪强度选用

非黏性土的透水性强,其抗剪强度取决于有效法向应力和内摩擦角,一般通过排水剪确定强度指标。

非黏性土的抗剪强度的选取:浸润线以上的土体,采用湿土的抗剪强度,浸润线以下的土体,采用饱和土的抗剪强度。

五、稳定分析方法

(一)圆弧滑动面稳定计算

土石坝设计中目前最广泛应用的圆弧滑动计算方法有瑞典圆弧法和简化的毕肖普法。

1. 瑞典圆弧法

瑞典圆弧法(见图 3-28)是不计条块间作用力的方法,计算简单,已积累了丰富的经验,但理论上有缺陷,且孔隙压力较大和地基软弱时误差较大。其基本原理是将滑动面上的土体按一定宽度分为若干个铅直土条,不计条块间作用力,计算各土条对滑动圆心的抗滑力矩和滑动力矩,再分别取其总和,其比值即为该滑动面的稳定安全系数。

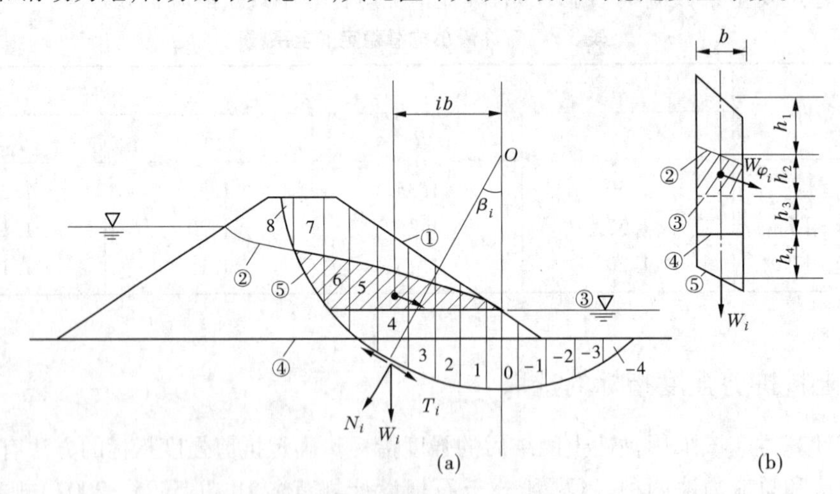

①—坝坡线;②—浸润线;③—下游水面;④—地基面;⑤—滑裂面

图 3-28　圆弧滑动计算简图

计算步骤:

(1)确定圆心、半径,绘制圆弧。

(2)将土条编号。为便于计算,土条宽度取 $b = 0.1R$(圆弧半径)。各块土条编号的顺序为:零号土条位于圆心之下,向上游(对下游坝坡而言)各土条的顺序为 1、2、3、…往下游的顺序为 -1、-2、-3…。

(3)计算各土条重量。计算抗滑力时,浸润线以上部分用湿重度,浸润线以下用浮重度;计算滑动力时,下游水面以上部分用湿重度,下游水面以下部分用饱和重度。

(4)计算稳定安全系数。计算公式为

$$K = \frac{\sum \{[(W_i \pm V)\cos\beta_i - ub\sec\beta_i - Q\sin\beta_i]\tan\varphi'_i + C'_i b\sec\beta_i\}}{\sum[(W_i \pm V)\sin\beta_i + M_c/R]} \tag{3-37}$$

式中 W_i——土条重量,kN;

Q、V——水平和垂直地震惯性力(向上为负,向下为正),kN;

u——作用于土条底面的孔隙压力,kN/m^2;

β_i——条块重力线与通过此条块底面中点的半径之间的夹角;

b——土条宽度,m;

C'_i、φ'_i——土条底面的有效应力抗剪强度指标;

M_c——水平地震惯性力对圆心的力矩,kN·m;

R——圆弧半径,m。

2. 简化的毕肖普(Bishop)法

简化的毕肖普法(见图 3-29)近似考虑了土条间相互作用力的影响,能反映土体滑动土条之间的客观状况,但计算比瑞典圆弧法复杂。图中 E_i 和 X_i 分别表示土条间的法向力和切向力;W_i 为土条自重,在浸润线上、下分别按湿重度和饱和重度计算;N_i 和 T_i 分别为土条底部的总法向力和总切向力,其他符号意义同上。为使问题可解,毕肖普假设 $X_i = X_{i+1}$,即略去土条间的切向力,使计算工作量大为减少,而成果与精确法计算的仍很接近,故称简化的毕肖普法。计算公式为

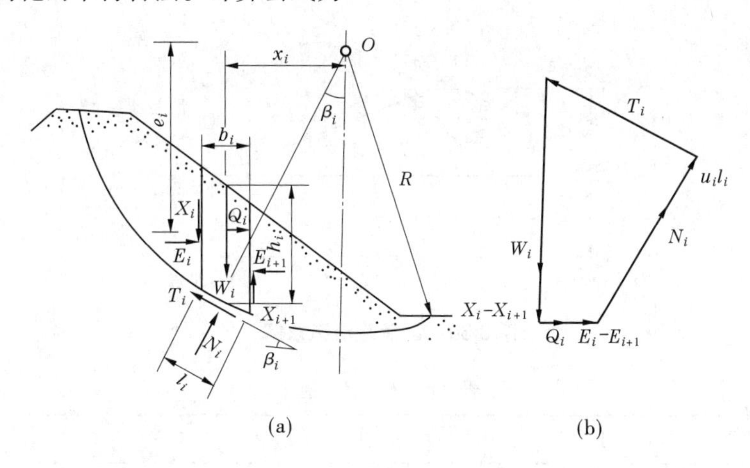

图 3-29　简化的毕肖普法

$$K = \frac{\sum \{[(W_i \pm V)\sec\beta_i - ub\sec\beta_i]\tan\varphi'_i + C'_i b\sec\beta_i\}[1/(1 + \tan\beta_i\tan\varphi'_i/K)]}{\sum[(W_i \pm V)\sin\beta_i + M_c/R]} \tag{3-38}$$

3. 考虑渗透动水压力时的坝坡稳定计算

当坝体内有渗流作用时，还应考虑渗流对坝坡稳定的影响。在工程中常采用替代法。例如，在审查下游坝坡稳定时，可将下游水位以上、浸润线与滑弧间包围的土体在计算滑动力矩时用饱和重度，而计算抗滑力矩时则用浮重度，浸润线以上仍用湿重度计算，下游水位以下土体仍用浮重度计算，其稳定安全系数表达式为

$$K = \frac{\sum b_i(\gamma_m h_{1i} + \gamma' h_{2i})\cos\beta_i \tan\varphi_i + \sum C_i l_i}{\sum b_i(\gamma_m h_{1i} + \gamma_{sat} h_{2i})\sin\beta_i} \tag{3-39}$$

式中 γ_m——土体的湿重度，kN/m³；

γ'——土体的浮重度，kN/m³；

γ_{sat}——土体的饱和重度，kN/m³；

h_{1i}、h_{2i}——浸润线以上和浸润线与滑弧之间的土条高度，m。

替代法适用于浸润面与滑动面大致平行，且 β_i 角较小的情况，因而是近似的。

4. 最危险圆弧位置的确定

如图 3-30 所示，首先由下游坝坡中点 a 引出两条直线，一条是铅直线，另一条与坝坡线成 85°角，再以 a 为圆心，以 $R_内$、$R_外$ 为半径（$R_内$、$R_外$ 由表 3-8 查得）作两个圆弧，得到扇形 $bcdf$，然后按图示作直线 M_1M_2 并延长使其与扇形相交，交点为 eg。最危险的滑弧圆心就在扇形面积中的 eg 线附近。

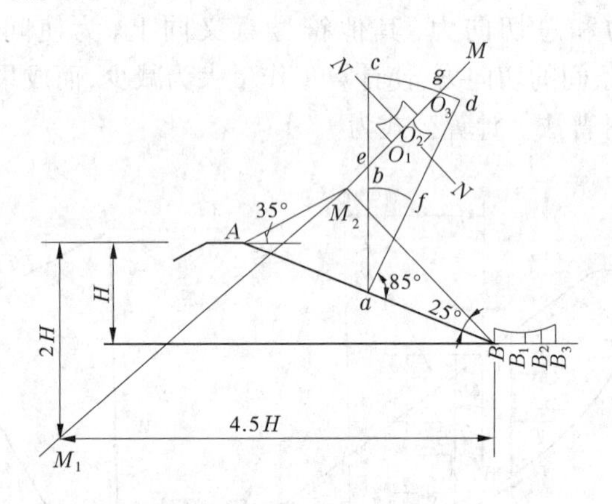

图 3-30 最危险滑弧求解

表 3-8 $R_内$、$R_外$ 值

坝坡	1:1	1:2	1:3	1:4
$R_内/H$	0.75	0.75	1.0	1.5
$R_外/H$	1.5	1.75	2.3	3.7

计算最小稳定安全系数的步骤为：

（1）首先在 eg 线上假定几个圆心 O_1、O_2、O_3 等，从每个圆心作滑弧通过坝脚点，按公式分别计算其 K_c 值。按比例将 K_c 值画在相应的圆心上，绘制 K_c 值的变化曲线，可找到

该曲线上的最小 K_c 值，例如 O_2 点。

(2)再通过 eg 线上 K_c 最小的点 O_2，作 eg 垂线 $N—N$。在 $N—N$ 线上取数点为圆心，画弧仍通过 B 点，求出 $N—N$ 线上最小的 K_c 值。一般认为该 K_c 值即为通过 B 点的最小安全系数，并按比例画在 B 点。

(3)根据坝基土质情况，在坝坡上或坝脚外，再选数点 B_1、B_2、B_3 等，仿照上述方法，求出相应的最小安全系数 K_{c1}、K_{c2}、K_{c3}等，并标注在相应点上，与 B 点的 K_c 连成曲线找到 $K_{c\min}$。一般至少要计算 15 个滑弧才能得到答案。

(二)非圆弧滑动稳定计算

非黏性土坝坡，例如心墙的上、下游坡和斜墙坝的下游坝坡，以及斜墙坝的上游保护层和保护层连同斜墙一起滑动时，常形成折线滑动面。

折线法常采用两种假定：滑楔间作用力为水平向，采用与圆弧滑动法相同的安全系数；滑楔间作用力平行滑动面，采用与毕肖普法相同的安全系数。

1. 非黏性土坝坡部分浸水的稳定计算

如图 3-31 所示，对于部分浸水的非黏性土坝坡，由于水上与水下土的物理性质不同，滑裂面不是一个平面，而是近似折线面。图 3-31 中 ADC 为一滑裂面，折点 D 在上游水位处；用铅直线 DE 将滑动土体分为两块，重为 W_1、W_2；假设条块间的作用力为 P_1，方向平行于 DC；两块土体底面的抗剪强度指标分别为 $\tan\varphi_1$、$\tan\varphi_2$。

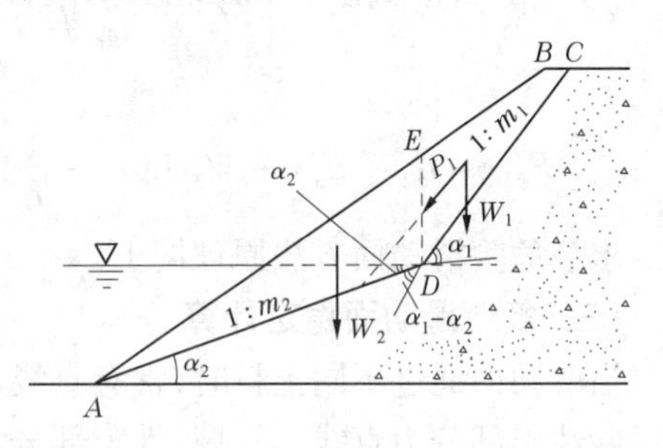

图 3-31　非黏性土坝坡部分浸水的稳定计算

土块 $BCDE$ 沿 CD 滑动面的力平衡式为

$$P_1 - W_1\sin\alpha_1 + \frac{1}{K}W_1\cos\alpha_1\tan\varphi_1 = 0 \tag{3-40}$$

土体 ADE 沿 AD 滑动面的力平衡式为

$$\frac{1}{K}[W_2\cos\alpha_2 + P_1\sin(\alpha_1 - \alpha_2)]\tan\varphi_2 - W_2\sin\alpha_2 - P_1\cos(\alpha_1 - \alpha_2) = 0 \tag{3-41}$$

由以上二式联立，可以求得安全系数 K。

坝坡的最危险滑动面的稳定安全系数：先假定在 α_2 和上游水位不变的情况下，一般至少假设三个 α_1 才能求出最危险的 α_1。同理，求最危险的水位和 α_2。最危险的水位和 α_1、α_2 对应的滑动面的安全系数即为最小稳定安全系数。

2. 斜墙坝上游坝坡的稳定计算

斜墙坝上游坝坡的稳定计算，包括保护层沿斜墙和保护层连同斜墙沿坝体滑动两种情况，因为斜墙同保护层和斜墙同坝体的接触面是两种不同的土料填筑的，接触面处往往强度低，有可能斜墙和保护层共同沿斜墙底面折线滑动，如图 3-32 所示，对厚斜墙还应计算圆弧滑动稳定。

设试算滑动面 $abcd$，将滑动土体分成三块。土体重量为 W_1、W_2、W_3，滑面折线与水平面的夹角分别为 α_1、α_2、α_3，P_1、P_2 分别沿着 α_1、α_2 的方向，分别对三块土体沿滑动面方向建立力平衡方程：

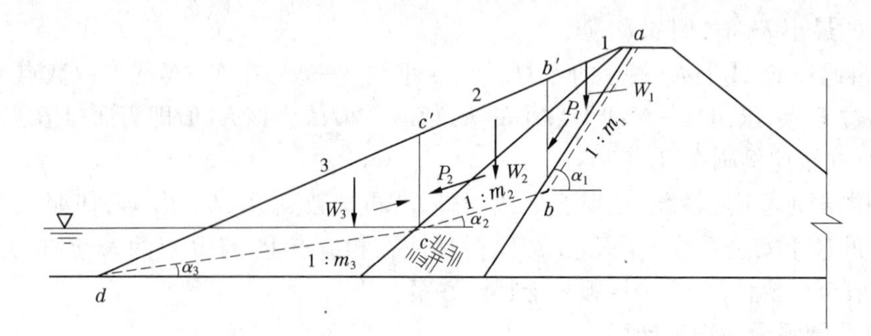

图 3-32 斜墙同保护层一起滑动的稳定计算

$$P_1 - W_1\sin\alpha_1 + \frac{1}{K}W_1\cos\alpha_1\tan\varphi_1 = 0 \tag{3-42}$$

$$P_2 - P_1\cos(\alpha_1 - \alpha_2) - W_2\sin\alpha_2 - \frac{1}{K}\{[W_2\cos\alpha_2 + P_1\sin(\alpha_1 - \alpha_2)]\tan\varphi_2 + C_2l_2\} = 0 \tag{3-43}$$

$$P_2\cos(\alpha_2 - \alpha_3) - W_3\sin\alpha_3 - \frac{1}{K}[W_3\cos\alpha_3 + P_2\sin(\alpha_2 - \alpha_3)]\tan\varphi_3 = 0 \tag{3-44}$$

求最危险滑动面方法原理同上。

(三)复合滑动面稳定计算

当滑动面通过不同土料时,常有直线与圆弧组合的形式。例如,厚心墙坝的滑动面,通过砂性土部分为直线,通过黏性土部分为圆弧。当坝基下不深处存在软弱夹层时,滑动面也可能通过软弱夹层形成如图 3-33 所示的复合滑动面。

计算时,可将滑动土体分为 3 个区,在左侧有主动土压力 P_a,在右侧有被动土压力 P_p,并假定它们的方向均水平,中间的土体重 G,同时在 bc 面上有抗滑力 $S = G\tan\varphi + Cl$,则安全系数 K 可表示为

$$K = \frac{P_p + S}{P_a} \tag{3-45}$$

经过多次试算,才能求出沿这种滑动面的最小稳定安全系数。

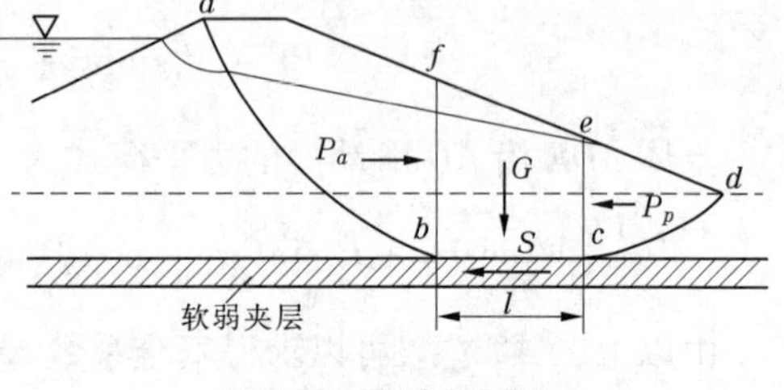

图 3-33 复合滑动面

第五节 土石坝的地基处理

土石坝对地基的要求比混凝土重力坝低,可不必挖除地表透水土壤和砂砾石等,但地基性质对土石坝的构造和尺寸仍有很大的影响。据资料统计,土石坝约有 40% 的失事是由地基问题所引起的。

土石坝地基处理的任务是:

(1)控制渗流,使地基与坝身不产生渗透变形,并把渗流流量控制在允许的范围内。

(2)保证地基稳定不发生滑动。

(3)控制沉降与不均匀沉降,以限制坝体裂缝的发生。

一、砂砾石地基的处理

砂砾石地基处理的主要问题:地基透水性大。处理的目的是减少地基的渗流量并保证地基和坝体的抗渗稳定。处理方法是“上防下排”。上防包括垂直防渗措施和水平防渗措施,下排主要是排水减压。

(一)垂直防渗措施

垂直防渗措施能够截断地基渗流,可靠而有效地解决地基渗流问题。

1. 黏土截水墙

当覆盖层深度在 15 m 以内时,可开挖深槽直达不透水层或基岩,槽内回填黏性土而成截水墙(也称截水槽),心墙坝、斜墙坝常将防渗体向下延伸至不透水层而成截水墙,如图 3-34 所示。

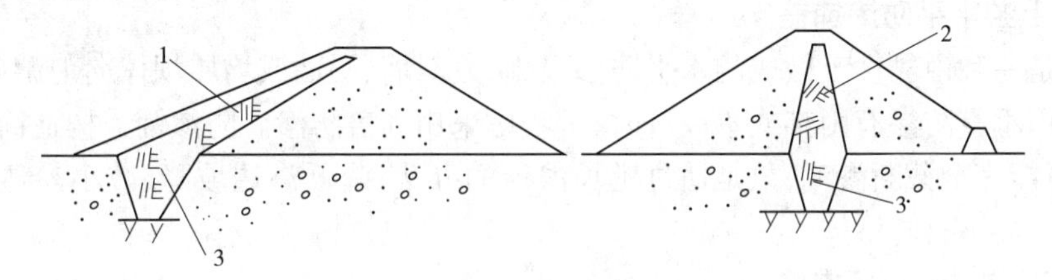

1—黏土斜墙;2—黏土心墙;3—黏土截水墙

图 3-34　透水地基截水墙

截水墙的优点是结构简单、工作可靠、防渗效果好,因此得到了广泛的应用。缺点是槽身挖填和坝体填筑不便同时进行,若汛前要达到一定的坝高拦洪度汛,工期较紧。

2. 混凝土防渗墙

用钻机或其他设备沿坝轴线方向造成圆孔或槽孔,在孔中浇混凝土,最后连成一片,成为整体的混凝土防渗墙,适用于透水层深度大于 50 m 的情况,如图 3-35 所示。

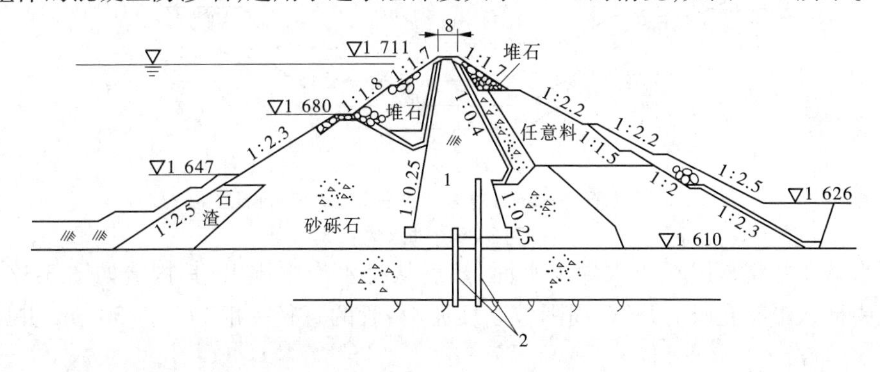

1—黏土心墙;2—混凝土防渗墙

图 3-35　混凝土防渗墙　(单位:m)

3. 帷幕灌浆

当砂卵石层很厚时,用上述处理方法都较困难或不够经济,可采用灌浆帷幕防渗。

帷幕灌浆的施工方法是：采用高压定向喷射灌浆技术，通过喷嘴的高压气流切割地层成缝槽，在缝槽中灌压水泥砂浆，凝结后形成防渗板墙。其特点是可以处理较深的砂砾石地基，但对地层的可灌性要求高。地层的可灌性：$M<5$，不可灌；$M=5\sim10$，可灌性差；$M>10\sim15$，可灌水泥黏土砂浆或水泥砂浆。

$$M=\frac{D_{15}}{d_{85}} \tag{3-45}$$

式中 D_{15}——受灌土层中小于此粒径的土重占总土重的15%，mm；

d_{85}——灌注材料中小于此粒径的土重占总土重的85%，mm。

灌浆帷幕的厚度T，根据帷幕最大作用水头H和允许水力坡降$[J]$，按下式估算：

$$T=\frac{H}{[J]} \tag{3-46}$$

式中 H——最大作用水头，m；

$[J]$——帷幕的允许水力坡降，对于一般水泥黏土浆，可采用3～4。

（二）上游水平防渗铺盖

铺盖是一种由黏性土做成的水平防渗设施，是斜墙、心墙或均质坝体向上游延伸的部分。当采用垂直防渗有困难或不经济时，可考虑采用铺盖防渗。防渗铺盖构造简单，造价低，但它不能完全截断渗流，只是通过延长渗径的办法，降低渗透坡降，减小渗透流量，但防渗效果不如垂直防渗体。

（三）下游排水减压措施

常用的排水减压设施有排水沟和排水减压井。

排水沟在坝趾稍下游平行坝轴线设置，沟底深入到透水的砂砾石层内，沟顶略高于地面，以防止周围表土的冲淤。按其构造，可分为暗沟和明沟两种。两者都应沿渗流方向按反滤层布置，明沟沟底与下游的河道连接，其构造如图3-36所示。

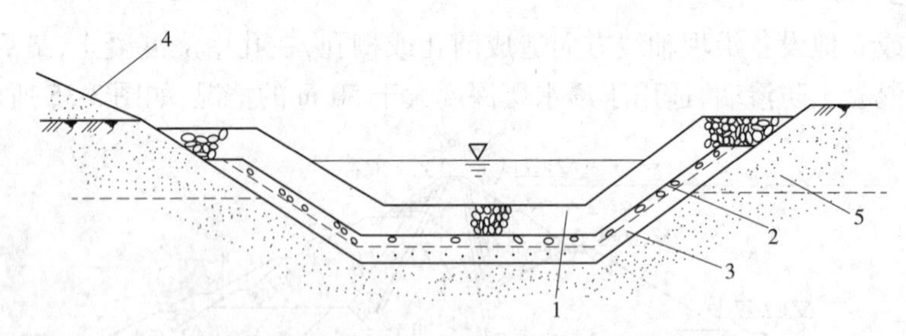

1—干砌石；2—碎石；3—粗砂；4—坝坡；5—砂砾石层

图3-36 排水沟

排水减压井将深层承压水导出水面，然后从排水沟中排出，其构造如图3-37所示。在钻孔中插入带有孔眼的井管，周围包以反滤料，管的直径一般为20～30 cm，井距一般为20～30 m。

二、细砂与淤泥地基处理

（一）细砂地基

饱和的均匀细砂地基在动力作用下，特别是在地震作用下易于液化，应采取工程措施加以处理。当厚度不大时,可考虑将其挖除。当厚度较大时,可首先考虑采取人工加密措施,使之达到与设计地震烈度相适应的密实状态,然后采取加盖重、加强排水等附加防护设施。

(二)淤泥地基

淤泥层地基天然含水量大,重度小,抗剪强度低,承载能力小。当埋藏较浅且分布范围不大时,一般应把它全部挖除;当埋藏较深,分布范围又较宽时,则常采用压重法或设置砂井加速排水固结。压重施加于坝趾处。

砂井排水法,是在坝基中钻孔,然后在孔中填入砂砾,在地基中形成砂桩的一种方法。设置砂井后,地基中排除孔隙水的条件大为改善,可有效地增加地基土的固结速度。

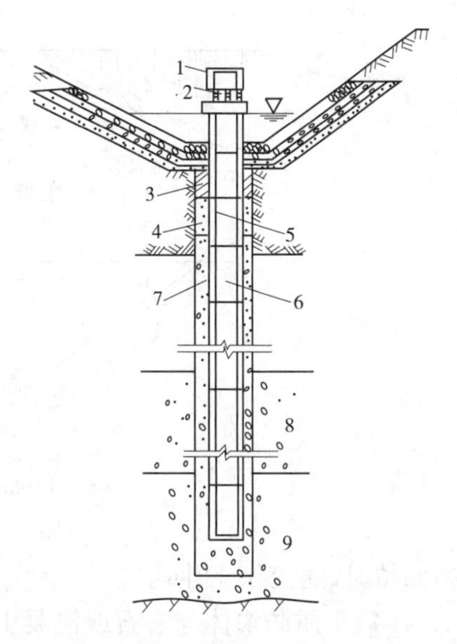

1—井帽;2—钢丝出水口;3—回填混凝土;4—回填砂;5—上升管;6—穿孔管;7—反滤层;8—砂砾石;9—砂卵石

图 3-37　排水减压井

三、软黏土和黄土地基处理

软黏土层较薄时,一般全部挖除。当土层较薄而其强度并不太低时,可只将表面较薄的可能不稳定的部位挖除,换填较高强度的砂,称为换砂法。

黄土地基在我国西北部地区分布较广,其主要特点是浸水后沉降较大。处理的方法一般有:预先浸水,使其湿陷加固;将表层土挖除,换土压实;夯实表层土,破坏黄土的天然结构,使其密实等。

四、土石坝坝体与地基及岸坡连接

(一)坝体与土质地基及岸坡的连接

坝体与土质地基及岸坡的连接必须做到:①清除坝体与地基、岸坡接触范围内的草皮、树干、树根、含有植物的表土、蛮石、垃圾及其他废料,并将清理后的地基表面土层压实;②对坝体断面范围内的低强度、高压缩性软土及地震时易于液化的土层,进行清除或处理;③土质防渗体必须坐落在相对不透水坝基上,否则应采取适当的防渗处理措施;④地基覆盖层与下游坝壳粗粒料(如堆石)接触处,应符合反滤层要求,否则必须设置反滤层,以防止坝基土流失到坝壳中。

心墙和斜墙在与两端岸坡连接处应扩大其断面,加强连接处防渗性。

(二)坝体与岩石地基及岸坡的连接

如图 3-38 所示,坝体与岩石地基及岸坡的连接必须做到:

(1)坝断面范围内的岩石地基与岸坡,应清除表面松动石块、凹处积土和突出的岩石。

(2)土质防渗体和反滤层应与相对不透水的新鲜或弱风化岩石相连接。基岩面上一般宜设混凝土盖板、喷混凝土层或喷浆层,将基岩与土质防渗体分隔开来,以防止接触冲刷。

(3)对失水时很快风化变质的软岩石(如页岩、泥岩等),开挖时应预留保护层,待开

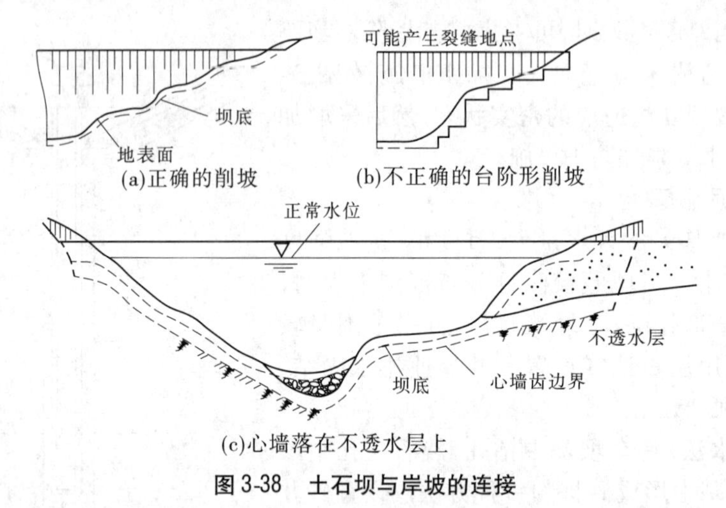

图 3-38　土石坝与岸坡的连接

始回填时,随挖除、随回填。

(4)土质防渗体与岩石或混凝土建筑物相接处,如防渗土料为细粒黏性土,则在邻近接触面 0.5 ~ 1.0 m 范围内,在填土前用黏土浆抹面。如防渗土料为砾石土,临近接触面应采用纯黏性土或砾石含量少的黏性土,在略高于最优含水量下填筑,使其结合良好。

第六节　面板堆石坝

一、概述

堆石坝主要由堆石作为支承体和弱透水材料作为防渗体这两部分组成。按防渗体的位置分为心墙坝和斜墙坝,按防渗体材料的性质分为刚性防渗体坝(如混凝土、钢筋混凝土、木板和钢板等)和塑性防渗体坝(如土料和沥青混凝土等),按施工方法分为抛填坝、碾压坝和定向爆破坝。

面板堆石坝与其他坝型相比有如下主要特点:

(1)就地取材,在经济上有较大的优越性。

(2)施工度汛问题比土坝较为容易解决。

(3)对地形地质和自然条件适应性较混凝土坝强。

(4)方便机械化施工,有利于加快施工工期和减少沉降。

(5)坝身不能泄洪,一般需另设泄洪和导流设施。

二、面板堆石坝的剖面设计

(一)坝顶

面板堆石坝普遍在其顶部设置 L 形的钢筋混凝土防浪墙,以利于节省坝体堆石量,防浪墙高可采用 4 ~ 6 m。防浪墙与面板间要保证良好的止水连接,其底面与坝顶连接处的堆石宽度不宜小于 9 m,以便浇筑面板时有足够的工作场地进行滑模设备的操作,按此设计,坝顶填筑堆石后的宽度约为 5 m。

(二)坝坡

堆石坝的坝坡与石料性质、坝高、坝型和地基条件有关，其上、下游坝坡坡度可参照类似工程确定，一般多采用1∶1.3～1∶1.4。对于地质条件较差或堆石体填料抗剪强度较低以及地震区的面板堆石坝，其坝坡应适当放缓。

三、面板堆石坝的构造

面板堆石坝主要由堆石体、钢筋混凝土面板及其与河床和岸坡相连接的趾板等构成的防渗系统组成。

(一)堆石体

堆石体是面板堆石坝的主体部分，根据其受力情况和在坝体所发挥的功能，又可划分为垫层区(2A区)、过渡区(3A区)、主堆石区(3B区)和次堆石区(3C区)，如图3-39所示。

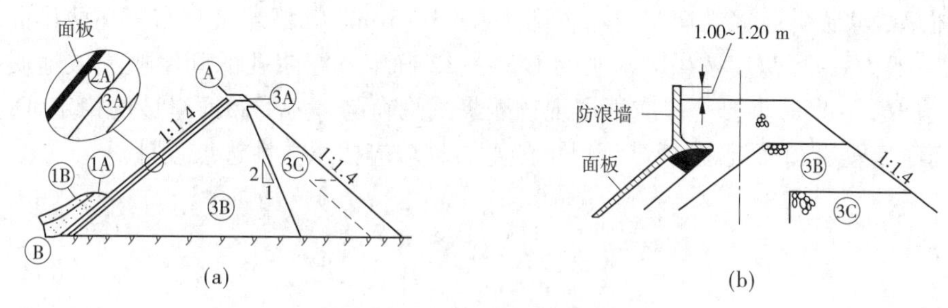

图3-39　混凝土面板堆石坝

1. 垫层区

垫层区应选用质地新鲜、坚硬且耐久性较好的石料，可采用经筛选加工的砂砾石、人工石料或者由两者混合掺配。高坝垫层料应具有连续级配，一般最大粒径为80～100 mm，粒径小于5 mm的颗粒含量为35%～55%。

2. 过渡区

过渡区介于垫层与主堆石区之间，起过渡作用，石料的粒径级配和密实度应介于垫层与主堆石区两者之间。

3. 主堆石区

主堆石区是面板坝堆石的主体，是承受水压力的主要部分，它将面板承受的水压力传递到地基和下游次堆石区，该区既应具有足够的强度和较小的沉降量，同时也应具有一定的透水性和耐久性。

4. 次堆石区

下游次堆石区承受水压力较小，其沉降和变形对面板变形影响也一般不大，因而对填筑要求可酌情放宽。

(二)防渗面板的构造

1. 钢筋混凝土面板

钢筋混凝土面板防渗体主要由防渗面板和趾板组成。面板是防渗的主体，对质量有较高的要求，即要求面板具有符合设计要求的强度、不透水性和耐久性。面板底部厚度宜采用最大工作水头的1%，考虑施工要求，顶部最小厚度不宜小于30 cm。

2. 趾板(底座)

趾板是面板的底座,其作用是保证面板与河床及岸坡之间的不透水连接,同时也作为坝基帷幕灌浆的盖板和滑模施工的起始工作面。

面板接缝设计(包括面板与趾板的周边接缝和趾板之间接缝)主要是止水布置,周边缝止水布置最为关键。面板中间部位的伸缩缝,一般设1~2道止水,底部用止水铜片,上部用聚氯乙烯止水带。周边缝受力较复杂,一般采用2~3道止水,在上述止水布置的中部再加PVC止水。如布置止水困难,可将周边缝面板局部加厚。

3. 面板与岩坡的连接

为保证趾板与岸坡紧密结合和加大灌浆压重,趾板与岸坡之间应插锚筋固定。锚筋直径一般为25~35 mm,间距1.0~1.5 m,长3~5 m。

趾板范围内的岸坡应满足自身稳定和防渗要求,为此,应认真做好该处岸坡的固结灌浆和帷幕灌浆设计。固结灌浆可布置两排,深3~5 m。帷幕灌浆宜布置在两排固结灌浆之间,一般为一排,深度按相应水头的1/3~1/2确定。灌浆孔的间距视岸坡地质条件而定,一般取2~4 m,重要工程应根据现场灌浆试验确定。为了保证岸坡的稳定,防止岸坡坍塌而砸坏趾板和面板,趾板高程以上的上游坝坡应按永久性边坡设计。

第四章　河岸溢洪道

第一节　概　述

在水利枢纽中，为了防止洪水漫过坝顶，危及大坝和枢纽的安全，必须布置泄水建筑物，以宣泄水库按运行要求不能容纳的多余来水量。常用的泄水建筑物有河床式溢洪道、河岸溢洪道。对于土石坝及某些轻型坝等水利枢纽，常在坝体以外的岸边或天然垭口布置溢洪道，称河岸溢洪道。

一、河岸溢洪道的类型与特点

河岸溢洪道分为正常溢洪道和非常溢洪道两大类，正常溢洪道常用的形式主要有正槽式、侧槽式、井式和虹吸式四种，非常溢洪道常用的形式主要有漫流式、自溃式和爆破引溃式三种。

（一）正常溢洪道

（1）正槽式溢洪道，如图 4-1 所示。这种溢洪道的泄槽轴线与溢流堰轴线正交，过堰水流与泄槽轴线方向一致，其水流平顺，超泄能力大，并且结构简单，运用安全可靠，是一种采用最多的河岸溢洪道形式。

（2）侧槽式溢洪道，如图 4-2 所示。这种溢洪道的溢流堰与泄槽的轴线接近平行，过堰水流在侧槽内转弯约 90°，再经泄槽泄入下游，因而水流在侧槽中的紊动和撞击都很强烈，且距坝头较近，直接关系到大坝的安全。它适宜于坝肩山体高、岸坡较陡的中小型水库。

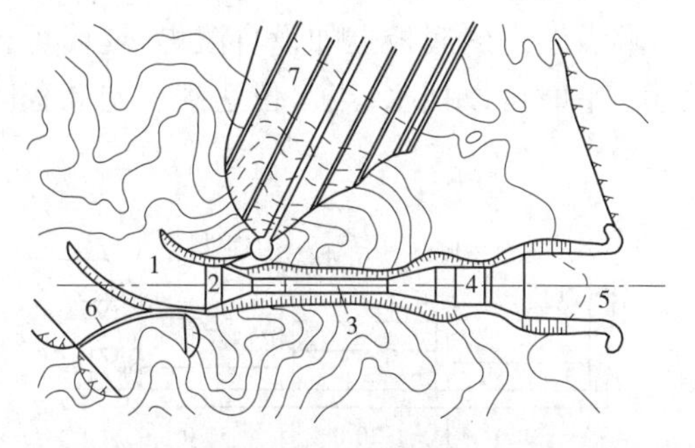

1—进水段；2—控制段；3—泄槽；4—消能防冲段；5—出水渠；6—非常溢洪道；7—土石坝

图 4-1　正槽式溢洪道

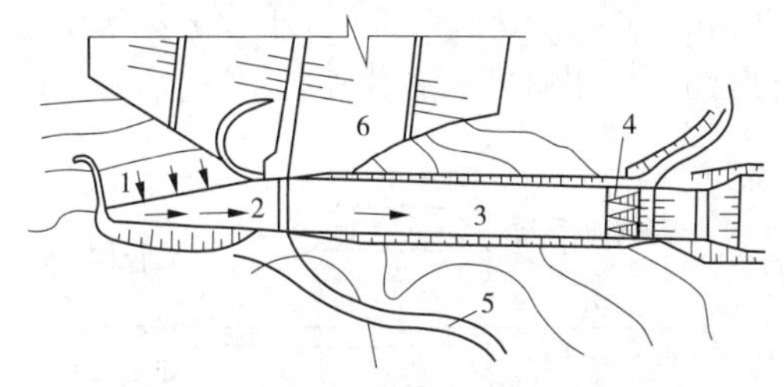

1—溢流堰；2—侧槽；3—泄水槽；4—出口消能段；5—上坝公路；6—土石坝

图 4-2　侧槽式溢洪道

（3）井式溢洪道。其组成主要有溢流喇叭口段、渐变段、竖井段、弯道段和水平泄洪洞段，如图 4-3 所示。它适用于岸坡陡峻、地质条件良好，又有适宜地形的情况。可避免大量的土石方开挖,但水流条件复杂,超泄能力小,容易产生空蚀和振动。因此,我国目前较少采用。

(4)虹吸式溢洪道,如图4-4所示。其工作原理是利用虹吸的作用泄水。当库水位达到一定高程时,淹没了通气孔,水流将流过堰顶并逐渐将曲管内的空气带出,使曲管内产生真空,形成虹吸作用自动泄水。这种溢洪道的优点是能自动调节上游水位,不需设置闸门。其缺点是超泄能力较小,构造复杂,且进口易堵塞,管内易空蚀,适用于上游淹没高程有严格限制的中小型水库。

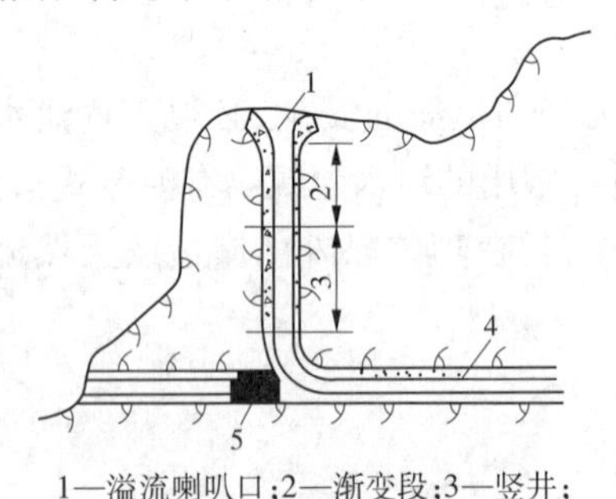

1—溢流喇叭口;2—渐变段;3—竖井;
4—泄水隧洞;5—导流洞(后期封堵)

图4-3 井式溢洪道

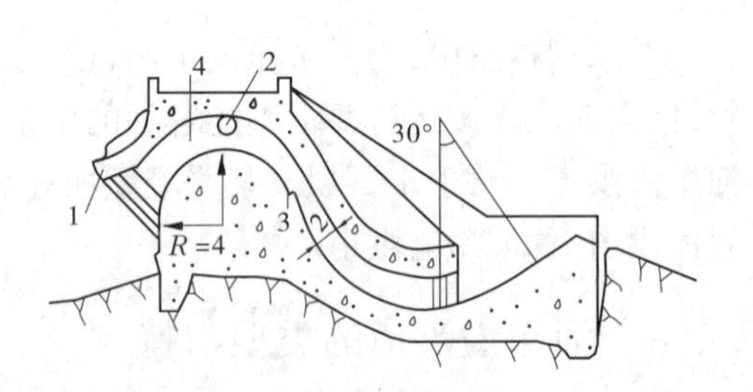

1—遮檐;2—通气孔;3—挑流坎;4—曲管

图4-4 虹吸式溢洪道 (单位:m)

以上四种类型的泄洪设施,前两种整个流程是完全敞开的,故又称为开敞式溢洪道,而后两种又称为封闭式溢洪道。

(二)非常溢洪道

非常溢洪道是一种保坝的重要措施,仅在发生特大洪水,正常溢洪道宣泄不及致使水库水位将要漫顶时才启用。

(1)漫流式非常溢洪道。这种溢洪道与正槽式溢洪道类似,将堰顶建在准备开始溢流的水位附近,而且任其自由漫流。溢流水深一般较小,因而堰长较大,多设于垭口或地势平坦之处,以减少土石方开挖量。

(2)自溃式非常溢洪道。按溃决方式可分为漫顶自溃和引冲自溃两种形式,如图4-5、图4-6所示。这种形式的溢洪道是在非常溢洪道的底板上加设自溃堤,堤体可根据实际情况采用非黏性的砂料、砂砾或碎石填筑,平时可以挡水,当水位达到一定高程时自行溃决,以宣泄特大洪水。

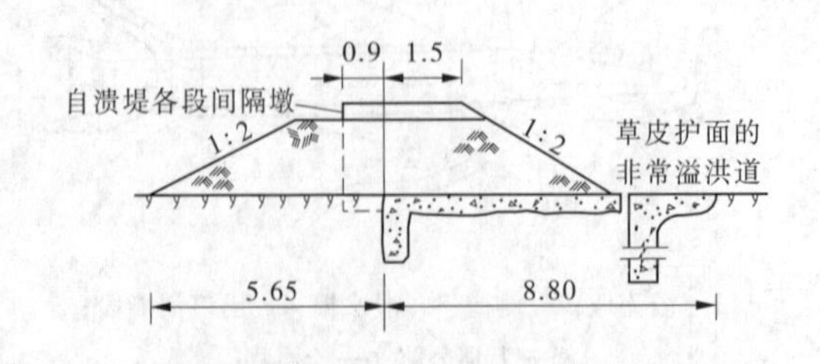

图4-5 漫顶自溃式非常溢洪道 (单位:m)

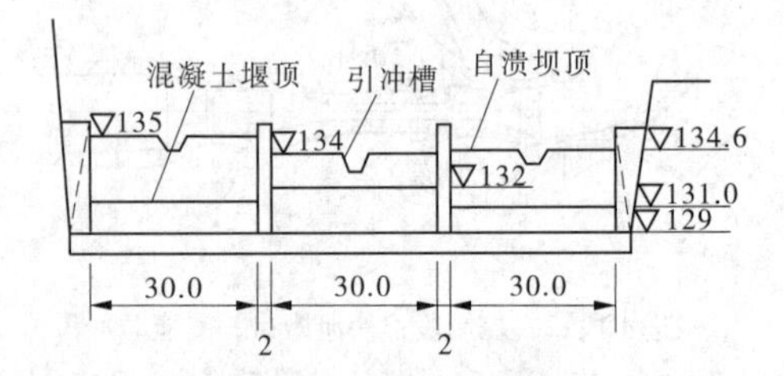

图4-6 引冲自溃式非常溢洪道 (单位:m)

漫顶自溃式构造简单、管理方便,但溢流缺口的位置和自溃时间无法进行人工控制,有可能溃坝提前或滞后。一般用于自溃坝高度较低,分担洪水比重不大的情况。当漫顶自溃坝较长时,可用隔墙将其分成若干段,各段采用不同的坝高,满足不同水位的特大洪水下泄,避免当泄量突然加大时给下游造成损失。

引冲自溃式是在自溃坝的适当位置加引冲槽,当库水位达到启溃水位后,水流即漫过引冲槽,冲刷下游坝坡形成口门并向两侧发展,使之在较短时间内溃决。在工程中应用较广泛。

(3)爆破引溃式非常溢洪道,如图4-7所示。爆破引溃式溢洪道是当需要泄洪时引爆预埋的炸药,使非常溢洪道的坝体形成一定尺寸的爆破漏斗,形成引冲槽,通过坝体引冲作用使其在短时间内迅速溃决,达到泄洪目的。

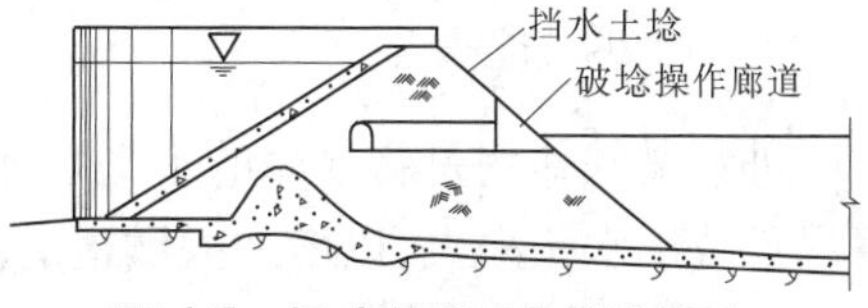

图4-7　爆破引溃式非常溢洪道

由于非常溢洪道的运用概率很小,实践经验还不多,目前在设计中如何确定合理的洪水标准、非常泄洪设施的启用条件及各种设施的可靠性等,尚待进一步研究解决。

二、河岸溢洪道的位置选择

河岸溢洪道的位置选择是否得当,对水库工程的安全和造价有很大影响。溢洪道位置选择,主要应考虑以下条件:

(1)地形条件。是决定溢洪道形式和布置的主要因素。较理想的地形条件是,离大坝不远的库岸有通向下游的马鞍形山垭口,其高程在正常蓄水位附近,垭口后面有长度不大的冲沟直通原河道,出口离下游坝脚较远,这对工程的经济、安全及管理运用均有利,且易于解决下泄水流的归河问题。

如果坝肩具有有利的地形条件,且高程适宜,可将溢洪道布置在坝肩上。这种布置形式工程量省,对于土石坝枢纽还具有利用其开挖料作为筑坝材料的优点,是较常见的布置形式。

当两岸山坡陡峻时,可将溢流堰沿岸坡等高线方向布置,即采用侧槽式溢洪道,以减小开挖工程量。

(2)地质条件。是影响溢洪道安全的关键因素。溢洪道应尽量布置在坚固、完整、稳定的岩石地基上,以减小砌护工程量并有利于工程的安全。溢洪道两侧山坡也必须稳定,以防止泄洪时山坡崩塌堵塞或摧毁溢洪道,危及大坝安全,产生严重后果。

(3)水流条件。溢洪道的轴线一般宜取直线,力求水流顺畅,流态稳定。当因地形条件或地质条件的限制而需转弯时,应尽量将弯道设置在进水渠或出水渠段。为避免冲刷坝体,溢洪道进口距坝端不宜太近,一般最小要在20 m以上。溢洪道出口距坝脚不应小于50~60 m,以免水流冲刷坝脚或其他建筑物。但为了管理方便,溢洪道也不宜距离大坝太远。

(4)施工条件。应避免溢洪道开挖与其他建筑物施工相互干扰,选择出渣路线及堆渣场所便于布置,并尽量利用开挖土石料填筑坝体。

第二节　正槽式溢洪道

正槽式溢洪道一般由进水渠、控制段(溢流堰)、泄槽、消能防冲设施及出水渠五部分组成。

一、进水渠

进水渠的作用是将水库的水平顺地引至溢流堰前。其设计原则是在合理的开挖方量下尽量减小水头损失,以增加溢洪道的泄洪能力。为此,进水渠布置时应注意以下几点:

(1)平面布置。进水渠在平面上宜布置成直线。若受地形或地质条件限制,进水渠必须转弯,应使弯曲半径不小于4倍的渠底宽度,并力求在控制段前有一直线段,直线段的长度不小于2倍堰上水头,以保证控制段为正向进水。

进水渠长度应尽量短,在不引起其他组成部分工程量增加过多的情况下,应尽量使溢流堰直接面临水库,这样就不需要进水渠,只在堰前做一个喇叭形进水口即可,如图4-8所示。

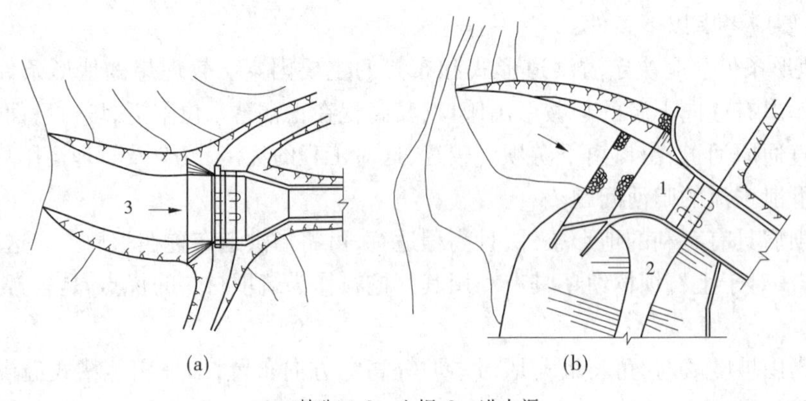

1—喇叭口;2—土坝;3—进水渠

图4-8　溢洪道进水渠形式

(2)横断面。进水渠的横断面尺寸应足够大,以降低渠内流速,减小水头损失。渠内设计流速应大于悬移质不淤流速,小于渠道不冲流速,且水头损失较小,一般采用3~5 m/s。进水渠的边坡根据稳定要求确定。为了减小糙率和防止冲刷,进水渠应做衬砌。

(3)纵断面。应做成平底或底坡较小的反坡。当溢流堰为实用堰时,渠底在溢流堰处宜低于堰顶至少$0.5H_d$(H_d为堰面定型设计水头),但对于宽顶堰则无此要求。

二、控制段

溢洪道的控制段包括溢流堰及两侧连接建筑物,是控制溢洪道泄流能力的关键部位。

(一)溢流堰的形式

溢流堰通常选用宽顶堰、实用堰,有时也采用驼峰堰、折线形堰。溢流堰的体形应尽量满足增大流量系数,在泄流时不产生空穴水流或诱发振动的负压等。

(1)宽顶堰。宽顶堰的特点是结构简单,施工方便,但流量系数较低。由于宽顶堰荷载小,对承载力较差的土基适应能力较强,因此在泄量不大或附近地形较平缓的中小型工程中应用较广,如图4-9所示。

(2)实用堰。实用堰与宽顶堰相比较,实用堰的流量系数比较大,在泄量相同的条件下需要的溢流前缘较短,工程量相对较小,但施工较复杂。大中型水库,特别是岸坡较陡时,多采用这种形式,如图4-10所示。

溢洪道中的实用堰一般都比较低矮,其流量系数介于溢流重力坝和宽顶堰。实用堰的泄流能力与其上下游堰高、定型设计水头、堰面曲线形式等因素有关。

实用堰的断面形式很多,在溢洪道设计规范中建议优先采用WES型堰。溢流堰按上游堰高 P_1 和定型设计水头 H_d 的比值分为高堰($P_1/H_d>1.33$)和低堰($P_1/H_d\leqslant 1.33$)。高堰的流量系数接近一个常数,一般不随 P_1/H_d 的变化而受影响;低堰的流量系数则随 P_1/H_d 的减小而降低。这是因为进水渠中流速加大,水头损失加大,同时过堰水舌下缘垂直收缩不完全,压能增大,动能减小。为了获得较大的流量系数,一般上游堰高 $P_1\geqslant 0.3H_d$。低堰的流量系数还与下游堰高 P_2 有关。当堰顶水头较大,下游堰高 P_2 不足,堰后水流不能保证自由泄流时,将出现流量系数随水头增加而降低的现象。为了消除这种现象,一般要求下游堰高 $P_2\geqslant 0.6H_d$。

低堰泄流时由于下游堰面水深比较大,堰面一般不会出现过大的负压,不致发生破坏性的空蚀和振动,因此在设计溢洪道的低堰时,可选择较小的定型设计水头,使高水位时的流量系数加大。根据试验研究,堰面定型设计水头 H_d 可采用0.6~0.75倍的堰顶最大水头。

(3)驼峰堰。是一种复合圆弧的溢流低堰,堰面由不同半径的圆弧组成,如图4-11所示。其流量系数可达0.42以上,设计与施工简便,对地基的要求低,适用于软弱地基。

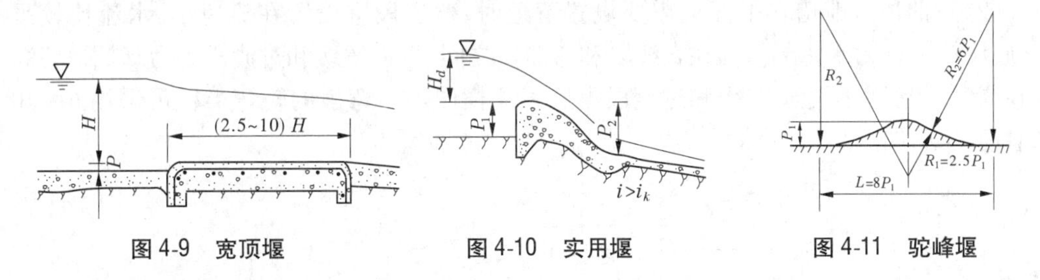

图4-9　宽顶堰　　图4-10　实用堰　　图4-11　驼峰堰

(4)折线形堰。为获得较长的溢流前缘,在平面上将溢流堰做成折线形,称折线形堰。

(二)溢流孔口尺寸的拟定

溢洪道的溢流孔口尺寸,主要是溢流堰堰顶高程和溢流前缘长度的确定。中小型水库溢洪道,特别是小型水库溢洪道常不设闸门,堰顶高程就是水库的正常蓄水位;溢洪道设闸门时,堰顶高程低于水库的正常蓄水位。堰顶是否设置闸门,应从工程安全、洪水调度、水库运行、工程投资等方面论证确定。侧槽式溢洪道的溢流堰一般不设闸门。

溢流堰前缘长度和孔口尺寸的拟定以及单宽流量的选择,与溢流重力坝基本相同。

但由于溢洪道出口一般离坝脚较远，其单宽流量可以比溢流重力坝所采用数值大一些。

三、泄槽

正槽溢洪道在溢流堰后多用泄槽与消能防冲设施相连，以便将过堰洪水安全地泄向下游河道。河岸溢洪道的落差主要集中在该段。泄槽的底坡常大于水流的临界坡，所以又称陡槽。槽内水流处于急流状态，紊动剧烈，由急流产生的高速水流对边界条件的变化非常敏感。当边墙有转折时就会产生冲击波，并可能向下游移动；当槽壁不平整时，极易产生掺气、空蚀等问题。

（一）泄槽的平面布置

泄槽在平面上应尽可能采用直线、等宽、对称布置，力求使水流平顺、结构简单、施工方便。当泄槽的长度较大，地形、地质条件不允许做成直线，或为了减少开挖工程量、便于洪水归河和有利于消能等原因，常设置收缩段、扩散段或弯道段。

（1）收缩角与扩散角。泄槽段水流属于急流，当泄槽的边墙向内收缩时，将使槽内水流产生陡冲击波。冲击波的波高取决于边墙的偏转角 θ，其值越大，则波高越大。当边墙向外扩散时，水流将产生缓冲击波。若扩散角 θ 过大，水流将产生脱离边墙的现象。因此，应严格控制其边墙的收缩角和扩散角。一般不宜大于6°~8°，也可按下式确定：

$$\tan\theta = \frac{1}{kFr} = \frac{\sqrt{gh}}{kv} \tag{4-1}$$

式中 θ——边墙与泄槽中心线夹角，(°)；

k——经验系数，一般取3.0；

Fr——扩散段或收缩段的起、止断面的平均弗劳德数；

h——扩散段或收缩段的起、止断面的平均水深，m；

v——扩散段或收缩段的起、止断面的平均流速，m/s。

（2）弯曲段。泄槽在平面上需要设置弯道时，弯道段宜设置在流速小、水流比较平稳、底坡较缓且无变化部位。在直线段和弯曲段之间，可设置缓和过渡段。为降低边墙高度和调整水流，宜在弯道及缓和过渡段渠底设置横向坡。弯道的转弯半径可采用6~10倍泄槽底宽，如图4-12所示。

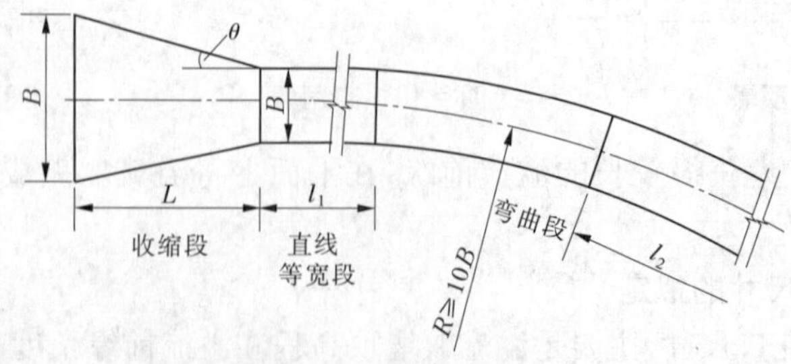

图4-12 泄槽的平面布置

（二）泄槽的纵剖面

泄槽的纵剖面应尽量按地形、地质及工程量少、结构安全稳定、水流流态良好的原则进行布置。泄槽纵坡必须保证槽中的水位不影响溢流堰自由泄流，使水流处于急流状态。

因此,泄槽纵坡必须大于水流临界坡度。常用的纵坡为1% ~5% ,有时可达10% ~15% ,坚硬的岩石上可以更大,实践中有用到1∶1的。

为了节省开挖方量,泄槽的纵坡通常是随地形、地质条件而改变,但变坡次数不宜过多,而且在不同坡度连接处要用平滑曲面相连接,以免高速水流在变坡处发生脱离槽底引起负压或槽底遭到动水压力的破坏。

当坡度由陡变缓时,可采用半径为(6 ~12)h(h为反弧段水深)的反向弧段连接,流速大者宜选用大值;当底坡由缓变陡时,可采用竖向射流抛物线连接,如图4-13 所示。其抛物线方程可按下式计算:

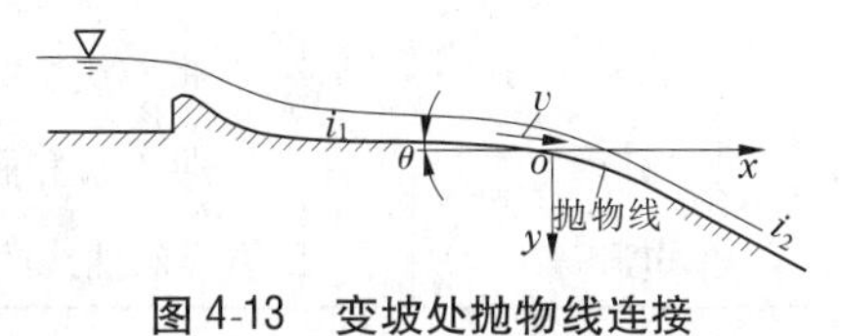

图4-13 变坡处抛物线连接

$$y = x\tan\theta + \frac{x^2}{K(4H_0\cos^2\theta)} \tag{4-2}$$

式中 x、y——以缓坡泄槽末端为原点的抛物线横坐标、纵坐标,m;

θ——缓坡泄槽底坡坡角,(°);

H_0——抛物线起始断面比能 m,,$H_0 = h + \frac{\alpha v^2}{2g}$,$h$ 为抛物线起始断面水深,m,v 为抛物线起始断面流速, m/s,α 为流速分布不均匀系数,通常取 $\alpha = 1.0$;

K——系数,对于落差较大的重要工程,取1.5,对于落差较小者,取1.1 ~1.3。

(三)泄槽的横剖面

泄槽横剖面形状在岩基上多做成矩形或近似于矩形,以使水流均匀分布和有利于下游消能,边坡坡比为1∶0.1 ~1∶0.3;在土基上则采用梯形,但边坡不宜太缓,以防止水流外溢和影响流态,边坡坡比为1∶1 ~1∶2。

泄槽边墙顶高程,应根据波动和掺气后的水面线,加上0.5 ~1.5 m 的超高来确定。对非直线段、过渡段、弯道等水力条件比较复杂的部位,超高应适当增加。掺气程度与流速、水深、边界糙率及进口形状等因素有关。

掺气水深可用下式估算:

$$h_b = \left(1 + \frac{\zeta v}{100}\right)h \tag{4-3}$$

式中 h、h_b——泄槽计算断面不掺气水深、掺气后水深,m;

v——不掺气情况下计算断面的平均流速, m/s;

ζ——修正系数,一般为1.0 ~1.4 s/m,当流速大时宜取大值。

在泄槽转弯处的横剖面,弯道处水流流态复杂,由弯道离心力及冲击波共同作用下形成的外墙水面与中心线水面的高差 Δz,如图4-14(a)所示。Δz 可按下式计算:

$$\Delta z = K\frac{v^2 b}{gR_0} \tag{4-4}$$

式中 Δz——横向水面差,m;

R_0——弯道段中心线曲率半径,m;

b——按直线段计算所得水面宽度,m;

v——计算断面平均流速, m/s;

K——超高系数,其值可按表4-1查取。

表4-1　不同断面形状泄槽的超高系数K值

泄槽断面形状	弯道曲线的几何形状	K值
矩形	简单圆曲线	1.0
梯形	简单圆曲线	1.0
矩形	带有缓和曲线过渡段的复曲线	0.5
梯形	带有缓和曲线过渡段的复曲线	1.0
矩形	既有缓和曲线的过渡段,槽底又横向倾斜	0.5

为消除弯道段的水面干扰,保持泄槽轴线的原底部高程、边墙高程等不变,以利施工,常将内侧渠底较轴线高程下降Δz,而外侧渠底则抬高Δz,如图4-14所示。

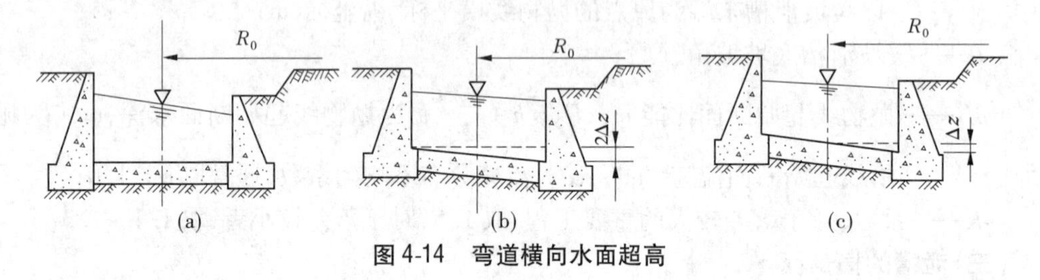

图4-14　弯道横向水面超高

(四)泄槽的构造

1. 泄槽的衬砌

泄槽通常均需衬砌。为了保证泄槽安全泄水,衬砌必须做到光滑平整、止水可靠、排水通畅、坚固耐用。衬砌表面光滑平整可以防止引起不利的负压和空蚀;衬砌接缝处的止水可靠,可以避免高速水流钻入底板以下,因脉动压力引起破坏;底板下的排水系统通畅,可以减小作用于底板上的扬压力以增加衬砌的稳定性;衬砌材料应能抵抗水流冲刷、适应温度变化、抵御风化剥蚀和冻融循环的作用,以延长使用寿命。

如岩基很好,在离开溢流堰较远的地方也可不衬砌,只需将岩石加以平整即可。

泄槽一般采用混凝土衬砌,流速不大的中小型工程也可以采用水泥砂浆或细石混凝土砌石衬砌,但应适当控制砌体表面的平整度。

衬砌的厚度应满足其稳定、不漏水,以及在气温变化下不裂缝,或当水流挟沙时不致被磨损破坏等要求。由于作用在衬砌上的各种力难以准确计算,目前尚未形成成熟的计算方法和公式,设计中一般是参照条件类似的已建工程拟定,一般取0.4~0.5 m,不应小于0.3 m。当单宽流量或流速较大时,衬砌厚度应适当加厚,甚至可达0.8 m。

为了防止温度变化引起温度裂缝,重要的工程常在衬砌临水面配置适量的钢筋网,每个方向的含钢率为0.1%~0.2%。岩基上的衬砌,在必要的情况下可布置锚筋插入新鲜岩层,以增加衬砌的稳定性。锚筋的直径为25 mm以上,间距1.5~3.0 m,插入基岩1.0~1.5 m。在土基上,由于衬砌与地基之间基本无黏着力,又不能采用锚筋,为增加衬砌的稳定性,可适当增加衬砌厚度或增设上下游齿墙。

2. 衬砌的分缝、止水和排水

为防止产生温度裂缝，除配置温度钢筋外，在衬砌上还应设置横缝和纵缝，并与堰体及边墙贯通。衬砌分缝的缝宽一般采用1～2 cm。由于岩基对衬砌的约束力大，所以岩基上的混凝土衬砌分缝的间距不宜太大，一般采用10～15 m，衬砌较薄时对温度影响较敏感，应取小值。衬砌的接缝有平接、搭接和键槽接等多种形式，如图4-15所示。垂直于流向的横缝比纵缝要求高，宜采用搭接式，岩基较坚硬且衬砌较厚时也可采用键槽缝；纵缝可采用平接的形式。

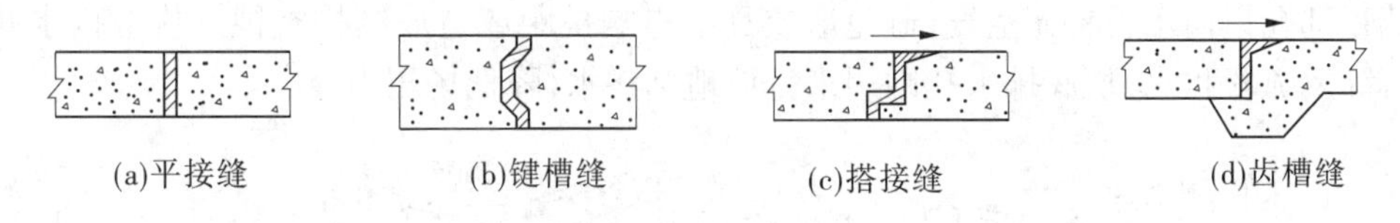

图4-15　衬砌接缝的形式

为防止高速水流通过缝口钻入衬砌底面，将衬砌掀动，所有的伸缩缝都应布置止水，其布置要求与水闸底板基本相同。

衬砌的纵缝和横缝下面应设置排水设施，且互相连通，渗水集中到纵向排水管内排向下游。岩基上的横向排水通常是在岩石上开挖沟槽并回填不易风化的碎石，沟槽尺寸一般采用0.3 m×0.3 m，顶面盖上木板或沥青油毛毡，防止浇筑衬砌时砂浆进入而影响排水效果。纵向排水通常是在沟槽内放置透水的混凝土管，管径一般采用10～20 cm。管与横向排水沟的接口不封闭，以便收集渗水，管周围用不易风化的卵石或碎石填满。为了防止排水管有可能被堵塞而影响排水，纵向排水管至少应有两排，以确保排水通畅。

土基或破碎软弱的岩基，常在衬砌底板下面设置厚约30 cm的碎石垫层，形成平面排水，以减小底板承受的渗透压力，如图4-16所示。如果地基为黏性土，先铺一层厚0.2～0.5 cm的砂砾垫层，垫层以上再铺卵石或碎石排水层，或直接在砂砾垫层中做纵、横排水管，管周围做反滤层。如果地基为细砂，应先铺一层0.2～0.4 m的粗砂，再做碎石排水层，以防止渗透破坏。

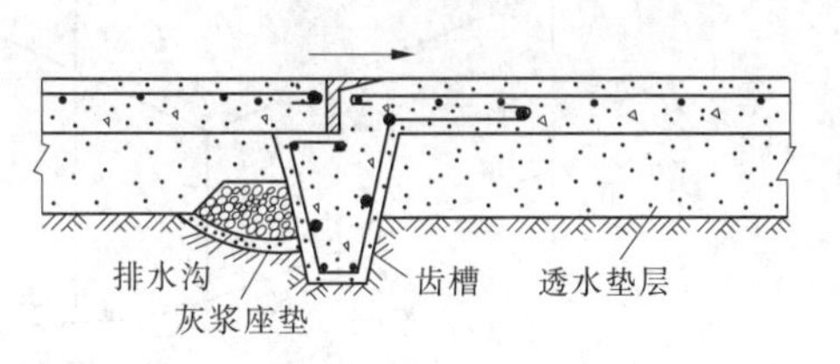

图4-16　衬砌接缝与排水构造

泄槽边墙的构造基本上与底板相同。边墙的横缝间距与底板一致，缝内设止水，其后设排水并与底板下的排水管连通。在排水管靠近边墙顶部的一端设通气孔以便排水通畅。边墙的断面形式，根据地基条件和泄槽断面形状而定，岩石良好，可采用衬砌式，厚度一般不小于30 cm，当岩石较弱时，需将边墙做成重力式挡土墙。混凝土边墙顶宽应不小于0.5 m，以利通行。

四、消能防冲设施

溢洪道宣泄的洪水，单宽流量大，流速高，能量集中。因此，消能防冲设施应根据地形、地质条件、泄流条件、运行方式、下游水深及河床抗冲能力、消能防冲要求、下游水流衔接及对其他建筑物的影响等因素，通过技术经济比较选定。

河岸式溢洪道一般采用挑流消能或底流消能。

挑流消能一般适用于较好岩石地基的高、中水头枢纽，有关计算内容和方法与重力坝类似。

挑流坎的结构形式一般有重力式和衬砌式两种，如图4-17所示。前者适用于较软弱岩基，后者适用于坚实完整岩基。挑流坎下游常做一段短护坦以防止小流量时产生贴流而冲刷齿墙底脚。挑流坎上还常设置通气孔和排水孔，如图4-18所示。通气孔的作用是从边墙顶部孔口向水舌补充空气，避免形成真空影响挑距或造成结构空蚀。坎上排水孔用来排除反弧段积水；坎底排水孔则用来排放地基渗水，降低扬压力。

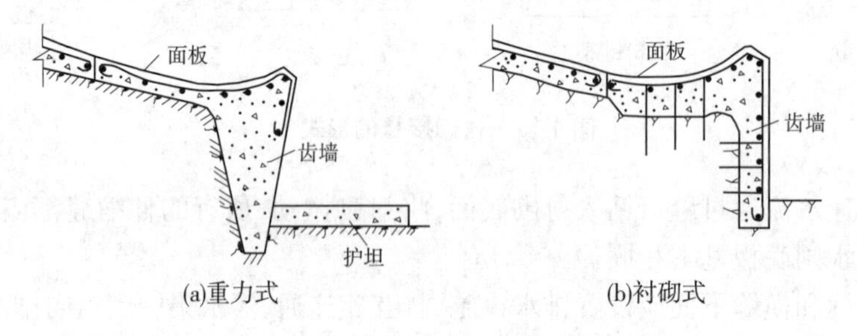

图4-17　挑流坎结构形式

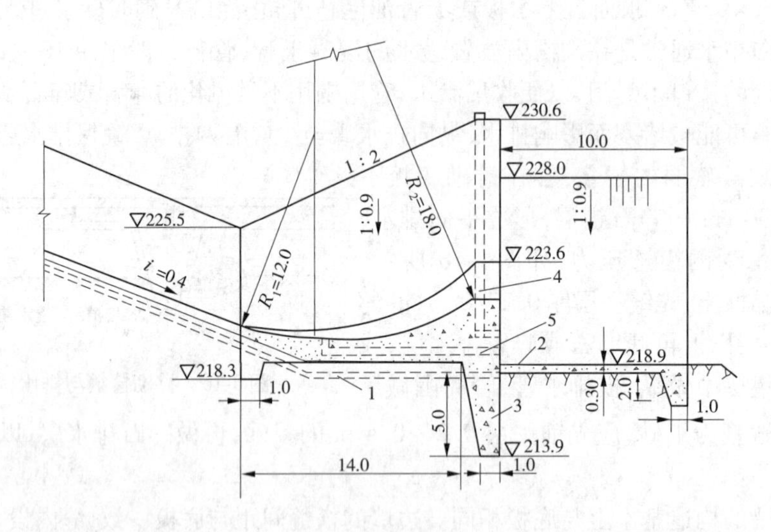

1—纵向排水；2—护坦；3—混凝土齿墙；4—ϕ50 cm通气孔；5—ϕ10 cm排水管

图4-18　挑流坎构造　（单位：m）

底流消能一般适用于土基或破碎软弱的岩基，其消能原理和布置与水闸相应内容基本相同。

五、出水渠

溢洪道下泄水流经消能后，不能直接泄入河道而造成危害时，应设置出水渠。选择出水渠线路应经济合理，其轴线方向应尽量顺应河势，利用天然冲沟或河沟。

第三节　侧槽溢洪道

一、侧槽溢洪道的布置特点

侧槽溢洪道通常由控制段、侧槽、泄槽、消能防冲设施和出水渠等部分组成。

侧槽溢洪道的特点是溢流堰轴线大致顺着河岸等高线布置,水流过堰后即进入一条与堰轴线平行的侧槽内,然后通过侧槽末所接的泄水道泄往下游。其泄水道可以是开敞明槽,也可以是泄水隧洞,如图 4-19 所示。其主要优点是溢流堰的布置受地形限制小,可大致沿等高线向上游库岸延伸,以减少开挖工程量。其主要缺点是进堰水流首先冲向对面的槽壁,再向上翻腾产生旋涡,逐渐转向再泄往下游,形成一种不规则的复杂流态,与下游水面衔接难以控制,给侧槽的布置造成困难。侧槽溢洪道一般适用于坝址山头较高、岸坡较陡,不利于布置正槽式溢洪道且岩石坚固、泄量较小的情况。

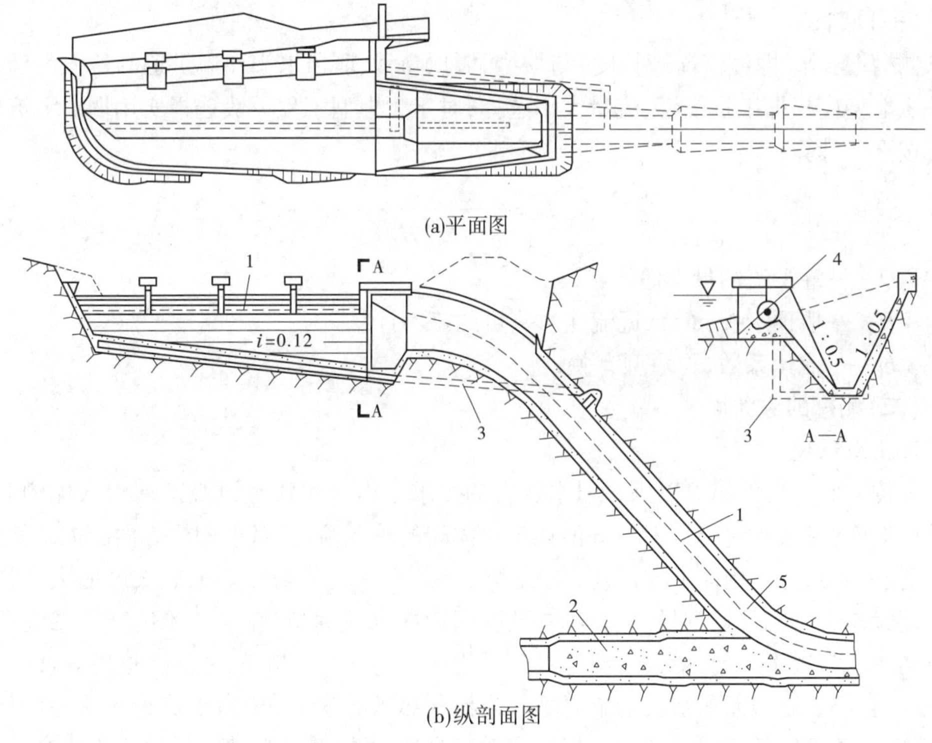

(a)平面图

(b)纵剖面图

1—水面线;2—混凝土塞;3—排水管;4—闸门;5—泄水隧洞

图 4-19　隧洞泄水的侧槽溢洪道

侧槽溢洪道的溢流堰可采用实用堰、宽顶堰和梯形堰,但采用实用堰较多,堰顶一般不设闸门。

二、侧槽尺寸设计

侧槽设计的要求是满足泄洪条件,保持槽内流态良好,造价低廉和施工管理方便。设计的任务是确定侧槽的槽长（堰长）、断面形式、起始断面高程、槽底纵坡和断面宽度，有关尺寸参数如图 4-20 所示。

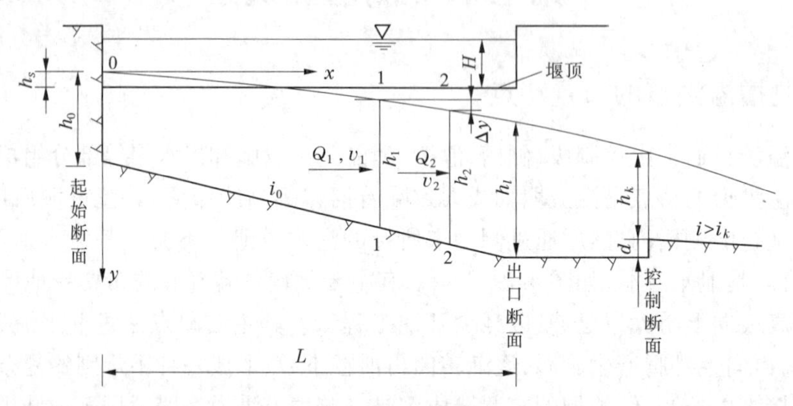

图 4-20　侧槽水面曲线计算简图

（一）堰长

侧槽堰长 L（即溢流前缘长度）与堰型、堰顶高程、堰顶水头和溢洪道的最大设计流量有关。堰型应根据工程规模、流量大小选择，对于大中型工程一般选择实用堰。溢流堰长度可按下式计算：

$$L = \frac{Q}{m\sqrt{2g}H^{3/2}} \tag{4-5}$$

式中　Q——溢洪道的最大泄流量，m^3/s；

H——堰顶水头，m，行近流速水头可忽略不计；

m——流速系数，与堰型有关。

（二）侧槽的纵断面

1. 槽底纵坡

侧槽应有适宜的纵坡以满足泄水能力的要求。由于水流经过溢流堰泄入侧槽时，水股冲向对面槽壁，水流能量大部分消耗于水体间的掺混撞击，对沿侧槽方向的流动并无帮助，完全依靠重力作用向下游流动，所以槽底必须有一定的坡度。槽底坡度的大小，既影响水流状态又影响开挖方量。当纵坡较陡时，槽内水流为急流，水流不能充分掺混消能，并且槽中水深很不均匀，最大水深可高于平均水深的 5% ~20%。因此，槽底纵坡应取单一纵坡，且小于槽末断面水流的临界坡。当槽底纵坡较缓时，槽内水流为缓流，水流流态平衡均匀，并可较好地掺混消能。但如果槽底纵坡过缓，将使侧槽上游段水面壅高过多而影响过堰流量。如能使槽底纵坡近似平行于水面线，可使槽内流速变化不大，水流平稳。初步拟定时，可采用底坡为 0. 01 ~0. 05。具体数值可根据地形和泄量大小选定。

2. 槽底高程

为了减小开挖工程量，槽底高程不宜过低，但也不宜过高，必须保证溢流堰为自由出流，以确保溢洪道的泄洪能力。侧槽的底部高程，根据侧槽最高水面线的计算成果，使槽内水面高程满足溢流堰为自由出流和减小开挖量的要求确定。

根据试验,若槽内水面线在侧槽始端最高点超出溢流堰顶的高度 h_s(如图 4-21 所示)不超过堰顶水头 H 的 0.5 倍时,可以认为对整个溢流堰来说是非淹没的。为了减少挖方,常以 $h_s = 0.5H$ 确定侧槽始端的水位。根据该水位减去水深可得槽首底部高程。槽内各断面水深则根据侧槽末端的水深 h_L 向上游逐段推算而得。

为了控制侧槽末端水深,进一步改善侧槽流态,避免槽内的波动水流直接进入泄槽,保证泄槽和消能设施有较好的水力条件,常在侧槽与泄槽之间设水平调整段。调整段一般采用平底梯形断面,长度取 3~4 倍的临界水深。

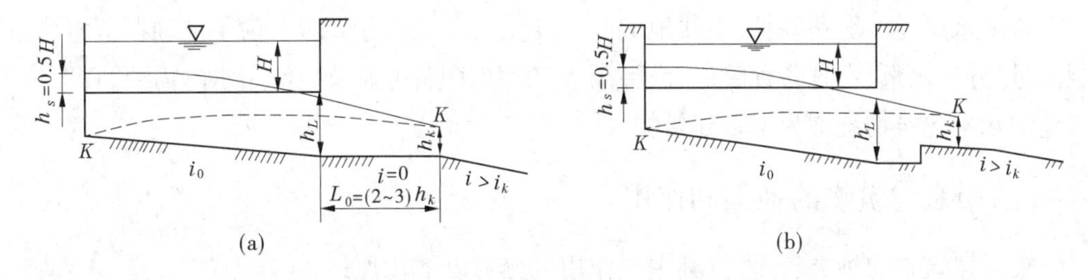

图 4-21 侧槽与泄水槽的连接形式

(三)侧槽的横断面

1. 形状

由于岸坡较陡,侧槽的横断面宜按窄深式布置,以有利于增加槽内水深,并容易使侧向进流与槽内水流混合,水面较为平稳。而且在陡峭的山坡上,窄深断面要比宽浅断面节省开挖量。以图 4-22 为例,如窄深断面过水面积为 ω_1,宽浅断面过水面积为 ω_2,当 $\omega_1 = \omega_2$ 时,窄深断面可节省开挖面积 ω_3。

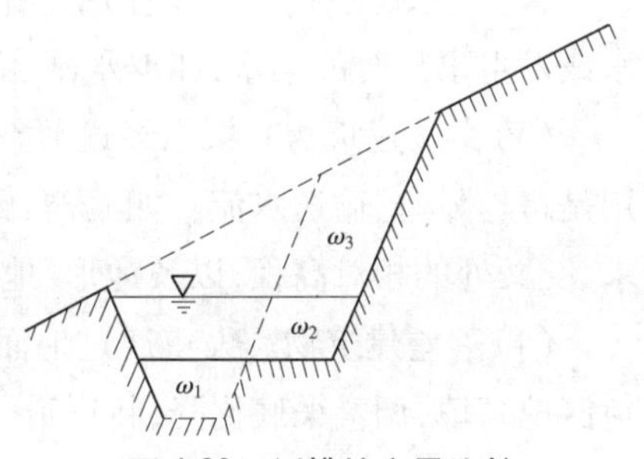

图 4-22 侧槽挖方量比较

2. 边坡

侧槽横断面的侧向边坡越陡越节省开挖量,故在满足水流和边坡稳定的条件下,宜采用较陡边坡。根据模型试验,在溢流堰一侧的边坡可采用 1∶0.5~1∶0.9;另一侧可根据岩石的稳定边坡选定,一般取 1∶0.3~1∶0.5。

3. 断面尺寸

侧槽的横断面大小应根据流量经过计算确定。由于侧槽内的流量是沿流向不断增加的,所以侧槽底宽亦应沿水流方向逐渐增加。起始断面底宽 b_0 与末端断面底宽 b_l 的比值对侧槽的工程量影响很大。一般 b_0/b_l 越小,则侧槽的开挖量越省,但槽底挖得较深,调整段的工程量也相应增加。所以,应根据地形、地质条件确定比较经济的 b_0/b_l 值,通常 b_0/b_l 采用 1~1/2,其中 b_0 的最小值应满足开挖设备和施工要求,b_l 一般选用与泄槽底宽相同。

第五章　渠系建筑物

第一节　概　述

输配水渠道一般路线长,沿线地形起伏变化大,地质情况复杂,为了准确调节水位、控制流量、分配水量、穿越各种障碍,满足灌溉、水力发电、工业及生活用水的需要,在渠道上兴建的水工建筑物统称为渠系建筑物。

一、渠系建筑物的种类和作用

渠系建筑物的种类较多,按其主要作用可分为以下几种:

(1)控制建筑物。主要作用是调节各级渠道的水位和流量,以满足各级渠道的输水、配水和灌水要求,如进水闸、节制闸、分水闸等。

(2)泄水建筑物。主要作用是保护渠道及建筑物安全,用以排放渠中余水、入渠的洪水或发生事故时的渠水,如退水闸、溢流堰、泄水闸等。

(3)交叉建筑物。渠道经过河谷、洼地、道路、山丘等障碍时所修建的建筑物,主要作用是跨越障碍、输送水流。如渡槽、倒虹吸管、桥梁、涵洞、隧洞等。常根据建筑物运用要求、交叉处的相对高程,以及地形、地质、水文等条件,经比较后合理选用。

(4)落差建筑物。渠道通过地面坡度较大的地段时,为使渠底纵坡符合设计要求,避免深挖高填,调整渠底比降,将渠道落差集中所修建的建筑物,如跌水、陡坡等。

(5)量水建筑物。为了测定渠道流量,达到计划用水、科学用水而修建的专门设施,如量水堰、量水槽、量水喷嘴等。工程中,常利用符合水力计算要求的渠道断面或渠系建筑物进行量水,如水闸、渡槽、陡坡、跌水、倒虹吸等。

(6)防沙建筑物。为了防止和减少渠道的淤积,在渠首或渠系中设置冲沙和沉沙设施,如冲沙闸、沉沙池等。

(7)专门建筑物。方便船只通航的船闸、利用落差发电的水电站和水力加工站等。

(8)利民建筑物。根据群众需要,结合渠系布局,修建方便群众出行、生产的建筑物,如行人桥、踏步、码头、船坞等。

二、渠系建筑物的布置原则

在渠系建筑物的布置工作中,一般应当遵循以下原则:

(1)布局合理,效益最佳。渠系建筑物的位置和形式,应根据渠系平面布置图、渠道纵横断面图及当地的具体情况,合理布局,使建筑物的位置和数量恰当,水流条件好,工程效益最大。

(2)运行安全,保证需求。满足渠道输水、配水、量水、泄水和防洪等要求,保证渠道安全运行,提高灌溉效率和灌水质量,最大限度地满足作物需水要求。

(3)联合修建,形成枢纽。渠系建筑物尽可能集中布置,联合修建,形成枢纽,降低造价,便于管理。

(4)独立取水,便于管理。结合用水要求,最好做到各用水单位有独立的取水口,减少取水矛盾,便于用水管理。

(5)方便交通,便于生产。在满足灌溉要求的同时,应考虑交通、航运和群众的生产、生活的需要,为提高劳动效率和建设新农村创造条件。

三、渠系建筑物的特点

在灌区工程中,渠系建筑物是重要组成部分,其主要特点如下:

(1)量大面广、总投资多。渠系建筑物的分布面广,数量较大,总工程量和投资往往很大。如韶山灌区的总干渠和北干渠上,渠系建筑物的造价为枢纽工程造价的6.3倍。所以,应对渠系建筑物的布局、选型和构造设计进行深入研究与决策,降低工程总造价。

(2)同类建筑物较为相似。渠系建筑物一般规模较小、数量较多,同一类型的建筑物工作条件、结构形式、构造尺寸较为相近。因此,在同一个灌区,应尽量利用同类建筑物的相似性,采用定型设计和预制装配式结构,简化设计和施工程序,确保工程质量,加快施工进度和便于维修运用。对于规模较大、技术复杂的建筑物,应进行专门的设计。

(3)受地形环境影响较大。渠系建筑物的布置,主要取决于地形条件,与群众的生产、生活环境密切相关。例如,渡槽的布置既要考虑长度最短,又要考虑与进出口渠道平顺连接,这样将会增加填方渠道与两岸连接的长度,多占用农田及多拆迁房屋,影响群众切身利益。所以,进行渠系建筑物布置时,必须深入实地进行调查研究。

四、渠系建筑物的定型设计

渠系建筑物一般为小型建筑物,在其设计过程中,可以直接使用定型设计图集中的尺寸和结构,不再进行复杂的水力和结构计算。采用定型设计,不仅可以缩短设计时间,而且可以保证工程质量,加快施工进度,节省工程费用。

实际工程中,建筑物轮廓和控制性尺寸的确定,常以简单的水力计算为主进行验算。对一般构件的构造和尺寸,可参考工程设计经验拟定。

为了总结灌区渠系建筑物的建设经验,提高工程设计质量,促进水利建设,更好地发挥工程效益,我国已经出版了多种渠系建筑物设计图册。这些图册中的设计图件,都经过实践的检验,它们技术先进,经济合理,运行安全可靠,在同类建筑物中具有一定典型性和代表性。在使用定型设计图件时,一定要根据各地区的具体条件,因地制宜,取其所长。

第二节 渠 道

渠道是灌溉、发电、航运、给水、排水等水利工程中广为采用的输水建筑物。渠道遍布整个灌区，线长面广，其规划和设计是否合理，将直接关系到土方量的大小、渠系建筑物的多少、施工和管理的难易及工程效益的大小。因此，一定要搞好渠道的规划布置和设计工作。灌溉渠系一般分为干、支、斗、农、毛五级渠道，构成灌溉系统，如图5-1所示。其中，前四级为固定渠道，最后一级多为临时性渠道。一般干、支渠主要起输水作用，称为输水渠道；斗、农渠主要起配水作用，称为配水渠道。

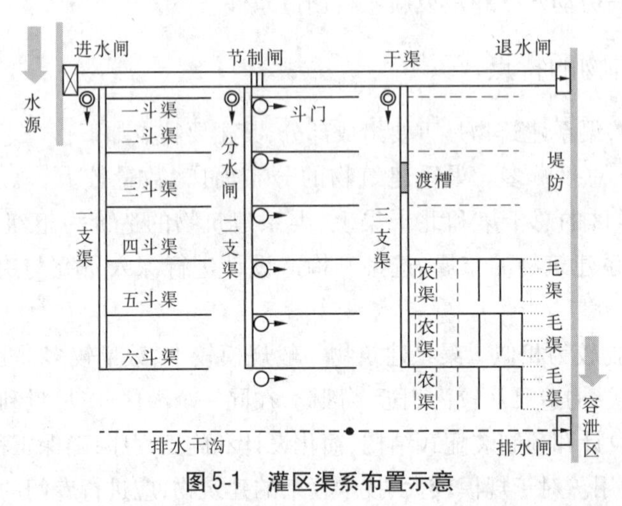

图5-1 灌区渠系布置示意

渠道设计的任务是在完成渠系布置之后，推算各级渠道的设计流量，确定渠道的纵横断面形状、尺寸、结构和空间位置等。

一、渠道的选线

渠道的路线选择，关系到灌区合理开发、渠道安全输水及降低工程造价等关键问题，应综合考虑地形、地质、施工条件及挖填平衡、便于管理养护等各因素。

(1)地形条件。渠道顺直，尽量应与道路、河流正交，减少工程量。在平原地区，渠道路线最好选为直线，并力求选在挖方与填方相差不大的地方。如不能满足这一条件，应尽量避免深挖方和高填方地带。转弯也不应过急，对于有衬砌的渠道，转弯半径应不小于2.5B(B为渠道水面宽度)；对于不衬砌的渠道，转弯半径应不小于5B。在山坡地区，渠道路线应尽量沿等高线方向布置，以免过大的挖填方量。当渠道通过山谷、山脊时，应对高填、深挖、绕线、渡槽、穿洞等方案进行比较，从中选出最优方案。

(2)地质条件。渠道路线应尽量避开渗漏严重、流沙、泥泽、滑坡及开挖困难的岩层地带，必须通过时，应比较确定。如采取防渗措施以减少渗漏，采用外绕回填或内移深挖以避开滑坡地段，采用混凝土或钢筋混凝土衬砌以保证渠道安全运行等方案。

(3)施工条件。应全面考虑施工时的交通运输、水和动力供应、机械施工场地、取土和弃土的位置等条件，改善施工条件，确保施工质量。

(4)管理要求。渠道的路线选择要和行政区划与土地利用规划相结合,确保每个用水单位均有独立的用水渠道,以便于运用和管理维护。

渠道的路线选择必须重视野外踏勘工作,从技术、经济等方面仔细分析比较。

二、渠道的纵、横断面设计

渠道的断面设计包括横断面设计和纵断面设计,二者是互相联系、互为条件的。在实际设计中,纵、横断面设计应交替,并且反复进行,最后经过分析比较确定。

合理的渠道断面设计,应满足以下几方面的具体要求:①有足够的输水能力,以满足灌区用水需要;②有足够的水位,以满足自流灌溉的要求;③有适宜的流速,以满足渠道不冲、不淤或周期性冲淤平衡;④有稳定的边坡,以保证渠道不坍塌、不滑坡,以满足纵向稳定要求;⑤有合理的断面结构形式,以减少渗透损失,提高灌溉水利用系数;⑥尽可能在满足输水的前提下,兼顾蓄水、养殖、通航、发电等综合利用要求;⑦尽量做到工程量最小,以有效地降低工程总投资;⑧施工容易,管理方便。

(一)渠道横断面设计

1. 渠道横断面的形状

渠道横断面形状常见的有梯形、矩形、U 形等。一般采用梯形,它便于施工,并能保持渠道边坡的稳定;在坚固的岩石中开挖渠道时,宜采用矩形断面;当渠道通过城镇工矿区或斜坡地段,渠宽受到限制时,可采用混凝土等材料砌护。

为了提高渠道的稳定性、提高水的利用率、减少渗漏损失、缩小渠道断面,一般采取各种防渗措施,防渗渠道断面形式如图 5-2 所示。

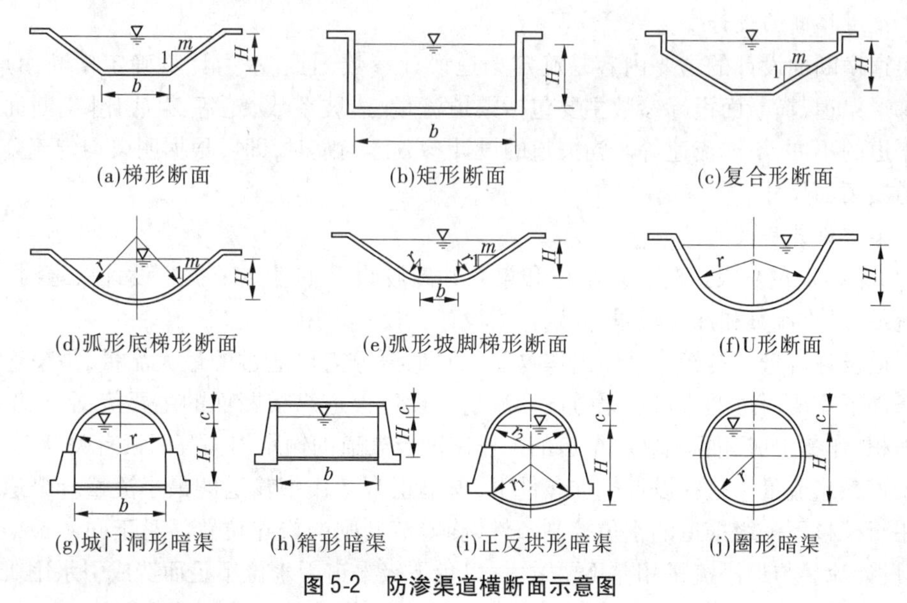

图 5-2 防渗渠道横断面示意图

2. 渠道横断面结构

渠道横断面结构有挖方断面、填方断面和半挖半填断面三种形式(见图 5-3),主要是渠道过水断面和渠道沿线地面的相对位置不同造成的。规划设计中,常采用半挖半填的结构形式,或尽量做到挖填平衡,避免深挖、高填,以减少工程量,降低工程费用。

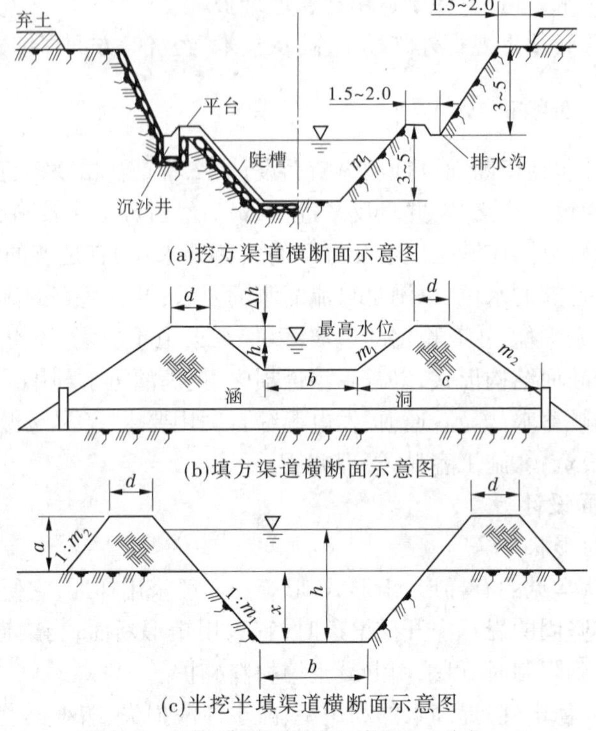

图 5-3　渠道横断面结构示意图　(单位:m)

3. 渠道横断面设计

渠道横断面设计的主要内容是确定渠道设计参数,通过水力计算确定横断面尺寸。对于梯形渠道,横断面设计参数主要包括渠道流量、边坡系数、糙率、渠底比降、断面宽深比及渠道的不冲、不淤流速等。当渠道的设计参数已确定时,即可根据明渠均匀流公式确定渠道横断面尺寸。

4. 渠道设计参数

(1)渠道流量。渠道流量是渠道和渠系建筑物设计的基本依据。设计渠道时,需要设计流量、最小流量和加大流量,分别作为设计和校核之用。

渠道设计流量。是指设计年内作物灌水时期渠道需要通过的最大流量,是渠道正常工作条件下需要通过的流量。渠道设计流量是设计渠道纵横断面的主要依据,与渠道的灌溉面积、作物组成、灌溉制度、渠道的工作制度及渠道的输水损失等因素有关。

渠道最小流量。是在设计标准条件下,渠道正常工作中输送的最小流量。渠道最小流量用于校核下一级渠道的水位控制条件,确定节制闸的修建位置。对于同一条渠道而言,其设计流量与最小流量相差不要过大,以免下级渠道因水位不足而造成引水困难。一般渠道最小流量≥渠道设计流量的40%,相应的渠道最小水深≥设计水深的70%。

渠道加大流量。灌溉工程运行期,可能出现规划设计之外的情况,如作物种植比例变更、灌溉面积扩大、气候特别干旱、渠道发生事故后需要短时间加大输水量等,都需要渠道通过比设计流量更大的流量。通常把短时期内渠道需要通过的最大灌溉流量称为渠道加大流量，它是确定渠道堤顶高程、校核渠道输水能力和不冲流速的依据。一般干、支渠需要考虑加大流量，而斗、农渠多因实行轮灌无需考虑加大流量。

渠道加大流量等于加大系数（见表5-1）乘以设计流量，即 $Q_{加大}$ = 加大系数 × $Q_{设计}$。

表5-1　渠道流量加大系数

设计流量（m^3/s）	<1	1～5	5～20	20～50	50～100	100～300	>300
加大系数	1.30～1.35	1.25～1.30	1.20～1.25	1.15～1.20	1.15～1.20	1.10～1.15	<1.10

注：①表中加大系数，湿润地区可取小值，干旱地区可取大值；
②泵站供水的续灌渠道加大流量应为包括备用机组在内的全部装机流量。

（2）边坡系数 m。梯形土渠两侧边坡系数，一般取1～2，应根据土质情况和开挖深度或填土高度确定。对于挖深大于5 m或填高超过3 m的土坡，必须根据稳定条件确定。计算方法同土石坝的稳定计算。为使边坡稳定和管理方便，每隔4～6 m深应设一平台，平台宽1.5～2 m，并在平台内侧设置排水沟。

（3）渠道的糙率 n。反映渠床粗糙程度的指标，影响因素主要有渠床状况、渠道流量、渠水含沙量、渠道弯曲状况、施工质量、养护情况。一般情况下，渠床糙率参考水力计算相应的糙率表选用，大型渠道的糙率最好通过试验确定。

（4）渠道断面宽深比 β。渠道断面的宽深比是指底宽 b 和水深 h 的比值。宽深比对渠道工程量和渠床稳定等有较大影响，过于宽浅容易淤积，过于窄深又容易产生冲刷。宽深比与渠道流量、水流含沙情况、渠道比降等因素有关，比降小的渠道应选较小的宽深比，以增大水力半径，加快水流速度；比降大的渠道应选较大的宽深比，以减小流速，防止渠床冲刷。为了节省输水渠道土石方及衬砌工程量，尽量少占地，一般采用窄深式断面；而配水渠道为使水流较为稳定，不易产生冲刷和淤积，多采用宽浅式断面。一般情况下，流量大，含沙量小，渠床土质较差时多用宽浅式渠道；反之，宜采用窄深式渠道。对于中小型渠道，可以根据渠道流量，参照表5-2所列经验数据选定。

表5-2　渠道断面宽深比

设计流量（m^3/s）	<1	1～3	3～5	5～10	10～30	30～60
宽深比 β	1～2	1～3	2～4	3～5	5～7	6～10

有通航要求的渠道，应根据船舶吃水深度、错船所需的水面宽度及通航的流速要求等确定。渠道水面宽度应大于船舶宽度的2.6倍，船底以下水深应不小于15～30 cm。

（5）渠道的不冲不淤流速。在稳定渠道中，允许的最大平均流速称为临界不冲流速，简称不冲流速，用 $v_{不冲}$ 表示；允许的最小平均流速称为临界不淤流速，简称不淤流速，用 $v_{不淤}$ 表示。为了维持渠床稳定，渠道通过设计流量时的平均流速（设计流速）$v_{设计}$ 应满足以下条件：

$$v_{不淤} < v_{设计} < v_{不冲} \tag{5-1}$$

渠道不冲流速。水在渠道中流动时，具有一定的能量，这种能量随水流速度的增加而增加，当流速增加到一定程度时，渠床上的土粒就会随水流移动，土粒将要移动而尚未移动时的水流速度就是临界不冲流速或简称不冲流速。一般渠道可按表5-3的数值选用，渠水含沙量越大，且渠床有薄层淤泥时，可将表5-3中所列数值适当提高后选用。

表5-3　渠道允许不冲流速　（单位：m/s）

防渗衬砌结构类别			$v_{不冲}$	防渗衬砌结构类别		$v_{不冲}$
土料	黏土、黏砂混合土		0.75～1.00	膜料（土料保护层）	砂壤土、轻壤土	<1.45
	灰土、三合土、四合土		<1.00		中壤土	<0.60
水泥土	现场填筑		<2.50		重壤土	<0.65
	预制铺砌		<2.00		黏土	<0.70
砌石	干砌卵石（挂淤）		2.50～4.00		砂砾料	<0.90
	浆砌块石	单层	2.50～4.00	沥青混凝土	现场浇筑	<3.00
		双层	3.50～5.00		预制铺砌	<2.00
	浆砌料石		4.00～6.00	混凝土	现场浇筑	<8.00
	浆砌石板		<2.50		预制铺砌	<5.00
					喷射法施工	<10.00

渠道的不淤流速。渠道水流的挟沙能力随流速减小而减少，当流速小到一定程度时，部分泥沙就开始在渠道内淤积。泥沙将要沉积而尚未沉积时的流速就是临界不淤流速或简称不淤流速。渠道不淤流速主要取决于渠道含沙情况和断面水力要素。含沙量很小的清水渠道虽无泥沙淤积威胁，但为了防止渠道杂草滋生，影响输水能力，要求大型渠道的平均流速不小于0.5 m/s，中小型渠道的平均流速不小于0.3～0.4 m/s。

（二）渠道纵断面设计

灌溉渠道不仅要满足输送设计流量的要求，而且要满足水位控制的要求。渠道纵断面设计的任务是根据灌溉水位要求确定渠道的空间位置。一般纵断面设计主要内容包括确定渠道纵坡比降、设计水位线、最低水位线、最高水位线、渠底高程线、渠道沿程地面高程线和堤顶高程线，绘制渠道纵断面图。渠道的纵断面如图5-4所示。

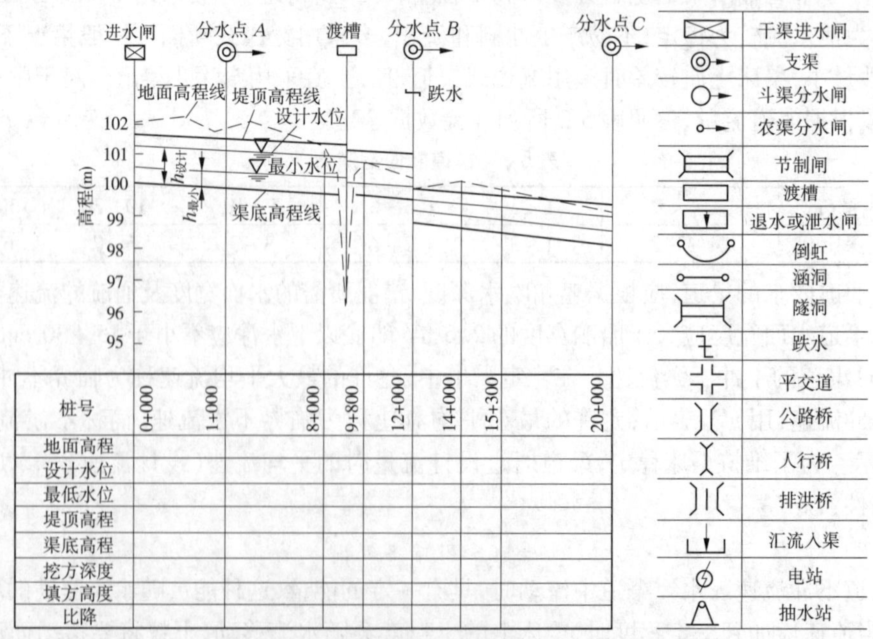

图5-4　渠道纵断面示意图与渠系建筑物图例

渠底纵坡比降是指单位渠长的渠底降落值。渠底比降不仅决定着渠道输水能力的大小、控制灌溉面积的多少和工程量的大小,而且关系着渠道的冲淤、稳定和安全,必须慎重选择确定。在规划设计中,渠底比降应根据渠道沿线地面坡度、下级渠道分水口要求水位、渠床土质、渠道流量、渠水含沙量等情况,参照相似灌区的经验数值(见表5-4),初选一个渠底比降,进行水力计算和流速校核,若满足水位和不冲不淤要求,便可采用。否则应重新选择比降,再计算校核,直到满足要求。

表5-4　渠道比降的经验数值

渠道级别	干渠	支渠	斗渠	农渠
丘陵灌区	1/2 000～1/5 000	1/1 000～1/3 000	土渠1/2 000,石渠1/500	土渠1/1 000,石渠1/300
平原灌区	1/5 000～1/10 000	1/3 000～1/7 000	1/2 000～1/5 000	1/1 000～1/3 000
滨湖灌区	1/8 000～1/15 000	1/6 000～1/8 000	1/4 000～1/5 000	1/2 000～1/3 000

渠道纵坡选择时应注意以下几项原则:①地面坡度。渠道纵坡应尽量接近地面坡度,以避免深挖高填。②地质情况。易冲刷的渠道,纵坡宜缓,地质条件较好的渠道,纵坡可适当陡一些。③流量大小。流量大时纵坡宜缓,流量小时可陡些。④含沙量。水流含沙量小时,应注意防冲,纵坡宜缓;含沙量大时,应注意防淤,纵坡宜陡。⑤水头大小。提水灌区水头宝贵,纵坡宜缓;自流灌区水头较富裕,纵坡可以陡些。

干渠及较大支渠,上、下游渠段流量变化较大时,可分段选择比降,而且下游段的比降应大些。支渠以下的渠道一般一条渠道只采用一个比降。

为了便于渠道的运用管理和保证渠道的安全,应设置一定的堤顶宽度和安全超高,参考表5-5选定。若渠道的堤顶有交通要求,则堤顶宽度应根据交通要求确定。

表5-5　堤顶宽度和安全超高数值　(单位:m)

项目	田间毛渠	固定渠道流量(m^3/s)						
		<0.5	0.5～1	1～5	5～10	10～30	30～50	>50
超高	0.1～0.2	0.2～0.3	0.2～0.3	0.3～0.4	0.4	0.5	0.6	0.8
宽度	0.2～0.5	0.5～0.8	0.8～1.0	1.0～1.5	1.5～2.0	2.0～2.5	2.5～3.0	3.0～3.5

第三节　渡　槽

一、渡槽的作用及组成

渡槽是渠道跨越山谷、河流、道路等的架空输水建筑物,其主要作用是输送水流。根据水利工程的不同需要,渡槽还可以用于排洪、排沙、导流和通航等。

渡槽主要由槽身、支承结构、基础及进出口建筑物等部分组成。渠道通过进出口建筑物与槽身相连接,槽身置于支承结构上,槽中水重及槽身重通过支承结构传给基础,再传至地基。为确保运行安全,渡槽进口处可设置闸门,在上游一侧配置泄水闸;为方便群众生产生活,可以在有拉杆渡槽的顶端设置栏杆、铺设人行道板,方便群众出行。

渡槽一般适用于跨越河谷(断面宽深、流量大、水位低)、宽阔滩地或洼地等情况。它与倒虹吸管相比具有水头损失小、便于管理运用及可通航等优点,是交叉建筑物中采用最多的一种形式。与桥梁相比,渡槽以恒载为主,不承受桥梁那样复杂的活载,故结构设计相对简单,但对防渗和止水构造要求较高,以免影响运行管理和结构安全。

二、渡槽的类型

人类应用渡槽距今有 2 700 多年的历史,公元前 700 多年亚美尼亚人就运用石块砌造渡槽。随着水泥的不断应用,高强度、抗渗漏的钢筋混凝土渡槽便应运而生。随着混凝土渡槽形式的不断演变,渡槽从单一的梁式(见图 5-5)、拱式(板拱、肋拱、双曲拱、箱形拱、桁架拱、折线拱)、斜拉式、悬吊式,发展到组合式(拱梁和斜撑梁组合式等)。

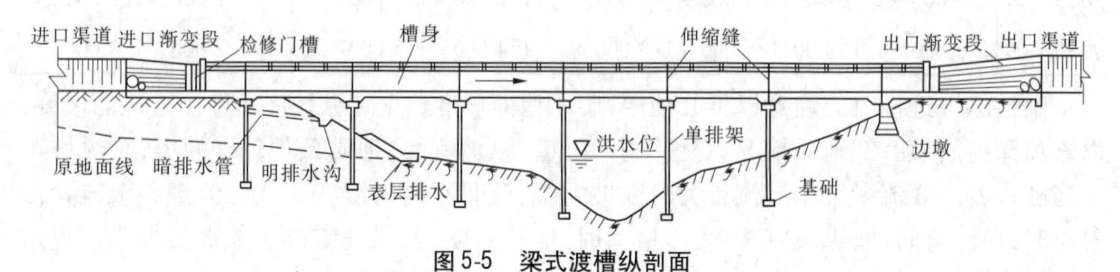

图 5-5 梁式渡槽纵剖面

渡槽按槽身断面形式分类,有 U 形、矩形、梯形、椭圆形和圆形等;按支承结构分类,有梁式、拱式、桁架式、悬吊式、斜拉式等;按所用材料分类,有木制渡槽、砖石渡槽、混凝土渡槽、钢筋混凝土渡槽、钢丝网水泥渡槽等;按施工方法不同,有现浇整体式、预制装配式及预应力渡槽。

三、渡槽的总体布置

渡槽的总体布置,主要包括槽址选择、渡槽选型、进出口布置等内容。一般是根据规划确定的任务和要求,进行勘探调查,取得较为全面的地形、地质、水文、建材、交通、施工和管理等方面的基本资料,通过经济技术分析,选出最优的布置方案。

渡槽总体布置的基本要求是:流量、水位满足灌区规划需要;槽身长度短,基础、岸坡稳定,结构选型合理;进出口与渠道连接顺直通畅,避免填方接头;少占农田,交通方便,就地取材等。

(一)基本资料

基本资料是渡槽设计的依据和基础,主要包括以下几个方面的内容:

(1)灌区规划要求。在灌区规划阶段,渠道的纵横断面及建筑物的位置已基本确定,可据此得到渡槽上下游渠道的各级流量和相应水位、断面尺寸、渠底高程及预留的渠道水流通过渡槽的允许水头损失值等。

(2)设计标准。根据渡槽所属工程等别及其在工程中的作用和重要性确定。对于跨越铁路、重要公路及墩架很高或跨度很大的渡槽,应采用较高的级别。对于跨越河道、山溪的渡槽,应根据其级别、地区的经验,并参考有关规定选择洪水标准计算决定相应的槽址洪水位、流量及流速等。凡能直接应用于渡槽设计的规范,如《水工混凝土结构设计规范》(SL/T 191—96)等的规定必须遵守。

(3)地形资料。应有1/200～1/2 000的地形图。测绘范围应满足渡槽轴线的修正和施工场地布置需要,在渡槽进出口及有关附属建筑物布置范围外,至少应有50 m的富裕。对小型渡槽,也可只测绘渡槽轴线的纵剖面及若干横剖面图。跨越河道的渡槽,应加测槽址河床纵、横断面图。

(4)地质资料。通过挖探及钻探等方法,探明地基岩土的性质、厚度、有无软弱层及不良地质隐患,观察河道及沟谷两岸是否稳定,并绘制沿渡槽轴线的地质剖面图;通过必要的土工试验,测定基础处岩土的物理力学指标,确定地基承载力等。

(5)水文气象等资料。调查槽址区的最大风力等级及风向,最大风速及其发生频率;多年平均气温,月平均气温,冬夏季最高、最低气温,最大温差及冰冻情况等。渡槽跨越河流时,应收集河流的水文资料及漂浮物情况等。

(6)建筑材料。砂料、石料、混凝土骨料的储量、质量、位置与开采、运输条件,以及木材、水泥、钢材的供应情况等。

(7)交通要求。槽下为通航河道或铁路、公路时,应了解船只、车辆所要求的净宽、净空高度;槽上有行人及交通要求时,要了解荷载情况及今后发展要求等。

(8)施工条件。施工设备、施工技术力量、水电供应条件及对外交通条件等。

(9)运用管理要求。如运用中可能出现的问题及对整个渠系的影响等。

以上各项资料并非每一渡槽设计全需具备。每项资料调查、收集的深度和广度,随工程规模的大小、重要性及设计阶段的不同逐步深入。

(二)槽址选择

渡槽轴线及槽身起止点位置选择的基本要求是:渠线及渡槽长度较短,地质条件较好,工程量最省;槽身起止点尽可能选在挖方渠道上;进出口水流顺畅,运用管理方便;满足所选的槽跨结构和进出口建筑物的结构布置要求等。对地形、地质条件复杂,长度较大的渡槽,应通过方案比较,择优选用。

(三)渡槽选型

渡槽选型,应根据地形、地质、水流条件,建筑材料和施工技术等因素,综合研究决定。一般中小型渡槽,可采用一种类型的单跨渡槽或等跨渡槽。对于地形、地质条件复杂而长度较大的大中型渡槽,可选用一种或两种类型和不同跨度的布置方式,但变化不宜过多,以免影响槽墩受力状况和增加施工难度。具体选择时,应考虑以下几方面:

(1)地形、地质条件。当地形平坦、槽高不大时,宜采用梁式渡槽;窄深的山谷地形,当两岸地质条件较好,且有足够强度与稳定性时,宜建大跨度单跨拱式渡槽;地形、地质条件比较复杂时,应进行具体分析。如跨越河道的渡槽,若河道水深流急、水下施工较难,而且滩地高大时,在河床部分可采用大跨度的拱式渡槽,在滩地则宜采用梁式或中小跨度的拱式渡槽。当地基承载能力较低时,可采用轻型结构或适当减小跨度。

(2)建筑材料。当槽址附近石料丰富且质量符合要求时,应就地取材,优先采用石拱渡槽。由于这种渡槽对地基条件要求高,需要较多的人力,因此应综合分析各种条件,采用经济合理的结构形式。

(3)施工条件。如具备吊装设备和吊装技术,应尽可能采用预制构件装配的结构形式,以加快施工速度,节省劳力。同一渠系布置有多个渡槽时,应尽量采用同一种结构形式,以便利用同一套吊装设备,使设计和施工定型化。

(四)进出口段布置

为了减小渡槽过水断面,降低工程造价,一般槽身纵坡较渠底坡度陡。为使渠道水流平顺地进入渡槽,避免冲刷和减小水头损失,渡槽进出口段布置应注意以下几方面:

(1)与渠道直线连接。渡槽进出口前后的渠道上应有一定长度的直线段,与槽身平顺连接,在平面布置上要避免急转弯,防止水流条件恶化,影响正常输水,造成冲刷现象。对于流量较大、坡度较陡的渡槽,尤其要注意这一问题。

(2)设置渐变段。为使水流平顺衔接,适应过水断面的变化,渡槽进出口均需设置渐变段。渐变段的形式,主要有扭曲面式、反翼墙式、八字墙式等。扭曲面式水流条件较好,应用也较多;八字墙式施工简单,小型渡槽使用较多。渐变段的长度 L_j 通常采用下列经验公式计算:

$$L_j = C(B_1 - B_2) \tag{5-2}$$

式中　B_1——渠道水面宽度,m;

B_2——渡槽水面宽度,m;

C——系数,进口取 $C = 1.5 \sim 2.0$,出口取 $C = 2.5 \sim 3.0$。

对于中小型渡槽,进口渐变段长度可取 $L_1 \geqslant 4h_1$(h_1 为上游渠道水深);出口渐变段长度可取为 $L_2 \geqslant 6h_3$(h_3 为出口渠道水深)。渡槽水力计算示意,如图5-6所示。

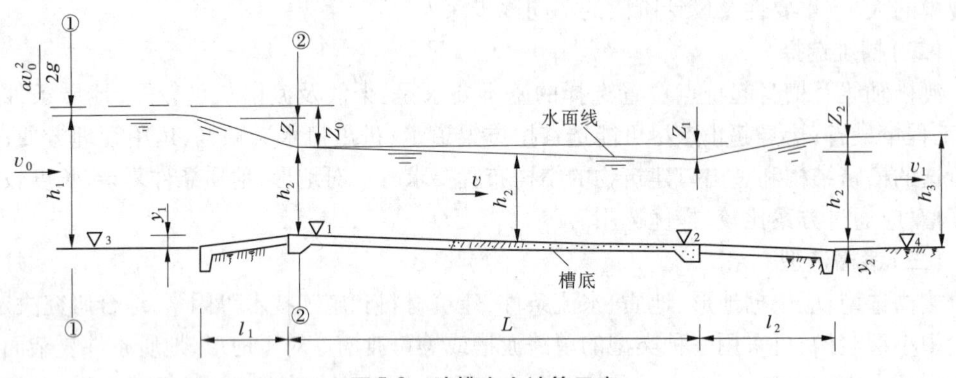

图5-6　渡槽水力计算示意

四、渡槽的水力计算

渡槽水力计算的目的,就是确定渡槽过水断面形状和尺寸、槽底纵坡、进出口高程,校核水头损失是否满足渠系规划要求。

渡槽的水力计算,是在槽址中心线及槽身起止点位置已选择的基础上进行的,所以上下游渠道的断面尺寸、水深、渠底高程和允许水头损失均要为已知。

(一)槽身断面尺寸的确定

槽身的过水断面尺寸,一般按设计流量设计,按最大流量校核,通过水力学公式进行计算。当槽身长度 $L \geqslant (15 \sim 20)h_2$($h_2$ 为槽内水深)时,按明渠均匀流公式计算;当 $L < (15 \sim 20)h_2$ 时,可按淹没宽顶堰公式进行计算。

槽身过水断面的深宽比选择,工程中多采用窄深式断面,一般矩形槽取0.6~0.8,U形槽取0.7~0.8。为防止风浪或其他原因而引起侧墙顶溢流现象,侧墙应有一定的超高Δh,一般选用0.2~0.6 m,对于有通航要求的渡槽,超高值应根据通航要求确定。

(二)渡槽纵坡 i 的确定

进行渡槽的水力计算,首先要确定渡槽纵坡。在相同的流量下,纵坡的选择对渡槽过水断面大小、工程造价高低、水头损失多少、通航要求、水流冲刷及下游自流灌溉面积等有直接影响。因此,确定一个适宜的底坡,使其既能满足渠系规划允许的水头损失,又能降低工程造价,常常需要试算。一般初拟时,常采用 i = 1/500 ~ 1/1 500,槽内流速 1 ~ 2 m/s;对于通航的渡槽,要求流速在1.5 m/s以内,底坡 i = 1/3 000 ~ 1/10 000。

(三)水头损失与水面衔接计算

水流通过渡槽时,由于克服局部阻力、沿程阻力及水流能量的转换,都会产生水头损失,水流进出渡槽产生变化,这种水流现象可分为三段分析计算,如图5-6所示。

水流经过进口段时,随着过水断面的减小,流速逐渐加大,水流的位能一部分转化为动能,另一部分消耗于因水流收缩而产生的水头损失,因此形成进口段水面降落Z;槽中基本保持均匀明流,水面坡等于槽底坡,产生沿程水头损失Z_1;水流经过出口段时,随着过水断面的扩大,流速逐渐减小,水流的动能一部分消耗于因水流扩散而产生的水头损失,另一部分转化为位能,因此形成出口段水面回升Z_2。水流经过渡槽的总水头损失,要求满足规划设计所允许的水头损失,其水头损失与水面衔接计算见表5-6。

表5-6　渡槽水头损失与水面衔接计算

序号	项目名称	计算公式	说明
1	进口段水面降落值 Z	$Z=\frac{Q^2}{(\sigma\varphi\omega\sqrt{2g})^2}-\frac{v_0^2}{2g}$ 或 $Z=\frac{1+K_1}{2g}(v^2-v_0^2)$	σ、φ——侧收缩系数、流速系数,均可取0.9~0.95; v_0、v——上游渠道、槽身的平均流速,m/s; ω——渡槽过水断面面积,m^2; K_1——进口段局部水头损失系数,与渐变段形式有关,见表5-7
2	槽身段沿程降落值 Z_1	$Z_1=iL$	i——槽底比降;L——槽身长度
3	出口段水面回升值 Z_2	$Z_2=\frac{1-K_2}{2g}(v^2-v_1^2)$ $Z_2=\frac{1-K_2}{1+K_1}Z\approx\frac{1}{3}Z$	v_1——下游渠道的平均流速,m/s; K_2——出口段局部水头损失系数,常取0.2。 当上下游渠道断面相等时,也可以按第二个式子计算
4	渡槽总水面降落值 ΔZ	$\Delta Z=Z+Z_1-Z_2\leqslant[\Delta Z]$	ΔZ——规划所允许的水头损失
5	进口槽底高程	$\nabla_1=\nabla_3+y_1$	抬高值:$y_1=h_1-Z-h_2$
6	出口槽底高程	$\nabla_2=\nabla_1-Z_1$	
7	出口渠底高程	$\nabla_4=\nabla_2-y_2$	降低值:$y_2=h_3-Z_2-h_2$

表 5-7　进口段局部水头损失系数 K_1 值

渐变段形式	长扭曲面	八字斜墙	圆弧直墙	急变形式
渐变段示意图（渠道→渡槽）				
K_1	0.1	0.2	0.2	0.4

五、梁式渡槽设计

(一)梁式渡槽的类型

梁式渡槽的槽身置于槽墩或槽架上，纵向受力与梁相同。梁式渡槽的槽身根据其支承位置的不同，可分为简支梁式、双悬臂梁式、单悬臂梁式和连续梁式等几种形式。前三种是较为常用的静定结构，连续梁式为超静定结构。

(1)简支梁式渡槽。其特点是结构形式简单，施工吊装方便，但是跨中弯矩较大，整个底板受拉，不利于抗裂防渗。对于矩形槽身(见图 5-7(a)、(b))，跨度一般为 8 ~ 15 m；U 形槽身(见图 5-7(c))，跨度为15 ~ 20 m；其经济跨度一般为墩架高度的 0.8 ~ 1.2 倍。槽身高度大、修建槽墩困难，宜采用较大的跨度；槽身高度较小且地基条件又较差，宜选用较小的跨度。

(2)双悬臂梁式渡槽(见图 5-8(a))。按照悬臂长度的大小，双悬臂梁式又可分为等跨度、等弯矩和不等跨不等矩三种形式，一般前两种情况较为常用。设一节槽身总长度为 L，悬臂长度为 B，对于等跨式 $B = 0.25L$，在纵向均布荷载水重和自重的作用下，其跨中弯矩为零，底板全部位于受压区，有利于抗裂防渗。等弯矩式 $B = 0.207L$，跨中弯矩与支座弯矩相等，结构受力合理，但需上、下配置受力钢筋，总配筋量不一定最小。双悬臂梁式渡槽的跨度较大，一般每节槽身长度为 25 ~ 40 m，由于其质量大，施工吊装较困难，当悬臂顶端变形时，接缝处止水容易被拉裂。

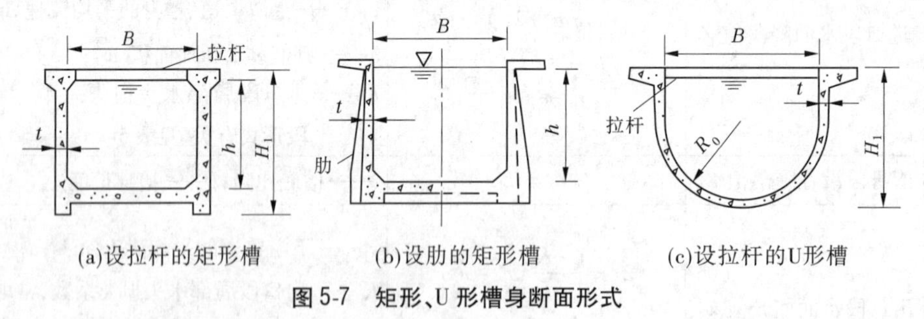

图 5-7　矩形、U 形槽身断面形式

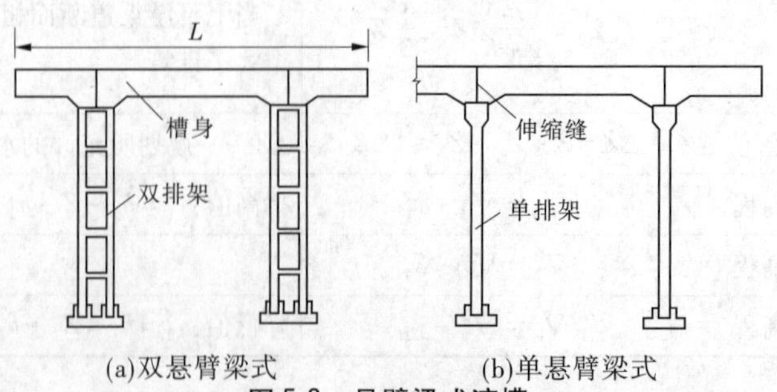

图 5-8　悬臂梁式渡槽

(3)单悬臂梁式渡槽(见图5-8(b))。一般用在靠近两岸的槽身,或双悬臂梁向简支梁式过渡时采用。其悬臂的长度不宜过长,以保证槽身的另一端支承处有足够的压力。

(4)连续梁式渡槽。连续梁式渡槽为超静定结构,弯矩值较小,但是适应不均匀沉陷的能力较差。因此,应慎重选用。

(二)槽身设计

1.槽身横断面形式选择

在进行槽身横断面形式选择时,一般应考虑水力条件、结构受力、施工条件及通航要求等因素。一般大流量渡槽,多采用矩形断面,中小流量可采用矩形也可采用U形断面。矩形槽身多用钢筋混凝土或预应力钢筋混凝土结构,U形槽身还可采用钢丝网水泥或预应力钢丝网水泥结构。

对于中小型渡槽,流量较小而且又无通航要求时,可在槽顶设置拉杆,其间距一般为1~2 m,以改善槽身横向受力条件和增加侧墙稳定性;如有通航要求,则不能设置拉杆,而应适当加大侧墙厚度,也可做成变厚度侧墙。为了增加侧墙的稳定,也可沿槽长方向每隔一定距离加一道肋,构成肋板式槽身,如图5-9所示。肋间距可按侧墙高的0.7~1.0倍,肋的宽度一般不应小于侧墙厚度 t,肋的厚度一般为$(2\sim2.5)t$。对于大流量(40~50 m^3/s以上)的渡槽,或者因通航需要较大的槽宽时,为了减小底板厚度,可在底板下面设置边纵梁或中纵梁,而建成多纵梁式矩形槽,如图5-10所示。

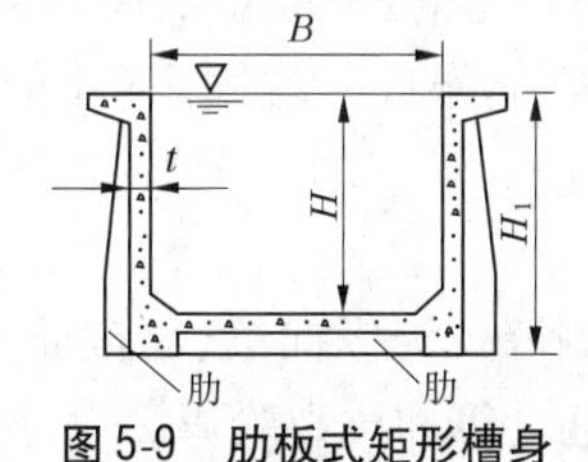

图5-9　肋板式矩形槽身

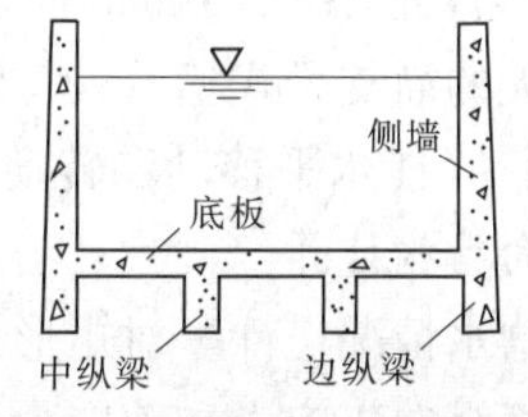

图5-10　多纵梁式矩形槽身

槽身侧墙通常都做纵梁考虑,因为侧墙薄而高,所以应满足强度和稳定的要求,一般以侧墙厚度 t 与侧墙高 H_1 的比值 t/H_1 作为衡量指标,其经验数据可参考表5-8。

表5-8　槽身侧墙尺寸经验数据参考值

项目名称	t/H_l	厚度t(cm)
有拉杆矩形槽	1/12~1/16	10~20
有拉杆U形槽	1/10~1/15	5~10
肋板式矩形槽	1/18~1/21	12~15

钢筋混凝土U形渡槽,一般采用半圆形上加直段的断面形式。为了增加槽壳的纵向刚度以利于满足底部抗裂要求、便于布置纵向受力钢筋,常将槽底弧形段加厚,如图5-11所示,图中 s_0 是从 d_0 两端分别向槽壳外缘作切线的水平投影长度,可由作图求出,其他参数经验值参见表5-9。

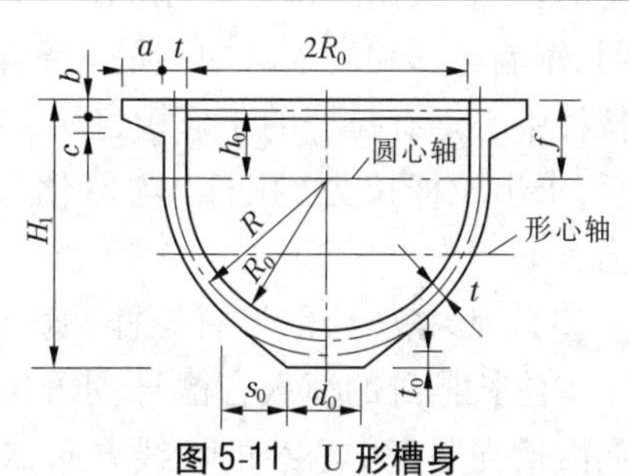

图5-11　U形槽身

表 5-9　U 形槽经验参数

参数	h_0	a	b	c	d_0	t_0
经验数据	$(0.4\sim0.6)R_0$	$(1.5\sim2.5)t$	$(1\sim2)t$	$(1\sim2)t$	$(0.5\sim0.6)R_0$	$(1\sim1.5)t$

2. 槽身一般构造

槽身设计中,除选择断面形式、确定断面尺寸外,还应注重槽身的分缝、止水及与墩台的连接等一般构造。

(1)分缝。为了适应槽身因温度变化引起的伸缩变形和允许的沉降位移,应在渡槽与进出口建筑物之间及各节槽身之间设置变形缝,缝宽一般为 3 ~5 cm。

(2)止水。渡槽分缝应填堵止水材料,以适应变形和防止漏水。槽身接缝止水材料和构造形式较多,有橡皮压板式止水、塑料止水带压板式止水、沥青填料式止水、黏合式止水、套环填料式止水及木糠水泥填塞式止水等。

(3)支座。梁式渡槽槽身搁置在墩架上,当跨径在 10 m 以内时,一般不设专门的支座,直接支承在油毡或水泥砂浆的垫层上,垫层厚度不应小于 10 mm。为防止支承处混凝土拉裂,可设置钢筋网进行加固。当跨径较大时,为使支点接触面的压力分布比较均匀并减小槽身摩擦时所产生的摩擦力,常在支点处设置支座钢板。每个支点处的支座钢板有两块,分别固定于槽身及墩(架)的支承面上,一般要求每块钢板上先焊上直径不小于 10 mm 的锚筋,钢板厚不小于 10 mm,面积大小根据接触面处混凝土的局部压力决定。对于跨度及纵坡较大的简支梁式槽身,其支座形式最好能做成一端固定(不能水平移动但可以转动)一端活动(能水平移动和转动)。

3. 槽身纵向结构计算

一般按满槽水情况设计。对矩形槽身,可将侧墙视为纵向梁,梁截面为矩形或 T 形,按受弯构件计算纵向正应力和剪应力,并进行配筋计算和抗裂验算。

4. 槽身横向结构计算

由于荷载沿槽长方向的连续性和均匀性,在槽身横向计算时,如表 5-10 所示,通常可沿槽长方向取长度为 1 m 的脱离体,按平面问题进行分析。

(1)无拉杆矩形槽。对于无拉杆矩形槽身,侧墙可作为固定于底板上的悬臂板,侧墙和底板仍按刚性连接处理。

(2)有拉杆矩形槽。其槽身横向结构计算时,假定设拉杆处的横向内力与不设拉杆处的横向内力相同,将拉杆“均匀化”,拉杆截面尺寸一般较小,不计其抗弯作用及轴力对变位的影响,根据结构对称性,槽身设置拉杆后,可显著地减小侧墙和底板的弯矩。计算表明,侧墙底部和底板跨中的最大弯矩值均发生在满槽水深的情况,可以近似地将水位取至拉杆中心。有拉杆的矩形槽身属一次超静定结构,可按力矩分配法进行计算。但必须注意,求出拉杆拉力(拉杆“均匀化”后)以后,应再乘以拉杆的间距,才是拉杆的实际拉力。

(3)U 形槽。一般设有拉杆,横向结构计算时取单位长度槽身按平面问题分析。作用于单位长槽身的荷载有槽身、水的重力和两侧截面上的剪力,其剪力分布呈抛物线形,方向沿槽壳厚度中心线的切线方向,对槽壳产生弯矩和轴向力。该力产生的弯矩与其他荷载产生的弯矩的方向相反,起抵消作用。因其结构及荷载对称,取一半进行分析。

表 5-10　渡槽横断面结构计算简图一览表

无拉杆矩形槽计算简图	有拉杆矩形槽计算简图	U 形渡槽计算简图

为使槽身便于支承在槽墩(架)上及增加 U 形槽身支承点处的刚度,常在支点处设支承肋,对于简支梁式槽身即为端肋。对于端肋,可以近似地视为一简支梁,梁高为端肋中部截面的高度,梁宽为端肋厚度,计算跨度取支承之间的距离 L,即可得图 5-12(b)。假定槽身全部作用于两端肋简支梁上,荷载为均匀分布,取跨中最不利截面进行内力计算及配筋。槽身及端肋配筋如图 5-12 所示。在风较大的地区,若槽身较轻,受风面积及高度均较大时,应验算槽身空槽时的倾覆稳定性,以防止槽身在风荷载作用下的倾倒掉落。

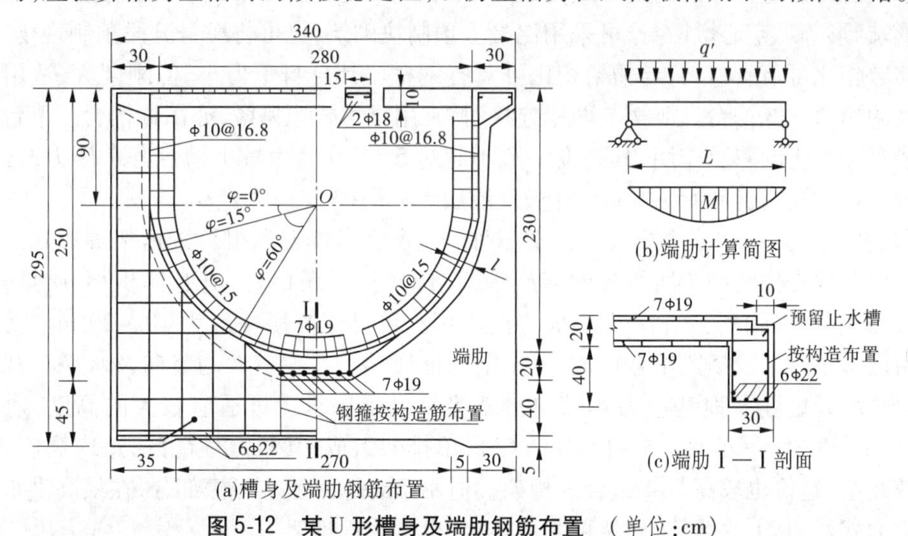

图 5-12　某 U 形槽身及端肋钢筋布置　(单位:cm)

(三)支承结构设计

支承结构设计主要包括形式选择、尺寸确定、排架与基础连接及结构计算等内容。

1. 支承结构形式选择、尺寸确定

梁式渡槽的支承结构,一般有槽墩式和排架式两种形式,如表 5-11 所示。

表 5-11　渡槽支承结构形式一览表

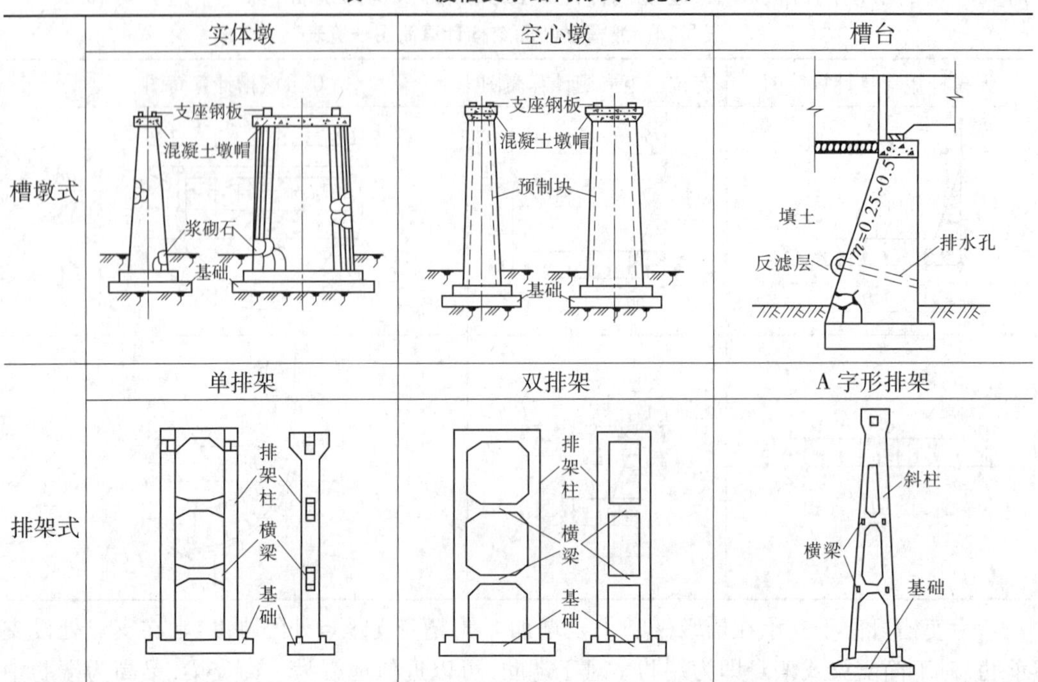

(1)槽墩式。槽墩一般为重力式,包括实体墩和空心墩两种形式。①实体墩。实体墩的墩头多为半圆形或尖角形,建筑材料为混凝土或浆砌石,构造简单,施工方便,但使用材料较多,自身重力大,故高度不宜太大,当槽墩较高又承受较大荷载时,要求地基应有较大的承载能力。这种墩的高度一般为 8 ~ 15 m。②空心墩。截面形式有圆矩形、矩形、双工字形、圆形等。空心墩墩身,可采用混凝土预制块砌筑,也可将墩身分段预制现场安装。与实体墩相比可节省材料,与槽架相比可节省钢材。其自身重力小,但刚度大,适用于修建较高的槽墩。③槽台。渡槽与两岸连接时,常用重力式边槽墩,亦简称槽台。槽台起着支承槽身和挡土的双重作用,其高度一般不超过 5 ~ 6 m。为减小槽台背水压力,常在其体内设置排水孔,孔径为 5 ~ 8 cm,并做反滤层予以保护。

(2)排架式。排架式主要有单排架、双排架、A 字形排架和组合式槽架等形式。①单排架。由两根支柱和横梁所组成的多层刚架结构(见图 5-13)。具有体积小、质量轻、可现浇或预制吊装等优点,在工程中被广泛应用。单排架高度一般为 10 ~ 20 m。②双排架。由两个单排架及横梁组合而成,属于空间框架结构。在较大的竖向及水平荷载作用下,其强度、稳定性及地基应力均较单排架容易满足要求。可适应较大的高度,通常为 15 ~ 25 m。③A字形排架。常由两片 A 字形单排架组成,其稳定性能好,适应高度大,但施工较复杂,造价也较高。④组合式槽架。适用于跨越河道主河槽部分,在最高洪水位以下为重力式墩,其上为槽架,槽架可为单排架,也可为双排架。

2. 排架与基础的连接

排架与基础的连接形式,通常有固接和铰接两种,如图 5-14 所示。一般现场浇筑时,排架与基础常整体结合,排架竖向钢筋直接伸入基础内,应按固结考虑。预制装配排架,根据排架吊装就位后的杯口处理方式而定。

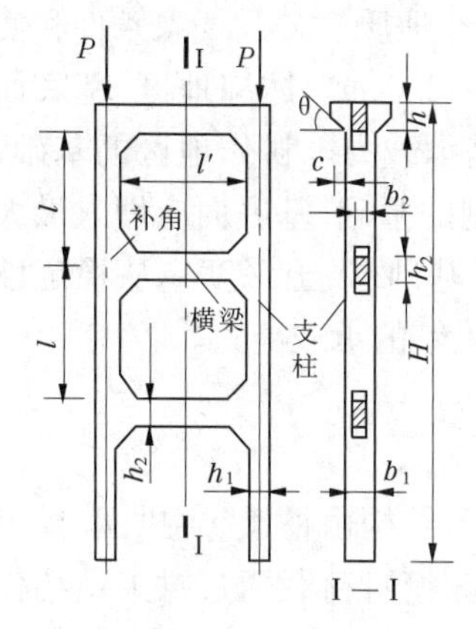

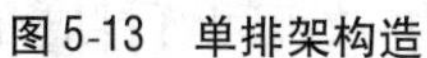
图5-13　单排架构造

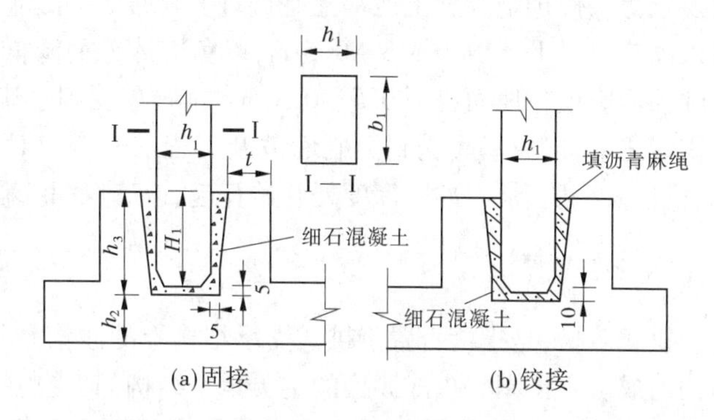

图5-14　排架与基础的连接形式　(单位:cm)

3. 单排架结构计算

单排架的结构计算,一般分满槽水加横向风荷、空槽加横向风荷、施工吊装等情况进行,其计算简图由立柱和横梁的轴线所组成,其横向计算可采用"无剪力分配法"。荷载组合分为空槽加横向风荷和满槽(水)加横向风荷两种情况。前者往往对排架的内力及配筋起控制作用,而后者则对立柱的配筋起校核作用。

(四)渡槽基础设计

渡槽基础,是将渡槽的全部重量传给地基的底部结构。渡槽基础的类型较多,根据埋置深度可分为浅基础和深基础,埋置深度小于5 m时为浅基础,大于5 m时为深基础;按照结构形式可分为刚性基础、整体板式基础、钻孔桩基础和沉井基础等。渡槽的浅基础一般采用刚性基础及整体板式基础,深基础多为桩基础和沉井基础,如图5-15所示。

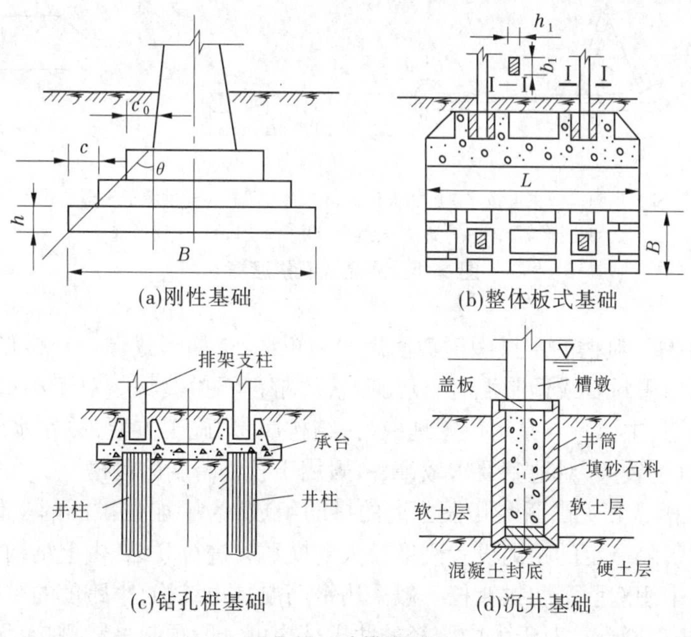

图5-15　渡槽的基础

对于浅基础,基底面高程(或埋置深度),一般应根据地形、地质、水文、气象条件和使用要求等条件选定。软土地基上基础埋置深度,一般为 1.5 ~ 2.0 m。冰冻地区,基底面埋入冰冻层以下不少于 0.3 ~ 0.5 m,以免因冰冻而降低地基承载力。耕作地区的基础,基础顶面应设在地面以下 0.5 ~ 0.8 m。河槽中受到水流冲刷的基础,基底面应埋入最大冲刷线之下,以免基底受到淘刷而危及工程的安全。对于深基础,入土深度应从稳定坡线、耕作层深度、最大冲刷深度处开始算起,以确保深基础有足够的承载能力。

六、拱式渡槽

拱式渡槽,是指槽身置于拱式支承结构上的渡槽。其支承结构由槽墩、主拱圈、拱上结构组成。主拱圈是拱式渡槽的主要承重结构,其受力特征为槽身荷载通过拱上结构传给主拱圈,再由主拱圈传给槽墩或槽台。主拱圈主要承受压力,故可用石料或混凝土建造,并可采用较大的跨度,但拱圈对支座的变形要求严格。对于跨度较大的拱式渡槽应建在比较坚固的岩石地基上。

拱式渡槽按照主拱圈的结构形式,可分为板拱、肋拱、双曲拱及桁架拱等拱式渡槽;拱式渡槽的拱上结构,有实腹式和空腹式两种(如图 5-16 和图 5-17 所示),是设置在主拱圈之上,用来传递槽身荷载的重要结构。

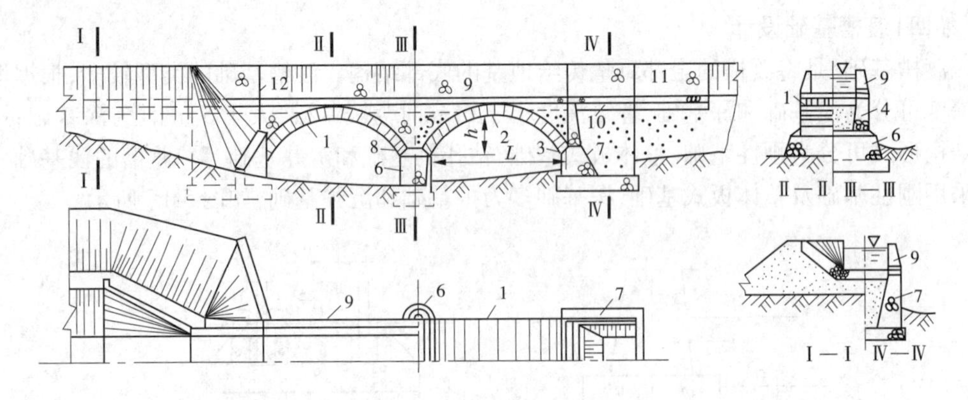

1—拱圈;2—拱顶;3—拱脚;4—边墙;5—拱上填料;6—槽墩;7—槽台;
8—排水管;9—槽身;10—垫层;11—渐变段;12—变形缝

图 5-16　实腹式石拱渡槽

(1)板拱渡槽。渡槽的主拱圈横截面形状为矩形,结构形式像一块拱形的板,一般为实体结构,多采用粗料石或预制混凝土块砌筑,故常称石拱渡槽。对于小型渡槽,主拱圈也可采用砖砌。其主要特点是可以就地取材,结构简单,施工方便,故在水利工程中被广泛采用。但因自重较大、对地基要求较高,一般用于较小跨度的渡槽。

(2)肋拱渡槽。其主拱圈由几根分离的拱肋组成,为了加强拱圈的整体性和横向稳定性,在拱肋间每隔一定的距离设置刚度较大的横系梁进行联结,拱上结构为排架式。当槽宽不大时,多采用双肋。肋拱渡槽一般采用钢筋混凝土结构,小跨度的拱圈也可采用少筋混凝土或无筋混凝土。对于大中跨径的肋拱结构可分段预制吊装拼接,无需支架施工。这种形式的渡槽外形轻巧美观,自重较轻,工程量较小,如图 5-18 所示。

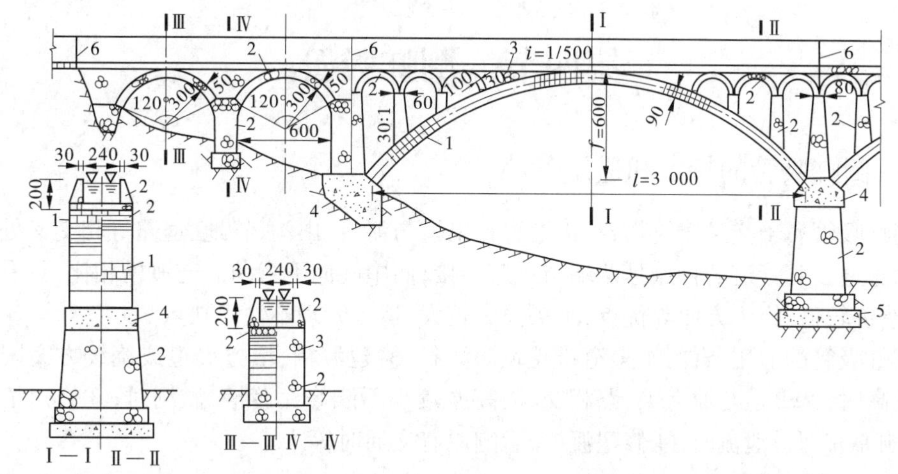

1—水泥砂浆砌条石；2—水泥砂浆砌块；3—水泥砂浆砌块石；4—C20 混凝土；5—C10 混凝土；6—伸缩缝

图 5-17　空腹石拱渡槽　（单位：cm）

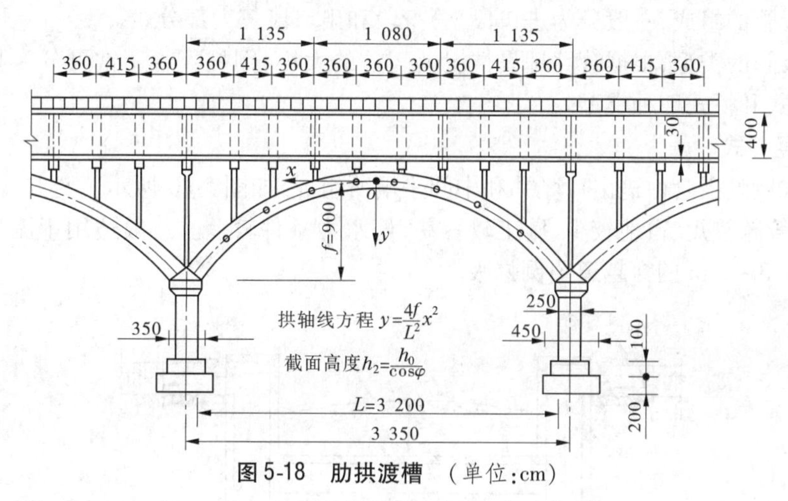

图 5-18　肋拱渡槽　（单位：cm）

（3）双曲拱渡槽。双曲拱主要由拱肋、拱波和横系梁或横隔板等部分组成。因主拱圈沿纵向是拱形，其横截面也是拱形，故称为双曲拱渡槽。双曲拱能够充分发挥材料的抗压性能，具有较大的承载能力，节省材料，造型美观，主拱圈可分块预制吊装施工，一般适用于修建大跨度渡槽，如图 5-19 所示。

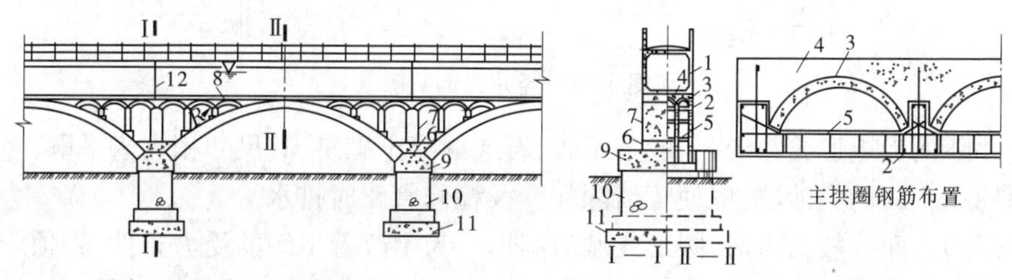

1—槽身；2—拱肋；3—预制拱波；4—混凝土填平层；5—横系梁；6—护拱；7—腹拱横墙；8—腹拱；9—混凝土墩帽；10—槽墩；11—混凝土基础；12—伸缩缝

图 5-19　双曲拱渡槽

第四节　倒虹吸管

一、倒虹吸管的特点和适用条件

倒虹吸管属于交叉建筑物,是指设置在渠道与河流、山沟、谷地、道路等相交叉处的压力输水管道。其管道的特点是两端与渠道相接,而中间向下弯曲。与渡槽相比,具有结构简单、造价较低、施工方便等优点,水头损失较大、运行管理不便等缺点。

倒虹吸管的适用条件:①渠道跨越宽深河谷,修建渡槽、填方渠道或绕线方案困难或造价较高时;②渠道与原有渠、路相交,因高差较小不能修建渡槽、涵洞时;③修建填方渠道,影响原有河道泄流时;④修建渡槽,影响原有交通时等。

二、倒虹吸管的组成和类型

倒虹吸管的组成,一般分为进口段、管身段和出口段三大部分。

倒虹吸管的类型,根据管路埋设情况及高差的大小,倒虹吸管通常可分为竖井式、斜管式、曲线式和桥式四种类型。

(一)竖井式

竖井式倒虹吸管由进出口竖井和中间平硐所组成,如图5-20所示。竖井式倒虹吸管构造简单、管路较短、占地较少、施工较容易,但水力条件较差。一般适用于流量不大、压力水头小于3~5 m的穿越道路倒虹吸。

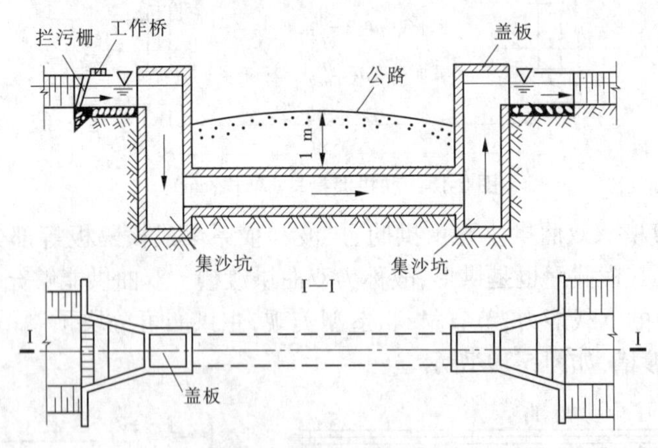

图5-20　竖井式倒虹吸管

竖井断面为矩形或圆形,一般采用砖、石或混凝土砌筑,其尺寸稍大于平硐,竖井底部设置深约0.5 m的集沙坑,以便于清除泥沙及检修管路时排水。

平硐的断面一般为矩形、圆形或城门洞形。为了改善平硐的受力条件,管顶应埋设在路面以下1.0 m左右。

(二)斜管式

斜管式倒虹吸管,进出口为斜卧段,中间为平直段,如图5-21所示。一般用于穿越渠道、河流而两者高差不大,且压力水头较小、两岸坡度较平缓的情况。

斜管式倒虹吸管,与竖井式相比,水流畅通,水头损失较小,构造简单,实际工程中采用较多。但是,斜管的施工较为不便。

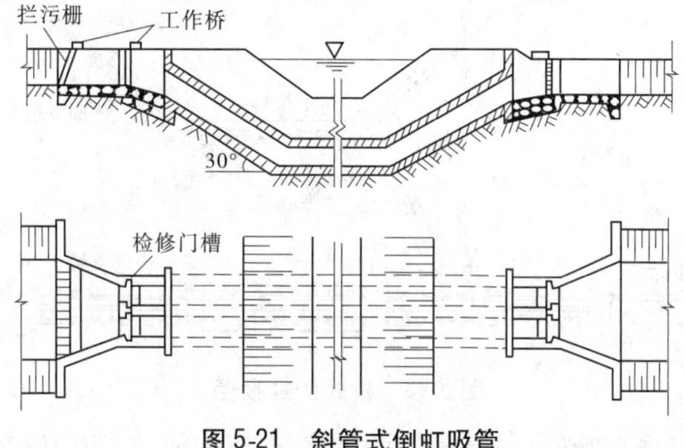

图5-21　斜管式倒虹吸管

(三)曲线式

曲线式倒虹吸管,一般是沿坡面的起伏爬行曲线铺设,如图5-22所示。其主要适用于跨越河谷或山沟,且两者高差较大的情况。为了保证管道的稳定性,减少施工的开挖量,铺设管道的岸坡应比较平缓,对于土坡 $m \geqslant 1.5 \sim 2.0$,岩石坡 $m \geqslant 1.0$。

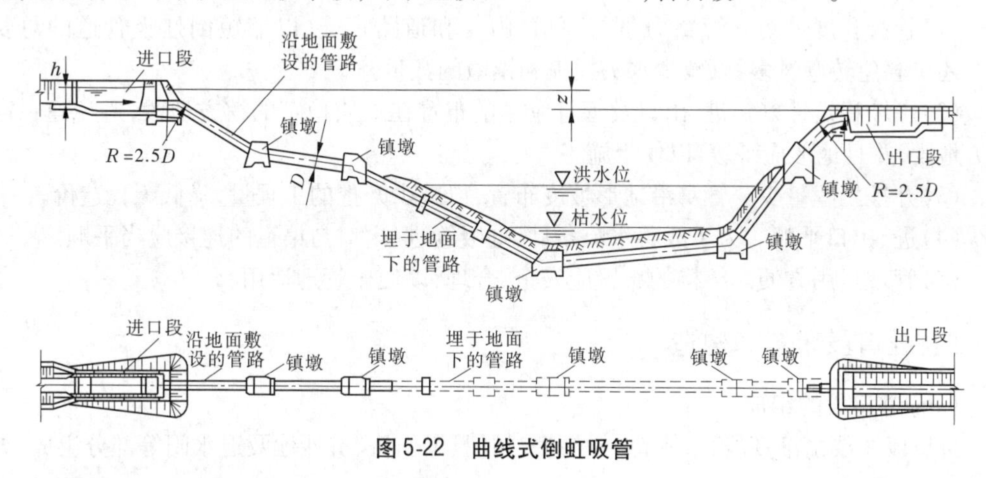

图5-22　曲线式倒虹吸管

管身的断面一般为圆形。管身的材料为混凝土或钢筋混凝土,可现浇也可预制安装。管身一般设置管座,当管径较小且土基很坚实时,也可直接设在土基上。在管道转弯处,应设置镇墩,并将圆管接头包在镇墩之内。

为了防止温度变化而引起管道产生过大的温度应力,管身顶部应埋置于地面以下0.5~0.8 m,为减小工程量,埋置深度也不宜过大。在寒冷地区,管道应埋置于冻土层以下0.5 m。通过河道水流冲刷部位的管道,管顶应埋设在冲刷线以下0.5 m。

(四)桥式

与曲线式倒虹吸相似,在沿坡面爬行铺设曲线形的基础上,在深槽部位建桥,管道铺设在桥面上或支承在桥墩等支承结构上,如图5-23所示。桥式多用于渠道与较深的复式断面或窄深河谷交叉的情况,主要特点是可以降低管道承受的压力水头,减小水头损失,缩短管身长度,并可避免在深槽中进行管道施工的困难。

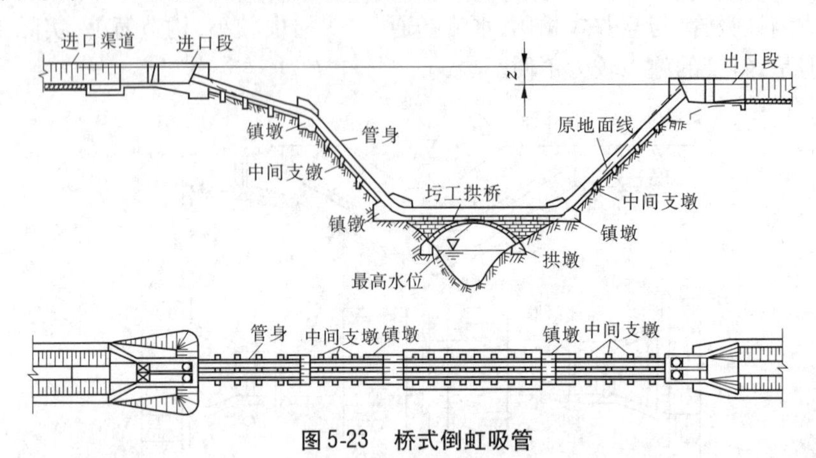

图5-23 桥式倒虹吸管

桥下应有足够的净空高度,以满足泄洪要求,通航的河道,还应满足通航要求。

三、倒虹吸管的布置要求

倒虹吸管的总体布置应根据地形、地质、施工、水流条件,以及所通过的道路、河道洪水等具体情况经过综合分析比较确定。一般要求如下:

(1)管身长度最短。管路力争与河道、山谷和道路正交,以缩短倒虹吸管道的总长度。还应避免转弯过多,以减少水头损失和镇墩的数量。

(2)岸坡稳定性好。进、出口及管身应尽量布置在地质稳定的挖方地段,避免建在高填方地段,并且地形应平缓,以便于施工。

(3)开挖工程量少。管身沿地形坡度布置,以减少开挖的工程量,降低工程造价。

(4)进、出口平顺。为了改善水流条件,虹吸管进、出口与渠道的连接应当平顺。

(5)管理运用方便。结构的布置应安全、合理,以便于管理运用。

四、进口段布置和构造

(一)进口段的组成

进口段主要由渐变段、进水口、拦污栅、闸门、工作桥、沉沙池及退水闸等部分组成,如图5-24(a)所示。

进口段的结构形式,应保证通过不同流量时管道进口处于淹没状态,以防止水流在进口段发生跌落、产生水跃而使管身引起振动。

进口段的轮廓应当平顺,以减小水头损失,并应满足稳定、防冲和防渗等要求。

进口段应修建在地基较好、透水性小的地基上。当地基较差、透水性大时应作防渗处理。通常做30~50 cm厚的浆砌石或做15~20 cm厚的混凝土铺盖,其长度为渠道设计水深的3~5倍。

(二)进口段的布置和构造

(1)进口渐变段。倒虹吸管的进口,一般设有渐变段,主要作用是使其进口与渠道平顺连接,以减少水头损失。渐变段长度一般采用3~5倍的渠道设计水深。

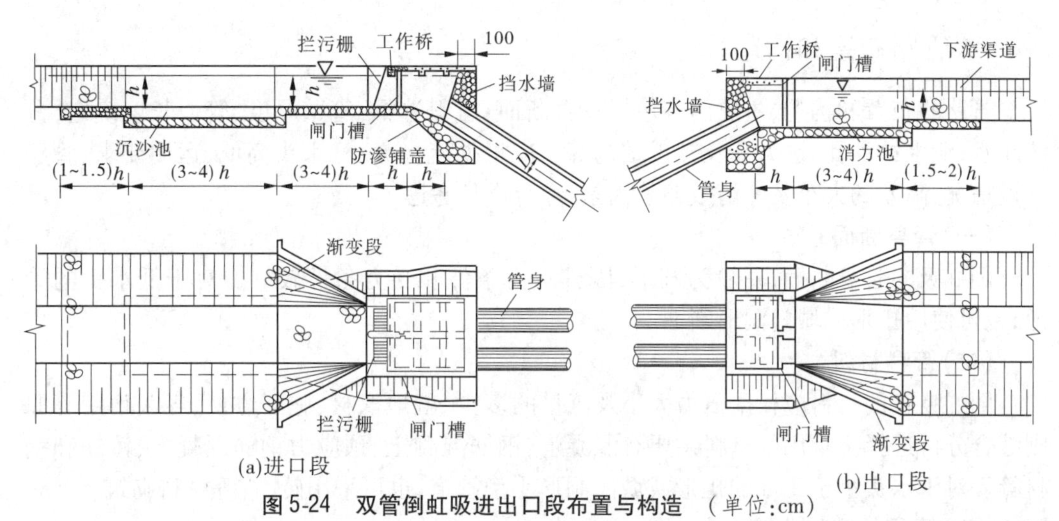

图 5-24　双管倒虹吸进出口段布置与构造　（单位:cm）

(2)进水口。倒虹吸的进水口是通过挡水墙与管身相连接而成的。挡水墙可常用混凝土浇筑或圬工材料砌筑,砌筑时应与管身妥善衔接好。

(3)闸门。对于单管倒虹吸,其进口一般可不设置闸门,有时仅在侧墙留闸门槽,以便在检修和清淤时使用,需要时临时安装插板挡水。双管或多管倒虹吸,在其进口应设置闸门。当过流量较小时,可用一管或几根管道输水,以防止进口水位跌落,同时可增加管内流速,防止管道淤积。闸门的形式,可用平板闸门或叠梁闸门。

(4)拦污栅。为了防止漂浮物或人畜落入渠内被吸入倒虹吸管道内,在闸门前需设置拦污栅。栅条可用扁钢做成,其间距一般为 20 ~25 cm。

(5)工作桥。为了启闭闸门或进行清污,在有条件的情况下,可设置工作桥或启闭台。为了便于运用和检修,工作桥或启闭台面应高出闸墩顶足够的高度,通常为闸门高加 1.0 ~1.5 m。

(6)沉沙池。对于多泥沙的渠道,在进水口之前,一般应设置沉沙池。主要作用是拦截渠道水流挟带的粗颗粒泥沙和杂物进入倒虹吸管内,以防止造成管壁磨损、淤积堵塞,甚至影响倒虹吸管道的输水能力。对于以悬移质为主的平原区渠道,也可不设沉沙池。

(7)进口退水闸。大型或较为重要的倒虹吸管,应在进口设置退水闸。当倒虹吸管发生事故时,为确保工程的安全,可关闭倒虹吸管前的闸门,将渠水从退水闸安全泄出。

五、出口段的布置和构造

出口段包括出水口、闸门、消力池、渐变段等,如图 5-24(b)所示。

(1)闸门。为了便于管理,双管或多管倒虹吸的出口应设置闸门或预留检修门槽。

(2)消力池。一般设置在渐变段的底部,主要用于调整出口流速分布,以使水流平稳地进入下游渠道,防止造成下游渠道的冲刷。

(3)渐变段。出口一般设有渐变段,以使出口与下游渠道平顺连接,其长度一般为 4 ~6 倍的渠道设计水深。为了防止水流对下游渠道的冲刷现象,应在渐变段下游 3 ~5 m 内进行渠道的护砌保护。

六、管路布置和构造

管路的布置和构造，主要内容包括管身断面、材料选择，管壁厚度、管段长度确定，分缝止水，泄水冲沙孔，进人孔及支承结构等。应根据流量大小、水头高低、运用要求、管路埋设情况、高差的大小及经济效益等因素，综合进行考虑。

（一）管身断面

倒虹吸的管身断面，一般为圆形，因其水力条件和受力条件较好。对于低水头的管道，也可使用矩形或城门洞形断面。

（二）管身材料

倒虹吸管的材料应根据压力大小及流量的多少、就地取材、施工方便、经久耐用等原则综合分析选择。常用的材料主要有混凝土、钢筋混凝土、预应力钢筋混凝土、铸铁和钢材等。对于水头小于 3 m 的矩形或城门洞形小型管道，也可采用砖、石等材料砌筑。

（三）管段长度和分缝止水

为防止管道因地基不均匀沉陷、温度变化及混凝土的干缩而产生过大的纵向应力，使管身发生横向裂缝，应将管身进行分段，设置沉陷缝或伸缩缝，并在缝内设置止水。

（1）缝的间距。管段长度，即为横缝的间距，应根据地基、管材、施工、气温等条件确定。现浇钢筋混凝土管缝的间距，土基上一般为 15 ~ 20 m；岩基上一般为 10 ~ 15 m。预制钢筋混凝土管及预应力钢筋混凝土管，管节长度可达 5 ~ 8 m。

（2）伸缩缝的形式。主要有平接、套接、企口接以及预制管的承插式接头等。缝的宽度一般为 1 ~ 2 cm，缝中堵塞沥青麻绒、沥青麻绳、柏油杉板或胶泥等。

（四）泄水冲沙孔、进人孔

为了泄空管内积水、清除管内淤积泥沙以及便于检查维护，一般要在管身设置泄水冲沙孔，其底部标高应与河道枯水位齐平。对于桥式倒虹吸管道，泄水冲沙孔可设在管道的最低部位。对于大型倒虹吸管，为了便于观察检修，应设置进人孔。通常进人孔与泄水冲沙孔结合布置，并尽可能布置在镇墩上，进人孔的孔径不应小于 60 cm。

（五）支承结构

倒虹吸管的支承结构，按其构造和受力特征，分为管床、管座、支墩及镇墩等形式。

（1）管床和管座。对于小型钢筋混凝土倒虹吸管，若地基条件较好，可采用弧形土基管床、三合土管床或分层夯实的碎石管床。对于大中型的倒虹吸管，应采用砌石或混凝土刚性管座，以增加管身的抗滑稳定性，并改善地基的受力条件。在岩石地基上修建倒虹吸管时，可以在岩石中直接开槽，将管身直接浇筑在岩基上，也可在槽内浇混凝土垫层，然后敷设管道，如图 5-25 所示。

（2）支墩。在承载力较大的地基上敷设中小型倒虹吸管道时，可以不设连续式的管座，而采用设置中间支墩的形式。支墩的构造，应保证管道轴向位移的可能性，一般采用摆动或滑动的形式，管径小于 100 cm 时，也可采用鞍形支墩。支墩的间距，可根据地基、管径大小、管节的长度等情况而定，一般采用 2 ~ 8 m。包角 2φ 一般为 90° ~ 135°，管身与支墩间铺沥青油毛毡。支墩的建造材料，一般采用浆砌石、混凝土等。

（3）镇墩。镇墩是为了连接和固定管道而专门设置的支承结构。设置镇墩的位置，

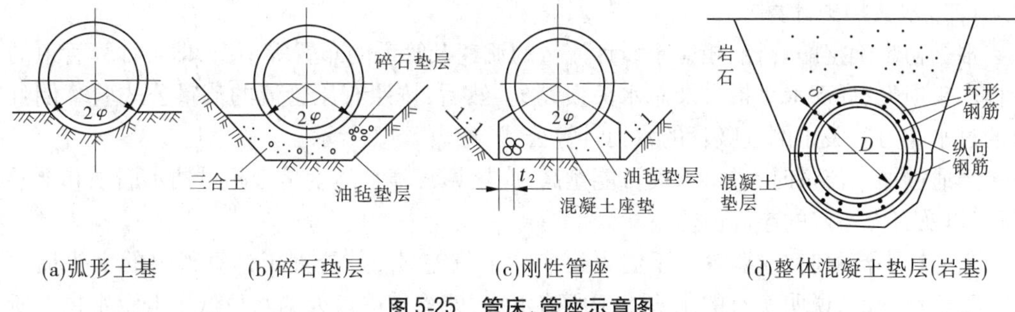

(a)弧形土基　(b)碎石垫层　(c)刚性管座　(d)整体混凝土垫层(岩基)

图 5-25　管床、管座示意图

一般在倒虹吸管的变坡处、转弯处、不同管壁厚度的连接处、管身分段分缝处或管坡较陡长度较大的斜管中部。设置个数应结合地形、地质条件而定。

镇墩的结构形式,一般为重力式。镇墩所承受的荷载,主要包括管身传来的荷载、水流产生的动荷载、填土压力及自身重力等。镇墩的材料,主要为砌石、混凝土或钢筋混凝土。对于砌石镇墩,可在管道周围包一层混凝土,多用于小型倒虹吸管。在岩基上的镇墩,为了提高管身的稳定性,也可以加设锚杆与岩基相连接。

七、倒虹吸管的水力计算

倒虹吸管水力计算的任务,主要是根据上游渠底高程、水位、流量和允许的水头损失,确定倒虹吸管的断面尺寸、水头损失、下游渠底高程及进出口的水面衔接形式。

(一)断面尺寸的确定

倒虹吸管的断面设计应根据自然条件和用水高程的要求,从技术上的可能性和经济上的合理性进行比较。倒虹吸管的断面尺寸与管内流速有关,若流速选得过小,不仅管径偏大,而且管内容易产生淤积现象;若流速选得过大,虽然可以减小管径,但是水头损失增大,还容易造成出口的冲刷。倒虹吸管水力计算公式见表 5-12。

表 5-12　倒虹吸管水力计算公式

序号	公式名称	计算公式	说明
1	管道直径	$D=\sqrt{4Q/(\pi v)}$	D——倒虹吸的管径,m; Q——倒虹吸的设计流量,m^3/s; v——初选流速,m/s
2	倒虹吸管的流量	$Q=\mu\omega\sqrt{2gz}$	μ——流量系数; ω——倒虹吸管过水断面面积,m^2; z——总水头损失,m; λ——沿程水头损失系数; l——管道的总长度,m; D——管道直径,m; $\sum\xi$——局部水头损失系数的总和; v——管内平均流速,m/s; n——糙率系数; R——水力半径,m
3	流量系数	$\mu=1/\sqrt{\lambda l/D+\sum\xi}$	
4	沿程水头损失	$h_f=\lambda\frac{l}{D}\frac{v^2}{2g}$	
5	沿程水头损失系数	$\lambda=8g/C^2, C=\frac{1}{n}R^{\frac{1}{6}}$	
6	局部水头损失	$h_j=\sum\xi\frac{v^2}{2g}$	
7	上下游渠道水位差	$z=h_f+h_j=\frac{v^2}{2g}\left(\frac{\lambda l}{D}+\sum\xi\right)$	

(二)水头损失计算

根据初步确定的管径、相应于设计流量的流速及管道的布置等情况,即可计算管道的沿程水头损失、局部水头损失及总水头损失 z。然后,按照有压管流的流量公式验算倒虹吸的过水能力。关于倒虹吸管的水力计算公式,如表 5-12 所示。

当通过加大流量时,进口水面可能壅高,应核算其壅水高度是否超过挡水墙顶和上游渠顶,以及有无一定的超高值。

当通过小流量时,应验算上下游渠道实际水位差 Z_1,是否大于计算得出的水头损失值 Z_2,若 $Z_1 > Z_2$,说明实有的水头大于所需水头,即管道进口处的水位低于上游水位。所以,进口水面将会产生跌落,从而在管道内产生水跃衔接,如图 5-26 所示。由于水跃的脉动和掺气,将引起管身的振动,影响管道正常输水,严重时会导致管身破坏。为避免这种现象发生,可根据倒虹吸管总水头的大小,采取以下不同的进口结构布置形式。

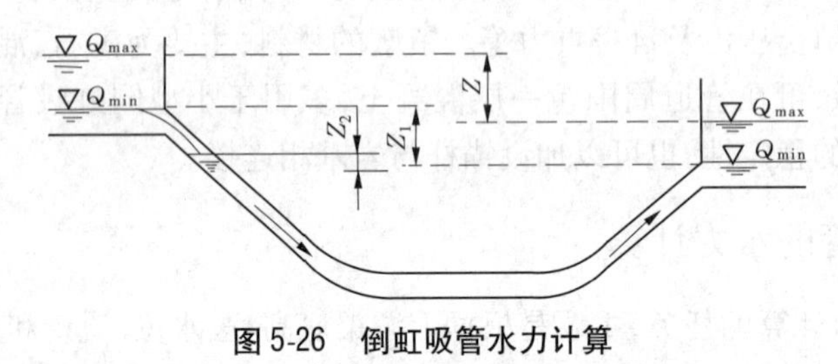

图 5-26　倒虹吸管水力计算

(1)当 $Z_1 - Z_2$ 值较大时,可适当降低管身的进口高程,并在进口前设置消力池,池中的水跃应为进口处水面所淹没,如图 5-27(a)所示。

(2)当 $Z_1 - Z_2$ 值不大时,可略降低管身的进口高程,并在进口前设置斜坡段,使渠道的水面与管口水面在斜坡段衔接,如图 5-27(b)所示。

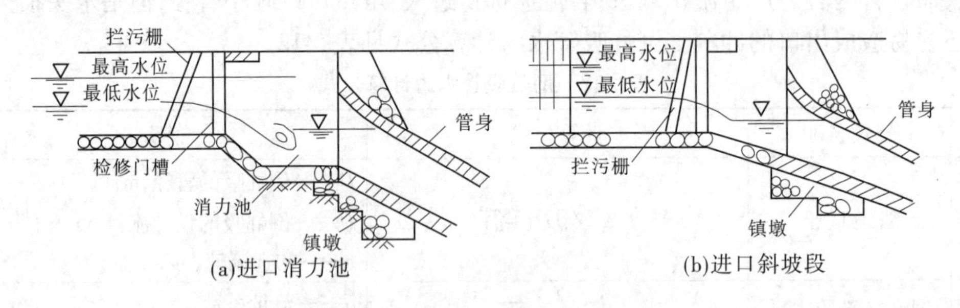

图 5-27　倒虹吸管进口水面衔接

(3)当 $Z_1 - Z_2$ 值很大时,如在进口设置消力池不便于布置或不经济,可考虑在出口处设置闸门,以抬高出口水位,使倒虹吸管进口淹没,消除管内水跃现象。此时,应加强运行管理,以保证倒虹吸管正常工作。

当通过加大流量,上下游渠道水位差值 Z 小于倒虹吸管通过加大流量时所需的水位差值时,应通过计算,适当加大挡水墙及上游渠道堤顶的高度,增加超高值。

(三)下游渠底高程及进出口水面衔接

下游渠底高程的确定及进出口水面衔接,应在上游渠底高程确定的基础上,通过各种特征流量时的水头损失计算成果，以综合分析选定适当的水头损失值 Z 作为依据。

(1)上游水面高程 = 上游渠底高程 + 渠道水深；

(2)下游水面高程 = 上游水面高程 - 水头损失值 Z；

(3)下游渠底高程 = 下游水面高程 - 渠道水深。

倒虹吸管的断面尺寸和上下游渠道底部高程确定后，应当核算通过小流量时是否满足不淤要求。当计算出的管身断面尺寸较大或通过小流量时管内流速过小，可考虑布设双管或多管。

第五节　其他渠系建筑物

一、涵洞

(一)涵洞的作用与组成

涵洞是指渠道与道路、沟谷等交叉时，为输送渠道、排泄沟溪水流，在道路、填方渠道下面所修建的交叉建筑物，如图 5-28 所示。当涵洞进口(出口)设置闸门用以控制流量、调节水位时，称为涵洞式水闸(简称涵闸或涵管)。

涵洞由进口段、洞身段和出口段三部分组成。进出口段是洞身与填土边坡相连接的部分，主要作用是保证水流平顺、减少水头损失、防止水流冲刷；洞身段是输送水流，其顶部往往有一定厚度的填土。

(二)涵洞的类型

(1)涵洞按水流形态可分为无压涵洞、半压力涵洞和有压涵洞，如图 5-29 所示。无压涵洞入口处水深小于洞口高度，洞内水流均具有自由水面；半压力涵洞入口处水深大于洞口高度，水流仅在进水口处充满洞口，而在涵洞的其他部分均具有自由水面；压力涵洞入口处水深大于洞口高度，在涵洞全长的范围内都充满水流，无自由水面。无压明流涵洞水头损失较少，一般适用于平原渠道；高填方土堤下的涵洞可用压力流；半有压流的状态不稳定，周期性作用对洞壁产生不利影响，一般情况下设计时应避免这种流态。

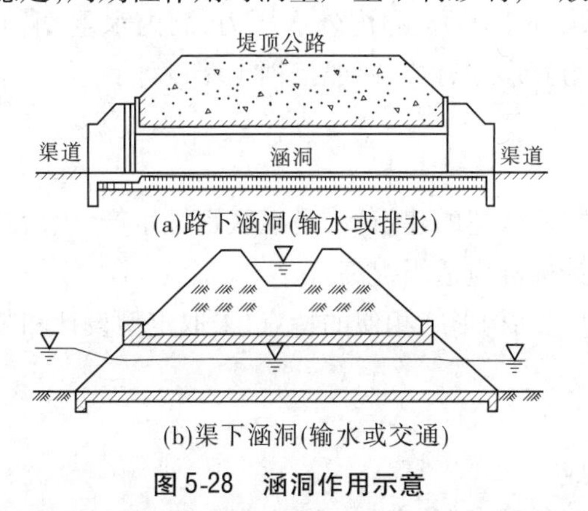

(a)路下涵洞(输水或排水)

(b)渠下涵洞(输水或交通)

图 5-28　涵洞作用示意

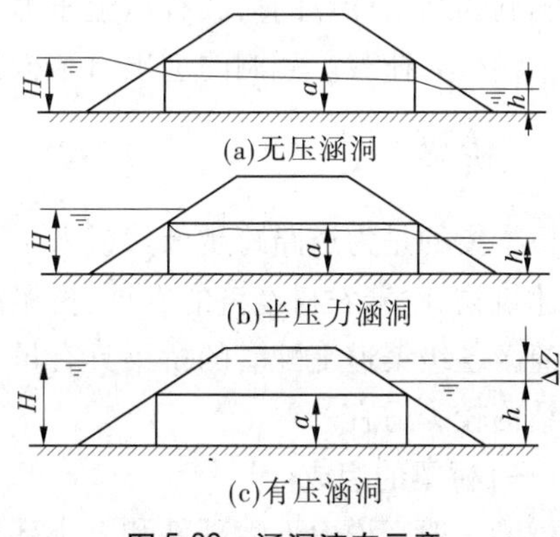

(a)无压涵洞

(b)半压力涵洞

(c)有压涵洞

图 5-29　涵洞流态示意

(2)按涵洞断面形式可分为圆管涵、盖板涵、拱涵、箱涵，如图 5-30 所示。圆形适用于顶部垂直荷载大的情况，可以是无压，也可以是有压。方形适用于洞顶垂直荷载小，跨径小于 1 m 的无压明流涵洞。拱形适用于洞顶垂直荷载较大，跨径大于 1.57 m 的无压涵洞。

（3）涵洞按建筑材料可分为砖涵、石涵、混凝土涵和钢筋混凝土涵等。

（4）按涵顶填土情况可分为明涵（涵顶无填土）和暗涵（涵顶填土大于 50 cm）。

选择上述涵洞类型时要考虑净空断面的大小、地基的状况、施工条件及工程造价等。

（三）涵洞的布置

涵洞进、出口段形式多样，如图 5-31 所示。洞身段根据洞内水流净空要求、洞顶填土厚度、伸缩缝设置和洞体防渗等要求进行布置。涵洞的走向一般应与渠堤或道路正交，以缩短洞身的长度，并尽量与原沟溪渠道水流方向一致，以保证水流顺畅，为防止冲刷或淤积，洞底高程应等于或接近于原渠道水底高程，坡度稍大于原水道坡度。

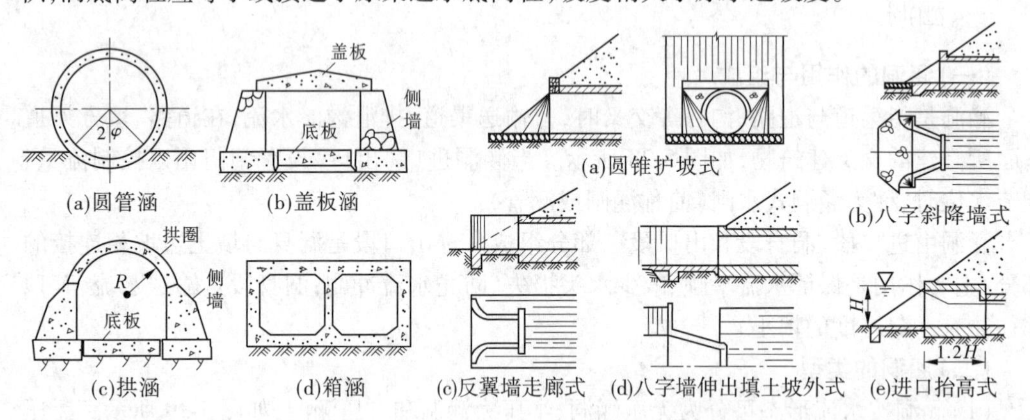

图 5-30　涵洞的断面形式　　　　图 5-31　涵洞的进、出口形式

（四）涵洞的水力计算及结构计算

涵洞的水力计算的主要目的是确定横截面尺寸、上游水位及洞身纵坡。计算时先要判别涵洞内的水流流态，然后进行水力计算。

涵洞的结构计算的荷载有填土压力、自重、外水压力、洞内外水压力、洞内水重、填土上的车辆行人荷载。涵洞的进出口结构计算与其形式有关，一般按挡土墙设计。

二、桥梁

桥梁指的是为道路跨越天然或人工障碍物而修建的建筑物，是灌区百姓生产、生活的重要建筑物，随着农村经济的发展，桥梁的设计标准应适当提高。

灌区各级渠道上配套的桥梁具有量大面广、结构形式相似的特点，采取定型设计和装配式结构较为适宜。

（一）桥梁的组成

桥梁一般来说由五大部件和五小部件组成。

五大部件是指桥梁承受汽车或其他车辆运输荷载的桥跨上部结构与下部结构，是桥梁结构安全的保证。其包括桥跨结构（或称桥孔结构、上部结构）、支座系统、桥墩、桥台、墩台基础,与渡槽有很多相似之处。五小部件是指直接与桥梁服务功能有关的部件,过去称为桥面构造,包括桥面铺装、防排水系统、栏杆、伸缩缝、灯光照明。

(二)桥梁的分类

桥梁按用途分为公路桥、公铁两用桥、人行桥、机耕桥、过水桥。

桥梁按跨径大小和多跨总长(单孔跨径 L_0,m,多孔跨径总长 L,m)分为

特大桥:$L \geqslant 500$ m 或 $L_0 \geqslant 100$ m;

大桥:$L \geqslant 100$ m 或 $L_0 \geqslant 40$ m;

中桥:30 m $< L <$ 100 m 或 20 m $\leqslant L_0 <$ 40 m;

小桥:8 m $\leqslant L \leqslant$ 30 m 或 5 m $< L_0 <$ 20 m。

桥梁按结构分为梁式桥、拱桥、钢架桥、缆索承重桥(斜拉桥和悬索桥)四种基本体系,此外还有组合体系桥。

桥梁按行车道位置分为上承式桥、中承式桥、下承式桥。

桥梁按使用年限可分为永久性桥、半永久性桥、临时桥。

桥梁按材料类型分为木桥、圬工桥、钢筋混凝土桥、预应力桥、钢桥。

(三)各类桥梁的基本特点

梁式桥。包括简支板梁桥、悬臂梁桥、连续梁桥,其中简支板梁桥跨越能力最小,一般一跨在 8 ~ 20 m。

拱桥。在竖向荷载作用下,两端支承处产生竖向反力和水平推力,正是水平推力大大减小了跨中弯矩,使跨越能力增大。理论推算,混凝土拱极限跨度在 500 m 左右,钢拱可达 1 200 m。也正是这个推力,修建拱桥时需要良好的地质条件。

刚架桥。有 T 形刚架桥和连续刚构桥,T 形刚架桥主要缺点是桥面伸缩缝较多,不利于高速行车。连续刚构主梁连续无缝,行车平顺,施工时无体系转换。

缆索承重桥(斜拉桥和悬索桥)。是建造跨度非常大的桥梁最好的设计。道路或铁路桥面靠钢缆吊在半空,缆索悬挂在桥塔之间。

组合体系桥。有梁拱组合体系,如系杆拱、桁架拱、多跨拱梁结构等。梁刚架组合体系,如 T 形刚构桥等。

桁梁式桥。有坚固的横梁,横梁的每一端都有支撑。最早的桥梁就是根据这种构想建成的。它们不过是横跨在河流两岸之间的树干或石块。现代的桁梁式桥,通常是以钢铁或混凝土制成的长型中空桁架为横梁。这使桥梁轻而坚固。利用这种方法建造的桥梁叫做箱式梁桥。

拉索桥。有系到桥柱的钢缆。钢缆支撑桥面的重量,并将重量转移到桥柱上,使桥柱承受巨大的压力。

廊桥。加建亭廊的桥,称为亭桥或廊桥,可供游人遮阳避雨,又增加桥的形体变化。

三、跌水

当渠线通过陡坎或坡度较陡的地段时,为防止渠道受冲,在陡坎处或适宜地点将渠道底突然降低,利用消力池来消除水流的多余能量,这种建筑物称为跌水。

(一)作用与类型

跌水的作用是将上游渠道或水域的水安全地自由跌落入下游渠道或水域,将天然地形的落差适当集中修筑,从而调整引水渠道的底坡,克服过大的地面高差引起的大量挖方或填方。跌水多设置于落差集中处,用于渠道的泄洪、排水和退水。

跌水可分为单级跌水和多级跌水,如图5-32、图5-33所示。

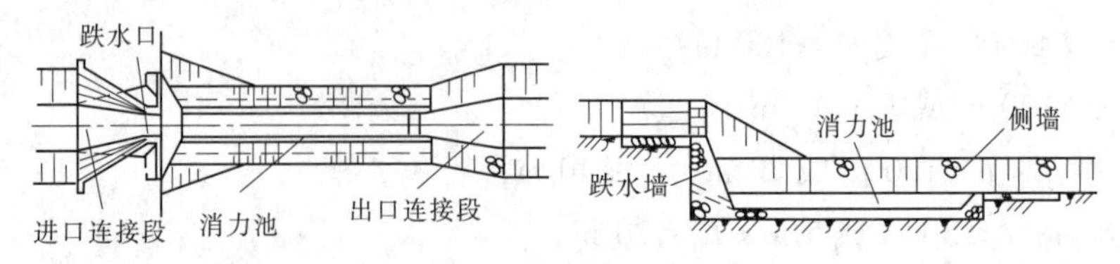

图5-32　单级跌水

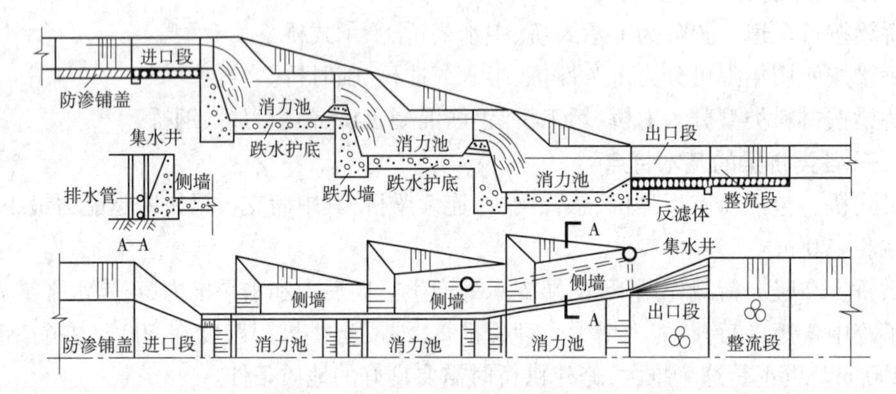

图5-33　多级跌水

(二)组成与布置

跌水应根据工程需要进行布置,既可以单独设置,也可以与其他建筑物结合布置,一般情况下,跌水应尽量与节制闸、分水闸或泄水闸布置在一起,方便运行管理。

在跌差较小处选用单级跌水,在跌差较大处(跌差大于5 m)选用多级跌水。

跌水常用的建筑材料多为砖、砌石、混凝土和钢筋混凝土。

跌水主要由进口、跌水口、跌水墙、消力池、海漫、出口等部分组成。

(1)进、出口。进、出口连接段须以渐变段连接,以保持良好的水力条件,如扭曲面、八字墙、圆锥形等。连接段常用片石和混凝土组砌。

(2)跌水口。由底板和边墙组成,构造与闸室相似,一般不设闸门,是一个自由泄流的堰。跌水口是设计跌水的关键,形式有矩形、梯形和底部抬堰式,如图5-34所示。

(3)跌水墙。是跌水口和消力池间的连接。属挡土墙形式,但断面比一般挡土墙小。有直立式和倾斜式,一般多采用重力式挡土墙。侧墙间常设沉降缝,并设排水设施。

(4)消力池。通常宽度比跌水口宽一些,但不宜宽太多。以免引起回流,降低消能效果。横断面一般为矩形、梯形和折线形,底板厚可取0.4~0.8 m。结构设计同闸后消力池,消力池的横断面形式如图5-35所示。

(5)海漫。起着消除消力池出口余能和使断面流速分布均匀的作用。一般用干砌石做成。其护砌长度不小于3倍下游水深。

(6)分缝与排水。为避免跌水各部分不均匀沉降而产生裂缝,在各部分之间应设沉陷缝,缝内填塞沥青、油毡或沥青麻丝止水。当跌水下游水位高于消力池底板时,应在侧墙背面设排水措施。如埋管、反滤层等。

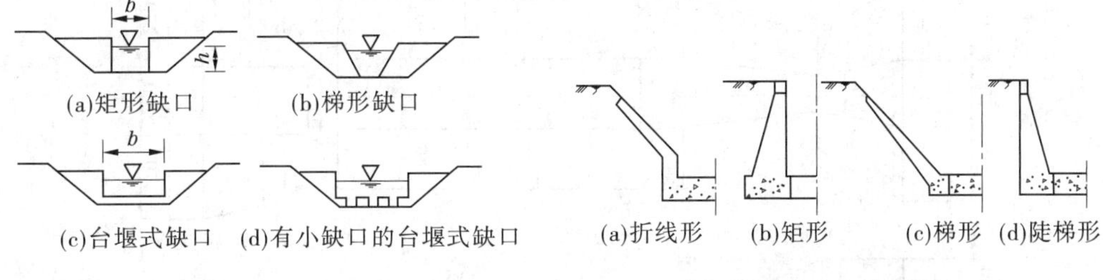

图5-34　跌水口形式　　　图5-35　消力池的横断面形式

(7)多级跌水的组成和构造与单级跌水相同。只是将消力池做成若干个阶梯,多级落差和消力池长度均相同。池长不大于20 m,可设消力槛或不设。多级跌水的分级数目和多级落差大小,应根据地形、地质、工程量等具体情况综合分析确定。

四、陡坡

陡坡是建在地形过陡的地段,用于连接上下游渠道的倾斜渠槽,由于该渠槽的坡度一般陡于临界坡度而得名。

(一)作用与类型

陡坡的作用与跌水相同,主要是调整渠底比降,满足渠道流速要求,避免深挖高填,减小挖填方工程量,降低工程投资。

根据地形条件和落差的大小,陡坡的形式分为单级陡坡和多级陡坡两种。对于多级陡坡,往往建在落差较大且有变坡或有台阶地形的渠段上。

(二)组成与布置

陡坡由进口连接段、控制堰口、陡坡段、消力池和出口连接段五部分组成。陡坡的构造与跌水类似,所不同的是以陡坡段代替跌水墙,水流不是自由跌落而是沿斜坡下泄。

陡坡的落差、比降,应根据地形、地质及沿渠调节分水需要等进行确定。一般陡坡的落差比跌水大,陡坡的比降不陡于1∶1.5。

在陡坡段水流速度较高,因此应做好进口和陡坡段的布置,以使下泄水流平稳、对称且均匀地扩散,以利于下游的消能和防冲。

陡坡段的横断面形式,主要有矩形和梯形,梯形断面的边墙可以做成护坡式。

在平面布置上,陡坡可做成等宽度、扩散形(变宽度)和菱形三种。

(1)等宽度陡坡。布置形式较为简单,水流集中,不利于下游的消能,所以对于小型渠道和跌差小的情况较为常用。

(2)扩散形陡坡。扩散形陡坡是指在陡坡段采用扩散形布置,如图5-36所示,这种形式可以使水流在陡坡上发生扩散,单宽流量逐渐减小,因此对下游消能防冲较为有利。陡坡的比降,应根据地形地质情况、跌差及流量的大小等条件进行确定。对于流量较小、跌差小且地质条件较好的情况，其比降可陡一些。在土基上陡坡比降一般可取 1∶2.5 ~ 1∶5。对于土基上的陡坡，单宽流量不能太大，当落差不大时，多从进口后开始采用扩散形陡坡。陡坡平面扩散角，一般为 5° ~7°。

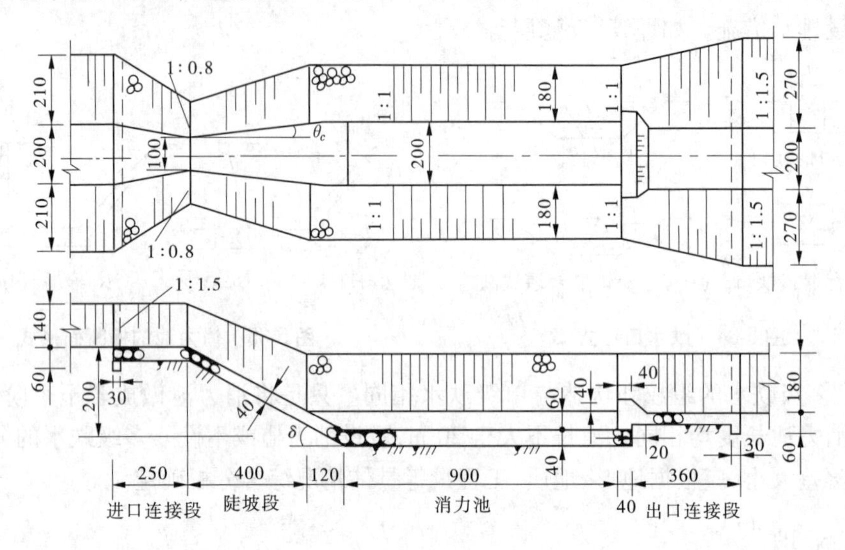

图 5-36 扩散形陡坡 （单位：cm）

(3)菱形陡坡。菱形陡坡是指在平面布置上呈菱形，即上部扩散而下部收缩，如图 5-37 所示。这种布置一般用于跌差 2.5 ~5.0 m 的情况。为了改变水流条件，一般在收缩段的边坡上设置导流肋，并使消力池段的边墙边坡向陡槽段延伸，使其成为陡坡边坡的一部分，确保水跃前后的水面宽度相同，两侧不产生平面回流旋涡，使消力池平面上的单宽流量和流速分布均匀，从而减轻了对下游的冲刷。

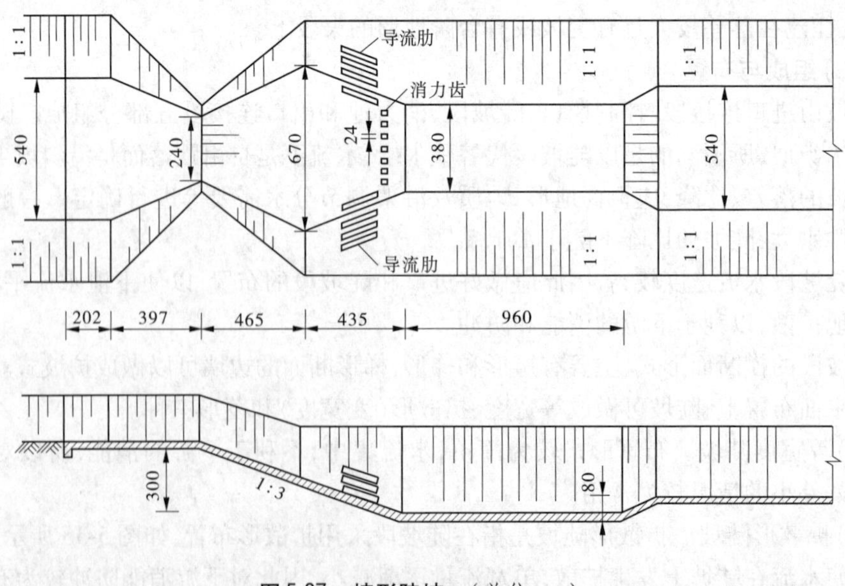

图 5-37 棱形陡坡 （单位：cm）

(4)人工加糙陡坡。为了促使水流紊动扩散、降低流速、改善下游流态及利于防冲消能,可在陡坡段上进行人工加糙。常见的加糙形式有双人字形槛、单人字形槛、交错式矩形糙条、棋盘形方墩等,如图5-38所示。

双人字形槛

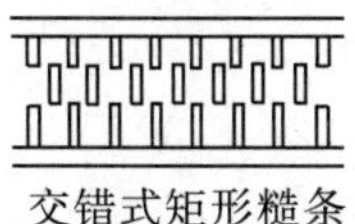
交错式矩形糙条

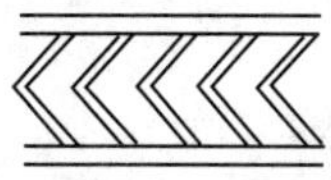
单人字形槛

棋盘形方墩

图5-38 人工糙面的形式

人工加糙的糙条间距不宜过密,不然将使急流脱离底板而产生低压,影响陡坡的安全和消能效果。对于重要工程,其布置形式、条槛尺寸大小等应通过模型试验确定。

第六章　水处理构筑物

第一节　概　述

一、给水处理基本方法

城市给水处理的目的是去除原水中悬浮物质、胶体、病菌，以及水中其他有害身体健康和影响工业生产的有害杂质，使处理后的水质满足现行生活引用水水质标准和工业生产用水水质的要求。下面分别介绍给水处理的基本方法。

（一）水的混凝

天然水中细微浑浊物质是以分散的胶体微粒状态存在的，其中主要是黏土微粒。这些单体的细小微粒，长久不能下沉，并且由于带有同名负电荷，互相排斥而不能相互凝聚。因此，它们在水中由于受水分子热运动的冲击而作无规则的布朗运动，在水中均匀扩散产生无规则的漫射现象，呈现浑浊并保持胶体分散几乎不变的稳定性质。

水的混凝处理的目的，就是借助于混凝剂的作用，压缩水中胶体扩散层，降低电位，使之脱稳，并在吸附引力作用下，使胶体和胶体间、胶体与混凝剂的水解胶体间相互凝聚，并且吸附水中悬浮物质、部分细菌和溶解物质，生成较大的绒体（通称矾花），为随后在沉淀池或澄清池中的固液分离创造良好的条件，使水由浑变清。

（二）水的沉淀

原水加入混凝剂后，经过混合、反应，水中胶体杂质与细小悬浮物质凝聚和絮凝成较大的矾花颗粒，要进一步在沉淀池中去除。水中胶体杂质颗粒的沉淀特性与其组成、颗粒大小、比重、形状以及沉淀设备的水力条件（如水流流态、水温等因素）有关。当水中杂质颗粒深度较小，沉淀不受邻近颗粒及容器器壁的影响时，称为自由沉淀。

常用的沉淀设备基本上分两大类：一类称为沉淀池，另一类称为澄清池。沉淀池只起使矾花或其他杂质下沉的作用。对于混凝沉淀，沉淀池建在反应池的后面。澄清池具有的特点是利用有吸附能力的活性泥渣，加强混凝反应过程，从而加速固液分离，提高澄清效率，并且在单一构筑物中完成混合、反应、沉淀三个工艺过程。

（三）水的过滤

水的过滤处理是使水流入装有滤料的过滤池，通过滤料层的吸附、筛滤、沉淀等作用，截留水中杂质，使水得到澄清。在城市水厂中过滤通常作为澄清的最后处理手段，一般处理沉淀后的水，其进水浊度应在 20 mg/L 以下。当原水水质较清时，采用直接混凝过滤，称为接触过滤法。

滤池分为重力式和压力式两种。城市水厂中多采用重力式滤池，如普通快滤池、双层和多层滤料滤池、重力式无阀滤池、虹吸滤池和移动冲洗罩滤池等。压力式滤池多用于中小型工业企业以及城市地下水除铁水厂等。

(四)水的消毒

为了保证饮水卫生,生活饮用水中必须不含病原菌,因此生活饮用水需要消毒。

消毒的方法有物理方法和化学方法。属于物理方法的有加热、紫外线、超声波、激光和放射线等方法;属于化学方法的有氯消毒法、臭氧消毒法、过锰酸钾和重金属离子(铜、银等)法等,但目前广泛采用的方法仍是氯消毒法,一般采用液氯或漂白粉。

(五)水的其他处理方法

1. 软化

软化是指降低水的硬度的处理过程,也就是为了减少水中钙、镁盐类的浓度。软化的方法很多,它的选择主要取决于原水水质和所需要的软化程度。

软化的方法有加热法、药剂软化法、离子交换法。药剂软化法是使水中的 Ca^{2+}、Mg^{2+} 和加入的药剂化合生成不溶解化合物;离子交换法是使原水与离子交换剂接触,交换剂中 Na^{+} 或 H^{+} 能将水中的 Ca^{2+}、Mg^{2+} 交换出来,从而降低水的硬度。

2. 除铁和除锰

1)除铁

生活用水水质标准规定:铁含量不超过 0.3 mg/L,锰含量不超过 0.1 mg/L。当水中含重碳酸铁时,常采用曝气石英砂过滤法和天然锰砂接触催化法除铁;当水中含有硫酸亚铁时,可采用石灰碱化法除铁;当地下水中含有机铁时,可采用氯氧化法或混凝法除铁。去除水中重碳酸铁亦可采用天然锰砂接触催化法除铁系统,它由曝气溶氧和锰砂过滤组成。

2)除锰

锰的存在形态与铁基本相同,只是在某些反应条件上比除铁要求更高。除锰一般有如下特点:采用强氧化剂氧化法,加氯或加高锰酸钾可以获得很好的除锰效果;原水中同时含有铁、锰时,可先经曝气、锰砂过滤法除铁,然后把除铁的水加氯氧化,再经过一次锰砂过滤除锰;当石英砂表面为高价锰的氧化物(黑色沉淀物)所包裹时,采用"黑砂"除锰,具有良好除锰能力。

(六)给水处理工艺流程的选择

城市或村镇给水处理工艺流程的选择,应根据天然水源水质和我国颁布的现行生活饮用水卫生标准或生产用水水质要求标准进行。在对天然水源水质进行充分调查研究的基础上,可选用不同的给水处理工艺流程进行水质处理,以满足用户对水质的要求。

当采用地面水作为城市生活饮用水水源时,其处理工艺流程通常包括混凝沉淀、过滤和消毒。

对于高浊度水的处理,通常在上述工艺流程基础上还要加入自然沉淀或两级混凝沉淀处理。图 6-1 为高浊度地面水源生活饮用水处理工艺流程。

图 6-1 中预氯化的目的在于破坏高分子有机化合物对水中胶体的保护作用,以便使混凝过程能顺利进行。

采用地面水作为生活饮用水水源时,根据实践经验,给水处理工艺流程可参考表 6-1 进行选择。

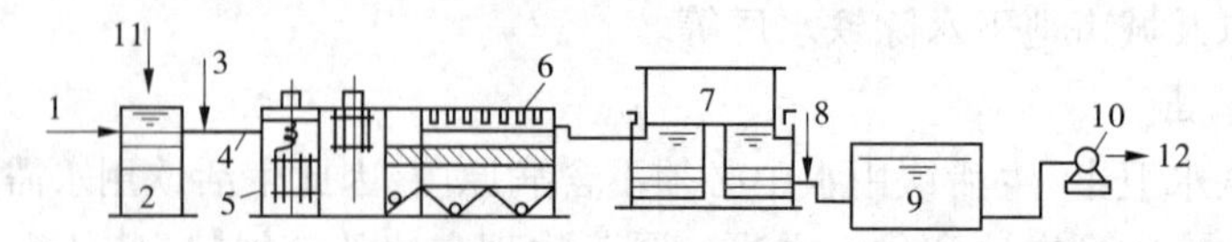

1—高浊度地面水源来水;2—自然沉淀;3—混凝加药;4—管道混合;5—反应池;6—沉淀池;
7—过滤池;8—加氯消毒;9—清水池;10—二级泵站;11—预氯化;12—至管网

图6-1　高浊度地面水源生活饮用水处理工艺流程

表6-1　给水处理工艺流程参考表(地面水)

条件	给水处理流程
小型给水,原水浊度一般不大于100~150 mg/L,水质变化不大,没有藻类	原水→接触过滤→消毒 原水→澄清→消毒
原水浊度不大于2 000~3 000 mg/L,短期内达5 000~10 000 mg/L	原水→混凝沉淀→过滤→消毒(或澄清)
山溪河流,浊度经常较小,洪水时含大量泥沙	原水→混凝沉淀或澄清→过滤→消毒 原水→预处理→接触过滤→消毒
高浊度水	原水→预处理→混凝沉淀或澄清→过滤→消毒
浊度底,色度高的原水(如湖水、蓄水库水)	原水→一次过滤(粗滤)→二次过滤→消毒

工业冷却用水的水质只要求悬浮物含量低时,在河水含砂量不高的情况下,有时只需经过自然沉淀就可达到要求,但在河水含砂量很高的情况下,就需要采用自然沉淀和混凝沉淀两步处理后,方能满足工业冷却水质的要求。因此,应视具体情况进行给水处理工艺的选择。

对于水质要求相当于生活饮用水标准的工业用水,可采用生活饮用水的处理工艺流程,消毒与否应根据生产需要而定。

地下水作为生活饮用水水源时,若其水质良好,则经消毒处理后,即可供生活饮用。

当用作生活饮用水源的地下水中铁、锰含量超过《生活饮用水卫生标准》(GB 5749—2006)时,应考虑水的除铁、除锰处理。地下水除铁、除锰工艺流程的选择及构筑物组成,应根据原水水质、处理后水质要求,除铁、除锰试验资料或参照水质相似的运行水厂经验来进行。图6-2为我国某城市地下水天然锰砂除铁水厂工艺流程。

地下水除铁一般采用接触氧化法或曝气氧化法。当受硅酸盐影响时,应采用接触氧化法。接触氧化法的工艺流程是:原水曝气→接触氧化过滤。曝气后水的pH值宜达到6.0以上。曝气氧化法的工艺流程是:原水曝气→氧化→过滤。此时曝气后水的pH值宜达到7.0以上。

地下水除锰宜采用接触氧化法,其工艺流程因条件不同而异。当原水含铁量低于2.0 mg/L,含锰量低于1.5 mg/L时,可采用的工艺流程是:曝气→过滤除铁、除锰。当原水含铁量或含锰量超过上述数值时,应通过试验研究确定,必要时可采用如下工艺流程:

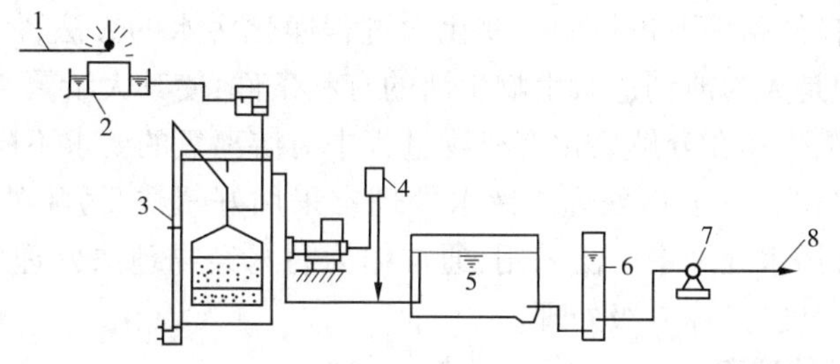

1—地下水;2—两级跌水曝气充氧;3—天然锰砂滤池;4—消毒;
5—清水池;6—吸水井;7—二级泵站;8—出水管

图6-2　我国某城市地下水天然锰砂除铁水厂工艺流程

原水曝气→氧化→过滤除铁→过滤除锰。

当除铁受硅酸盐影响时,应进行试验研究,必要时可采用如下工艺流程:原水曝气→过滤除铁(接触氧化)→曝气→过滤除锰。通常除锰滤前水的pH值宜在7.5以上,二级除锰滤池的滤前水中含铁量通常控制在0.5 mg/L以下。

如果天然水中硬度高,则需要进行软水处理。当有混凝沉淀设施时,其工艺流程可采用药剂法软化,同时澄清处理以去除水中悬浮物和重碳酸盐硬度。如果天然水无需澄清,则软化处理流程可采用阳离子交换法。

二、城市污水处理与利用的基本方法

城市污水中含有许多有害及有用的物质,需经处理后才能排放。通常污水处理的内容包括固液分离、有机物和可氧化物的氧化、酸碱中和、去除有毒物质、回收有用物质等。相应的污水处理与利用的方法一般可归纳为物理法、生物法、化学法三类。对于城市污水的处理,普遍采用前两类方法,化学法通常用于工业废水处理。

城市污水处理按处理程度通常划分为一级、二级、三级。一级处理是去除污水中呈悬浮状态的固体污染物质,通常用物理法处理。二级处理的主要任务是大幅度地去除污水中呈胶体和溶解状态的有机性污染物质,通常用生物法处理。三级处理的目的在于进一步去除二级处理未能去除的某些污染物质,所使用的处理方法随目的而异,如除氮、除磷以防止受纳水体的富营养化,进一步去除悬浮固体的双层滤料过滤,以降低BOD等。一般情况下,城市污水通过一、二级处理后基本上能达到国家规定排放水体的标准,三级处理用于对排放标准要求特别高的水体或为了使污水处理后回用。

(一)城市污水的物理法处理

物理法处理主要是利用物理作用分离去除污水中呈悬浮状态的固体污染物质,在整个处理过程中不发生任何化学变化。属于这类处理方法的有重力分离法、离心分离法、过滤法等。对于城市污水处理,常用的是筛滤(格栅、筛网)与沉淀(沉砂池、沉淀池),习惯上也称机械处理。

(二)城市污水的生物法处理

生物法处理是利用微生物的生命活动,将污水中的有机物分解氧化为稳定的无机物,使污水得到净化。其主要用来去除污水中胶体和溶解性的有机物质。

生物法处理分天然生物处理和人工生物处理两类。天然生物处理就是利用土壤或水体中的微生物,在自然条件下进行的生物化学过程净化污水的方法,例如灌溉田、生物塘等。人工生物处理是人为地创造微生物生活的有利条件,使其大量繁殖,提高净化污水的效率。此外,根据微生物在分解氧化有机物过程中对游离氧的要求不同,生物法处理又可分为好氧生物处理和厌氧生物处理。污水处理常采用好氧法,污泥处理常采用厌氧法。生物法处理在城市污水处理中广泛采用,通常作为污水经物理法处理后的进一步处理措施,提高污水处理程度,又称二级处理。

(三)城市污水的消毒

污水经过物理法处理、生物法处理后,病原细菌含量减少很多,但仍然存在,若直接排入水体,则可能会污染水体、影响卫生、传播疾病。因此,污水在排入水体之前,必须进行消毒。

(四)污水灌溉与养殖

污水灌溉与养殖是天然生物处理的具体应用,是城市污水综合利用的一种途径。

第二节　典型水处理构筑物的构造、设计基本原理

一、沉砂池

(一)沉砂池的作用与分类

沉砂池的作用是去除密度较大的无机颗粒。一般设在初沉池前,或泵站、倒虹吸管前。常用的沉砂池有平流式沉砂池、曝气沉砂池、多尔沉砂池、涡流式沉砂池和竖流式沉砂池等。平流式沉砂池构造简单,处理效果较好,工作稳定,但沉砂中夹杂一些有机物,易于腐化散发臭味,难以处置,并且对有机物包裹的砂粒去除效果不好。曝气沉砂池在曝气的作用下颗粒之间产生摩擦,将包裹在颗粒表面的有机物除掉,产生洁净的沉砂,同时提高颗粒的去除效率。多尔沉砂池设置了一个洗砂槽,可产生洁净的沉砂。涡流式沉砂池依靠电动机械转盘和斜坡式叶片,利用离心力将砂粒甩向池壁去除,并将有机物脱除。后三种沉砂池在一定程度上克服了平流式沉砂池的缺点,但构造比平流式沉砂池复杂。竖流式沉砂池通常用于去除较粗(粒径在0.6 mm以上)的砂粒,结构也比较复杂,目前生产中采用较少。实际工程中一般多采用曝气沉砂池。

(二)沉砂池设计的一般规定

1. 设计流量

沉砂池的设计流量应按分期建设考虑。当污水为自流进入时,设计流量为每期工作泵的最大设计流量;当污水为提升进入时,设计流量为每期工作泵的最大组合流量;对于合流制系统,设计流量应包括雨水量。

2. 去除的砂粒

沉砂池按去除密度为2.65 g/cm^3、粒径为0.2 mm以上的砂粒设计。

3. 沉砂量与沉砂斗

城市污水的沉砂量可按每10 m^3 污水沉砂30 m^3 计算,其含水率为60%,密度为1 500 kg/m^3;合流制污水的沉砂量应视具体情况确定。沉砂斗的容积应按不大于2 d的

沉砂量计算,砂斗的斗壁与水平的倾角不应小于55°。

4. 除砂方法

除砂宜采用机械方法,并设置贮砂池和晒砂场。采用人工排砂时,排砂直径不应小于200 mm。

(三)平流式沉砂池的设计与计算

1. 平流式沉砂池的构造

平流式沉砂池平面为长方形,横断面多为矩形,一般是一渠两池。沉渣的排除方式有机械排砂和重力排砂。图6-3为多斗式平流式沉砂池工艺图。

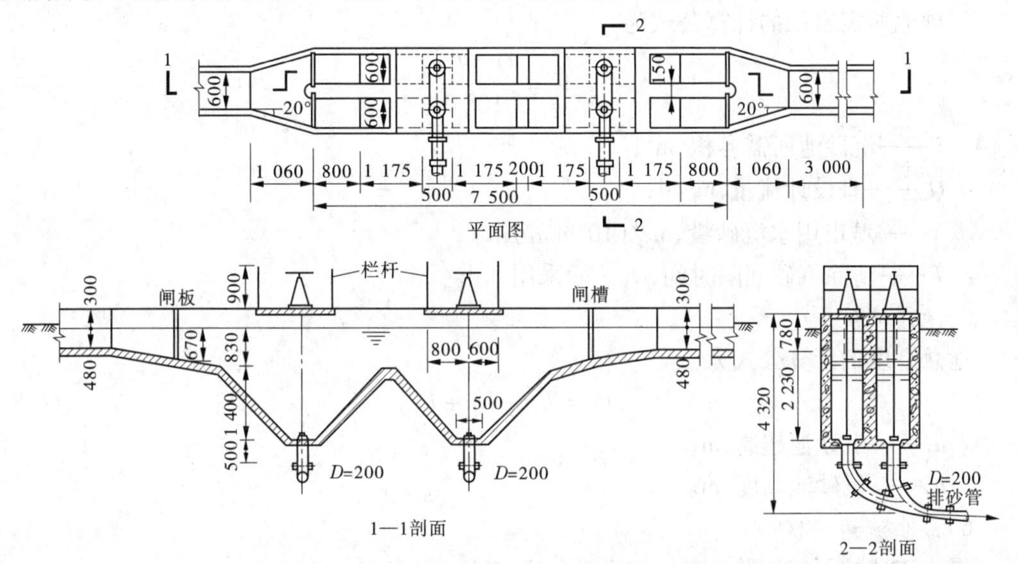

图6-3　多斗式平流式沉砂池工艺图　(单位:mm)

2. 平流式沉砂池设计与计算

1)池长

池长的计算公式为

$$L = vt \tag{6-1}$$

式中　L——沉砂池长度,m;

v——最大设计流量时水平流速,m/s,一般取0.3 m/s;

t——最大设计流量时流动时间,s,不小于30 s,一般采用30~60 s。

2)过水断面

过水断面面积的计算公式为

$$A = \frac{Q_{max}}{v} \tag{6-2}$$

式中　A——沉砂池过水断面面积,m^2;

Q_{max}——最大设计流量,m^3/s;

v——最大设计流量时的水平流速,m/s,一般取0.3 m/s。

3)池总宽度

池总宽度的计算公式为

$$B = \frac{A}{h_2} \tag{6-3}$$

式中 B——沉砂池总宽度，m；

A——沉砂池过水断面面积，m^2；

h_2——沉砂池有效水深，m，不大于 1.2 m，一般采用 0.25～1 m。

沉砂池的分格数不能少于 2 个，每格的宽度不宜小于 0.6 m。当水量较小时，沉砂池也应采用 2 个格，1 个格工作，1 个格备用。但每个格均应按最大设计流量计算。

4）沉砂池所需容积

沉砂池所需容积的计算公式为

$$V = \frac{Q_p XT}{10^6} \tag{6-4}$$

式中 V——沉砂池所需容积，m^3；

Q_p——日设计流量，m^3/d；

X——城市用水沉砂量，$m^3/(10^6 m^3$ 污水)；

T——清除沉砂间隔时间，d，一般采用 2 d。

5）池总高度

池总高度的计算公式为

$$H = h_1 + h_2 + h_3 \tag{6-5}$$

式中 h_1——沉砂池超高，m；

h_3——沉砂池高度，m。

6）最小流速校核

最小流速按下式校验

$$v_{min} = \frac{Q_{min}}{n_1 A_{min}} \tag{6-6}$$

式中 v_{min}——沉砂池最小流速，m/s；

Q_{min}——最小流量，m^3/s；

A_{min}——最小流量时沉砂池中水流断面面积，m^2；

n_1——最小流量时工作的沉砂池数目，个。

7）其他设计要求

池底坡度一般为 0.01～0.2。当设置除砂设备时，可根据设备要求考虑池底形状。进水头部应采用消能和整流措施。

二、混合池

原水中加入混凝剂后，应在短时间内将药剂充分、均匀地扩散于水体中，这一过程称为混合。混合是取得良好絮凝效果的重要前提。影响混合效果的因素有很多（如药剂的品种、浓度，原水的温度，水中颗粒的性质、大小等），采用的混合方式是最主要的影响因素。混合设备的基本要求是药剂与水的混合快速均匀。

水力混合是混合的主要方式之一，其使用的设备简单，混合效果好，适用于大中型水厂。

(一)隔板混合池

隔板混合池是利用水流曲折行进所产生的湍流进行混合,其构造见图6-4。一般有3块隔板的窄长型水槽,隔板间距为槽宽的2倍。最后一道隔板后的槽中水深不小于0.4～0.5 m,该处槽中流速为0.6 m/s。缝隙处的流速 v=1 m/s。每个缝隙处的水头损失为$0.13v^2$,一般总水头损失为0.39 m。为了避免进入空气,缝隙必须具有100～150 mm的淹没水深。

(二)来回隔板混合池

来回隔板混合池适用于水量大于30 000 m^3/d的水厂,其构造见图6-5。隔板数为6～7块,间距不小于0.7 m,停留时间为1.5 min。

水在隔板间流速 v=0.9 m/s。总水头损失为$0.15v^2s$(s为转弯次数)。

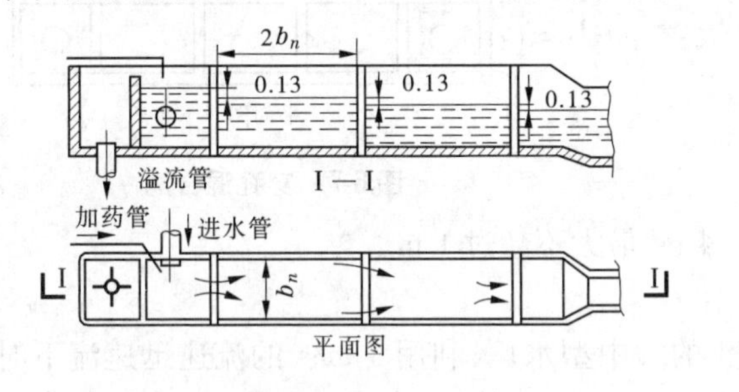

图6-4　隔板混合池　(单位:m)

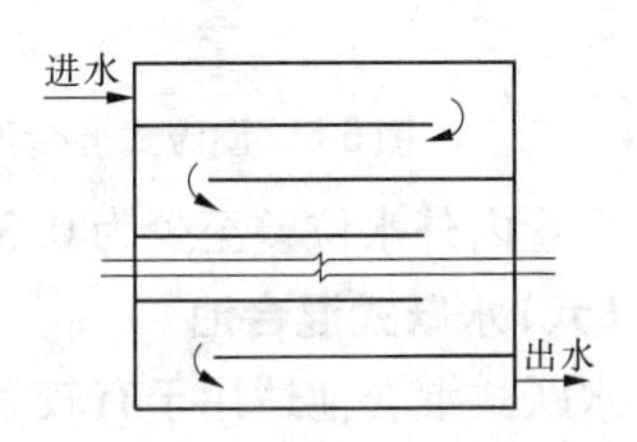

图6-5　来回隔板混合池

(三)涡流式混合池

涡流式混合池平面为正方形或圆形,与之对应的下部为倒金字塔形或圆锥形,中心角为30°～45°,其构造见图6-6。

进口处上升流速为1.0～1.5 m/s。混合池出口处流速为25 mm/s。停留时间不大于2 min,一般可用1.0～1.5 min。

涡流式混合池适用于中小型水厂,特别适用于石灰乳的混合。单池处理能力不大于1 200～1 500 m^3/h。

(四)穿孔混合池

穿孔混合池一般为设有3块隔板的矩形水池,隔板上有较多的孔眼,以形成涡流,其构造见图6-7。

最后一道隔板后的槽中水深不小于0.4～0.5 m,该槽中水流速度为0.6 m/s。隔板间距等于槽宽。

为了避免进入空气,孔眼必须具有100～150 mm的淹没水深。孔眼的直径 d=20～120 mm,孔眼间距为(1.5～2.0)d,流速为1.0 m/s。

穿孔混合池适用于1 000 m^3/h以下的水厂,不适用于石灰乳或其他有较大渣子的药剂混合,以免孔口被堵塞。

(五)跌水混合

跌水混合池是利用水流在跌水过程中产生的巨大冲击达到混合的效果。其构造为在混合池的输水管上加装一活动套管,混合的最佳效果可以由调节活动套管的高低来达到,其构造见图6-8。

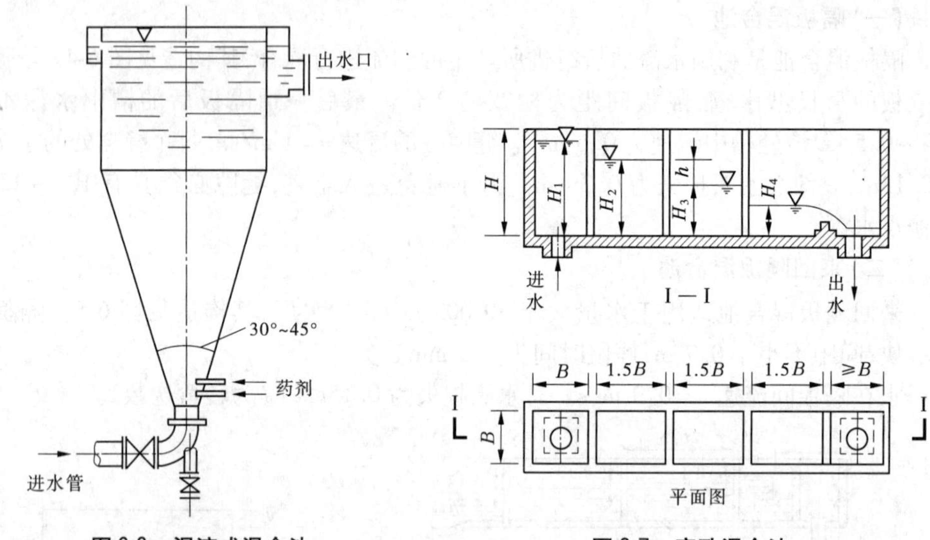

图 6-6　涡流式混合池　　　　图 6-7　穿孔混合池

套管内外水位差至少为 0.3 ~ 0.4 m，最大不超过 1 m。

(六)水跃式混合池

水跃式混合池适用于有较大水头的大中型水厂，利用 3 m/s 的流速迅速流下时所产生的水跃进行混合。水头差至少要在 0.5 m 以上，其构造见图 6-9。

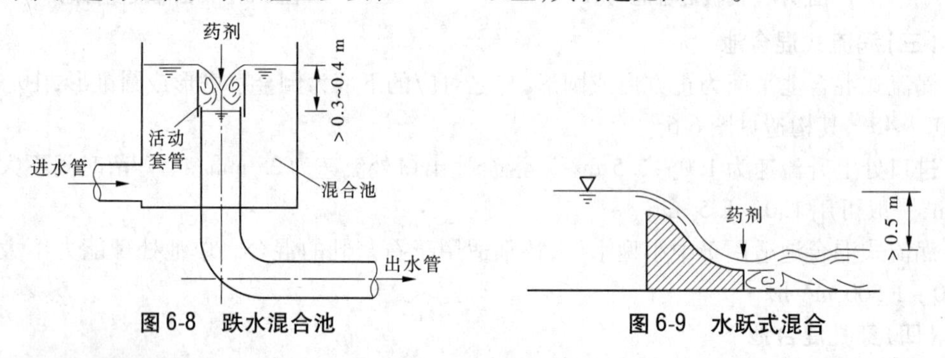

图 6-8　跌水混合池　　　　图 6-9　水跃式混合

三、絮凝池

絮凝过程就是在外力作用下具有絮凝性能的微絮粒相互接触碰撞，从而形成更大的稳定的絮粒，以适应沉降分离的要求。为了达到完善的絮凝效果，在絮凝过程中要给水流适当的能量，增加颗粒碰撞的机会，并且不使已经形成的絮粒破坏。絮凝过程需要足够的反应时间。在水处理构筑物中絮凝池是完成絮凝过程的设备，它接在混合池后面，是混凝过程的最终设备。通常与沉淀池合建。

絮凝的形式近年来有很多，大致可以按照能量的输入方式不同分为水力絮凝和机械搅拌絮凝两类。

水力絮凝是利用水流自身的能量，通过流动过程中的阻力给液体输入能量。其水力式搅拌强度随水量的减小而变弱。目前，水力絮凝的形式主要有隔板絮凝、折板絮凝、网格絮凝和穿孔旋流絮凝。相应的构筑物为隔板絮凝池、折板絮凝池、网格絮凝池、穿孔旋流絮凝池。

机械搅拌絮凝是通过电机或其他动力带动叶片进行搅动，使水流产生一定的速度梯度。絮凝过程不消耗水流自身的能量，其机械搅拌强度可以随水量的变化进行相应的调节。

选择絮凝池的形式主要考虑絮凝效果、处理水量规模、原水水质条件、工程造价和经常费用、水厂的运行经验等因素。

下面详细介绍隔板絮凝池。

隔板絮凝池是较常用的一种絮凝池，分为往复式和回转式两种。

往复式隔板絮凝池中，水流以一定速度在隔板之间来回往复通过，在转折处作 180°转弯，水流速度由大逐渐减小。往复式隔板絮凝池在转折处局部水头损失较大，在絮凝后絮凝体容易破碎。

回转式隔板絮凝池中，水流从池的中间进入，逐渐回流转向外侧，在转折处作 90°转弯。回转式隔板絮凝池的局部水头损失大大减小，有利于避免絮粒被破坏，但是减少了颗粒的碰撞机会。

考虑到上述两种絮凝池的优缺点及絮凝效果，可以将两种絮凝池相结合。水流先经往复式隔板絮凝池，再进入回转式隔板絮凝池。

隔板絮凝池构造简单，管理方便，絮凝效果比较好。其缺点是絮凝时间较长，占地面积较大，流量变化大时效果不稳定。其适用于大中型水厂，一般处理水量的规模大于 30 000 m^3/d，单个池的处理水量为 1 000 ~ 10 000 m^3/d。回转式隔板絮凝池更适合对原有水池需提高处理水量时进行改造。絮凝池一般与沉淀池合建，水流经穿孔墙进入沉淀池。

（一）设计要点

（1）絮凝池一般不少于 2 个或分成 2 格。

（2）絮凝池廊道中的流速，起端为 0.5 ~ 0.6 m/s，末端为 0.2 ~ 0.3 m/s，一般分为 4 或 6 段确定各段的流速，流速逐渐由大到小变化。转弯处过水断面面积为廊道过水断面面积的 1.2 ~ 1.5 倍。

（3）为方便施工与维护，隔板间净距一般应大于 0.5 m。当采用活动隔板时，适当减小。

（4）絮凝池应有 2% ~ 3% 的底坡，坡向排泥口，排泥管直径大于 150 mm。

（5）絮凝时间一般为 20 ~ 30 min。

（6）速度梯度取决于原水水质条件，一般由 50 ~ 70 s^{-1} 降低至 10 ~ 20 s^{-1}。GT 值需要达到 10^4 ~ 10^5。

（7）一般往复式隔板絮凝池的总水头损失为 0.3 ~ 0.5 m，回转式隔板絮凝池为 0.2 ~ 0.35 m。

（二）主要计算公式

1. 絮凝池容积

絮凝池容积为

$$V = \frac{QT}{60} \tag{6-7}$$

式中 V——絮凝池容积,m^3;

Q——设计流量,m^3/h;

T——絮凝时间,min。

2. 平面面积

平面面积为

$$F = \frac{V}{nH_1} + f \tag{6-8}$$

式中 F——单池平面面积,m^2;

H_1——平均水深,m;

n——池数,个;

f——单池隔板所占面积,m^2。

3. 池子长度

池子长度为

$$L = \frac{F}{B} \tag{6-9}$$

式中 L——池长,m;

B——池子宽度,m,一般与沉淀池等宽。

4. 隔板间距

隔板间距为

$$a = \frac{Q}{3\ 600nv_nH_1} \tag{6-10}$$

式中 a——隔板间距,m;

v_n——隔板间流速,m/s。

5. 各段水头损失

各段水头损失为

$$h_n = \xi S_n \frac{v_0^2}{2g} + \frac{v_n^2}{C_n^2R_n}l_n \tag{6-11}$$

式中 h_n——各段水头损失,m;

S_n——该段廊道内水流转弯次数;

ξ——转弯处局部阻力系数,往复式隔板为3.0,回转式隔板为1.0;

v_0——该段转弯处的平均流速,m/s;

C_n——流速系数;

R_n——廊道断面的水力半径,m;

l_n——该段的廊道总长度,m。

总损失为

$$h = \sum h_n \tag{6-12}$$

6. 平均速度梯度

平均速度梯度为

$$G = \sqrt{\frac{\gamma h}{60\mu T}} \tag{6-13}$$

式中　G——平均速度梯度，s^{-1}；

γ——水的密度，1 000 kg/m^3；

μ——水的动力黏度，$kg \cdot s/m^2$；

h——总水头损失，m。

四、澄清池

澄清池是利用原水中的颗粒和池中积聚的沉淀泥渣相互接触碰撞、混合、絮凝，形成絮凝体，与水分离，从而使原水得到澄清的过程。澄清池是将絮凝和沉淀综合在一个池内的净水构筑物。

澄清池基本上分为泥渣悬浮型和泥渣循环型两大类。

泥渣悬浮型的工作原理是絮粒既不沉淀也不上升，处于悬浮状态，当絮粒集结到一定厚度时，形成泥渣悬浮层。加药后的原水由下向上通过时，水中的杂质充分与泥渣层的絮粒接触碰撞，并且被吸附、过滤而截流下来。此种类型的澄清池常用的有脉冲澄清池和悬浮澄清池。

泥渣循环型澄清池是利用机械或水力的作用使部分沉淀泥渣循环回流，增加同原水中的杂质接触碰撞和吸附的机会。泥渣一小部分沉积到泥渣浓缩室，大部分又被送到絮凝室重新工作，如此不断循环。泥渣循环借机械抽力造成的为机械搅拌澄清池，泥渣循环借水力抽升造成的为水力循环澄清池。

选择何种类型的澄清池，主要考虑原水水质、水温，出水水质要求，生产规模和水厂总体布置、地形等因素。

下面详细介绍机械搅拌澄清池。

机械搅拌澄清池由第一絮凝室和第二絮凝室及分离室组成。池体上部是圆筒形，下部是截头圆锥形（见图 6-10）。它利用安装在同一根轴上的机械搅拌装置和提升叶轮使加药后的原水通过环形三角配水槽的缝隙均匀进入第一絮凝室，通过搅拌叶片缓慢回转，水中的杂质和数倍于原水的回流活性泥渣凝聚吸附，处于悬浮状态，然后通过提升叶轮将泥渣从第一絮凝室提升到第二絮凝室，继续混凝反应，凝结成良好的絮粒。接着从第二絮凝室出来，经过导流室进入分离区。在分离区内，由于过水断面突然扩大，流速急速降低，絮状颗粒靠重力下沉，与水分离。沉下的泥渣大部分回流到第一絮凝室，循环流动，形成回流泥渣。回流流量为进水流量的 3～5 倍。小部分泥渣进入泥渣浓缩斗，定时经排泥管排至室外。

机械搅拌澄清池对原水的浊度、温度和处理水量的变化适应性较强，处理效率高，较稳定。但需要一套机械搅拌设备，日常维修工作量大，维修技术要求较高。

机械搅拌澄清池的单位面积产水量较大，出水浊度一般不大于 10 NTU，适用于中型水厂。

无机械刮泥时，进水浊度一般不超过 500 NTU，短时间内不超过 1 000 NTU；有机械刮泥时，进水浊度一般为 500～3 000 NTU，短时间内不超过 5 000 NTU。原水浊度常年较低

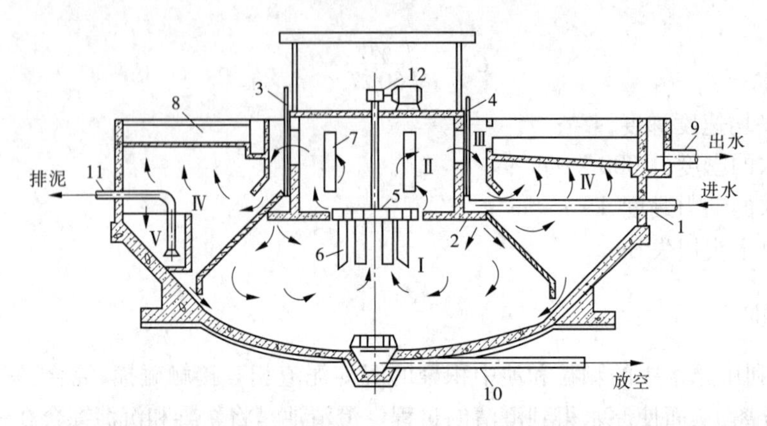

1—原水进水管;2—配水槽;3—透气管;4—投药管;5—提升叶轮;6—搅拌叶片;7—导流板;
8—集水槽;9—出水管;10—放空管;11—排泥管;12—动力装置
Ⅰ—第一絮凝室;Ⅱ—第二絮凝室;Ⅲ—导流室;Ⅳ—分离室;Ⅴ—泥渣浓缩室

图 6-10　机械搅拌澄清池剖面图

时,形成泥渣层困难,将影响澄清池净水效果。

机械搅拌澄清池的设计要点如下:

(1)水在池中的总停留时间一般为 1.2 ~ 1.5 h。第一絮凝室需 20 ~ 30 min,第二絮凝室一般为 0.5 ~ 1 min,在导流室中停留 2.5 ~ 5 min。第二絮凝室上升流速为 40 ~ 70 mm/s,导流室流速与其相同。

(2)澄清池一般不考虑备用,池数宜在 2 座以上。

(3)第二絮凝室、第一絮凝室、分离室的容积比参考值为 1:2:7。

(4)回流量与设计净水量之比为(3:1) ~ (5:1),即第二絮凝室提水流量一般为原水量的 3 ~ 5 倍。

(5)进水管流速一般为 0.8 ~ 1.2 m/s,三角槽出流流速为 0.5 ~ 1.0 m/s。

(6)为使进水分配均匀,多采用环形配水三角槽,在槽上设排气管,排除槽上空气。加药点一般设于进水管处或三角槽中。

(7)清水区高度为 1.5 ~ 2.0 m,池下部圆台坡角一般为 45°左右,池底以大于 5% 的坡度坡向中心倾斜。当装有刮泥设备时,也可以做成平底、弧形底等。泥渣回流缝流速为 100 ~ 200 mm/s,分离区上升流速为 0.9 ~ 1.2 mm/s。

(8)集水可以采用淹没孔环形集水槽或三角堰集水槽,过孔流速控制在 0.6 m/s 左右。池径较小时,采用环形集水槽;池径较大时,可考虑另加辐射槽。一般池直径小于 6 m 时,加设 4 ~ 6 条;池直径为 6 ~ 10 m 时,可加设 6 ~ 8 条。集水槽中流速为 0.4 ~ 0.6 m/s,出水管的流速为 1.0 m/s 左右。

(9)原水浊度小于 1 000 mg/L,且池径小于 24 m 时,可采用污泥浓缩斗和底部排泥相结合的排泥形式,污泥浓缩斗可酌情设置 1 ~ 3 只,污泥斗的容积一般为池容积的 1% ~ 4%,小型水池也可以只用底部排泥;原水浊度大于 1 000 mg/L 或池径大于等于 24 m 时,一般都设置机械排泥装置。

(10)机械搅拌用的叶轮直径一般按第二絮凝室内径的 0.7 ~ 0.8 倍设计,搅拌叶片边缘一般为 0.3 ~ 1.0 m/s。提升叶轮的扬程为 0.1 m 左右,提升叶轮外缘线速度为 0.5 ~ 1.5 m/s,其进口流速多在 0.5 m/s 左右。

(11)搅拌叶片总面积一般为第一絮凝室平均纵剖面面积的 10% ~15%,叶片的高度为第一絮凝室叶片高度的 1/3 ~1/2,叶片对称均布于圆周上。

五、滤池

水处理的过滤一般是指通过过滤介质的表面或滤层截留水体中悬浮固体和其他杂质的过程。对于大多数地面水处理来说,过滤是消毒工艺前的关键处理手段,对保证出水水质有十分重要的作用,特别是对浊度的去除。

一般认为过滤过程包括输送、附着和脱离 3 个阶段。影响过滤效果的因素主要有滤料的组成、滤料的冲洗方式、与滤料层截污力大小密切相关的水流方向。

滤池分类大致如下:

(1)按照滤池的冲洗方式不同,分为水冲洗滤池和气水反冲洗滤池。

(2)按照滤池的布置不同,分为普通快滤池、双阀滤池、无阀滤池、虹吸滤池、移动冲洗滤池、罩滤池、V 形滤池等。

(3)按照滤池冲洗的配水系统不同,分为小阻力配水系统滤池、中阻力配水系统滤池、大阻力配水系统滤池。

下面详细介绍普通快滤池。

普通快滤池又可以称为四阀滤池,是应用历史最久和应用较广泛的一种滤池。其构造主要包括池体,滤料层,承托层,配水系统,反冲洗排水系统,每格滤池的进水管、出水管、反冲洗水管和排水管上设置阀门用以控制过滤和反冲洗交错进行。普通快滤池构造见图 6-11。

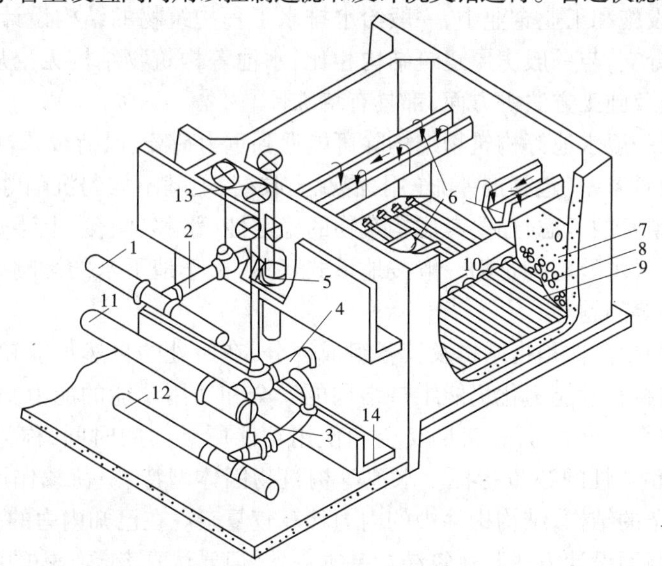

1—进水总管;2—进水支管;3—清水支管;4—冲洗水支管;5—排水阀;6—冲洗排水槽;7—滤料层;8—承托层;9—配水支管;10—配水干管;11—冲洗水总管;12—清水总管;13—浑水渠;14—废水渠

图 6-11 普通快滤池构造图

普通快滤池的工作过程包括过滤和冲洗两部分。

过滤时,开启进水支管与清水支管的阀门,关闭冲洗支管阀门与排水阀,原水经进水总管、支管进入浑水渠后流入滤池,经过滤料层、承托层后,由配水系统的配水支管汇集起来,再流经配水系统干管渠、清水支渠、清水总管进入清水池。随着过滤时间的增长,滤料层中的杂质数量不断增加,滤料间的孔隙不断减小,水流阻力不断增大。当水头损失增加到一定值时,滤池的滤速降低较多,或者滤后水的水质较差不合格时,滤池进行反冲洗。

反冲洗时,关闭进水支管和清水支管的阀门,开启排水阀与冲洗支管阀门,冲洗水在压力作用下由冲洗水总管、支管,经配水系统的干管、支管及支管上的许多孔眼流出,经过承托层及滤料层,均匀地分布于整个滤池平面上,滤料层在由下而上均匀分布的水流中处于悬浮状态,滤料得到清洗。冲洗废水流入冲洗排水槽,再经浑水渠、排水管、废水渠排掉。反冲洗一直进行到滤料基本洗净为止。反冲洗结束后,过滤重新开始。

根据单池面积的大小,普通快滤池可以采用大阻力配水系统、中阻力配水系统和小阻力配水系统。冲洗可以采用单水冲洗或气水反冲洗。普通快滤池的滤料大多采用单层滤料,也可用双层滤料。根据滤池规模的大小,可以采用单排或双排布置。

普通快滤池运转效果良好,反冲洗效果能够得到保证,但是由于阀门较多,操作较其他滤池稍复杂。其适用于大、中、小型水厂,每格池面积一般不宜超过 100 m^2。

快滤池可以同沉淀池组合使用。若原水浊度较低、含藻量较少,可以直接过滤。

六、水池等构筑物结构设计的特别规定

(一)水池等构筑物结构的特殊性和结构土的作用

1. 结构的耐久性及水池等构筑物对结构的特殊要求

在城市公用设施和工业企业中,一般给水排水工程构筑物的结构设计属于土木结构工程领域的一个分支,与一般房屋建筑结构相比,水池等构筑物结构无论从使用要求、结构形式、作用荷载及施工方法等方面,都具有特殊性。

在荷载方面,一般水池等构筑物结构除可能遇到重力荷载、风荷载、雪荷载及水压力、土压力外,还常须对温差(包括湿差)作用、混凝土收缩、地基不均匀沉陷等引起的外加变形或约束进行较缜密的考虑,还要考虑构筑物的稳定性(滑移、倾覆、上浮)问题等。在空间位置方面,贮水或水处理构筑物一般按地下式建造,由于地下水的影响,特别要重视抗裂、抗渗和抗腐蚀等问题。

混凝土结构的耐久性是指结构及其各组成部分,在所处的自然环境和使用条件等因素的作用下,抵抗材料性能劣化仍能维持结构的安全和适用功能的能力。结构在正常使用条件下,不需重大维修而仍能满足安全和使用功能所延续的时间,称为使用寿命(年限),可作为表达耐久性的数量指标。水池等构筑物因体型特殊、荷载作用形式多样,大多是受力比较复杂的结构,结构构件中的内力计算较复杂。在已知内力的条件下,钢筋混凝土结构构件的截面设计方法与建筑结构基本一致,但要认真考虑结构的耐久性,因而现行规范对钢筋和混凝土材料的性能方面提出了较高的要求,这些要求包括受力钢筋混凝土保护层厚度的取值,结构构件的抗裂、抗渗、防冻、保温及防腐蚀等。

根据工程事故的调研和有关的试验、理论研究,混凝土结构的耐久性失效因素主要有

以下几类:渗透、冻融、碱-骨料反应、混凝土碳化、化学(氯盐)腐蚀和钢筋锈蚀等。其他还有疲劳、摩擦(如过水坝和路面、机场跑道)、生物腐蚀、钢筋的应力腐蚀等。

为了保证或提高新建结构的耐久性,目前采取的主要措施有:依靠工程经验合理选择项目地址,控制环境条件,改进结构设计理念(如按照规范规定选取混凝土强度等级和受力钢筋的混凝土保护层厚度等),重视结构构造处理,加强施工管理,推广高性能混凝土,提高混凝土配置技术以及控制混凝土的材料成分和施工质量以及加强对已建建(构)筑物的维护保养等。这方面的有关专题请参见相关文献。

《给水排水工程构筑物结构设计规范》(GB 50069—2002)等标准的颁布,对城镇公用设施和工业企业中一般钢筋混凝土水池等构筑物的结构设计,贯彻执行国家经济政策,达到技术先进、经济合理、安全适用、确保质量等具有非常重要的意义。同时,《混凝土结构设计规范》(GB 50010—2002)首次列入了对结构耐久性设计的规定,这些都说明国家对建(构)筑物的耐久性给予了足够的重视。在此,将水池等构筑物对结构材料的主要特殊要求作以下简述。

1)抗渗性

抗渗性是指在压力水作用下,混凝土抵抗压力水渗透的性质(或不透水性)。抗渗性是决定材料耐久性的重要指标,钢筋混凝土构筑物应该具有较好的抗渗性能,应优先以混凝土本身的密实性满足抗渗要求。混凝土的抗渗等级应根据试验确定,在工程结构设计时,其抗渗等级要求应按表6-2采用。具有抗渗要求的混凝土,相应的骨料应具有良好的级配,水灰比不应大于0.50。

表6-2　混凝土抗渗等级 S_i 的规定

最大作用水头与混凝土壁、板厚度之比值 i_m	抗渗等级 S_i
<10	S4
10~30	S6
>30	S8

注:抗渗等级 S_i 的定义是指龄期为28 d的混凝土试件,施加 $i\times0.1$ MPa水压后满足不渗水指标。

材料的抗渗性常用渗透系数或抗渗等级来表示,渗透系数按下式计算

$$K_s = \frac{Qd}{AtH}$$

式中　K_s——材料的渗透系数,cm/h,K_s 值愈大,表示材料渗透的水量愈多,即抗渗性愈差;

Q——渗透水量,cm^3;

d——材料的厚度,cm;

A——渗水面积,cm^2;

t——渗水时间,h;

H——静水压力水头,cm。

贮水或水处理构筑物、地下构筑物一般宜采用钢筋混凝土结构,且混凝土强度等级不

应低于 C25。

2)抗冻性

材料在冻融(冻结和融化)循环过程中,表面将出现裂纹、剥落等现象,造成质量损失、强度降低。抗冻性是指材料在吸水饱和状态下,能经受多次冻融循环而不破坏、强度又不降低的性质。

最冷月平均气温低于 -3 ℃的地区,外露的钢筋混凝土构筑物的混凝土应具有良好的抗冻性能,对抗冻混凝土,不得采用火山灰质硅酸盐水泥和粉煤灰硅酸盐水泥,并应按表 6-3 的要求采用。混凝土的抗冻等级应进行试验确定。

表 6-3　混凝土抗冻等级 F_i 的规定

气候条件	地表水取水头部		其他
	冻融循环次数		地表水取水头部的水位涨落区以上部位及外露的水池等
	≥100	<100	
最冷月平均气温低于 -10 ℃	F300	F250	F200
最冷月平均气温为 -3 ~ -10 ℃	F250	F200	F150

在应用表 6-3 时要注意以下 3 点:

(1)混凝土抗冻等级 F_i 是指龄期为 28 d 的混凝土试件,在进行相应要求冻融循环总次数 i 次作用后,其强度降低不大于 25%,重量损失不超过 5%。

(2)气温应根据连续 5 年以上的实测资料,统计其平均值确定。

(3)冻融循环总次数是指一年内气温从 +3 ℃以上降至 -3 ℃以下,然后回升至 +3 ℃以上的交替次数;对于地表水取水头部,还应考虑一年中月平均气温低于 -3 ℃期间,因水位涨落而产生的冻融交替次数,此时水位每涨落一次应按一次冻融计算。

配置抗渗、抗冻混凝土时,除水灰比应不大于 0.5 以外,骨料应选择良好的级配,粗骨料粒径不应大于 40 mm,且不超过最小断面厚度的 1/4,含泥量按质量计应不超过 1%。砂的含泥量及云母含量按质量计不应超过 3%。

3)抗腐蚀性

酸、碱、盐对混凝土都有程度不同的腐蚀性。由于混凝土普遍存在小孔和裂隙,酸、碱、盐侵入后,若干湿变化频繁,则在孔隙内生成盐类结晶。随着结晶不断增大,将对孔壁产生很大的膨胀力,从而使混凝土表层逐渐粉碎、剥落。这是一种物理腐蚀过程,称为"结晶腐蚀",这种现象在贮液池水位变化部位的混凝土池壁内表面上表现得最为突出。水池接触介质的酸碱度(pH 值)低于 6.0 时,应按国家现行有关标准或根据专门试验确定防腐措施。水池混凝土的碱含量应符合《混凝土碱含量限值标准》(CECS 53:1993)的规定。水池混凝土中可根据需要适当采用外加剂,但不得采用氯盐做防冻、早强掺合料。采用外加剂时,应符合现行国家标准《混凝土外加剂应用技术规范》(GB 50119—2003)的规定。水池混凝土用水泥宜采用普通硅酸盐水泥;受侵蚀介质影响的混凝土,应根据侵蚀性质选用合适的水泥。在给水排水工程中,混凝土的腐蚀问题主要出现在某些工业污水处理池中。工业污水中可能含有腐蚀混凝土的各种介质，其中除酸性特强的少量污水可用耐腐蚀材料建造专用小型溶液池外，一般大量工业污水的处理池仍采用钢筋混凝土结构。当介质侵蚀性很弱时，对混凝土可以不采取专门的防护措施，而用增加密实性的办法来提高混凝土的抗腐蚀能力。若介质的腐蚀性较强，则必须在池底和池壁内侧采取专门的防腐蚀措施：要求较低的可以涂刷沥青；要求较高的可以涂刷耐酸漆，也可以做沥青砂浆、水玻璃砂浆、硫磺砂浆或树脂砂浆面层等；要求更高的还可以用玻璃钢面层、聚氯乙烯塑料面板、耐酸陶瓷板、耐酸砖或耐酸石材贴面等。

此外，当地下水中含有侵蚀性介质时，埋入地下水位以下的构筑物部分，包括池壁和池底的外表面也应采取防腐措施。

2. 水池等构筑物结构上的作用

水池等构筑物结构上的作用也可分为三类，即永久作用、可变作用和偶然作用。构筑物楼面和屋面的活载及其永久值系数，应按表6-4采用。

表6-4　构筑物楼面和屋面的活载及其永久值系数 ψ_q

顺序	构筑物部位	活载标准值(kN/m^2)	准永久值系数 ψ_q
1	不上人的屋面、贮水或水处理构筑物的顶盖	0.7	0.0
2	不上人的屋面或顶盖	2.0	0.4
3	操作平台或泵房等楼面	2.0	0.5
4	楼梯或走道板	2.0	0.4
5	操作平台、楼梯的栏杆	水平向1.0	0.0

注：1. 对于水池顶盖，还应根据施工或运行条件验算施工机械设备荷载或运输车辆荷载；

2. 对于操作平台、泵房等楼面，还应根据实际情况验算设备、运输工具、堆放物料等局部集中荷载；

3. 对于预制楼梯踏步，还应按集中活荷载标准值1.5 kN验算。

水池等构筑物上面有时会有动力荷载的作用，使结构或构件产生不可忽视的加速度，此时，应按动态作用考虑，一般可将动态作用简化为静态作用乘以动力系数后按静态作用计算。

吊车荷载、雪荷载、风荷载的标准值及其准永久值系数，应按《建筑结构荷载规范》(GB 50009—2001)的规定采用。

确定水塔风荷载标准值时，整体计算的风载体型系数 μ_s 应按下列规定采用：①倒锥形水箱的风载体型系数应为+0.7；②圆柱形水箱或支筒的风载体型系数应为+0.7；③钢筋混凝土构架式支承结构的梁、柱的风载体型系数应为+1.3。

关于水池结构上的作用，下面分三部分作较详细的叙述。

1)作用代表值

(1)水池结构上的作用主要可分为永久作用和可变作用两类。永久作用应包括结构自重、土的竖向压力和侧向压力、水池内的盛水压力、结构的预加应力、地基的不均匀沉降等；可变作用应包括池顶活荷载、雪荷载、地表或地下水压力(侧压力、浮托力)、结构构件的温(湿)度变化作用、地面堆积荷载等。

(2)当结构承受两种或两种以上可变作用,承载能力极限状态按作用效应基本组合计算,或正常使用极限状态按作用效应标准组合验算时,应采用标准值和组合值作为可变作用代表值,可变作用的组合值应为可变作用的标准值乘以作用组合值系数。

(3)当正常使用极限状态按作用效应准永久组合验算时,应采用准永久值作为可变作用代表值。可变作用准永久值应为可变作用的标准值乘以准永久值系数。

2)永久作用标准值

(1)结构自重的标准值,可按结构构件的设计尺寸与相应材料单位体积的自重计算确定,钢筋混凝土的自重可取25 kN/m^3;素混凝土的自重可取23～24 kN/m^3。水池梁、板上设备自重的标准值,可按设备样本提供的数据采用。在构件上设备转动部分的自重及由其传递的轴向力应乘以动力系数后作为标准值,动力系数可取2.0。

(2)作用在地下式水池上竖向土压力的标准值,应按水池顶板上的覆土厚度计算,并乘以竖向压力系数,压力系数可取1.0;当水池顶板的长宽比大于10时,压力系数宜取1.2。一般回填土的重力密度可按18 kN/m^3 采用。

(3)作用在水池上侧向的土压力标准值:对于水池位于地下水以上部分的侧压力,可按朗金公式计算主动土压力,土的重力密度可按18 kN/m^3 采用,对于水池位于地下水以下部分的侧压力,应为主动土压力与地下水静压力之和,此时土的重力密度可按10 kN/m^3采用。

(4)水池内的水压力应按设计水位的静水压力计算。对于给水处理的水池,水的重力密度可取10 kN/m^3;对于污水处理的水池,水的重力密度可取10～10.8 kN/m^3。对于机械表面曝气池内的设计水位,应计入水面波动的影响,可按池壁顶计算。

(5)施加在水池结构构件上的预加力标准值,应按预应力钢筋的张拉控制应力值扣除相应张拉工艺的各项应力损失采用。当构件按承载能力极限状态计算且预加力为不利作用时,由钢筋松弛和混凝土收缩、徐变引起的应力损失不应扣除。

(6)地基不均匀沉降引起的永久作用标准值,其沉降量及沉降差应按《建筑地基基础设计规范》(GB 50007—2002)确定。

3)可变作用标准值、准永久值系数

(1)不上人水池顶盖的活荷载标准值可取0.7 kN/m^2,准永久值系数可取0;上人水池顶盖的活荷载标准值可取2.0 kN/m^2,准永久值系数可取0.4。

(2)水池顶盖设计时,应根据施工条件验算施工机械设备的荷载,其标准值可按设备的使用重量采用,准永久值系数可取0。

(3)雪荷载标准值及其准永久值系数,应按《建筑结构荷载规范》(GB 50009—2001)的规定采用。顶盖上的活荷载与雪荷载,取两者较大者。

(4)地下水(包括上层滞水)对构筑物的作用标准值,应按下列规定采用:①水池各部位的水压力应按静水压力计算。②地下水的设计水位,应根据勘察部门提供的数据采用可能出现的最高水位和最低水位,并宜根据近期内变化和补给的趋势确定。③水压力标准值的相应设计水位,应根据对结构的不利作用效应确定取最低水位或最高水位。当取最低水位时,相应的准永久值系数应取1.0;当取最高水位时,相应的准永久值系数,对地下水可取平均水位与最高水位的比值。④地表水或地下水对结构浮托力的标准值,应按最高水位乘以浮托力折减系数确定。浮托力折减系数,对非岩质地基应取 1.0;对岩石地基应按其破碎程度确定,当基底设置滑动层时应取 1.0。

(5)水池构筑物的温度变化作用(包括湿度变化的当量温差)标准值,可按下列规定确定:①地下或设有保温措施的有盖水池,可不计算温度、湿度变化作用;暴露在大气中符合《给水排水工程钢筋混凝土水池结构设计规程》(CECS 138:2002)中有关变形缝构造要求的水池池壁,可不计算温、湿度变化对壁板中面的作用。②暴露在大气中的水池池壁的温度变化作用,应由池壁的壁面温差确定。③暴露在大气中的水池池壁的壁面湿度当量温差 Δt 可按 10 ℃采用。④温度、湿度变化作用的准永久值系数 ψ_{qt} 宜取 1.0 计算。

(6)地面堆积荷载的标准值可取 10 kN/m^2,其准永久值系数可取 0.5。

(二)极限状态计算规定

1. 承载能力极限状态计算规定

水池等构筑物结构承载能力极限状态的计算应包括:对结构构件的承载力(包括压曲失稳)计算、结构整体失稳(滑移及倾覆、上浮)验算。结构构件的截面承载力计算,应按《混凝土结构设计规范》(GB 50010—2002)的规定执行。

对构筑物进行结构设计时,根据《工程结构可靠度设计统一标准》(GB 50153—2008)的规定,应按结构破坏可能产生的后果的严重性确定安全等级二级执行。对于重要工程的关键构筑物,其安全等级可提高一级执行,但应报有关主管部门批准或经业主认可。对结构构件进行承载力计算时,作用效应的基本组合设计值 S 应遵照《给水排水工程构筑物结构设计规范》(GB 50069—2002)中的有关规定。

对于贮水池、水处理构筑物、地下构筑物等可不计算风荷载效应,其作用效应的基本组合设计值,应按下式计算

$$S = \sum_{i=1}^{m} \gamma_{Gi} C_{Gi} G_{iK} + \gamma_{Q1} C_{Q1} Q_{1K} + \psi_c \sum_{j=2}^{n} \gamma_{Qj} C_{Qj} Q_{jK} \tag{6-14}$$

式中　G_{iK}——第 i 个永久作用的标准值;

C_{Gi}——第 i 个永久作用的作用效应系数;

γ_{Gi}——第 i 个永久作用的分项系数,当作用效应对结构不利时,对结构和设备自重应取 1.2,其他永久作用应取 1.27,当作用效应对结构有利时,均取 1.0;

Q_{jK}——第 j 个可变作用的标准值;

C_{Q1}——第 j 个可变作用的作用效应系数;

γ_{Q1}、γ_{Qj}——第 1 个、第 j 个可变作用的分项系数,对地表水或地下水的作用应作为第一可变作用取 1.27,对其他可变作用应取 1.40;

ψ_c——可变作用的组合值系数,可取 0.90。

《给水排水工程钢筋混凝土水池结构设计规程》(CECS 138:2002)还规定:按承载能力极限状态计算时,作用效应基本组合设计值应根据水池形式及其工况取不同的作用项目组合,不同项目组合可参照表 6-5 确定。

表6-5　水池结构承载力计算的作用组合

水池形式及工况			永久作用						可变作用			
			结构自重 G_1	池内水压力 F_w	竖向土压力 F_{SV}	池外土侧压力 F_{ep}	预加力 F_p	不均匀沉降 Δs	顶板活载 Q	地面堆积荷载 q_m	池外水压力 q_{gw}	温(湿)度作用 F_t
地下式水池	有盖水池	闭水试验	√	√			△					√
		使用时池内无水	√		√	√	△	△	√	√	√	
	敞口水池	闭水试验	√	√			△					√
		使用时池内无水	√			√	△	△		√	√	√
地面水池	有保温设施的无盖水池	闭水试验	√	√			△					√
		使用时池内无水	√	√	√		△	△	√			
	无保温设施的无盖水池	闭水试验	√	√			△					√
		使用时池内无水	√	√	√		△	△	√			√
	敞口水池	闭水试验	√	√			△					√
		使用时池内无水	√	√			△	△				√

注：1. 表中有"√"的作用为相应池型与工况应予计算的项目，有"△"的作用为应按具体设计条件确定采用，当外土压无地下水时不计 q_{gw}；

2. 表中未列入地下式有盖水池池内有水的工况，但计算地基承载力或池壁与池顶板为弹性固定时计算池顶板，须予考虑；

3. 不同工况组合时，应考虑对结构的有利情况与不利情况，分别采用分项系数。

2. 正常使用极限状态验算规定

对于正常使用极限状态，结构构件应分别按作用短期效应的标准组合或长期效应的准永久组合进行验算，并应保证满足变形、抗裂度、裂缝开展宽度、应力等计算值不超过相应的规定限值。作用效应的标准组合设计值 S_s 和作用效应的准永久组合设计值 S_d，应分别按下列公式确定：

标准组合设计值为

$$S_s = \sum_{i=1}^{m} C_{gi} G_{iK} + C_{Qi} Q_{1K} + \psi_c \sum_{j=2}^{n} C_{Qj} Q_{jK} \tag{6-15}$$

准永久组合设计值为

$$S_d = \sum_{i=1}^{m} C_{Gi} G_{iK} + \sum_{j=1}^{n} C_{Qj} \psi_{qj} Q_{jK} \tag{6-16}$$

式中　ψ_{qj}——第 j 个可变作用的准永久值系数。

《给水排水工程钢筋混凝土水池结构设计规程》(CECS 138:2002)规定：当水池结构处于轴心受拉或小偏心受拉时，应控制抗裂度，并取作用效应的标准组合。当水池结构构件处于受弯、大偏心受压或大偏心受拉时，应控制裂缝宽度，并取作用效应的准永久组合。按正常使用极限状态验算时，作用效应标准组合的设计值，应根据水池形式及其工况按不同的作用项目组合。

(三)水池等构筑物的基本构造要求

1. 一般规定

贮水或水处理构筑物一般宜按地下式建造,当按地面式建造时,严寒地区宜设置保温设施。钢筋混凝土水池等构筑物,除水槽和水塔等高架贮水池外,其壁厚、底板厚度均不宜小于200 mm。

水池的钢筋混凝土墙(壁)的拐角及与顶、底板的交接处,宜设置腋角。腋角的边宽不应小于150 mm,并应配置构造钢筋,一般可按墙或顶、底板截面内受力钢筋的50%采用。

矩形多格水池应根据具体应用条件计算,一般按间格贮水考虑,类似于连续梁活荷载最不利布置的荷载组合。

矩形水池池壁的水平向计算长度应按两端池壁的中线距离计算;圆形水池的计算半径,应为中心至池壁中线的距离。

当地基承载力较高,且池底位于最高地下水以上时,池壁基础可按独立基础设计,基底的地基反力可按直线分布计算。

2. 钢筋的混凝土保护层最小厚度要求

按照《给水排水工程构筑物结构设计规范》(GB 50069—2002)的要求,水池等构筑物各构件内,受力钢筋的混凝土保护层最小厚度(从钢筋的外缘处起),应符合表6-6的规定。在工程结构设计时,应注意表6-6下面的注5,一般构筑物的结构设计应尽可能在构件的外表面用水泥砂浆抹面,因而可适当减小混凝土保护层厚度,增强构件的结构性能。

表6-6　受力钢筋的混凝土保护层最小厚度

构件类别	工作条件	保护层最小厚度(mm)
墙、板、壳	与水、土接触或高湿度	30
	与污水接触或受水汽影响	35
梁、柱	与水、土接触或高湿度	35
	与污水接触或受水汽影响	40
基础、底板	有垫层的下层筋	40
	无垫层的下层筋	70

注:1. 墙、板、壳内的分布筋的混凝土净保护层最小厚度不应小于20 mm,梁、柱内箍筋的混凝土净保护层最小厚度不应小于25 mm;

2. 表中保护层厚度是按混凝土强度等级不低于C25给出的,当采用混凝土强度等级低于C25时,保护层厚度还应增加5 mm;

3. 不与水、土接触或不受水汽影响的构件,其钢筋的混凝土保护层最小厚度,应按现行《混凝土结构设计规范》(GB 50010—2002)的有关规定采用;

4. 当构筑物位于沿海环境,受盐雾侵蚀显著时,构件的最外层钢筋的混凝土最小保护层厚度不应小于45 mm;

5. 当构筑物的构件外表设有水泥砂浆抹面或其他涂料等质量确有保证的保护措施时,表中要求的受力钢筋的混凝土保护层厚度可酌量减小,但不得低于处于正常环境的要求。

3. 变形缝和施工缝

矩形水池的长度、宽度较大时，应设置适应温度变化作用的伸缩缝，伸缩缝的最大间距可按表 6-7 的规定采用。当构筑物的地基土有显著变化或承受的荷载差别较大时，应设置沉降缝加以分割。构筑物的伸缩缝或沉降缝应做成贯通式，在同一剖面上连同基础或底板断开。变形缝的宽度可按计算确定。伸缩缝的缝宽不宜小于 20 mm。沉降缝的缝宽不应小于 30 mm。当对构筑物整体不能连续浇筑时，应预先选定适当部位设置施工缝。施工缝优先考虑设在伸缩缝和沉降缝处。

表 6-7　矩形构筑物伸缩缝的最大间距　　（单位：mm）

结构类别	岩基		土基	
	露天	地下式或有保温措施	露天	地下式或有保温措施
装配整体式	20	30	30	40
现浇	15	20	20	30

注：1. 对地下式或有保温措施的水池，施工闭水外露时间较长时，应按露天条件设置伸缩缝。
2. 当在混凝土中加掺合料或设置混凝土后浇带以减少收缩变形时，伸缩缝间距可根据经验确定，不受表中数值限制。

钢筋混凝土矩形水池的伸缩缝和沉降缝的构造，应符合下列要求：

（1）一般情况下，变形缝处的防水构造应由止水带、嵌缝板、嵌缝密封材料三部分组成，以形成止水带及密封材料两道止水防线。

（2）止水板材宜采用橡胶或塑料止水带，止水带与构件混凝土表面的距离不宜小于止水带埋入混凝土内的长度。当构件的厚度较小时，宜在缝的端部局部加厚，并宜在加厚截面的突缘外侧设置可压缩性板材。

（3）填缝材料应采用具有适应变形功能的板材。

（4）嵌缝材料应采用具有适应变形功能、与混凝土表面黏结牢固的柔性材料，并具有在环境介质中不老化、不变质的性能。

位于岩石地基上的构筑物，其底板与地基间应设置可滑动层构造。

混凝土或钢筋混凝土构筑物的施工缝设置，应符合下列要求：

（1）施工缝宜设置在构件受力较小的截面处。

（2）施工缝处应有可靠的措施保证先后浇筑的混凝土间良好固结，必要时宜加设止水构造。

4. 水池的抗倾覆稳定、抗滑稳定、抗浮稳定验算规定

当水池池壁采用独立基础，池壁按挡土（水）墙设计时，应符合下列规定：

池壁基底的地基反力按直线分布计算时，基底边缘的最小压力不宜出现负值（拉力），并应进行抗倾覆稳定验算。验算时作用均取标准值，倾覆抗力系数不应小于 1.5。

当池壁基础与底板间设置变形缝时，应进行抗滑稳定验算。验算时荷载均取标准值，抵抗力只计算永久作用，滑动抗力系数不应小于 1.3。

当水池承受地下水（含上层滞水）浮力时，应进行抗浮稳定验算。验算时作用均取标准值，抵抗力只计算不包括池内盛水的永久作用和水池侧壁上的摩擦力，抗浮抗力系数不

应小于1.05。水池内设有支承结构时,还须验算支承区域内局部抗浮。

第三节　典型水处理构筑物设计实例

【例6-1】 已知某城市污水处理厂的最大设计流量 $Q_{max}=0.6\ m^3/s$,日设计流量 $Q_p=30\ 000\ m^3/d$,最小设计流量 $Q_{min}=0.3\ m^3/s$,求沉砂池各部分尺寸。

解:平流式沉砂池计算简图见图6-12。

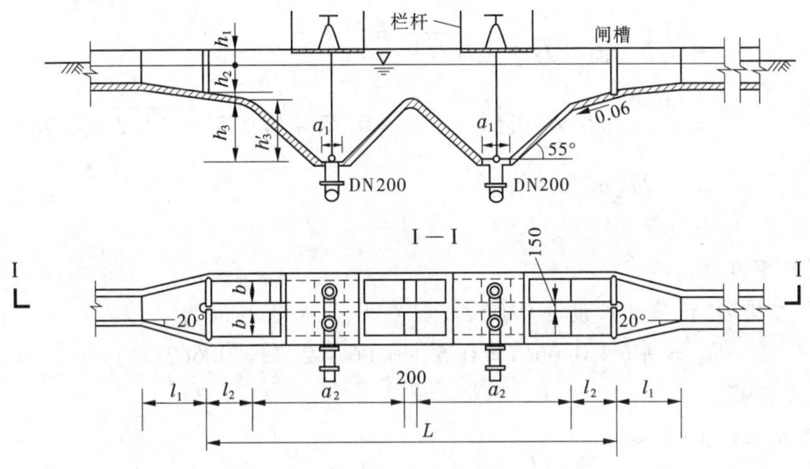

图6-12　平流式沉砂池计算简图　(单位:mm)

(1)池子长度。

设 $v=0.20\ m/s, t=40\ s$

$$L=vt=0.20\times40=8(m)$$

(2)水流断面面积。

$$A=\frac{Q_{max}}{v}=\frac{0.6}{0.20}=3.0(m^2)$$

(3)池总宽度。

设有效水深 $h_2=1.0\ m$,则

$$B=\frac{A}{h_2}=\frac{3.0}{1.0}=3.0(m)$$

共分为4格,每格宽为

$$b=\frac{3.0}{4}=0.75(m)$$

(4)沉砂斗所需容积。

设 $T=2\ d, X=30\ m^2/(10^6\ m^3)$

$$V=\frac{Q_pXT}{10^6}=\frac{30\ 000\times30\times2}{10^6}=1.8(m^3)$$

(5)每个沉砂斗容积。

设每一分格有2个沉砂斗,每个沉砂斗的容积为

$$V_1 = \frac{V}{4 \times 2} = \frac{1.8}{4 \times 2} = 0.225(\mathrm{m}^3)$$

(6)沉砂斗各部分尺寸及容积。

设沉砂斗底的长和宽均为 $a_1 = 0.5$ m，上口宽为 $a_2 = 1.2$ m，斗壁与水平面的倾角为 55°，则斗高为

$$h'_3 = \frac{1.2 - 0.5}{2}\tan 55° = 0.499\ 8 \approx 0.5(\mathrm{m})$$

$$V_0 = \frac{1}{3}h'_3(f_1 + f_2 + \sqrt{f_1 f_2}) = \frac{1}{3} \times 0.5 \times [0.5^2 + 1.2 \times 0.75 + \sqrt{0.5^2 \times (1.2 \times 0.75)}] = 0.27(\mathrm{m}^3)$$

符合要求。

(7)沉砂室高度。

采用重力排砂，设池底坡度为 0.06，坡向砂斗，沉砂室高度为

$$h_3 = h'_3 + 0.06l_2 = 0.5 + 0.06 \times 2.7 = 0.662(\mathrm{m})$$

(8)池总高度。

设超高 $h_1 = 0.3$ m，则

$$H = h_1 + h_2 + h_3 = 0.3 + 1.0 + 0.662 = 1.962(\mathrm{m})$$

(9)验算最小流速。

在最小流量时，只用 2 格工作($n_1 = 2$)，则最小流速为

$$v_{\min} = \frac{Q_{\min}}{n_1 w_{\min}} = \frac{0.3}{2 \times (1.0 \times 0.75)} = 0.2(\mathrm{m/s}) > 0.15\ \mathrm{m/s}$$

符合要求。

【例 6-2】　设计水量为 64 200 $\mathrm{m^3/d}$(包括自用水量)，设计往复式隔板絮凝池。

解：絮凝池设 2 个，每个絮凝池的设计流量为

$$\frac{64\ 200}{2} = 32\ 100(\mathrm{m^3/d}) = 1\ 337.5\ \mathrm{m^3/h}$$

絮凝时间 $T = 20$ min，絮凝池有效容积为

$$V = \frac{QT}{60} = \frac{1\ 337.5 \times 20}{60} = 445.8(\mathrm{m}^3)$$

池内平均水深 $H_1 = 1.94$ m，池超高 $H_2 = 0.3$ m。每池净平面积为

$$F' = \frac{V}{H_1} = \frac{445.8}{1.94} = 229.8(\mathrm{m}^2)$$

取 230 m^2。

池宽按照沉淀池的宽度采用，$B = 12.6$ m(见图 6-13)。

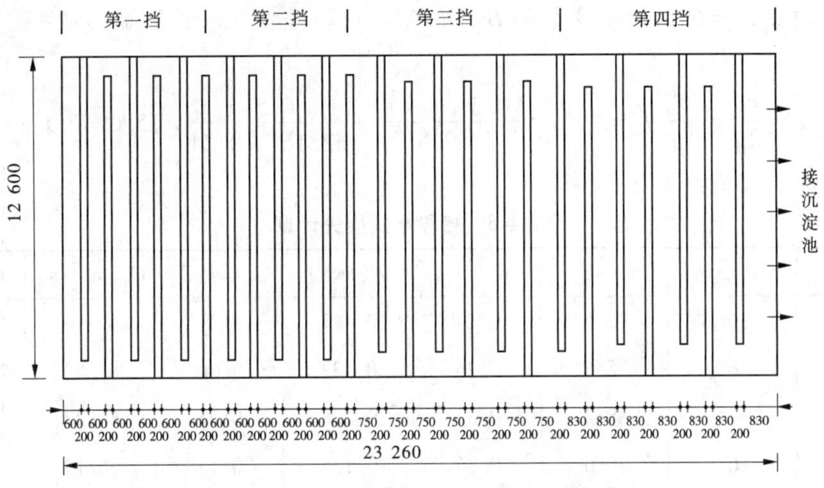

图 6-13　往复式隔板絮凝池　(单位:mm)

池长(隔板间净距之和)为

$$L' = \frac{230}{12.6} = 18.26(\mathrm{m})$$

廊道内流速采用 4 挡:$v_1 = 0.5\ \mathrm{m/s}$,$v_2 = 0.4\ \mathrm{m/s}$,$v_3 = 0.25\ \mathrm{m/s}$,$v_4 = 0.15\ \mathrm{m/s}$。隔板间距分成 4 挡,第一挡隔板间距为

$$a_1 = \frac{Q}{3\,600 v_1 H_1} = \frac{1\,337.5}{3\,600 \times 0.5 \times 1.94} = 0.38(\mathrm{m}) < 0.5\ \mathrm{m}$$

不合适。取 $a_1 = 0.6\ \mathrm{m}$,则水深 $h_1 = 1.24\ \mathrm{m}$。

按照上述计算得:

$a_2 = 0.68\ \mathrm{m}, h_2 = 1.55\ \mathrm{m}$;

$a_3 = 0.75\ \mathrm{m}, h_3 = 1.98\ \mathrm{m}$;

$a_4 = 0.83\ \mathrm{m}, h_4 = 3.0\ \mathrm{m}$。

第一挡间隔采用 6 条,第二挡间隔采用 6 条,第三挡间隔采用 7 条,第四挡间隔采用 7 条。水流转弯 25 次,隔板厚 0.2 m,池子总长为

$$L = 18.26 + 0.2 \times 25 = 23.26(\mathrm{m})$$

水头损失计算:

絮凝池采用钢筋混凝土及砖组合结构,外用水泥砂浆抹面,粗糙系数 $n = 0.013$。按照廊道内分为 4 段计算,第一段:

$$R_1 = \frac{a_1 h_1}{a_1 + 2h_1} = \frac{0.6 \times 1.24}{0.6 + 2 \times 1.24} = 0.24(\mathrm{m})$$

$$\begin{aligned} y_1 &= 2.5\sqrt{n} - 0.13 - 0.75\sqrt{R_1}(\sqrt{n} - 0.10) \\ &= 2.5\sqrt{0.013} - 0.13 - 0.75\sqrt{0.24} \times (\sqrt{0.013} - 0.10) \\ &= 0.15 \end{aligned}$$

$$C_1 = \frac{R_1^{y_1}}{n} = \frac{0.24^{0.15}}{0.013} = 62.16(\mathrm{m}^{1/2}/\mathrm{s})$$

转弯次数 $S_1=6$，廊道长度 $l_1=6B=75.6$(m)，转弯处过水断面面积为廊道过水断面面积的 1.2 倍。

$$h_1=\xi S_n\frac{v_0^2}{2g}+\frac{v_n^2}{C_n^2R_n}l_n=3\times6\times\frac{(0.5\div1.2)^2}{2\times9.81}+\frac{0.5^2}{62.16^2\times0.24}\times75.6=0.179(\mathrm{m})$$

各段水头损失结果见表 6-8。

表 6-8 各段水头损失计算

段数	S_n	l_n(m)	R_n(m)	v_0(m/s)	v_n(m/s)	C_n($m^{1/2}$/s)	h_n(m)
1	6	75.6	0.24	0.417	0.5	62.16	0.179
2	6	75.6	0.25	0.333	0.4	62.53	0.114
3	7	88.2	0.32	0.208	0.25	64.77	0.050
4	6	75.6	0.36	0.125	0.15	66.19	0.018
$h=\sum h_n=0.361$(m)							

GT 值计算，即

$$G=\sqrt{\frac{\gamma h}{60\mu T}}=\sqrt{\frac{1\ 000\times0.361}{60\times1.029\times10^{-4}\times20}}=54.07(\mathrm{s}^{-1})$$

$$GT=54.07\times20\times60=64\ 884$$

符合范围。

池底坡度为

$$i=\frac{0.361}{23.26}=1.55\%$$

第七章　水生态治理工程

随着经济的发展、城市化进程的加快、人民生活水平的改善,人们对生活环境要求日益提高,更讲求生活质量,对生存、生态环境有了更高的追求,对城市水利建设有了更高的要求。水域在整个城市系统中起到增加城市视觉空间和提供游憩场所的作用。水域在当前国内外的城市规划中备受重视,充足的水量和良好完善的水生态环境不仅为城市居民提供了优美、和谐的生活环境,而且已作为城市居住适宜度评价的重要指标。目前,许多城市正在通过在穿越其中及周边河流上修建橡胶坝、水力自动翻板闸及整治建筑物等水生态治理工程实现宜居生活环境。

第一节　橡胶坝

橡胶坝是用高分子合成材料按要求的尺寸,锚固于底板上形成封闭状,用水(气)充胀形成的袋式挡水坝,也可起到水闸的作用,见图7-1。橡胶坝可升可降,既可充坝挡水,又可坍坝过流;坝高调节自如,溢流水深可以控制;起闸门、滚水坝和活动坝的作用,其运用条件与水闸相似,用于防洪、灌溉、发电、供水、航运、挡潮、地下水回灌以及城市园林美化等工程中。它是20世纪50年代末,随着高分子合成材料工业的发展而出现的一种新型水工建筑物。橡胶坝具有结构简单、抗震性能好、可用于大跨度、施工期短、操作灵活、工程造价低等优点。因此,橡胶坝很快在许多国家得到了应用和发展,特别是日本,从1965年至今已建成2 500多座,我国从1966年至今也建成了400余座。已建成的橡胶坝高度一般为0.5~3.0 m,最高已达5.0 m。

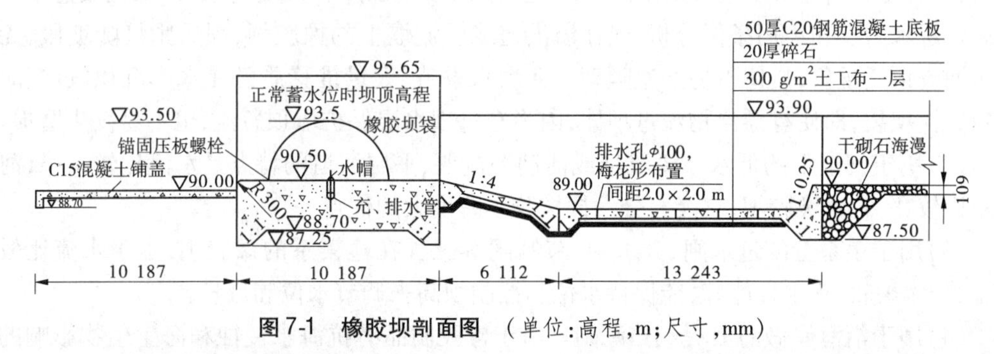

图7-1　橡胶坝剖面图　(单位:高程,m;尺寸,mm)

一、橡胶坝的构造特点

橡胶坝由高强度的织物合成纤维受力骨架与合成橡胶构成,锚固在基础底板上,形成密封袋形,充入水或气,形成水坝。橡胶坝主要由基础土建部分、挡水坝体、充排水(气)设施及控制监测系统等部分组成。与传统的土石、钢、木相比,橡胶坝具有以下特点:

(1)造价低。橡胶坝的造价与同规模的常规闸相比,一般可以减少投资 30% ~70%,造价较低,这是橡胶坝的突出优点。

(2)节省三材。橡胶坝袋是以合成纤维织物和橡胶制成的薄柔性结构,代替钢木及钢筋混凝土结构,由于不需要修建中间闸墩、工作桥和安装启闭机具等钢、钢筋混凝土水上结构,并简化水下结构,因此三材用量显著减少,一般可省钢材 30% ~50%、水泥 50%左右、木材 60%以上。

(3)施工期短。橡胶坝袋是先在工厂生产,然后到现场安装,施工速度快,一般 3 ~15 d 即可安装完毕,整个工程结构简单,三材用量少,工期一般为 3 ~6 个月,多数橡胶坝工程是当年施工、当年受益。

(4)抗震性能好。橡胶坝的坝体为柔性薄壳结构,富有抗冲击弹性 35%左右,伸长率达 600%,具有以柔克刚的性能,故能抵抗强大地震波和特大洪水的波浪冲击。

(5)不阻水,止水效果好。坝袋锚固于底板和岸墙上,基本能达到不漏水。坝袋内水泄空后,紧贴在底板上,不缩小原有河床断面,无需建中间闸墩、启闭机架等结构,故不阻水。

根据室内测试资料和工程实践,可初步判定橡胶坝的使用寿命为 15 ~25 年。

另外,橡胶坝还具有坝袋坚固性差;橡胶材料易老化,要经常维修,易磨损,不宜在多泥沙河道上修建等特点。

二、橡胶坝的类型和适用范围

橡胶坝主要按照坝袋应力条件和结构形式的不同分为:①袋式(单袋和多袋),充水和充气;②帆式,如船帆,没有封闭的空腔;③刚柔结合式,利用钢和胶布的性能特点组合的结构形式。这里主要介绍袋式橡胶坝。

袋式橡胶坝适用于低水头、大跨度的闸坝工程,主要用于改善环境、灌溉和防洪。

(1)用于水库溢洪道上的闸门或活动溢流堰,以增加库容及发电水头,工程效益十分显著。从水力学和运用条件分析,建在溢洪道或溢流堰上的橡胶坝,坝后紧接陡坡段,无下游回流顶托现象,袋体不易产生颤动。在洪水季节,大量推移质已在水库沉积,过流时不致磨损坝袋,即使有漂浮物流过坝体,因为有过坝水层保护堰顶急流,也不易发生磨损。

(2)用于河道上的低水头溢流坝或活动溢流堰、平层河道的特点是水流比较平稳,河道断面较宽,宜建橡胶坝,它能充分发挥橡胶坝跨度大的优点。

(3)用于渠系上的进水闸、分水闸、节制闸等工程在建渠系的橡胶坝,由于水流比较平稳,袋体柔软、止水性能好,能保持水位和控制坝高来调节水位和流量。

(4)用于沿海岸做防浪堤或挡潮闸。由于橡胶制品有抗海水侵蚀和海生生物影响的性能,不会像钢、铁那样因生锈引起性能降低。

(5)用于船闸的上下游闸门。实践表明,闸门适用于跨度较小的孔口,而坝袋则适用于跨度较大的孔口。

(6)用于施工围堰或活动围堰。橡胶活动围堰有其特殊优越之处,如高度可升可降,并且可从堰顶溢流,解决在城市取土的困难;不需取土筑堰可保持河道清洁,节省劳力和缩短工期。

(7)用于城区园林工程。橡胶水坝造型优美、线条流畅,尤其是彩色橡胶坝更为园林建设增添一道优美的风景。

三、橡胶坝的坝址选择

橡胶坝坝址宜选在过坝水流流态平顺及河床岸坡稳定的河段,这不仅避免发生波状水跃和折冲水流、防止有害的冲刷和淤积,而且使过坝水流平稳,减轻坝袋振动及磨损,延长坝袋使用寿命。据调查和实际工程观测在河流弯道附近建橡胶坝,过坝水流很不平稳,坝袋易发生振动,加剧坝袋磨损,影响坝袋使用寿命。如果在河床、岸坡不稳定的河段建坝,将增加维护费用。因此,在选择坝址时,必须在坝址上下游均有一定长度的平直段。同时,要充分考虑到河床或河岸的变化特点,估计建坝后对于原有河道可能产生的影响。

四、橡胶坝的布置

工程规模应根据水文水利计算研究确定,具体计算可参照《水利水电工程水文计算规范》(SL 278—2002)和《水利工程水利计算规范》(SL 104—95)的规定进行。

橡胶坝工程规模主要是指坝的高度和长度。

设计坝高是指坝袋内压为设计内压,坝上游水位为设计水位,坝下游水位为零时的坝袋挡水高度(见图7-2)。确定设计坝高时应考虑坝袋坍肩和褶皱处溢水的影响。坝长是指两岸端墙之间坝袋的距离,若为直墙连接,则是直墙之间的距离;两岸为斜坡连接,则指坝袋达设计坝高时沿坝顶轴线上的长度。多跨橡胶坝的边墙和中墩若为直墙,则跨长为边墙和中墩或中墩与中墩的内侧之间的净距;若边墙和中墩为斜坡,则跨长如图7-2所示,这也与日本橡胶坝技术标准中的跨长定义相同。

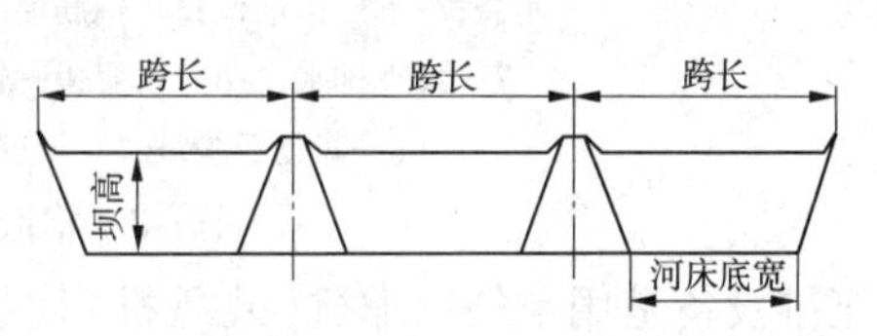

图7-2　橡胶坝坝高及坝长示意图

橡胶坝枢纽是以橡胶坝为主体的水利枢纽,一般由橡胶坝、引水闸、泄洪闸、冲沙闸、水电站、船闸等组成。橡胶坝枢纽布置应根据坝址地形、地质、水流等条件,以及该枢纽中各建筑物的功能、特点、运用要求等确定,做到布局合理、结构简单、安全可靠、运行方便、造型美观,组成整体效益最大的有机联合体。这是橡胶坝枢纽布置的依据和要求。橡胶坝(闸)整个工程结构是由以下三部分(见图7-3)组成的:

(1)基础土建部分。包括基础底板、边墩(岸墙)、中墩(多跨式)、上下游翼墙、上下游护坡、上游防渗铺盖或截渗墙、下游消力池、海漫等。其作用是将上游水流平稳而均匀地引入并通过橡胶坝,要保证水流过坝后不产生淘刷。固定橡胶坝袋的基础底板要能抵抗通过锚固传递到底板的推力,使坝体得到稳定。

(2)挡水坝体。包括橡胶坝袋和锚固结构,用水(气)将坝袋充胀后即可起挡水作用、调节水位和控制流量。

(3)控制和安全观测系统。包括充胀和坍落坝体的充排设备、安全及检测装置。充水式橡胶坝的充排设备有控制室、蓄水池或集水井、管路、水泵、阀门等,充气式橡胶坝的

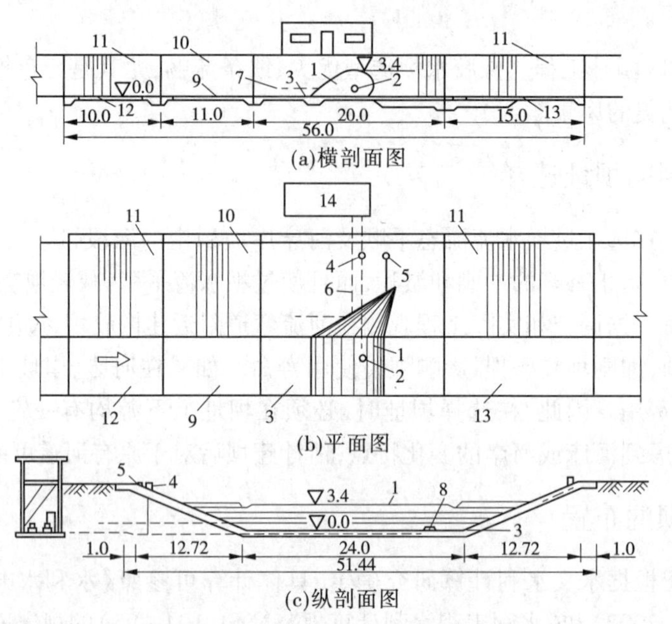

1—闸袋;2—进、出水口;3—钢筋混凝土底板;4—溢流管;5—排气管;6—泵吸排水管;
7—泵吸排水口;8—水冒;9—钢筋混凝土防渗板;10—钢筋混凝土板护坡;
11—浆砌石护坡;12—浆砌石护底;13—铅丝石笼护底;14—泵房

图 7-3　橡胶水闸布置图　(单位:m)

充排设备是用空气压缩机(鼓风机)代替水泵,不需要蓄水池。观测设备有压力表、水封管、U 形管、水位计或水尺等。

五、橡胶坝设计

(一)坝(闸)袋

坝(闸)袋有单袋、多袋、单锚固和双锚固等形式(见图 7-4),按充胀介质可分为充水式、充气式。具体形式应按运用要求、工作条件经技术经济比较后确定。作用在坝袋上的主要设计荷载为坝袋外的静水压力和坝袋内的充水(气)压力。

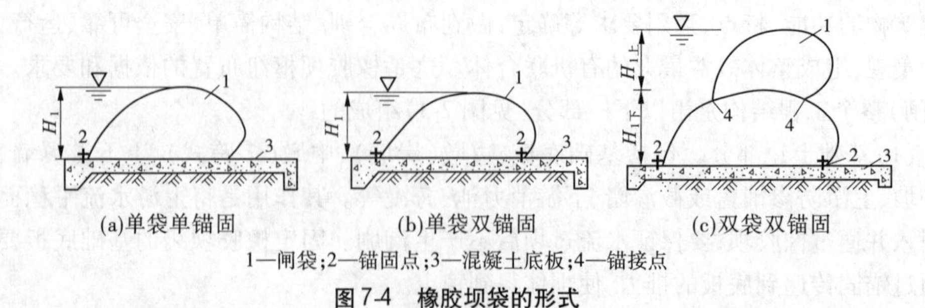

1—闸袋;2—锚固点;3—混凝土底板;4—锚接点

图 7-4　橡胶坝袋的形式

设计内外压比值 α

$$\alpha = H_0/H_1 \tag{7-1}$$

式中　H_0——坝袋内压水头,m;

H_1——设计坝高,m。

充水橡胶坝内外压比值宜选用1.25～1.60,充气橡胶坝内外压比值宜选用0.75～1.10。

坝袋强度设计安全系数充水坝应不小于6.0,充气坝应不小于8.0。坝袋袋壁承受的径向拉力应根据薄膜理论按平面问题计算,坝袋袋壁强度、坝袋横断面形状、尺寸及坝体充胀容积的计算,可按《橡胶坝技术规范》(SL 227—98)中附录B进行。坝袋胶布除必须满足强度要求外,还应具有耐老化、耐腐蚀、耐磨损、抗冲击、抗屈挠、耐水、耐寒等性能。坝袋使用的胶布应符合《橡胶坝技术规范》(SL 227—98)中附录C的技术要求。

(二)锚固结构

橡胶坝依靠充胀的袋体挡水并承担各种荷载,这些荷载通过坝袋胶布传递给设置在基础底板上的锚固系统。锚固系统是橡胶坝能否安全稳定运行的关键部件之一。

锚固结构形式可分为螺栓压板锚固(见图7-5)、楔块挤压锚固(见图7-6)以及胶囊充水锚固(见图7-7)三种,应根据工程规模、加工条件、耐久性、施工、维修等条件,经过综合经济比较后选用。锚固结构可按《橡胶坝技术规范》(SL 227—98)中附录D计算。锚固构件必须满足强度与耐久性的要求,锚固线布置分单锚固线和双锚固线两种。采用岸墙锚固线布置的工程应满足坍坝时坝袋平整不阻水,充坝时坝袋格皱较少的要求。

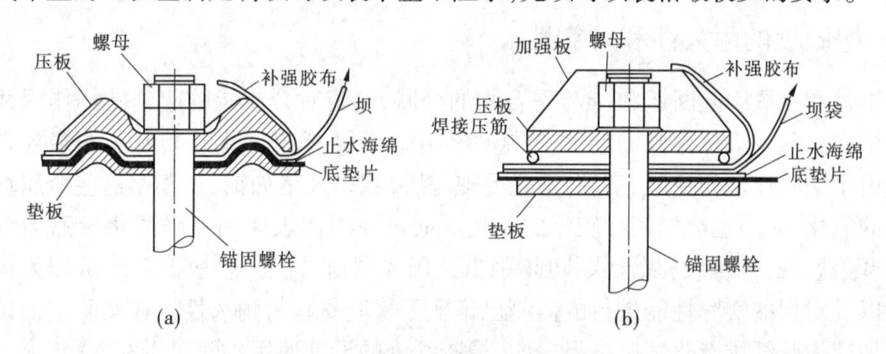

图7-5　螺栓压板锚固(穿孔锚固)

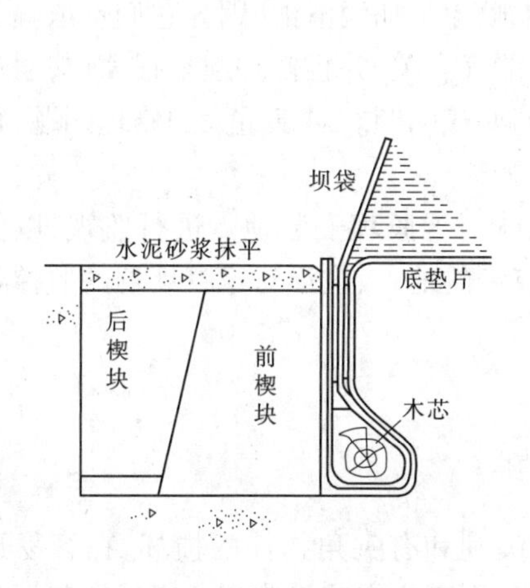

图7-6　楔块挤压锚固

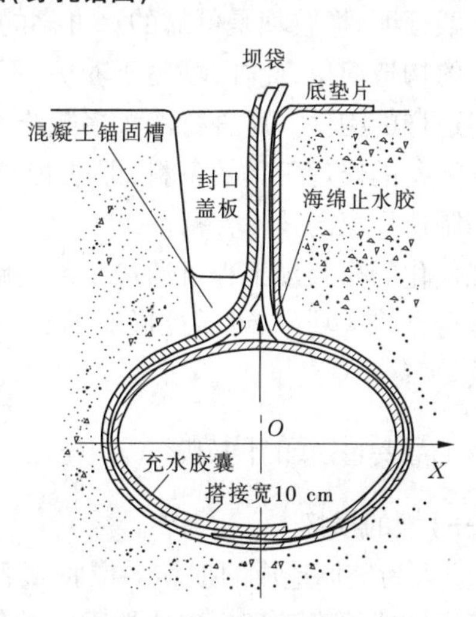

图7-7　胶囊充水锚固

六、橡胶坝的运行和维护

（一）运行

自动控制运行的橡胶坝通常可根据上下游水位进行自动控制与运行。半自动化橡胶坝不能自动充气，需要通过定期检查来检验橡胶坝的运行情况，采用可携带式鼓风机给坝体充气。

橡胶坝充气容易，不需专门技术，易于掌握。人工打开排气阀就可实现放气。通常，在0.5～1 h（甚至更短时间）即可完成坝体的充、放气工作。

（二）维修

橡胶坝几乎不需要维修。唯一的一个机械部件是球网系统，它被用于控制坝的放气，不需要经常维修，因此橡胶坝几乎是免维修结构。黏土和废渣可能会黏附在坝体上，使坝外观难看。用清洁水洗刷表面，即可把坝体清洗干净。当河水受到诸如生铁废渣的严重污染时，可将橡胶坝放气，以将拦蓄的水与污染物同时排泄掉，坝上游面的清洗可由身穿防护服的人员进行。坝体下游面的清洗可在对坝进行重新充气的同时实施。

七、橡胶坝的耐久性和可靠性

由于氧和臭氧引起断链和（或）聚合物的交联，这将对合成橡胶起到破坏作用并改变其网状结构。随着天然橡胶的老化，断链的作用会导致橡胶软化并黏着。大多数其他合成橡胶由于交联作用而变脆、变硬，而且受热、紫外线以及诸如铜、钴和锰这些金属均会加速橡胶的氧化，应力也会加速橡胶坝的氧化。通过在坝体表面用氯磺酰化聚乙烯合成橡胶（氯锡酸盐聚乙烯橡胶）做涂层，可增强抵抗阳光照射的能力。根据纤维试样大量的试验数据以及对坝的实际性能进行的监测已证实了橡胶材料的耐久性。在实验室的条件下进行的加速橡胶纤维老化试验结果表明，橡胶纤维的设计使用年限至少有40年。

实践证明，橡胶坝是可靠的。可靠的原因之一是充、放气装置的失灵率很低，这是由于装置的构造简单；此外，坝易于养护，不需要定期喷漆与加润滑油，因为它们不依赖于像滑动门这样的构件。所进行的大多数维修工作与漏气有关，并且修理起来很简单，通过厂家提供配备的修理工具及备料，即可处理大部分的漏气问题。对于重大的修理问题，很容易得到制造厂家的技术支持。

现代化的橡胶坝工程可通过安装闭路电视系统对橡胶坝安装地点进行监视，以保证安全运行。将大功率、可遥控摄像机安装在方便有利的地方，这样对橡胶坝群的监控将更为有效。

八、需要注意的问题

（一）坝的损坏

（1）人为破坏造成的损坏。橡胶坝容易受到尖利和有尖角物体的损坏，在容易遭受到由于无知或恶意破坏而造成严重的重复损伤的地方不应安装橡胶坝。通过筑起栅栏把靠近橡胶坝的地面隔护起来，可以减少上述情况的发生；或将橡胶坝设置在被封闭起来的区域内，进入该区域的通路只限于允许出入的工作人员。

(2)洪水过后的残骸造成的损坏。由于洪水过后遗留的各种残骸,诸如民用设施与建筑材料这类尖利的物体很可能对坝体的上游面造成损伤。微小处的漏气易于修复,然而,如果漏气面积很大,例如建筑物的碎石造成的漏气,修复起来比较困难。

(3)放气造成的损坏。放气期间,橡胶坝体可能会由于紧靠坝下游面的尖利物体而被刺破。

(4)磨损造成的损伤。坝体的振动,坝与河床、两岸的摩擦以及漂浮的各种垃圾都可能导致坝的磨损。

(5)火造成的损坏。火也许是对橡胶坝最为不利的潜在危害因素。火可引起大范围的坝体损坏,而修复大面积的坝体有时是不可能的。对于很重要的坝,可行的办法是提供备用橡胶坝,以便在出现严重损坏时,能迅速替换。

(二)气体漏损

人们也许会对橡胶本身也可透气感到惊奇,而实际上,无论坝安装的有多么好,仍将渗漏掉一些气体,这是因为气体分子可通过橡胶膜而逸出,这种损失几乎是感觉不到的。因此,橡胶坝需反复充气以维持坝内的气压。

交联、刺伤、管道连接缺陷,以及紧固系统不严也可能引起气体损失。

施工质量和其他因素的影响导致漏气。就平均情况而言,每个月均应进行充气以保持其内压。

(三)易风化

正如前面所述,合成橡胶易风化。现已使用像乙烯、丙烯、二烯这样的单分子橡胶以及氯磺酰化聚乙烯合成橡胶(氯锡酸盐丙烯橡胶)以提高橡胶坝的耐久性。

(四)冷凝水的聚集

频繁地充气和放气引起坝内气压的变化,引发坝体内冷凝水的积聚,会导致放气时间延长。因此,需定期打开排放口以排放冷凝水。这种操作很简单,只需人工打开排水阀。

(五)放气后坝体上的碎石堆积

在放气期间,淤泥有时是漂砾,堆积在放气后的坝体上,再次充气前,必须将它们清除掉。这个问题可通过分阶段给坝充气加以克服。

(六)放气失败

偶尔,由于排水管堵塞,将坝内气体完全放光可能是困难的。这种情况的发生是坝体内过量的冷凝水堵塞着空气排放系统所致。

第二节　水力自控翻板闸门

水力自控翻板闸门是在水压力和闸门自重的作用下,利用力矩平衡原理使闸门绕水平铰轴转动,不需另加外力,能自动启闭。这类闸门常用于拦河闸上,在正常蓄水位时,闸门关闭拦蓄河水,起到壅高水位的作用,以满足城市景观、灌溉、发电及航运等的需要。

当上游来水量增加或暴发洪水时,水位迅速抬高,闸门能自动开启(倾倒),水流从门顶、门底部同时宣泄,确保上游和两岸免受淹没。洪水过后,上游水位降落至一定程度时,闸门又自动关闭,重新拦蓄河水。翻板闸门在国内外已有较长的应用历史,但由于早期的门型存在的问题较多,一度未能推广应用。我国水力自控翻板闸门技术发展较快,20 世纪 70 年代初,就陆续涌现出了一批新型的水力自控翻板闸门,在闸门结构形式、调节性能以及运行方式上都有了较大发展。20 世纪 80 年代,连杆滚轮式和连杆滑块式水力自控翻板闸门的出现使翻板闸门的结构形式和调节性能日臻完善。

水力自控翻板闸门经历了几个不同的发展阶段,从非连续铰式发展为连续铰式。非连续铰式包括单轴铰式、双轴铰式和多轴铰式等,连续铰式包括曲线轴式、连杆滚轮式和连杆滑块式等。

单铰轴式是在门高的 1/3 处设一水平铰轴,该种闸门调节性能差,开门倾倒时,瞬时下泄流量形成“溃坝式”波浪,对下游消能防冲颇为不利;闸门突开突关的运行方式,会产生很大的撞击力,易撞坏门体和支墩。

为改善闸门的运行条件,设计者采用了各种措施,如在闸门底部加上一定配重,或在门体下部采用密度较大的材料以使门能较及时地关闭,或将支墩后部适当垫高,使闸门开启后不至于倒平,有利于增加关门力矩。但这些措施并没有从根本上解决单铰翻板门的缺点。

双铰轴加油压减震器式翻板闸门(见图 7-8),采用较矮的支墩,并在支墩上设高低铰位。即在每一个门铰上设置上下两个轴,因此闸门的开关过程就有一个变换支承轴的过程,使闸门的开关过程分两步进行,这对减小闸门启用时的撞击和开关不及时等问题有了一定的改善。另外,在门体与支墩之间装设油压减震器,减缓启闭的速度,消耗门叶旋转过程中的大部分动能,较好地解决了翻板门在回关时撞击门坎的问题,使门体和门坎免遭破坏。

多铰翻板闸门(见图 7-9)是在双铰翻板闸门实践的基础上,对闸门的构造作进一步的改造而设计出来的,该种闸门具有多个铰轴位和开度,提高了闸门的调节精度,使闸门能随水位的涨落而逐渐启闭,既能调节过闸流量,又能避免闸门突开、突关所引起的震动或撞击。多铰翻板闸门的构造特点是在门体后加一框架式支腿,支腿后设有铰座,铰座上设置有倾斜的轴槽座,轴槽座上又具有与铰轴相应的轴槽。当闸门支承在某一铰位上时,闸门的工作原理同样是力矩平衡,但是闸门的启闭过程为逐次翻倒或逐次关闭,并逐次支承于不同的铰位的过程。

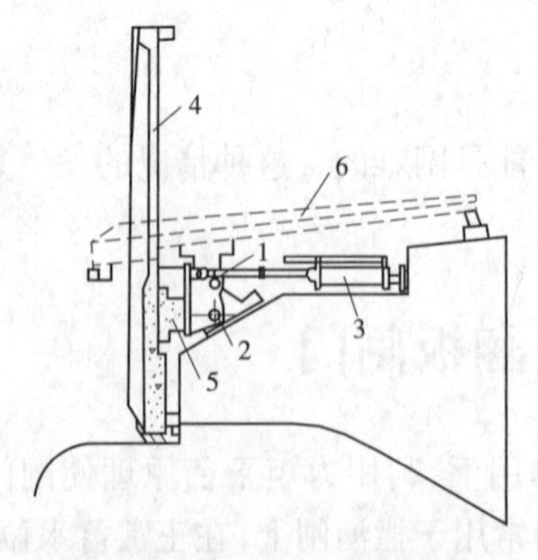

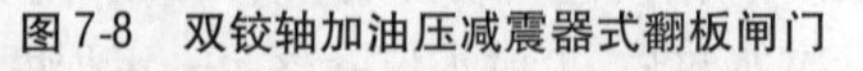
1—上轴;2—下轴;3—油压减震器;
4—带肋面板;5—主梁;6—闸门全开区位置

图 7-8　双铰轴加油压减震器式翻板闸门

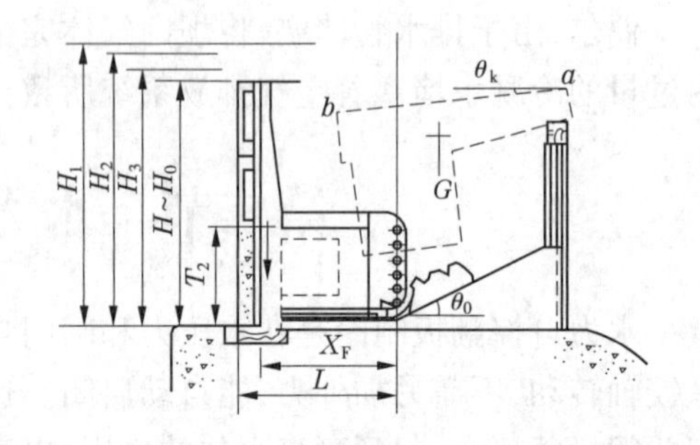

图 7-9　多铰轴翻板闸门的主要尺寸及特征水位

将多铰改造成由无数铰组成的“连续铰”,用一完整的曲线形铰代替多铰的作用,并取消门叶后的支腿,就成为曲线铰式翻板闸门(见图 7-10)。曲线铰由铰板和曲线支座组成,铰板设置在门叶后,曲线形支座设置在支墩上,相当于多铰的轴槽。与单铰相比,曲线铰式翻板闸门的调节性能比单铰好,能较灵敏地以多种开度来适应上游来水量或水位的变化,而且使闸门基本实现逐渐开启和逐渐关闭。但是多铰闸门的支腿及铰轴、轴槽的结构仍相当复杂,铰轴的防污问题及调节的精度有待于解决和提高。但由于其随遇平衡的工作特点,使闸门抵御外来干扰力的能力较差,如波浪、动水压力、下游水流的紊动等都可能使闸门改变开度位置,从而使闸门产生来回摆动徐开徐关,甚至还有“拍打”现象,严重时会使闸门及闸底坎遭受破坏,这在淹没出流情况下尤为严重。此外,这种闸门漏水严重。

在 20 世纪 80 年代初,连杆滚轮式水力自控翻板闸门问世。该闸门由面板、支腿、支墩、导轨、滚轮、连杆等部件组成(见图 7-11)。这种闸门在启闭过程中,门叶完全由连杆和滚轮支承,连杆和滚轮设计得当时,门叶的瞬时转动中心(以下简称瞬心)能随门叶向开启方向转动,向门顶方向移动(开门),也能随门叶向关闭。当上游水位升高,水压合力增大且重力与水压合力作用线高于瞬心时,方向转动向门底方向移动(关门)。产生的转动力矩使门叶向开启方向转动,随着瞬心上移使水压转动力矩减少。

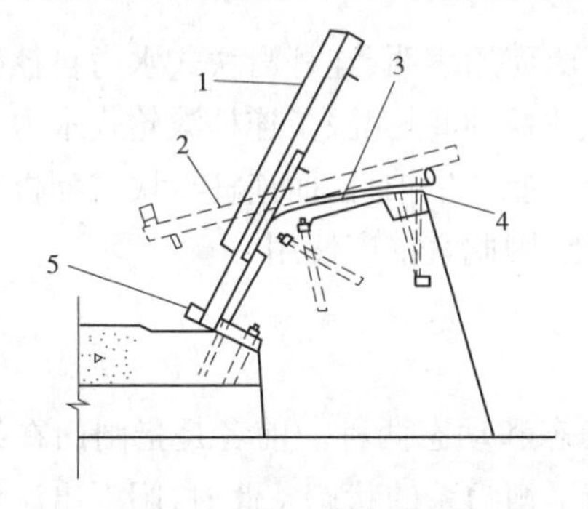

1—闸门门体;2—闸门开启位置;3—链带支座面;
4—可调螺栓;5—平衡配重

图 7-10　曲线铰式翻板闸门

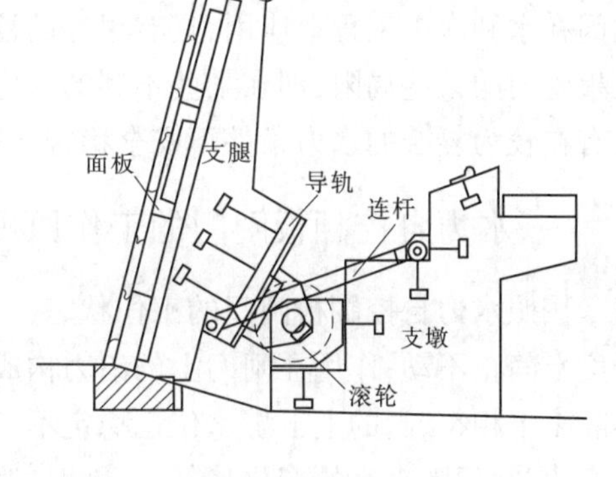

图 7-11　连杆滚轮式水力自控翻板闸门

对于某一水位,当门叶转动到某一特定位置,使门叶转动的摩阻力矩与相应位置的转动力矩平衡时,门叶将稳定于此特定位置或开度。同样在关闭过程中,由于上游水位下降,重力与水压合力作用线低于瞬心,形成使门叶向关闭方向转动的力矩。当门叶转动到某一特定位置,门叶转动的摩阻力矩与相应位置的转动力矩平衡时,门叶将稳定于此特定位置或开度。由于实际工程的水位涨落都经历一定的时程,因而门叶的开度能平稳地随着水位的变化而变化。因此,该闸门除具备多支铰闸门水位控制准确的优点外,在解决闸门运行稳定性这一难题上取得了较大进展,得到了较快的推广使用。

连杆滚轮式水力自控翻板闸门利用连杆的阻尼作用,使闸门的稳定性有了极大的改善,这种闸门的连杆和滚轮设计得当时,基本不会发生拍打现象。但仍有可能在某些不利的水位组合下产生拍打,特别是在高淹没度运行时,门体受到外力干扰就会产生拍打。

更新型的水力自控翻板闸门是连杆滑块式水力自控翻板闸门(见图 7-12),与连杆滚轮式翻板闸门相比,这种闸门在理论上取得了突破性进展,解决了闸门稳定性差、震动严重这一久攻不克的难题,经模型试验和多处工程实例证明,具有在较为复杂的水力条件下安全运行的能力,能广泛运用于水利水电、水运、城市环保等领域。

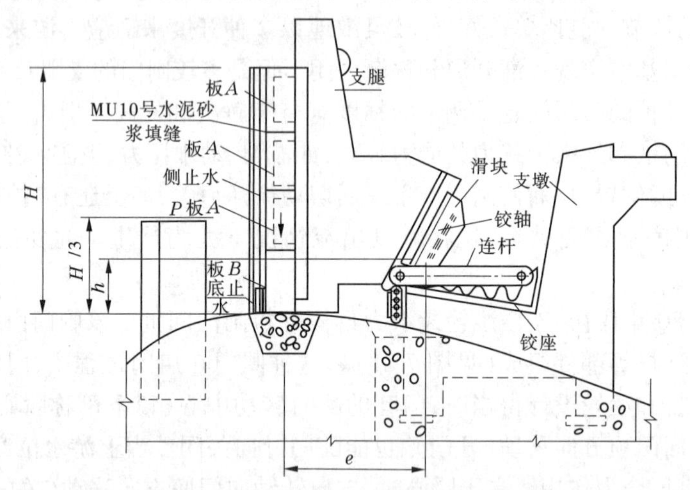

图 7-12　连杆滑块式水力自控翻板闸门

近年来,对连杆滑块式水力自控翻板闸门的广泛应用表明,连杆滑块式水力自控翻板闸门在水利水电工程上应用,具有很好的社会经济效益,同时克服了连杆滚轮式水力自控翻板闸门的某些局限,即在某些不利的水位组合下可能产生拍打,而连杆滑块式翻板闸门具有在较为复杂的水力条件下安全稳定运行的性能,因此宜推广使用。

一、水力自控翻板闸门的工作原理

按照水力自控翻板闸门的工作状态,可分为静态和动态两种。前者是指闸门在某一开度上静止不动,作用在闸门上的诸力构成一静定平衡力系的状态。此时,闸下出流量与实际来水相符,闸的上下游水位也稳定不变。后者是当实际来水改变时,闸门的开度也随之变化,闸门随来水的变化从某一开度过渡到另一开度,称之为闸门的动态过程。处于动态过程中运动着的闸门,作用在闸门上的诸力是变化的,而且并不平衡。

按照闸门在静态时门上诸力的大小和它们之间的平衡关系来分析闸门的工作状态,称之为闸门的静态工作原理。按照闸门在运动过程中所受的力和这些力在运动过程中的变化来分析闸门在运动过程中的工作状态,称之为闸门的动态工作原理。下面以连杆滚轮式水力自控翻板闸门为例,介绍其工作原理,分析其受力和运动。

(一)闸门的静态工作原理

按照静态工作原理,水力自控翻板闸门在某一开度固定不动时,作用在门上的诸力形成一平衡力系。作用在门上的荷载有闸门自重 W,门叶上游面、下游面、底缘和顶缘所受水压合力 P_{12}、P_{34}、P_5、P_6,滚轮的支承力 N,连杆的内力 T,以及橡皮侧止水摩擦力 F_1,滚轮与导轨之间的综合摩擦力 F_2。闸门各开度都能自动地保持平衡,要求各力对铰座的力矩之和为零。受力示意见图 7-13。为了说明连杆的作用及阻尼原理,将结构体系进行简化,见图 7-14。

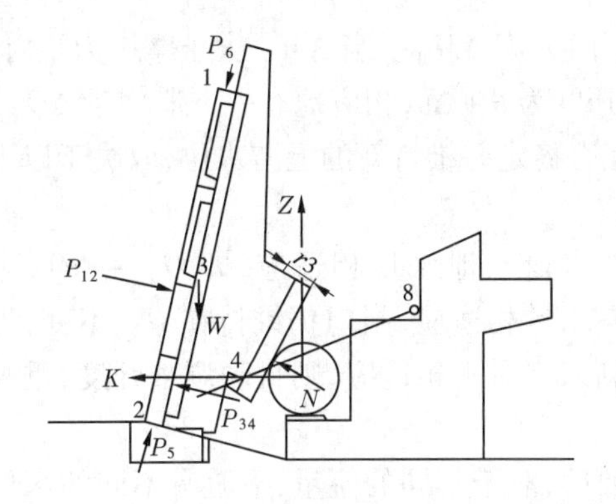

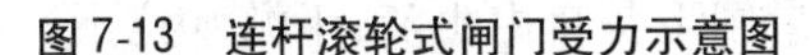
图 7-13　连杆滚轮式闸门受力示意图

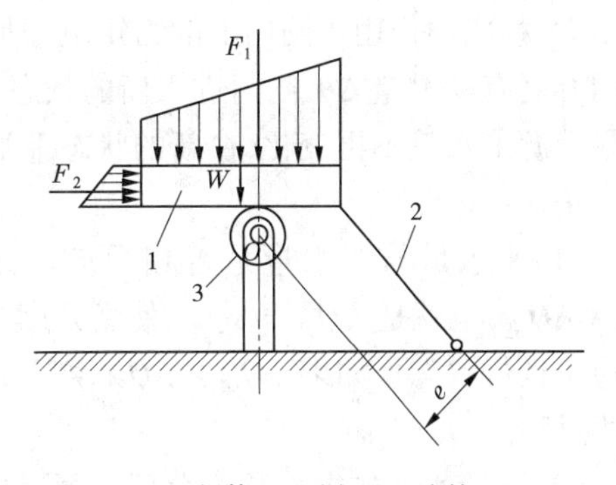

1—门体;2—连杆;3—滚轮

图 7-14　结构体系简图

闸门在水压力 F_1、F_2 及自重 W 的共同作用下,处于平衡状态,对 O 点的力矩总和为零,即 $M_F + M_W = 0$。这时连杆不受力,内力为零。若上游来水量增加,则水压力增加一增量 ΔF,相应增加力矩 ΔM_F,结构体系有向右转的趋势,此时连杆会产生反力 R,形成阻抗力矩 $M_R = Re$ 来阻止其运转。M_R 随着来水量的增加而逐渐增大,当 M_R 达到最大值时,结构体系将处于向右转动前的极限平衡状态。这时的静力平衡方程式为

$$(M_F + \Delta M_F) - M_W - M_R = 0 \tag{7-2}$$

相反,当上游来水量减小时,则增加反向力矩 ΔM_F,连杆将产生拉力,其极限平衡状态时的静力平衡方程式为

$$(M_F - \Delta M_F) - M_W + M_R = 0 \tag{7-3}$$

由式(7-2)和式(7-3)可见,当来水量变化时,连杆所产生的力矩 M_R 能使结构体系重新维持稳定,但是由于是连杆结构,不能保证结构不变形,当 ΔF 增(减)至一定值时,连杆结构就会发生变位,闸门将增加(减小)开度,从而使 ΔF 又发生改变,结构在新的位置,通过新的 M_R 重新维持稳定。因此,连杆的内力不是不变的,而是以不断改变的量来使闸门在新的变量中维持稳定。同时,由于连杆的存在,缓冲了闸门的转动速度,使闸门必须克服 M_R 的最大值才能转到新的开度。这样就保证了闸门的开启和关闭达到相对稳定。

(二)闸门的动态工作原理

水力自控翻板闸门是以上游控制水位的方式来运行的,当门前来水量改变时,将引起门前水位的改变,改变后的水位与此情况下平衡时的预定水位有一偏差,这一偏差所产生的不平衡力使得闸门进行运动。在闸门的运动过程中,随着闸下过流量的改变,门前水位也随之改变,运动中的闸门将受到水流作用于它的惯性阻力、运动阻力以及连杆阻尼力的作用。当阻尼因素足以维持闸门的稳定运行时,经过一阵波动,所控制的水位将最后趋近于在新的平衡位置时的预定水位值,而作用在闸门上的诸力又趋于平衡,闸门在新的开度位置上平衡不动。这就是水力自控翻板闸门的过渡过程。

为说明水力自控翻板闸门的运转机理,假设闸门的初始状态是稳定状态,闸门的开度用闸门的倾斜角 θ 表示,上游的来水量等于闸门的泄量,即 $Q_{来} = Q_{泄}$,上游水位为 $H_{上}$。

当上游来水量有一增量 ΔQ 时,因闸门不能立即开启至某一开度来适应 ΔQ 的变化,造成来水量大于泄水量,即 $Q_{来} + \Delta Q_{来} > Q_{泄}$,引起门前水位暂时壅高 ΔH,从而使门前水压

力增大，相应地作用于闸门上的力矩也增加一开门力矩 $\Delta M_{开}$。当 $\Delta M_{开}$ 大于摩擦力矩时，闸门开度有一增量 $\Delta\theta$，闸门进入新的状态。其开度为 $\theta+\Delta\theta$，相应地有一下泄增量 $\Delta Q_{泄}$，如果上游来水量不再变化，在新的状态下闸门是否稳定并维持新的上游水位，取决于以下两个条件：

（1）来水量与泄水量是否相适应。如果来水量与泄水量相适应，即 $Q_{来}+\Delta Q_{来}=Q_{泄}+\Delta Q_{泄}$，也就是 $\Delta Q_{来}=\Delta Q_{泄}$，使新开度与新来水量相适应，闸门仍维持在 $H_{上}$ 不变，处于稳定运行状态。如果 $\Delta Q_{来}\neq\Delta Q_{泄}$，新开度与新来水量不相适应，则自动调整开度，重复上述过程。

（2）下游水面的衔接是否合理。下泄量增加后，对于不同的流量，下游有不同的水位情况，就可能出现不同的水面形式。一般来说，如果闸下是自由出流，下游水位不影响闸门，对闸门的稳定性基本无影响。若是淹没出流或者是波状水跃或者门顶水舌与下部孔流水面间形成负压，则都可能使紊动的水流波及闸门，影响泄流，从而反馈于闸前水位。

需要说明的是，当开门力矩增量 $\Delta M_{开}$ 小于摩擦力矩时，闸门的开度不变化，闸门是否稳定，仍取决于来水量与泄水量是否相适应和下游水面衔接是否合理这两个条件。

当上游的来水量减少时，与来水量增加的分析类似。

（三）水力自控翻板闸门受力情况及运动分析

如图 7-13 所示。按照作用于闸门上的各力相对于转轴的合力矩平衡原理进行分析，水力自控翻板闸门应能保证在预定的水位条件下保持平衡。

当门叶在某一开度 θ 处于平衡状态时，其平衡方程为

$$\sum K=0$$

即

$$-(P_{12}-P_{34})\cos(\varphi-\varphi_{A})+(P_{6}-P_{5})\sin(\varphi-\varphi_{A})+N\cos\varphi+F\sin\varphi-T\sin\varphi_{T}=0 \tag{7-4}$$

$$\sum Z=0$$

即

$$-(P_{12}-P_{34})\sin(\varphi-\varphi_{A})-(P_{6}-P_{5})\cos(\varphi-\varphi_{A})+N\sin\varphi-F\cos\varphi+T\cos\varphi_{T}-W=0 \tag{7-5}$$

各作用力对滚轮与导轨的接触点的矩

$$\sum M=0$$

即

$$P_{12}l_{12}+P_{34}l_{34}+P_{5}l_{5}-P_{6}l_{6}-Wl_{T}+Tl_{T}=0 \tag{7-6}$$

式中　P_{12}、P_{34}、P_{5}、P_{6}——门叶上游、下游、底缘、顶缘所承受的水压力的合力；

φ——Y 轴与 Z 轴的夹角；

φ_{A}——Y 轴与门叶上游平面的夹角；

T——连杆内力，受拉为正、受压为负；

φ_{T}——连杆与 Z 轴的夹角；

W——门体自重；

l_{12}、l_{34}、l_5、l_6——P_{12}、P_{34}、P_5、P_6 作用线至滚轮与导轨接触点的距离。

具体计算时将 P_{12} 分解成三角形部分 P_1 和矩形部分 P_2，将 P_{34} 分解成三角形部分 P_3 和矩形部分 P_4，设 l_1、l_2、l_3、l_4 分别为 P_1、P_2、P_3、P_4 作用线至滚轮与导轨接触点的距离。

稳定性分析中忽略机械摩擦力的影响，结果偏于安全，且一般机械摩擦力远小于水流的作用力，故忽略不计，由式(7-4)～式(7-6)三式联立求解得

$$T = \frac{W\cos\varphi + (P_6 - P_5)\cos\varphi_A - (P_{12} - P_{34})\sin\varphi_A}{\cos(\varphi_T - \varphi)} \tag{7-7}$$

$$l_T = Z_8\sin\varphi_T + K_8\cos\varphi_T - r_2\cos(\varphi_T - \varphi) \tag{7-8}$$

$$M_T = Tl_T \tag{7-9}$$

$$N = (P_{12} - P_{34})\cos(2\varphi - \varphi_A) + (P_6 - P_5)\sin\varphi_A - T\sin(\varphi - \varphi_T) + W\sin\varphi \tag{7-10}$$

二、水力自控翻板闸门的特点及需注意的问题

(1)启闭灵敏，不需要人工或机械操作，且可保持相对稳定的上游水位，保证发电水头和水深；改善城市河道景观、净化水质、汛期还可冲淤，山区、丘陵地区及平原均可采用，适用范围广。

(2)施工方便，可在工厂预制，然后运往工地组装，节省工期，投资少，与常规的平板提升钢闸门和弧形闸门(含启闭设备、附属建筑物)相比，一般可节省投资30%～45%。

(3)闸门的支承结构均在门后水上部分的下游侧，维修较为方便。

(4)闸门开启后，泥沙可从闸门底部泄走，起冲沙作用。

(5)当上游来水量较大时，阻碍洪水的断面较小，对上游不允许淹没的地区颇为有利。

(6)对闸址地质条件要求较低。

(7)当下游水位较高时，运转稳定性差，会出现拍打现象。

(8)汛期杂草、树枝、树根等漂浮物较多，闸门会被卡住，水位降落后翻板门回关不到位，影响正常运行。汛后清除这些杂物也很困难，需要用千斤顶、吊车或滑轮把闸门开启起来清除，给管理工作带来很大麻烦。

正是由于水力自控翻板闸门的上述特点，故应根据当地的具体情况进行认真的分析，精心设计、精心施工，并注意以下几点：

(1)水力自控翻板闸门的宽高比宜控制在2～3.5，这样有利于闸门运转的稳定性。若门高定得太高，全开水位也较高，不仅会淹没农田，还会影响泄洪；若门高定得太低，又会无谓地损失水量及水头。

(2)启动水位应高于门顶，若启动水位低于门顶，门前将会积存来自上游的漂浮物等，启动后大部分水流挟带漂浮物从门底经过，易堵塞，影响运行。为防止漂浮物堵塞闸门，可在铰座四周加设拦污设施，以防污物缠绕铰座。

(3)水力自控翻板闸门全开水位时的门顶水深宜控制在(0.18～0.2)H(H 为门高)，以免影响闸门的稳定与泄流。

(4)水力自控翻板闸门是借助水力和重力作用，在一定的水位条件下自动启闭的，它

不能随意控制泄量和开度,倘若要提前排放泄量,需有专门机具或人工操作拉开闸门。

(5)水力自控翻板闸门施工时,要严格控制其重量、尺寸及材料配比,以防水力自控翻板闸门活动部分的重心位置和重量直接影响关门力矩。

(6)水力自控翻板闸坝应避免修建在河流的弯道处,必要时需经模型试验验证。

第三节 河道整治建筑物

治理河道的目标,需要通过工程措施和工程建筑物来实现,凡是以河道整治为目的所修筑的建筑物,称为河道整治建筑物,简称整治建筑物,又常称河工建筑物。

一、整治建筑物的类型和作用

从不同的角度出发,整治建筑物有不同的分类。

按照建筑材料和使用年限,可分为轻型的(或临时性的)整治建筑物和重型的(或永久性的)整治建筑物。凡用竹、木、苇、梢等轻型材料所修建的,抗冲和抗朽能力差、使用年限短的建筑物,均称为轻型的(或临时性的)整治建筑物。凡用土料、石料、金属、混凝土等重型材料所修建的,抗冲和抗朽能力强、使用年限长的建筑物,均称为重型的(或永久性的)整治建筑物。轻型的整治建筑物与重型的整治建筑物的选择应综合考虑以下的条件:①对整治工程的要求;②必须使用的最低年限;③修建地点的水流及泥沙情况;④材料来源;⑤施工季节和施工条件等。

按照与水位的关系,可分为淹没的整治建筑物和非淹没的整治建筑物。在各种水位下都可能遭受淹没的建筑物称为淹没的建筑物,而在各种水位下都不被淹没的,则称为非淹没的整治建筑物。淹没的整治建筑物或非淹没的整治建筑物选择,应对水流条件、整治工程的要求综合考虑。

按照建筑物的作用及其与水流的关系,可以分为护坡、护底整治建筑物,环流整治建筑物,透水的整治建筑物与不透水的整治建筑物。护坡、护底整治建筑物是用抗冲材料直接在河岸、堤岸、库岸的坡面、坡脚和基础上做成连续的覆盖保护层,以抗御水流的冲刷,属于一种单纯性防御工事。环流整治建筑物,是用人工的方式激起环流,用以调整水、沙运动方向,达到整治目的的一种建筑物。其本身透水的称为透水的整治建筑物,本身不允许透水的称为不透水的整治建筑物。建筑物的选用主要考虑整治目的和建材的来源。

各种不同类型的建筑物常做成护岸、垛、坝等形式,结构基本相同,只是由于它们的形状各异,故所起的作用不同。

(一)丁坝

丁坝是一端与河岸相连,另一端伸向河槽的坝形建筑物,在平面上与河岸连接如丁字形。丁坝能起到挑流、导流的作用,故又名挑水坝。根据丁坝的长短和对水流的作用,可分为长丁坝、短丁坝、透水丁坝、不透水丁坝、淹没丁坝与非淹没丁坝。凡坝的长度较长,不仅能护岸、护坡,而且能将主流挑向对岸的为长丁坝;凡坝的长度较短,只能局部将主流挑离岸边,起到护岸、护坡作用的为短丁坝。根据阿尔图宁的研究,凡坝长 $L > 0.33B_W\cos\alpha$ 称为长丁坝,凡坝长 $L < 0.33B_W\cos\alpha$ 称为短丁坝,如图7-15所示。凡用透水

材料修筑的称为透水丁坝，其主要作用是缓流落淤，如编篱坝、透水柳坝等。凡用不透水材料修建的丁坝称为不透水丁坝，主要起挑流和导流作用。淹没丁坝与非淹没丁坝，则主要根据其作用而定。一般非淹没的多修筑成下挑丁坝，淹没丁坝可修建成上挑形式，在水流有正逆向流动的河段，如河口地区多修建成正挑形式。

图 7-15　长丁坝与短丁坝

(二)顺坝

顺坝是坝身顺着水流方向，坝根与河岸相连，坝头与河岸相连或留有缺口的整治建筑物。顺坝亦分淹没顺坝和非淹没顺坝。坝顶高程和丁坝一样，视其作用而异。若系整治枯水河床，则坝顶略高于枯水位；若系整治中水河床，则坝顶与河漫滩平；若系整治洪水河床，则坝顶略高于洪水位。顺坝的作用主要是导流和束狭河床，有时也用做控制工程的联坝。

(三)锁坝

锁坝是一种横亘河中而在中水位和洪水位时允许水流溢过的坝。其主要用做调整河床，堵塞支汊，如修筑在堤河、串沟，则可加速堤河、串沟的淤积。由于锁坝是一种淹没整治建筑物，因此对坝顶应进行保护，可以用石料铺筑或植草的办法加以保护。

(四)潜坝

坝顶高程在枯水位以下的丁坝、锁坝均称潜坝。潜锁坝常建在深潭处，用以增加河底糙率、缓流落淤、调整河床、平顺水流。潜丁坝可以保护河底、保护顺坝的外坡底脚及丁坝的坝头等免受冲刷破坏。在河道的凹岸，因河床较低，有时在丁坝、顺坝的下面做出一段潜丁坝，以调整水深及深泓线，如图 7-16 所示。

以上各种坝型，有的单独使用，有的联合使用，如图 7-17 所示即为多种坝型联合使用的情况。

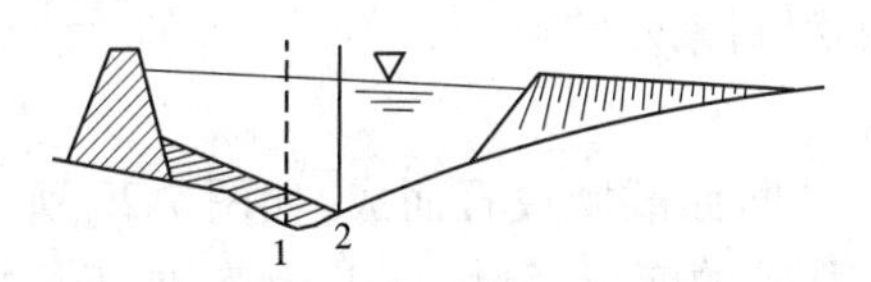

1—原深泓线；2—调整后深泓线

图 7-16　与顺坝相联调整深泓线的潜丁坝

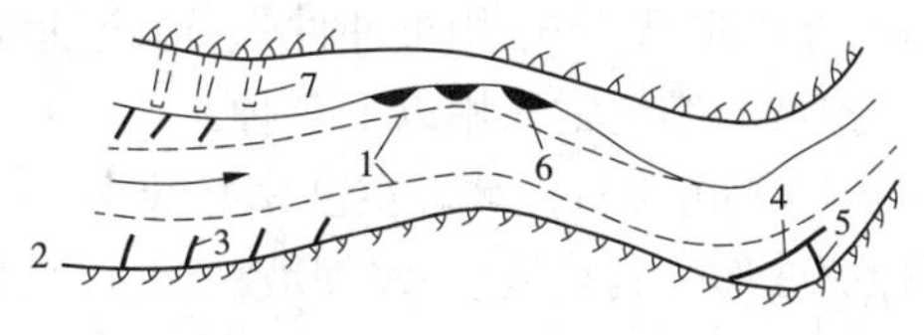

1—整治线；2—大堤；3—丁坝；4—顺坝；5—格坝；6—柳石垛；7—活柳坝

图 7-17　多种坝型联合布置

二、丁坝的平面形式与剖面结构

(一)坝的平面形式

丁坝平面上各部位的名称如图 7-18 所示。坝与堤或滩岸相连的部位称为坝根，伸入河中的前头部分为坝头，坝头与坝根之间称为坝身。在不直接遭受水流淘刷的坝根及坝身的后部,仅修土坝即可,在可能被水流淘刷的坝头及坝身的上游面需要围护,以保证坝体的安全。坝头的上游拐角部分为上跨角,从上跨角向坝根进行围护的迎水部分称为迎水面,坝头的前端称前头,坝头向下游拐角的部分称为下跨角。

坝头的平面形状对水流和坝身的安全都有一定的影响,研究坝头的平面形状在生产上有重要意义。过去,由于历史原因和条件限制,坝头形状较为复杂。目前,采用的坝头形式主要有圆头形坝、拐头形坝和斜线形坝三种,如图7-19所示。三种不同的坝头形式各有优缺点。圆头形坝的主要优点是能适应各种来流方向,施工简单;缺点是控制流势差,坝下回流大。拐头形坝的主要优点是送流条件好,坝下回流小;但对来流方向有严格的要求,坝上游回流大是其主要缺点。斜线形坝的优缺点介于以上两者之间。一般情况下,圆头形坝修筑在一处工程的首部,以发挥其适应各种来流方向的优点;而拐头形坝布置在工程的下部,用做关门坝;斜线形坝多用在工程的中部以调整水流。这种扬长避短布设各种坝头的形式,将收到良好的效果。

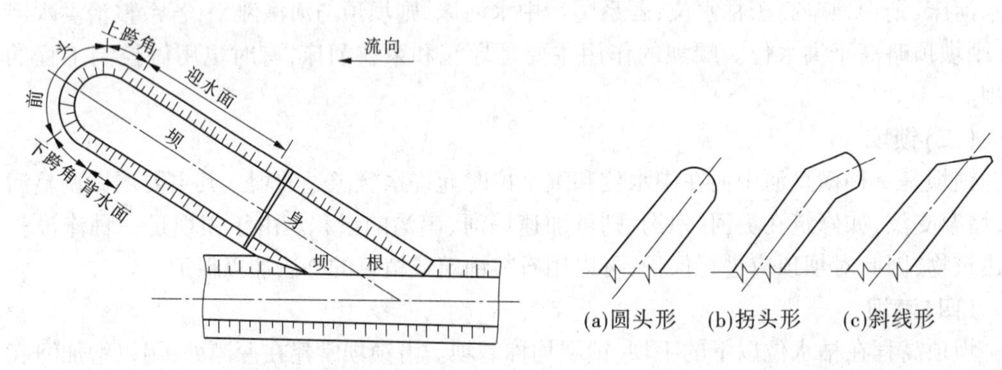

图7-18　丁坝平面各部位名称　　　　**图7-19　坝头的平面形状**

(二)坝的剖面结构

丁坝由坝体、护坡及护根三部分组成。坝的剖面形式如图7-20所示。坝体是坝的主体,亦称土坝基,一般用土筑成。护坡是防止坝体遭受水流淘刷的,而在外围用抗冲材料加以裹护的部分。护根是为了防止河床冲刷,维持护坡的稳定而在护坡以下修筑的基础工程,亦称根石,一般用抗冲性强、适应基础变形的材料来修筑。

护坡的结构常采用以下三种。

(1)散抛块石护坡。在已修好的坝体外,按设计断面散抛块石而成,如图7-20所示。这种护坡形式具有坡度缓,坝坡稳定性好,能适应基础的变形,险情易于暴露,便于抢护,施工简单,易于管理等优点。但有坝面粗糙,经常需要维修加固等缺点。

(2)护坡式砌(扣)石坝。这种护坡形式是用石料在坡面随坡砌筑或扣筑而成的,如图7-21所示。其主要优点是,坡度较缓,坝体稳定性较好,抗冲能力强,用料较省,水流阻力小等。其主要缺点是对基础要求高,一旦出险抢护困难,施工技术要求高等。

(3)重力式砌石坝。这种护坡形式是用石料砌垒而成的实体挡土墙。它凭借自身的质量来承受坝体的土压力和抵抗水流的冲刷,如图7-22所示。其主要优点是坡度陡,易于抛石护根,坝面平整,抗冲力强,砌筑严密整齐美观;缺点是对基础的承载能力要求高,坝体大、用料多,施工技术复杂等。

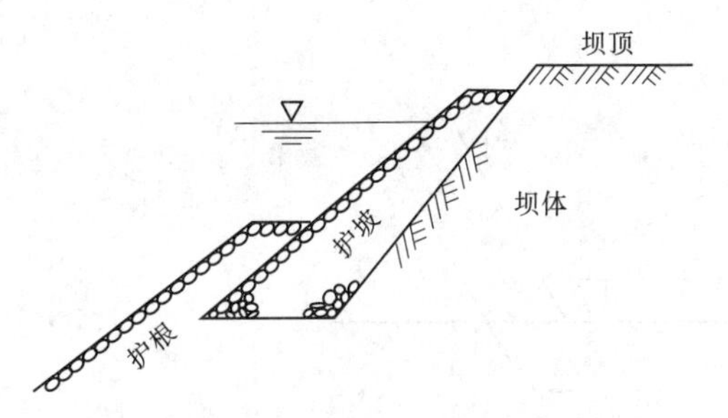

图 7-20　散抛块石坝断面图

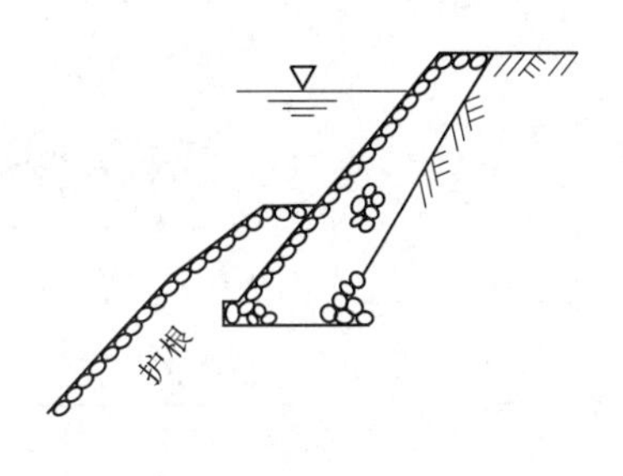

图 7-21　护坡式砌(扣)石坝断面图

上述三种护坡形式各有其优缺点,一般情况下,新修坝的基础变形大,多采用散抛块石坝。当经过一定的施工性抢险,坝基础已达稳定冲刷深度时,可根据基础承载能力的大小,改建为护坡式砌(扣)石坝或重力式砌石坝。

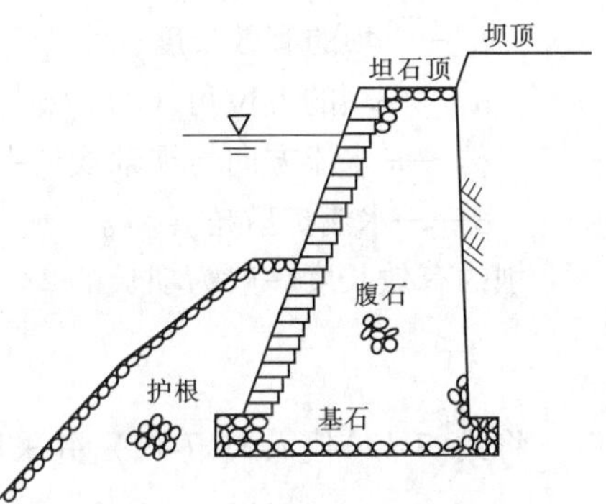

图 7-22　重力式砌石坝断面图

三、整治建筑物的平面布置和设计高程

(一)整治建筑物的平面布置

整治建筑物的平面布置是根据工程位置线确定的。工程位置线是指整治建筑物头部的连线。这是依据整治线而确定的一条复合圆弧线,呈一凹八型布局形式。工程位置线的布设,一般采用“上平、下缓、中间陡”的原则,如图 7-23 所示。

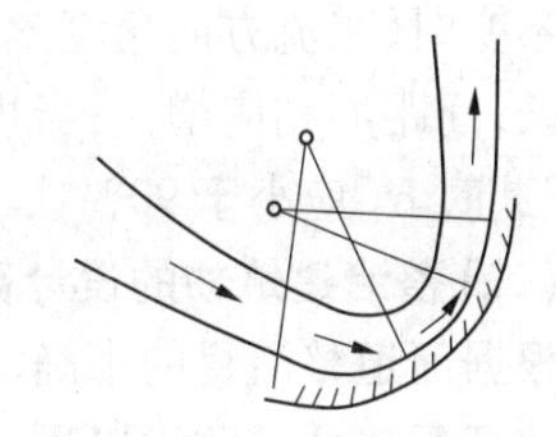

图 7-23　整治工程位置线示意图

在设计工程位置线时,首先要研究河势变化,分析靠流部位和可能上提下挫的范围,结合整治线而确定工程布设的范围,然后分段确定工程位置线。为防止水流抄工程后路,工程位置线上段的曲率半径宜尽量大些,必要时甚至可以采用直线,以利于引流入湾;中段的曲率半径应当小一些,以利在较短的曲线段内调整水流,平顺地送至工程的下段;工程位置线下段的曲率半径应比中段略大,比上段略小一些,以利于送流出湾。

在工程位置线上布设整治建筑物,主要有坝、垛和护岸。坝、垛的间距及护岸长度,是建筑物布设中的一个重要问题。

坝的间距与坝的数量之间有密切联系。如果坝的间距大了,坝的数量可以减少,但各坝之间起不了相互掩护的作用;如果坝的间距小了,坝的数量相应增多,又造成不必要的浪费。合理的间距须满足下面两个条件:①绕过上一丁坝的水流扩散后,其边界大致达到下一个丁坝的有效长度末端,以保证充分发挥坝的作用;②下一个丁坝的壅水刚好达到上一个丁坝,保证坝间不发生冲刷。

根据以上条件,从图 7-24 的几何关系可以得出坝的间距 L 应为

$$L = L_1 \cos\alpha_1 + L_1 \sin\alpha_1 \cot(\beta + \alpha_2 - \alpha_1) \qquad (7\text{-}11)$$

式中　L——坝的间距,m;

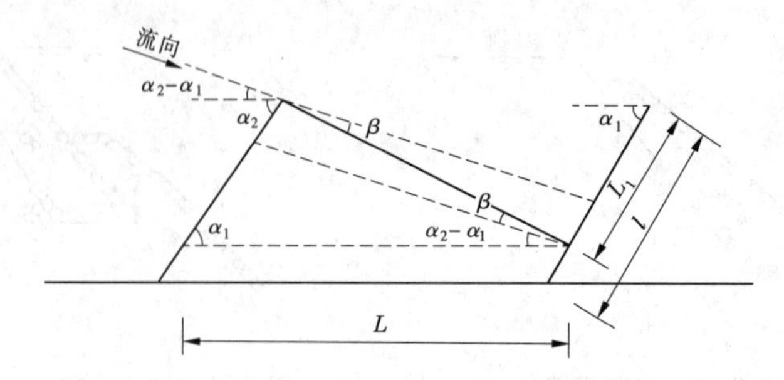

图7-24 坝的间距与坝长的几何关系

L_1——坝的有效长度,m;

α_1——坝的方位角,(°);

α_2——水流方向与坝轴线的夹角,(°)。

β——水流扩散角,(°)。

坝的有效长度一般为坝长的2/3,即

$$L_1 = \frac{2}{3}l \tag{7-12}$$

将式(7-12)代入式(7-11),并采用$\beta=9.5°$,即得

$$L = \frac{2}{3}l\cos\alpha_1 + \frac{2}{3}l\sin\alpha_1\frac{6\cot(\alpha_2-\alpha_1)-1}{\cot(\alpha_2-\alpha_1)+6} \tag{7-13}$$

从式(7-13)可以看出,影响坝的因素为坝长、坝的方位角和水流方向。当坝的方位和坝长不变时,来流方向角度愈陡,间距应越小一些;当坝的方位角和来流方向角度不变时,坝愈长,间距亦相应增大;当坝的长度和来流方向不变时,坝的方位角愈大,间距亦可越大些,但此时α_2应小于90°。

(二)整治建筑物的设计高程

根据河道整治目的来确定整治建筑物的设计高程。若以防洪为整治目的,则整治建筑物的高程略低于防洪堤顶高程,一般Z为

$$Z = H_{洪} + a + C \tag{7-14}$$

式中 Z——整治建筑物设计高程,m;

$H_{洪}$——设计防洪水位,m;

a——波浪壅高,m;

C——安全超高,一般取0.5~1.0 m。

若以控制中水河槽为整治目的,则整治建筑物高程一般略高于滩坎或与滩地平,常采用Z为

$$Z = H_{中} + \Delta h + a + C \tag{7-15}$$

式中 $H_{中}$——设计中水流量时相应的水位,m;

Δh——弯道壅水高,m;

其他符号意义同前。

波浪的壅高和弯道壅水高分别用下列公式计算

$$a = 3.2Kh_b\tan\alpha \tag{7-16}$$

$$h_b = 0.208v^{5/4}L^{1/3} \tag{7-17}$$

式中　K——坡面糙率系数，对于光滑土壤 $K=1$，干砌块石 $K=0.8$，抛石 $K=0.75$；

α——边坡与水平面的夹角，(°)；

h_b——浪高，m；

v——最大风速，m/s；

L——吹程，km。

弯道壅水高的计算公式为

$$\Delta h = \frac{BU^3}{gR} \tag{7-18}$$

式中　B——河弯的弯道宽度，m；

U——设计流量时流速，m/s；

g——重力加速度，m/s²；

R——河弯的曲率半径，m。

四、坝、垛的稳定冲刷坑深度

修建坝、垛之后，改变了局部水流条件，在坝、垛的迎水面一侧形成壅水，使坝、垛附近产生折向河床的复杂环流，破坏了原有水流与河床的相对平衡。在坝头附近由于环流的作用，将形成椭圆状的漏斗式冲刷坑。若在冲刷坑内不能及时填充、加固，将导致建筑物遭受破坏。鉴于上述原因，在设计坝、垛等建筑物时，应正确地估计冲刷坑的稳定深度及宽度。此外，由于坝、垛的根基并非施工阶段即能形成，而是随着水流不断淘刷逐步加固的，因此估计可能达到的冲刷坑范围，对于确定坝头的防护措施也是十分必要的。

实际资料表明，影响冲刷坑的主要因素有流量、坝长、来流方向与坝轴线的夹角，以及坝头边坡系数。流量愈大，流速愈大，冲刷愈严重，冲刷坑愈大；坝长愈长，拦截水流愈多，进入冲刷坑的流量愈大，冲刷坑亦愈大；来流方向与坝轴线的夹角陡（指来流方向与坝轴线正交），壅水高度大，同样冲刷坑亦大；坝头的边坡影响水流折向河底的冲刷力，显然，边坡愈陡，向下的冲刷力愈大，冲刷坑亦愈大。以上是对冲刷坑的定性分析。虽然国内外学者对冲刷深度作了不少的研究工作，但还没有比较可靠地确定冲刷深度的计算公式。当河床组成较细时，可采用安德列也夫从能量损失的角度研究得出的计算冲刷坑的公式，即式(7-19)。图7-25为冲刷坑示意图。

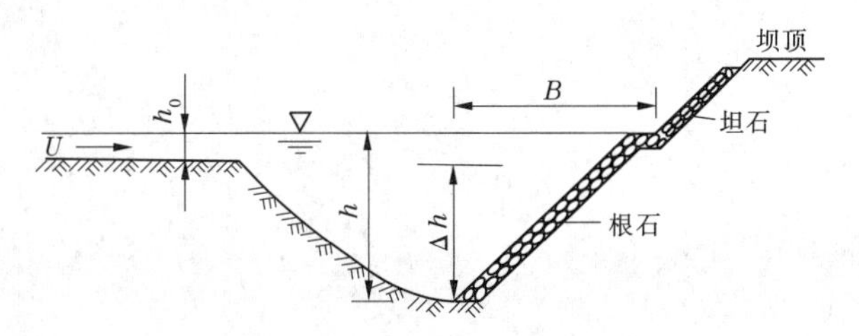

图7-25　根石及冲刷坑深度示意图

$$\Delta h = \frac{2.8U^2}{\sqrt{1+m^2}}\sin^2\alpha \tag{7-19}$$

则冲刷坑处水深为

$$h = h_0 + \frac{2.8U^2}{\sqrt{1+m^2}}\sin^2\alpha \tag{7-20}$$

式中　Δh——冲刷坑深度,m;

　　h——坝头冲刷坑的水深,m;

　　h_0——行近水流的水深,m;

　　U——坝头处的行近流速,m/s;

　　α——来流方向与坝轴线的交角,(°);

　　m——坝头的边坡系数。

最大冲刷坑深度 Δh 确定后,坝前护根范围 B 可按式(7-21)计算

$$B = (h_0 + \Delta h)m_0 \tag{7-21}$$

式中　m_0——河床土壤水下的边坡稳定系数;

　　其余符号意义同前。

应当说明,一般还应统计相邻河段类似坝的实测资料,作为设计依据。

第八章　水土保持工程

第一节　概　述

一、水土保持工程的研究对象和目的

水土保持工程的研究对象是山丘区和风沙区保护、改良与合理利用水土资源，防止水土流失的工程措施。水土流失的形式包括土壤侵蚀及水的损失。土壤侵蚀除雨滴溅蚀、片蚀、细沟侵蚀、浅沟侵蚀、切沟侵蚀等典型的土壤侵蚀形式外，还包括河岸侵蚀、山洪侵蚀、泥石流侵蚀以及滑坡侵蚀等形式。

水土保持工程的目的在于充分发挥山丘区和风沙区水土资源的生态效益、经济效益和社会效益，改善当地农业生态环境，为发展山丘区、风沙区的生产和建设，整治国土，治理江河，减少水、旱、风沙灾害等服务。

二、水土保持工程措施

水土保持工程措施是小流域水土保持综合治理措施体系的重要组成部分，主要的工程措施有山坡防治工程、山沟治理工程、山洪排导工程、小型蓄水用水工程等。

山坡防治工程的作用在于用改变地形的方法防止坡地水土流失，将雨水和雪水就地拦蓄，使其渗入农地、草地或林地，减少或防止形成坡地径流，增加农作物、牧草以及林木可利用的水分。同时，将未能就地拦蓄的坡地径流引入小型蓄水工程。在有发生重力侵蚀危险的坡地上，可以修筑排水工程或支撑建筑物防止滑坡作用。属于山坡防治工程的措施有梯田、拦水沟埂、水平沟、水平阶、水簸箕、鱼鳞坑、山坡截留沟、水窖、蓄水池以及稳定斜坡下游的挡土墙等。

山沟治理工程的作用在于防治沟头前进、沟床下切、沟岸扩张，减缓沟床纵坡，调节山洪洪峰流量，减少山洪或泥石流的固体物质含量，使山洪安全的排泄，对沟口冲击堆不造成灾害。主要措施有沟头防护工程、谷坊工程、以拦蓄调节泥沙为主要目的的各种拦沙坝，以拦泥淤地、建设基本农田为目的的淤地坝及沟道护岸工程等。

小型蓄水用水工程的作用在于将坡地径流和地下潜流拦蓄起来，减少水土流失危害，灌溉农田，提高作物产量。工程措施有小水库、蓄水塘坝、淤滩造田、引洪漫地、引水上山等。

水土保持工程措施的洪水设计标准根据工程的种类、防护对象的重要性来确定。坡面工程均按5~10年一遇24 h最大暴雨标准设计。治沟工程及小型蓄水工程防洪标准根据工程种类、工程规模确定。淤地坝、拦沙坝、小型水库一般按10~20年一遇的洪水设计，50~100年一遇的洪水校核。引洪漫地工程一般按5~10年一遇的洪水设计。

三、水土保持工程设计原则

为了有效地保护、改良与合理利用水土资源，在开展水土保持工程综合治理时，要遵循以下原则：

(1)把防止与调节地表径流放在首位。应设法提高土壤透水性及持水能力，在斜坡上建造拦蓄径流或安全排导的小地形，利用植被调节、吸收或分散径流的侵蚀能力。以预防侵蚀发生为主，使保水和保土相结合。

(2)提高土壤的抗蚀能力。应当采用整地、增施有机肥料、种植根系固土作用强的作物，施用土壤聚合物等。

(3)重视植被的环境保护作用。营造水土保持林，调节径流，防止侵蚀，改善小气候，保护生物多样性。

(4)因地制宜，采用综合措施防止水土流失。针对不同的水土流失类型区的自然条件制定不同的综合措施，提出保护、改良与合理利用水土资源的合理方案。

(5)生态－经济效益兼优的原则。在设计水土保持综合治理措施体系过程中，应当提出多种方案，选用生态－经济效益兼优的方案。在确定水土保持综合治理方案中，全面估计方案实施后的生态效益及经济效益，预测水土保持工程措施对保土作用及环境因素的影响。使发展生产与改善生态环境标准相结合，实现持续发展。

(6)以“可持续发展”的理论指导区域(或流域)的综合整治与经营，是某一区域(或流域)的经济发展建立在区域生态环境不断得以改善的基础上，采用综合措施综合经营区域内(流域内)以水、土为主的各种自然资源，建立优化的区域人工生态经济系统。

第二节　挡土墙

挡土墙是指支承路基填土或山坡土体、防止填土或土体变形失稳的构造物。在挡土墙横断面中，与被支承土体直接接触的部位称为墙背，与墙背相对的、临空的部位称为墙面，与地基直接接触的部位称为基底，与基底相对的、墙的顶面称为墙顶，基底的前端称为墙趾，基底的后端称为墙踵。

一、挡土墙的类型

(一)按挡土墙的设置位置分类

根据挡土墙的设置位置不同，分为路肩墙、路堤墙、路堑墙和山坡墙等。设置于路堤边坡的挡土墙称为路堤墙；墙顶位于路肩的挡土墙称为路肩墙；设置于路堑边坡的挡土墙称为路堑墙；设置于山坡上，支承山坡上可能坍塌的覆盖层土体或破碎岩层的挡土墙称为山坡墙。

(二)按挡土墙的结构类型分类

1.常见的挡土墙的结构形式

1)重力式挡土墙

重力式挡土墙(见图8-1(a))靠自身重力平衡土体，一般形式简单、施工方便、工程量大，对基础要求也较高，通常适用于高度不大的情况。

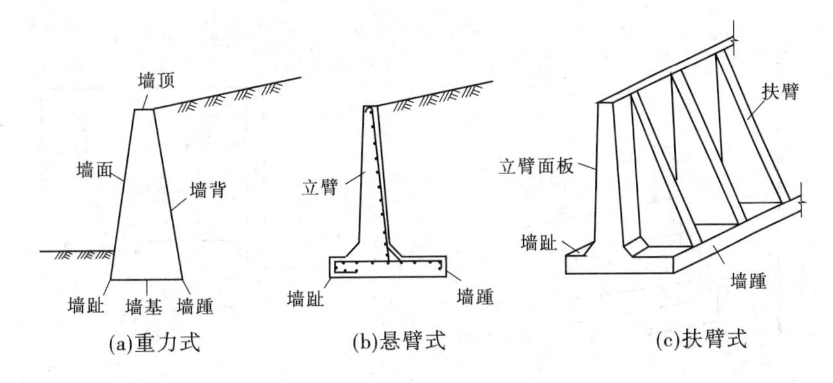

图 8-1　常见的挡土墙的结构形式

2）悬臂式挡土墙

悬臂式挡土墙（见图 8-1（b））用钢筋混凝土建造，一般有三个悬臂板组成，即立臂、墙趾悬臂和墙踵悬臂，其稳定性靠墙踵悬臂上的土重来维持，优点是结构尺寸小、自重轻、构造简单，适用于墙高为 6～10 m 的情况。

3）扶臂式挡土墙

扶臂式挡土墙（见图 8-1（c））用钢筋混凝土修建，它由直墙、扶臂及底板三部分组成，利用扶臂和直墙共同挡土，并可利用底板上的填土维持稳定，适用于墙高大于 10 m 的坚实或中等坚实的地基上的情况。

2. 新型挡土结构形式

目前，国内外对各种挡土结构进行研究，成功地运用了多种新型挡土结构，采用这些挡土结构可以节省材料、缩短工期、降低成本。以下对几种其他形式的挡土结构作一简要介绍。

1）拉锚式挡土墙

拉锚式挡土墙包括锚定板挡土墙和锚杆式挡土墙。

锚定板挡土墙由面板、钢拉杆和埋在土中的锚定板组成，图 8-2 为锚定板挡土墙的两种基本形式。

锚定板挡土墙所受土压力完全由面板传给拉杆和锚定板。图 8-2（a）所示的锚定板挡土墙的面板为断续式，结构轻便且有柔性；图 8-2（b）是另一种形式的锚定板挡土墙，其面板为上下一体的钢筋混凝土板。锚定板挡土墙的锚定板和拉杆是在填土施工中埋入填土内，并将其与面板有效连接使其成为整体，所以锚定板挡土墙主要用于填土中的挡土结构，也常用于基坑围护结构。挡土墙的稳定性完全取决于锚定板的抗拔力。

锚杆式挡土墙由预制的钢筋混凝土立柱及挡土面板构成墙面，与水平或倾斜的钢锚杆共同组成挡土墙。锚杆的一端与立柱连接，另一端被固定在边坡深处的稳定岩层或土层中，墙后土压力由挡土板传给立柱，由锚杆与稳定层间的锚固力（即锚杆的抗拔力）使墙壁获得稳定，一般多用于路堑挡土墙。在土方开挖的边坡支护中常用喷锚支护形式，喷锚支护是用钢筋网配合喷混凝土代替锚杆挡土墙的面板，形成喷锚支护挡土结构，工程中也称为土钉墙。

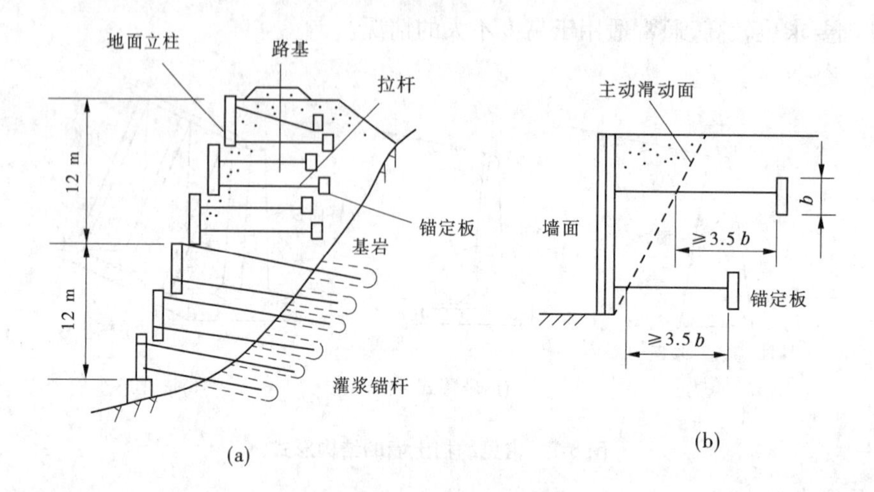

图 8-2 锚定板挡土墙结构

2)加筋土挡土墙

加筋土挡土墙有刚性筋式和柔性筋式两种,前者用加筋带或刚性大的土工格栅做加筋,后者用土工织物做加筋建成。

刚性加筋土挡土墙由面板及拉筋条与填土共同组成,如图 8-3 所示。在垂直墙方向,按一定间隔和高度水平布置拉筋材料,压实后通过土与拉筋的摩擦作用,把作用在面板上的土压力传给拉筋和填土,靠稳定的填土维持挡土结构的稳定。拉筋材料通常为镀锌薄钢带、铝合金、增强塑料及合成纤维等,墙面板多为钢筋混凝土预制板或半圆形铝板。加筋挡土墙属柔性结构,对变形的适应性强、结构简单、经济,适用于高度大的路基。

此外,工程中常用加筋土处理陡坡,其作用相当于挡土结构。图 8-4 所示是加筋土处理陡坡的一种形式。用土工织物做筋材,坡面处将土工织物折回包裹,长度不短于 1 m,当坡面很陡时可利用堆土袋、模架等支持坡面。

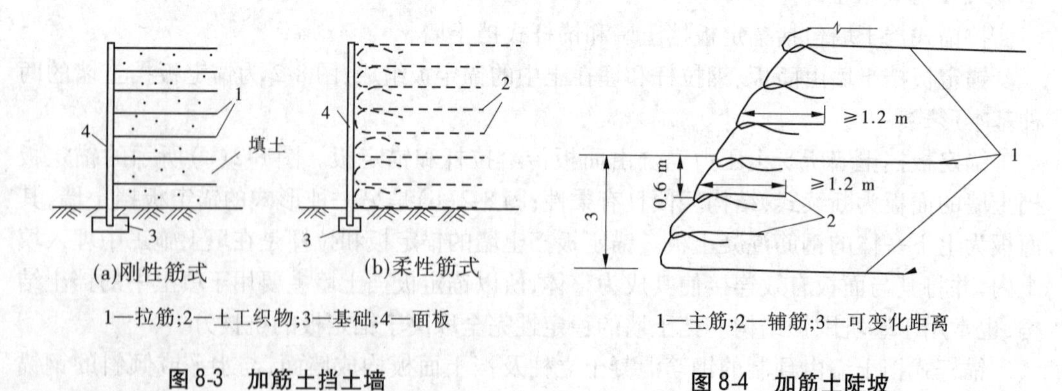

图 8-3 加筋土挡土墙

图 8-4 加筋土陡坡

3)其他挡土墙

柱板式挡土墙,在沿河路堤及基坑开挖中常用。

桩板式挡土墙,在基坑开挖及抗洪中使用。

垛式挡土墙,又称为框架式挡土墙。

二、挡土墙的土压力

(一)土压力类型

实践证明,挡土结构的使用条件不同,其土压力的性质、大小都不同。土压力的大小主要与挡土墙的位移、墙后填土的性质以及挡土墙的刚度等因素有关。根据挡土墙位移方向的不同,土体有三种不同的状态,即静止状态、主动状态和被动状态。根据挡土结构物位移方向和大小可将土压力分为静止土压力、主动土压力、被动土压力三种类型,如图 8-5所示。其中,主动土压力和被动土压力都是极限平衡状态时的土压力,分别是土体处于主动极限平衡状态和被动极限平衡状态下的土压力。

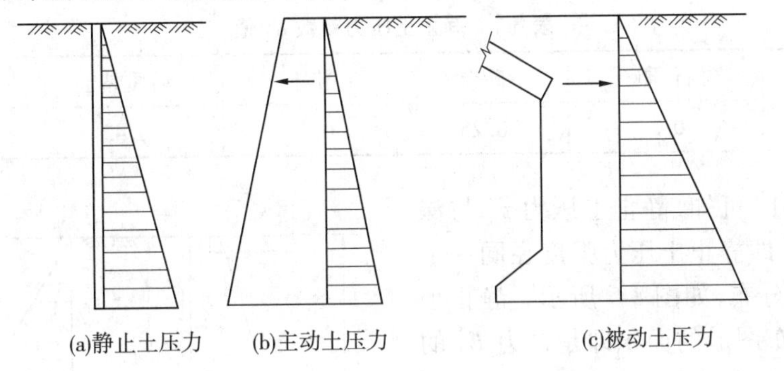

图 8-5　土压力与挡土墙位移的关系

1. 静止土压力

当挡土墙保持相对静止状态时,墙后填土处于相对静止状态,此状态下的土压力称为静止土压力。静止土压力强度用 p_0 表示,作用在每米长挡土墙上的静止土压力合力用 E_0 表示。

2. 主动土压力

当挡土墙由于某种原因引起背离填土方向的位移时,填土处于主动推墙的状态,称为主动状态。随着挡土墙位移的增大,作用在挡土墙的土压力逐渐减小,即挡土墙对土体的反作用力逐渐减小。挡土墙对土的支持力小到一定值后,挡土墙后填土就失去稳定而发生滑动。挡土墙后填土即将滑动的临界状态称为填土的主动极限平衡状态,此时作用在挡土墙上的土压力最小,称为主动土压力。主动土压力强度(简称主动土压力)用 p_a 表示,主动土压力的合力用 E_a 表示。

3. 被动土压力

当挡土墙在外荷载作用下产生向填土方向的位移时,挡土墙后的填土就处于被动状态。随着墙内填土方向位移的增大,填土所受墙的推力就越大,此时土对墙的反作用也就越大。当挡土墙对土的作用力增大到一定值后,墙后填土就失去稳定而滑动,墙后填土即将滑动的临界状态称为填土的被动极限平衡状态,此时作用在挡土墙上的土压力称为被动土压力。被动土压力强度(简称被动土压力)用 p_p 表示,合力用 E_p 表示。由图 8-5 及三种土压力的概念可知:$E_a < E_0 < E_p$。

(二)土压力的计算

由于挡土墙一般都是条形构筑物,计算土压力时可以取 1 m 长的挡土墙进行分析。

挡土墙受静止土压力作用时,墙后填土处于弹性平衡状态。由于墙体不动,土体无侧向位移,其土体表面下任一深度 z 处的静止土压力强度 p_0 可按弹性力学公式计算侧向应力得到,即

$$p_0 = K_0\sigma_z = K_0\gamma z \tag{8-1}$$

式中　γ——土的重度,kN/m³;

σ_z——计算深度 z 处的竖直方向的有效应力,kPa;

K_0——静止土压力系数,与泊松比 μ 有关。

我国《公路桥涵地基与基础设计规范》(JTJ 024—85)给出了静止土压力系数 K_0 参考值,见表 8-1。

表 8-1　静止土压力系数 K_0 值

土名	砾石、卵石	砂土	粉土	粉质黏土	黏土
K_0	0.2	0.25	0.35	0.45	0.55

由式(8-1)可知,静止土压力 p_0 与深度 z 成正比,即静止土压力强度在同一土层中呈直线分布,如图 8-6 所示。静止土压力强度分布图形的面积即是合力 E_0 的大小,合力通过土压力图形的形心,作用于挡土墙背上。

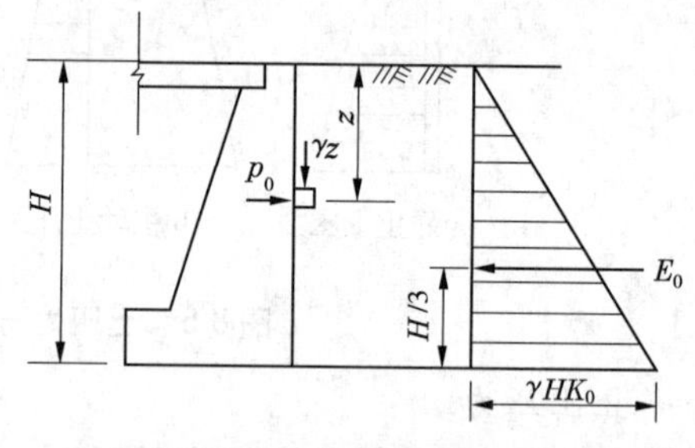

图 8-6　静止土压力分布

$$E_0 = \frac{1}{2}\gamma H^2 K_0 \tag{8-2}$$

式中　H——挡土墙高度,m。

当填土中有地下水存在时,水下透水层应采用浮重度计算土压力,同时考虑作用在挡土墙上的静止水压力。当填土为成层土和有超载情况时,静止土压力强度可按下式计算

$$p_0 = K_0\sigma_z = K_0(\sum \gamma_i h_i + q) \tag{8-3}$$

式中　q——填土表面的均布荷载,kPa;

γ_i、h_i——第 i 层土的有效重度和厚度。

对于主动土压力和被动土压力的计算,目前多以朗肯土压力理论和库仑土压力理论两个古典土压力理论为依据进行计算,详细计算可以参阅有关《土力学》书籍。

(三)影响土压力的因素

1. 墙背的影响

挡土墙墙背的形状、粗糙程度等因素对土压力有一定的影响。墙背粗糙程度是通过外摩擦角 δ 来反映的。δ 愈大,主动土压力愈小,而被动土压力愈大。δ 值最好由试验确定,但在实际工程中多按经验选用 δ 值,因此造成土压力计算值与实际值的出入。

墙背的形状和倾斜程度对土压力也有很大的影响。若挡土墙墙背较平缓,其倾角 ε 大于某一临界值 ε_{cr},则土楔体可能不再沿墙背滑动,而产生第二滑动面,此种挡土墙称为坦墙,如图 8-7(a)所示。此时土压力 E 将作用在第二滑动面上,其摩擦角应是 φ 而不是 δ。土体 ABA' 与墙形成整体,可视为挡土墙的一部分,因此作用在墙上的土压力应该是土

体 ABA' 的自重与力 E 的合力。通常当挡土墙与墙踵边线的倾角 ε 超过 20°～25°时，即应考虑有无可能产生第二滑动面，如图 8-7(b)。

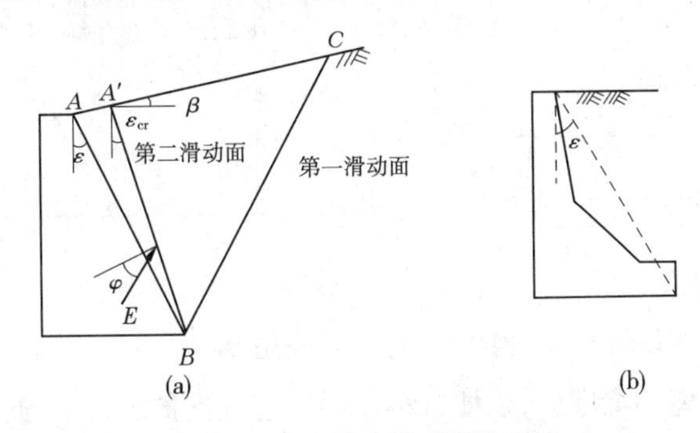

图 8-7　产生第二滑动面的坦墙

2. 填土条件影响

库仑土压力理论适用于墙后填土为水平或倾斜的平面，非平面的其他情况可以采用库尔曼图解法求解。填土的物理、力学性质指标对土压力也有较大的影响。如重度 γ 的增大常引起土压力的增大，因此工程中可以通过减小 γ 来减小土压力；φ 越大的土对挡土墙的主动土压力越小，因此主动土压力可以通过选用 φ 大的材料来达到目的。工程中正确确定有关指标很重要，但有效地控制各种指标更重要。如选择合适的填料，加强土体排水都是减小土压力的有效措施。

(四)减小主动土压力的措施

减小主动土压力就可以减小墙身的设计断面，从而减少工程造价。工程中常采用以下措施来减小主动土压力，而具体采取哪一种措施要结合工程实际情况进行选择。

1. 选择合适的填料

工程中在条件允许时，可以选择内摩擦角大的土料，如粗砂、砾、块石等，可以显著降低主动土压力；有时也可选择轻质填料，如炉渣、矿渣等，这些填料的内摩擦角不会因浸水而降低很多，同时也利于排水。

对于黏性土，其黏聚力会因浸水而降低，所以黏性土的黏性极不稳定，因此在计算土压力时常不考虑其拉应力。但如果有措施能保证填土符合规定要求，也可以计入黏聚力的影响。

2. 改变墙体结构和墙背形状

改变墙背的几何形状可以达到减小主动土压力的目的，如采用中间凸出的折线形墙背，或在墙背上设置减压平台，也可以采用悬臂式的钢筋混凝土结构以增大墙体的稳定性，如图 8-8 所示。

当地基强度不高，而挡土墙高度较大时，也常采用空箱式挡土墙，如土基上的桥台、水闸边墩外侧挡土墙等常采用空箱式挡土结构。

3. 减小地面堆载

由于填土表面荷载的作用常会增大作用在挡土墙上的土压力，所以减小地面荷载，将不必要的堆载远离挡土墙，可使土压力减小，增加挡土墙的稳定性。因此，工程中对挡土墙上部的土坡进行削坡，做成台阶状利于边坡的稳定；施工中将基坑弃土、施工用材料以

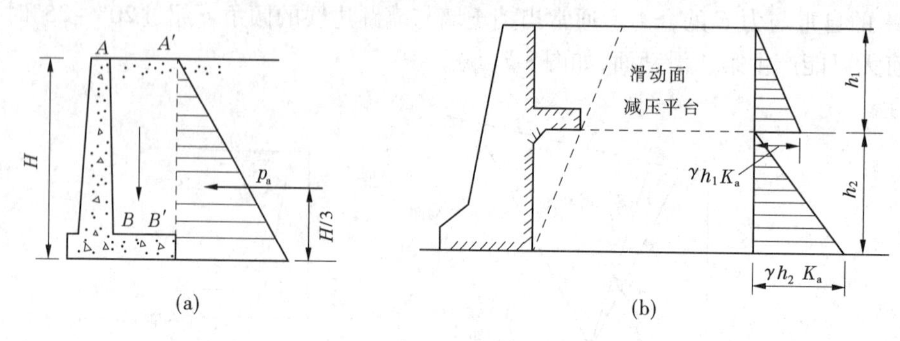

图 8-8　减小主动土压力

及设备等临时荷载远离基坑堆放，以便减小作用于基坑支护结构上的土压力，也利于基坑边坡的稳定。

此外，由于挡土墙后有地下水时，会增加外荷载，减小挡土墙的稳定性，所以工程中常在挡土墙上设置排水孔、挡土墙后设置排水盲沟来加强排水，降低地下水对挡土墙的影响，以增加挡土墙的稳定性，如图 8-9 所示。

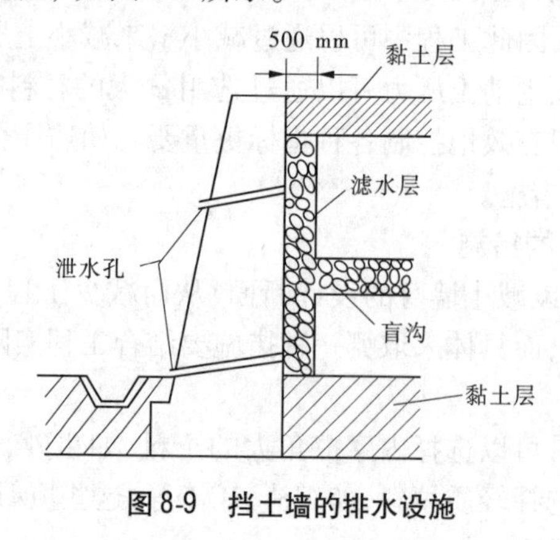

图 8-9　挡土墙的排水设施

第三节　淤地坝

淤地坝是指在水土流失地区各级沟道中，以拦泥淤地为目的而修建的坝工建筑物，其拦泥淤成的地叫坝地。在流域沟道中，用于淤地生产的坝叫淤地坝或生产坝。

一、淤地坝的组成、分类与作用

（一）淤地坝的组成

淤地坝由坝体、溢洪道、放水建筑物三个部分组成，其布置形式如图 8-10 所示。

坝体是横拦沟道的挡水拦泥建筑物，用以拦蓄洪水，淤积泥沙，抬高淤积面。溢洪道是排泄洪水建筑物，当淤地坝洪水位超过设计高度时，就由溢洪道排出，以保证坝体的安全和坝地的正常生产。放水建筑物多采用竖井式和卧管式，沟道常流水，库内清水等通过放水设备排泄到下游。反滤排水设备是为了排除坝内地下水，防止坝地盐碱化，增加坝坡

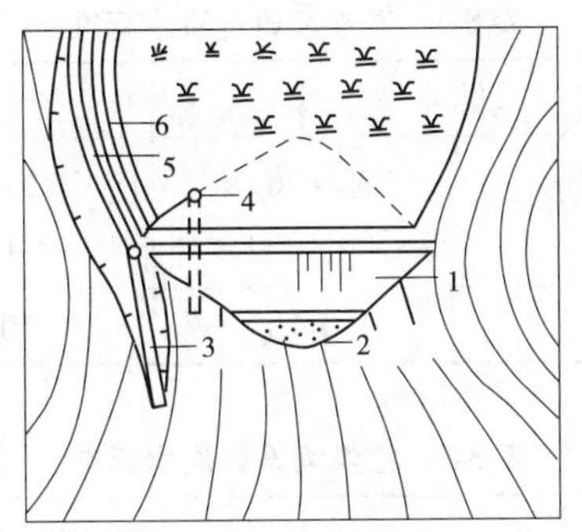

1—坝体；2—排水体；3—溢洪道；4—竖井；
5—排洪渠；6—防洪堤

图 8-10　淤地坝示意图

稳定性而设置的。

(二)淤地坝的分类

淤地坝按筑坝材料分土坝、石坝、土石混合坝、堆石坝、干砌石坝、浆砌石坝等;按坝地用途分为缓峰骨干坝、拦泥生产坝等;按施工方法分夯碾坝、水力冲填坝、定向爆破坝等。

(三)淤地坝的作用

淤地坝在拦截泥沙、蓄洪滞洪、减蚀固沟、增地增收、促进农村生产条件和生态环境改善等方面发挥了显著的生态效益、社会效益和经济效益。它的作用可归纳为以下几个方面:

(1)拦泥保土,减少入黄泥沙。

(2)淤地造田,提高粮食产量。

(3)防洪减灾,保护下游安全。

(4)合理利用水资源,解决人畜饮水问题。

(5)优化土地利用结构,促进退耕还林还草和农村经济发展。

二、淤地坝的分级标准和设计洪水标准

淤地坝一般根据库容、坝高、淤地面积、控制流域面积等因素分级。参考水库分级标准,可分为大、中、小三级。表 8-2 为黄河中游水土保持治沟骨干工程技术规范所列分级标准,表 8-3 和表 8-4 为黄河中游水土保持治沟骨干工程技术规范提出的淤地坝和拦洪坝设计洪水标准,供参考。

表 8-2　淤地坝分级标准

分级标准	库容(万 m^3)	坝高(m)	单坝淤地面积(亩)	控制流域面积(km^2)
大型	500 ~ 100	>30	>150	>15
中型	100 ~ 10	150 ~ 30	150 ~ 30	15 ~ 1
小型	<10	<30	>30	<1

表 8-3　淤地坝设计洪水标准

分级标准		大型	中型	小型
洪水重现期（年）	正常（设计） 非常（校核）	30～20 300～200	20～10 200～100	10 100～50
设计淤积年限（年）		15～10	10～5	5～2

表 8-4　拦洪坝设计洪水标准

总库容（万 m^3）		500～100	100～50
洪水重现期（年）	正常（设计）	50～30	30～20
	非常（校核）	500～300	300～200
设计淤积年限（年）		30～20	20～10

三、淤地坝的坝址选择

坝址的选择在很大程度上取决于地形和地质条件，但是如果单纯从地质条件好坏的观点出发去选择坝址却是不够全面的。选择坝址必须结合工程枢纽布置、坝系整体规划、淹没情况和经济条件等综合考虑。一个好的坝址必须满足拦洪或淤地效益大、工程量小和工程安全 3 个基本要求。在选定坝址时，要提出坝型建议。坝址选择一般应考虑以下几点：

（1）坝址在地形上要求河谷狭窄、坝轴线短，库区宽阔容量大，沟底比较平缓。

（2）坝址附近应有宜于开挖溢洪道的地形和地质条件。最好有鞍形岩石山凹或红黏土山坡，还应注意到大坝分期加高时，放、泄水建筑物的布设位置。

（3）由于建筑材料的种类、储量、质量和分布情况影响到坝的类型和造价，因此坝址附近应有良好的筑坝材料（土、沙、石料），取用容易，施工方便。

（4）坝址地质构造稳定，两岸无疏松的坍土、滑坡体，断面完整，岸坡不大于 60°。坝基应有较好的均匀性，其压缩性不宜过大。岩层要避开活断层和较大裂隙，尤其要避开有可能造成坝基滑动的软弱层。

（5）坝址应避开沟岔、弯道、泉眼，遇有跌水应选在跌水上方。坝扇不能有冲沟，以免洪水冲刷坝身。

（6）库区淹没损失要小，应尽量避免村庄、大片耕地、交通要道和矿井等被淹没。

（7）坝址还必须结合坝系规划统一考虑。有时单从坝址本身考虑比较优越，但从整体衔接、梯级开发上看不一定有利，这种情况需要注意。

四、设计资料收集

进行工程规划设计时，一般需要收集和实测如下资料。

（一）地形资料

地形资料包括流域位置、面积、水系、所属行政区、地形特点。

(1)坝系平面布置图。在1∶10 000的地形图上标出。

(2)库区地形图。一般采用1∶5 000或1∶2 000的地形图。等高线间距为2～5 m,测至淹没范围10 m以上。它可以用来计算淤地面积、库容和淹没范围,绘制高程与地面积曲线和高程与库容曲线。

(3)坝址地形图。一般采取1∶1 000或1∶500的实测现状地形图,等高线间距为0.5～1 m,测坝顶以上10 m。用此图规划坝体、溢洪道和泄水洞,估算大坝工程量,安排施工期土石场、施工导流、交通运输等。

(4)溢洪道、泄水洞等建筑物所在位置的纵横断面图。横断面图用1∶100～1∶200比例尺,纵断面图可用不同比例尺。这两种图可用来设计建筑物,估算挖填土石方量。

上述各图在特殊情况下,可以适当放大和缩小。规划设计所用图表,一般均应统一采用1956年黄海高程系和国家颁布的标准图式。

(二)流域、库区和坝址地质及水文地质资料

(1)区域或流域地质平面图。

(2)坝址地质断面图。

(3)坝址地质结构、河床覆盖层厚度及物质组成、有无形成地下水库条件等。

(4)沟道地下水、泉逸出地段及其分布状况。

(三)流域内河、沟水化学测验分析资料

流域内河、沟水化学测验分析资料包括总离子含量、矿化度(mL/g)、总硬度、总碱度及pH值在区域的变化规律,为预防坝地盐碱化提供资料。

(四)水文气象资料

水文气象资料包括暴雨、洪水、径流、泥沙情况,气温变化和冻结深度等。

(五)天然建筑材料的调查

天然建筑材料的调查包括土、沙、石、砂砾料的分布,结构性质和储量等。

(六)社会经济调查资料

社会经济调查资料包括流域内人口、经济发展现状、土地利用现状、水土流失治理情况。

(七)其他条件

其他条件包括交通运输、电力、施工机械、居民点、淹没损失、当地建筑材料的单价等。

五、淤地坝水文计算

设计暴雨量、设计洪峰流量、设计洪水总量以及洪水过程线推算等淤地坝水文计算内容,参见《水文学》有关内容。

六、淤地坝坝高的确定

淤地坝除拦泥淤地外,还有防洪的要求。所以,淤地坝的库容由两部分组成:一部分为拦泥库容,另一部分为滞洪库容。而相应于该两部分库容的坝高,即为拦泥坝高和滞洪坝高。

另外,为了保证淤地坝工程和坝地生产的安全,还需增加一部分坝高,称为安全超高。因此,淤地坝的总坝高等于拦泥坝高、滞洪坝高及安全超高之和(见图8-11)。

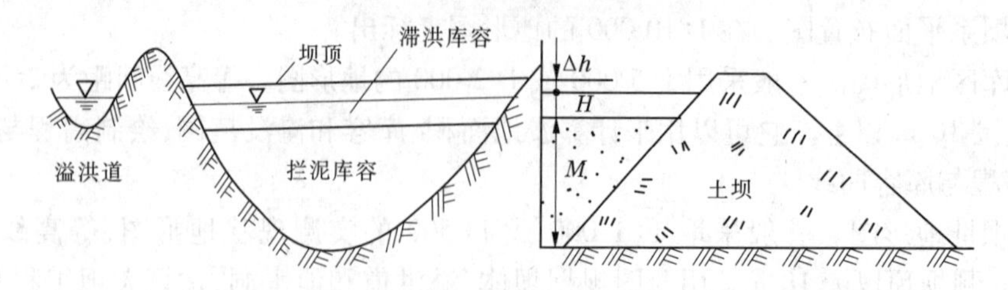

图 8-11　淤地坝坝高与库容关系示意图

(一)拦泥坝高的确定

设计时,首先分析该坝的坝高—淤地面积—库容关系曲线,初步选定经济合理的拦泥坝高,由其关系曲线中查得相应坝高的拦泥库容。其次由初拟坝高加上滞洪坝高和安全超高的初估值,作为全坝高来估算其坝体的工程量。根据施工方法、工期和社会经济情况等,判断实现初选拦泥坝高的可能性。最后由该坝所控流域内的年平均输沙量求得淤平年限。

(二)滞洪坝高的确定

为了保证淤地坝工程安全和坝地的正常生产,必须修建防洪建筑物(如溢洪道)。由于防洪建筑物不可能修的很大,也不可能来多少洪水就排泄多少洪水,这在经济上是极不合理的。所以,在淤地坝中除有拦泥(淤地)库容外,必须有一个滞洪库容,用以滞蓄由防洪建筑物暂时排泄不走的洪水,为此,需进行调洪演算。调洪演算的任务是根据设计洪水的大小,确定防洪建筑物的规模和尺寸,确定滞洪库容和相应的滞洪坝高。

(三)安全超高的确定

淤地坝的安全超高主要取决于坝高的大小,根据各地经验可采用表 8-5 的数值。

表 8-5　淤地坝安全超高　　(单位:m)

坝高	<10	10 ~ 20	>20
安全超高	0.5 ~ 1.0	1.0 ~ 1.5	1.5 ~ 2.0

淤地坝的大坝设计、溢洪道设计、放水建筑物设计可参照前面讲的坝工建筑物相关内容进行设计。

第四节　排水工程

排水工程可减免地表水和地下水对坡体稳定性的不利影响,一方面能提高现有条件下坡体的稳定性,另一方面允许坡度增加而不降低坡体稳定性。排水工程包括排除地表水工程和排除地下水工程。

一、排除地表水工程

排除地表水工程的作用,一是拦截病害斜坡以外的地表水,二是防止病害斜坡内的地表水大量渗入,并尽快汇集排走。它包括防渗工程和水沟工程。

防渗工程包括整平夯实和铺盖阻水,可以防止雨水、泉水和池水的渗透。当斜坡上有松散易渗水的土体分布时,应填平坑洼和裂缝并整平夯实。铺盖阻水是一种大面积防止地表水渗入坡体的措施,铺盖材料有黏土、混凝土和水泥砂浆;黏土一般用于较缓的坡。坡上的坑凹、陡坎、深沟可堆渣填平(若黏土丰富,最好用黏土填平),使坡面平整,以便夯实铺盖。铺土要均匀,厚度为1~5 m,一般为水头的1/10。有破碎岩体裸露的斜坡,可用水泥砂浆勾缝抹面。水上斜坡铺盖后,可栽植植物以防水流冲刷。坡体排水地段不能铺盖,以免阻挡地下水外流造成渗透水压力。

水沟工程包括截水沟和排水沟(见图8-12)。截水沟布置在病害斜坡范围外,拦截旁引地表径流,防止地表水向病害斜坡汇集。

排水沟布置在病害斜坡上,一般呈树枝状,充分利用自然沟谷。在斜坡的湿地和泉水出露处,可设置明沟或渗沟等引水工程将水排走。当坡面较平整,或治理标准较高时,需要开挖集水沟和排水沟,构成排水沟系统。集水沟横贯斜坡,可汇集地表水,排水沟比降较大,可将汇集的地表水迅速排出病害斜坡。水沟工程可采用砌石、沥青铺面、半圆形钢筋混凝土槽、半圆形波纹管等形式,有时采用不铺砌的沟渠,其渗透和冲刷较强、效果差些。

二、排除地下水工程

排除地下水工程的作用是排除和截断渗透水。它包括渗沟、明暗沟、排水孔、排水洞、截水墙等。

渗沟的作用是排除土壤水和支撑局部土体,比如可在滑坡体前缘布设渗沟。有泉眼的斜坡上,渗沟应布置在泉眼附近和潮湿的地方。渗沟深度一般大于2 m,以便充分疏干土壤水。沟底应置于潮湿带以下较稳定的土层内,并应铺砌防渗。渗沟上方应修挡水埂,防止坡面上方水流流入,表面成拱形,以排走坡面流水(见图8-13)。

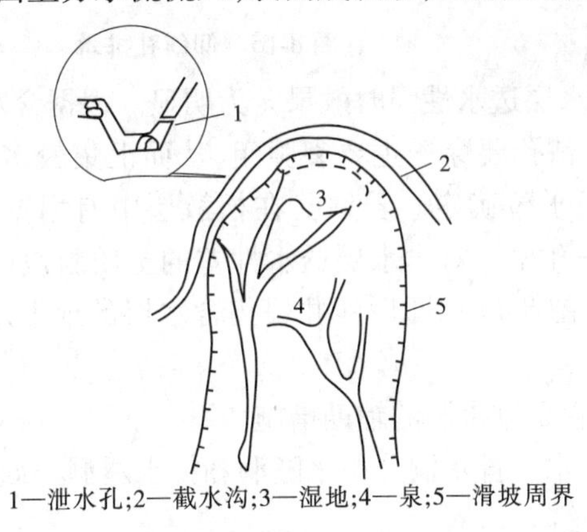

1—泄水孔;2—截水沟;3—湿地;4—泉;5—滑坡周界

图8-12　滑坡区的水沟工程

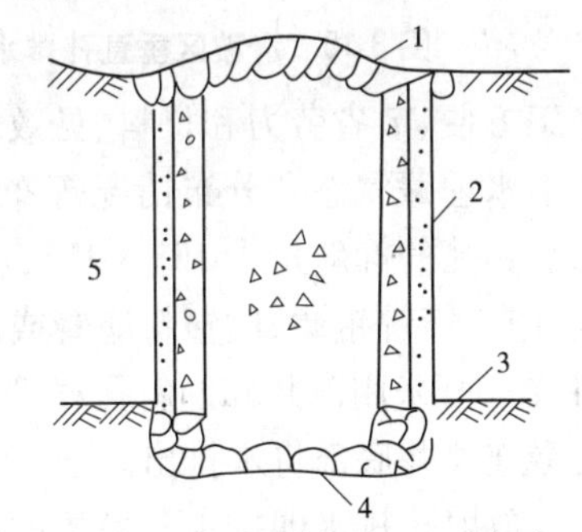

1—干砌片石表面砂浆勾缝;2—反滤面;3—较干燥稳定土层上界线;4—浆砌石;5—不稳定土层

图8-13　渗沟结构示意图

排除浅层(约3 m以上)的地下水可用暗沟和明暗沟。暗沟分为集水暗沟和排水暗沟。集水暗沟用来汇集浅层地下水,排水暗沟连接集水暗沟,把汇集的地下水作为地表水排走。暗沟结构参见图8-14,其底部布设有孔的钢筋混凝土管、波纹管、透水混凝土管或石笼,底部可铺设不透水的杉皮、聚乙烯布或沥青板,侧面和上部设置树枝及砂砾组成的过滤层,以防淤塞。

明暗沟即在暗沟上同时修明沟,可以排除滑坡区的浅层地下水和地表水。

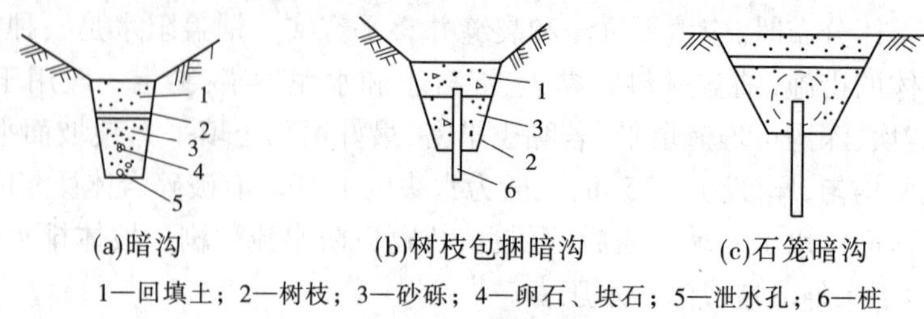

1—回填土；2—树枝；3—砂砾；4—卵石、块石；5—泄水孔；6—桩

图 8-14　暗沟横截面图

排水孔是利用钻孔排除地下水或降低地下水位。排水孔又分垂直孔、仰斜孔和放射孔。

垂直孔排水是钻孔穿透含水层,将地下水转移到下伏强透水岩层,从而降低地下水位。如图 8-15 所示,是钻孔穿透滑坡体及其下面的隔水层,将地下水排至下面强透水层。

仰斜孔排水是用接近水平的钻孔把地下水引出,从而疏干斜坡(见图 8-16)。仰斜孔

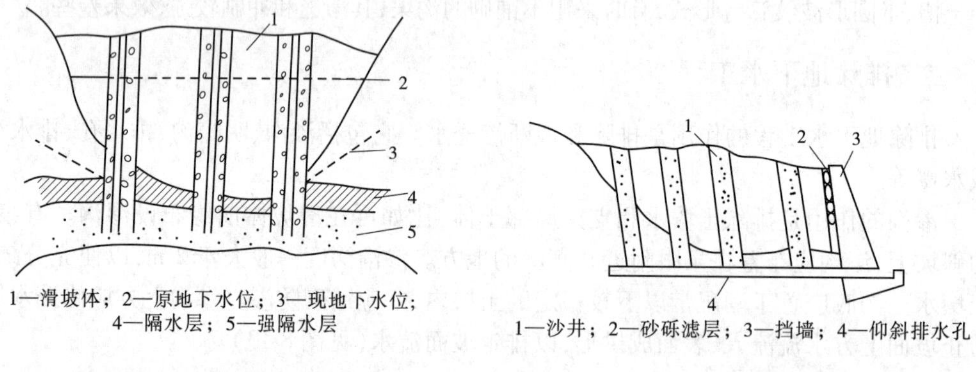

1—滑坡体；2—原地下水位；3—现地下水位；4—隔水层；5—强隔水层

图 8-15　滑坡区垂直孔排水

1—沙井；2—砂砾滤层；3—挡墙；4—仰斜排水孔

图 8-16　仰斜孔排水

施工方便、节省劳力和材料、见效快,当含水层透水性强时效果尤为明显。根据含水类型、地下水埋藏状态和分布情况等布置钻孔,钻孔要穿透主要裂隙组,从而汇集较多的裂隙水。钻孔的仰斜角为 10°～15°,根据地下水位确定。若钻孔在松散层中有塌壁堵塞可能,应用镀锌钢滤管、塑料滤管或加固保护孔壁。对含水层透水性差的土质斜坡(如黄土斜坡),可采用沙井和仰斜孔联合排水(见图 8-17),即用沙井聚集含水层的地下水,仰斜孔穿连沙井底部将水排出。

放射孔排水即排水孔呈放射状布置,它是排水洞的辅助措施。

排水洞的作用是拦截和疏导深层地下水。排水洞分截水隧洞和排水隧洞。截水隧洞修筑在病害斜坡外围,用来拦截旁引补给水;排水隧洞布置在病害斜坡内,用于排泄地下水。滑坡的截水隧洞洞底应低于隔水层顶板,或在坡后部滑动面之下,开挖顶线必须切穿含水层,其衬砌拱顶又必须低于滑动面,截水隧洞的轴线应大致垂直于水流方向。排水隧洞洞底应布置在含水层以下,在滑坡区应位于滑动面以下,平行于滑动方向

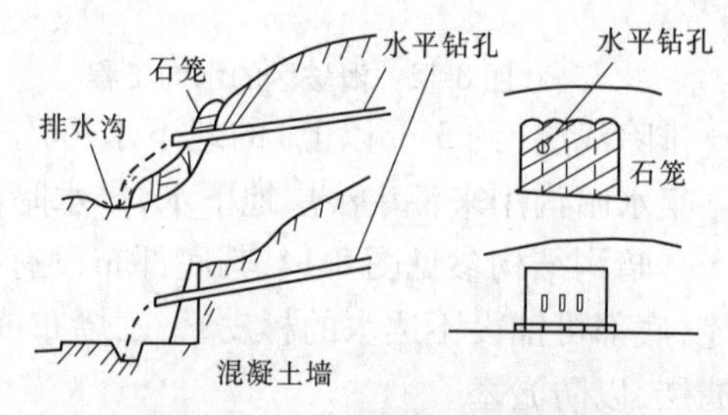

图 8-17　沙井和仰斜孔联合排水

布置在滑坡前部，根据实际情况选择渗井、渗管、分支隧洞和仰斜排水孔等措施进行配合使用。排水隧洞边墙及拱圈应留泄水孔和填反滤层。

如果地下水沿含水层向滑坡区大量流入，可在滑坡区外布设截水墙，将地下水截断，再用仰斜孔排出（见图8-18）。注意不要将截水墙修筑在滑坡体上，因为可能诱导发生滑坡。修筑截水墙有两种方法：一是开挖到含水层后修筑墙体，二是灌注法。含水层较浅时用第一种方法，当含水层在2～3 m以下时采用灌注法较经济。灌注材料有水泥浆和化学药液，当含水层大孔隙多且流量、流速小时，用水泥浆较经济，但因黏性大，凝固时间长，压入小孔隙需要较大的压力，而灌注速度大时则可能在凝固前流失，因此，有时与化学药液混合使用。化学药液可以单独使用，其胶凝时间从几秒到几小时，可以自由调节，黏性也小。具体灌注方法可参阅有关资料。

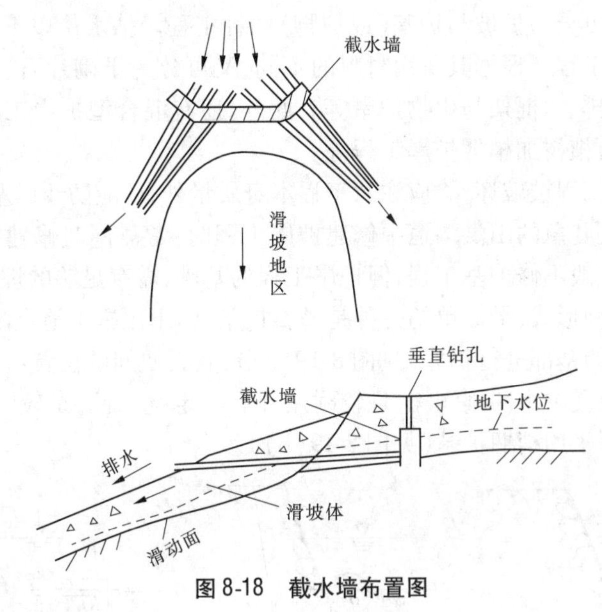

图8-18 截水墙布置图

第五节 护岸治滩造田工程

各种类型的河段，在自然情况或受人工控制的条件下，由于水流与河床的相互作用，常造成河岸崩塌而改变河势，危及农田及城镇村庄的安全，破坏水利工程的正常运用，给国民经济带来不利影响。修筑护岸与治河工程的目的，就是为了抵抗水流冲刷，变水害为水利，为农业生产服务。

一、护岸工程

（一）护岸工程的目的及种类

防治山洪的护岸工程与一般平原、河流的护岸工程并不完全相同，主要区别在于横向侵蚀使沟岸崩坏后，由于山区较陡，还可能因下部沟岸崩坍而引起山崩，因此护岸工程还必须起到防止山崩的作用。

1. 护岸工程的目的

沟道中设置护岸工程,主要用于下列情况:

(1)由于山洪、泥石流冲击使山脚遭受冲刷而有山坡崩坍危险的地方。

(2)在有滑坡的山脚下,设置护岸工程兼起挡土墙的作用,以防止滑坡及横向侵蚀。

(3)用于保护谷坊、拦沙埂等建筑物。谷坊或淤地坝淤沙后,多沉积于沟道中部,山洪遇堆积物常向两侧冲刷,如果两岸岩石或土质不佳,就需设置护岸工程,以防止冲塌沟岸而导致谷坊或拦沙坝失事。在沟道窄而溢洪道宽的情况下,如果过坝的山洪流向改变,也可能危及沟岸,这时也需设置护岸工程。

(4)沟道纵坡陡急、两岸土质不佳的地段,除修谷坊防止下切外,还应修护岸工程。

2. 护岸工程的种类

护岸工程一般可分为护坡与护基(或护脚)两种工程。枯水位以下称为护基工程,枯水位以上称为护坡工程。根据其所用材料的不同,又可分为干砌片石、浆砌片石、混凝土板、铁丝石笼、木桩排、木框架与生物护岸等。此外,还有混合型护岸工程,如木桩植树加抛石护岸工程、抛石植树加梢捆护岸工程等。

为了防止护岸工程被破坏,除应注意工程本身质量外,还应防止因基础被冲刷而遭受破坏。因此,在坡度陡急的山洪沟道中修建护岸工程时,常需同时修建护基工程;如果下游沟道坡度较缓,一般不修护基工程,但护岸工程的基础,需有足够的埋深。

护基工程有多种形式,最简单的一种是抛石护基,即用比施工地点附近的石块更大的石块铺到护岸工程的基部进行护底(见图 8-19(a)),其石块间的位置可以移动,但不能暴露沟底,以使基础免受洪水冲刷淘深,且较耐用并有一定挠曲性,是较常用的方法。在缺乏大石块的地区,可采用梢捆护基(见图 8-19(b))。

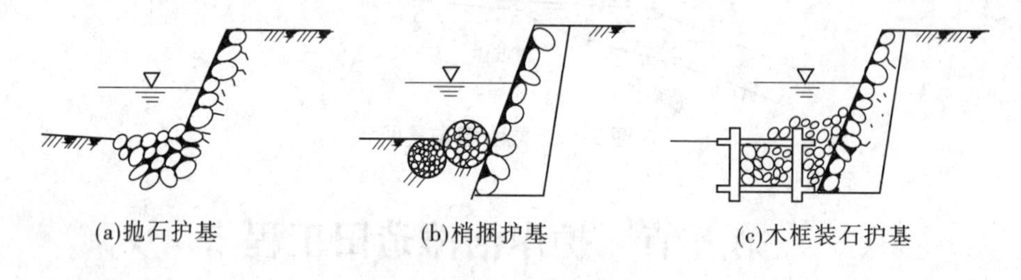

(a)抛石护基　　(b)梢捆护基　　(c)木框装石护基

图 8-19　护基工程示意图

(二)护岸工程的设计原则

(1)在进行护岸工程设计之前,应对上下游沟道情况进行调查研究,分析在修建护岸工程之后,下游或对岸是否会发生新的冲刷,确保沟道安全。

(2)为避免水流冲毁基础,护岸工程应大致按地形设置,并力求形状没有急剧的弯曲。此外,还应注意将护岸工程的上游及下游部分与基岩、护基工程及已有的护岸工程连接,以免在护岸工程的上下游发生冲刷作用。

(3)护岸工程的设计高度,一方面要保证山洪不致漫过护岸工程,另一方面应考虑护岸工程的背后有无崩塌的可能。若有崩塌的可能,则应预留出堆积崩塌沙石的余地,即使护岸工程距崩塌处有一定的距离并有足够的高度,如不能满足高度的要求,可沿岸坡修建向上成斜坡的横墙,以防止背后侵蚀及坡面的崩塌。

(4)在弯道段凹岸水位较凸岸水位高,因此凹岸护岸工程的高度应更高一些,凹岸水位比凸岸水位高出的数值(ΔH)可近似地按下式计算

$$\Delta H = \frac{v^2 B}{gR} \tag{8-4}$$

式中　ΔH——凹岸水位高于凸岸水位的数值,可作为超高计算,m;

v——水流流速,m/s;

B——沟道宽度,m;

R——弯道曲率半径,m;

g——重力加速度,m/s^2。

(三)护脚(基)工程

护脚工程的特点是常潜没于水中,时刻都受到水流的冲击和侵蚀作用。因此,在建筑材料和结构上要求具有抗御水流冲击和推移质磨损的能力;富有弹性,易于恢复和补充,以适应河床变形;耐水流侵蚀的性能好,以及便于水下施工等。

常用的护脚工程有抛石、沉枕、石笼等。

1.抛石护脚工程

设计抛石护脚工程应考虑块石规格、稳定坡度、抛护范围和厚度等几个方面的问题。

护脚块石要求采用石质坚硬的石灰岩、花岗岩等,不得采用风化易碎的岩石。块石尺寸以能抵抗水流冲击,不被冲走为原则,可根据护岸地点洪水期的流速、水深等实测资料,用一般起动流速进行略估,块石直径一般取20~40 cm,并可掺和一定数量的小块石,以堵塞大块石之间的缝隙。

抛石护脚的稳定坡度,除应保证块石体本身的稳定外,还应保证块石体能平衡土坡的滑动力。因此,必须结合块石体的临界休止角和沟岸土质在饱和情况下的稳定边坡来考虑。块石体在水中的临界休止角可定为1:1.4~1:1.5,沟岸土质在饱和情况下的稳定边坡可参考实测资料确定,对于沙质沟床约为1:2。抛石护脚工程的设计边坡应缓于临界休止角,等于或略陡于饱和情况下的稳定边坡,一般情况下,应不陡于1:1.5~1:1.8(水流顶冲愈严重,越应取较大比值)。

抛石厚度对于工程的效果和造价关系极为密切。目前,一般规定厚度为0.4~0.8 m,相当于块石粒径的2倍(见图8-20)。在接坡段紧接枯水位处,为稳定边坡,加抛顶宽为2~3 m的平台。如沟坡陡峻(局部坡度陡于1:1.5,重点险段坡度陡于1:1.8),则需加大抛石厚度。

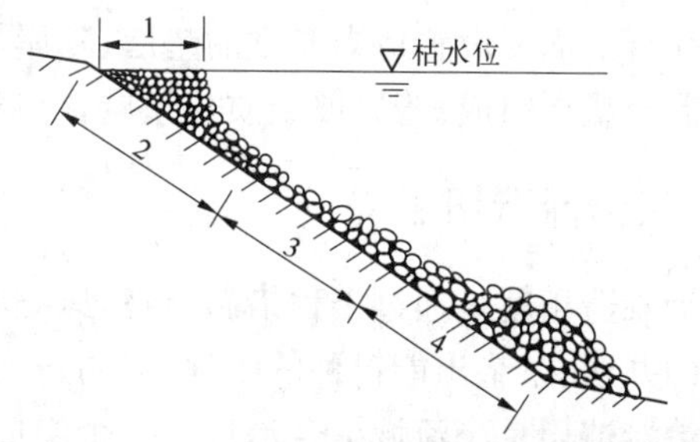

1—平台;2—接坡段;3—掩护段;4—近岸护底段

图8-20　抛石护脚工程横断面

2.石笼护脚工程

石笼护脚多用于流速大、边坡陡的地区。石笼是用铅丝、铁丝、荆条等材料做成各种网格的笼状物体,内填块石、砾石或卵石。其优点是具有较好的强度和柔性,不需较大的石料,在高含沙山洪的作用下,石笼中的空隙将很快被泥沙淤满而形成坚固的整体

护层,增强了抗冲能力,缺点是笼网日久会锈蚀,导致石笼解体(一般使用年限:镀锌铁丝笼为 8 ~12 年,普通铁丝为 3 ~5 年)。另外,在沟道有滚石的地段,一般不宜采用。

笼的网格大小以不漏失填充的石料为限度,一般做成箱形或圆柱形,铺设厚度为 0.4 ~0.5 m,其他设计与抛石护脚工程相同。图 8-21 为各种石笼结构图。

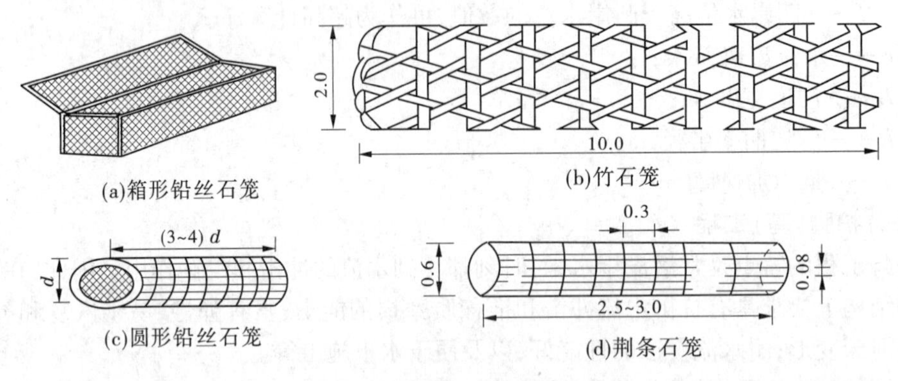

图 8-21 石笼结构图 (单位:m)

3. 护坡工程

护坡工程又称护坡堤,可采用砌石结构,也可采用生物护坡。砌石护岸堤可分单层干砌块石、双层干砌块石和浆砌石 3 种。对于山洪流向比较平顺、不受主流冲刷的防护地点,当流速为 2 ~3 m/s 时,可采用单层干砌块石;当流速为 3 ~4 m/s 时,可采用双层干砌块石;在受到主流冲刷、山洪流速大(≥4 ~5 m/s)、挟带物多、冲击力猛的防护地点,则采用浆砌石。

(四)护岸堤修筑时,需注意的问题

(1)基础要挖深,慎重处理,防止掏空。一般情况下,当冲刷深度在 4 m 以内时,可将基础直接埋在冲刷深度以下 0.5 ~1.0 m 处,并且基础底面要低于沟床最深点以下 1 m 左右。

(2)沟岸必须事先平整,达到规定坡度后再进行砌石。

(3)护岸片石必须全部丁砌,并垂直于坡面。

片石下面要设置适当厚度的垫层,随岸坡土质不同,垫层一般采用砂砾卵石或粗中砂卵石混合垫层组成,若岩坡土质与垫层材料相类似,则可设垫层。

二、治滩造田工程

治滩造田就是通过工程措施,将河床缩窄、改道、裁弯取直,在治好的河滩上,用引洪放淤的办法,淤垫出能耕种的土地,以防止河道冲刷,变滩地为良田。

治滩造田是小流域综合治理的一个组成部分,而流域治理的好坏又直接影响治滩造田工程的标准和效益,因此治滩造田工程不能脱离流域治理规划单独进行。

(一)治滩造田的类型

治滩造田的类型主要有束河造田、改河造田、裁弯造田、堵叉造田、箍洞造田。

1. 束河造田

在宽阔的河滩上,修建顺河堤等治河工程束窄河床,将腾出来的河滩改造成耕地(见

图 8-22）。

2. 改河造田

在条件适宜的地方开挖新河道，将原河改道，在老河床上造田（见图 8-23）。

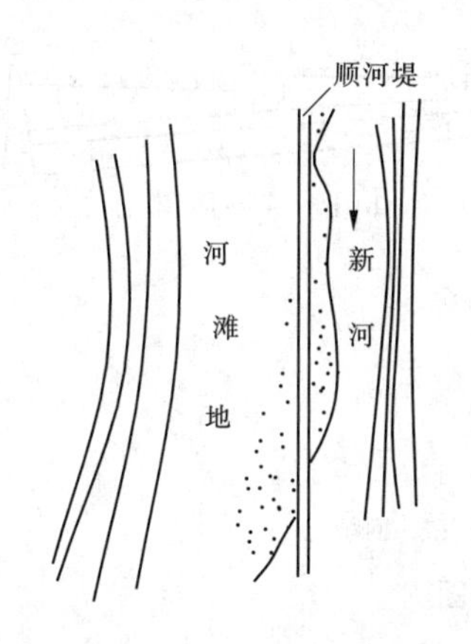

图 8-22　束河造田示意图

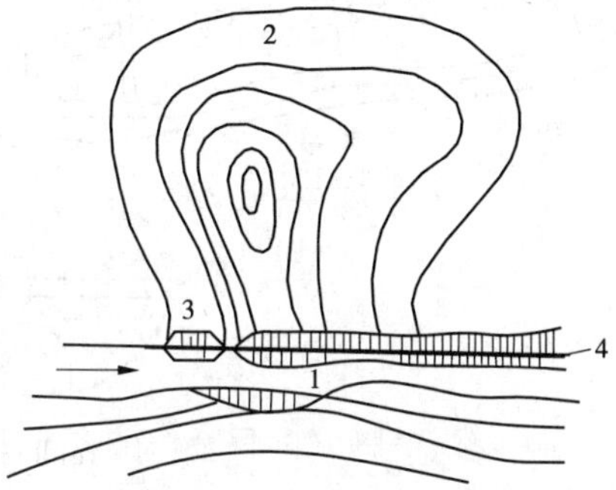

1—新河；2—老河；
3—老河进口拦河坝；4—新河堤

图 8-23　改河造田示意图

3. 裁弯造田

过分弯曲的河道往往形成河环，在河环狭窄处开挖新河道，将河道裁弯取直，在老河湾造田（见图 8-24）。

4. 堵叉造田

在河道分叉处，选留一叉，堵塞某条支叉，并将其改造为农田（见图 8-25）。

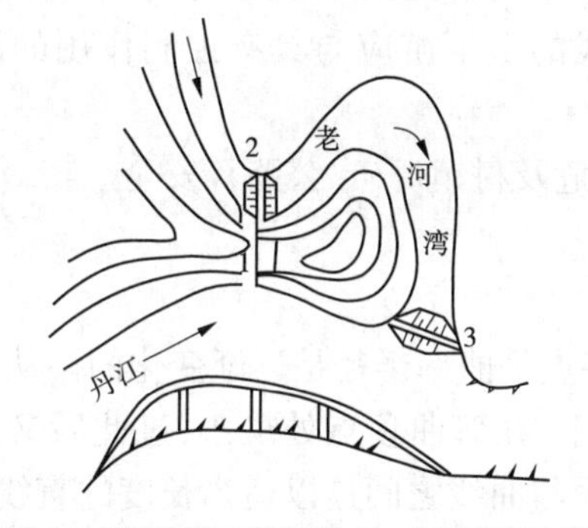

1—新河；2—老河湾进口拦河坝；3—老河湾出口拦河坝

图 8-24　裁弯造田示意图

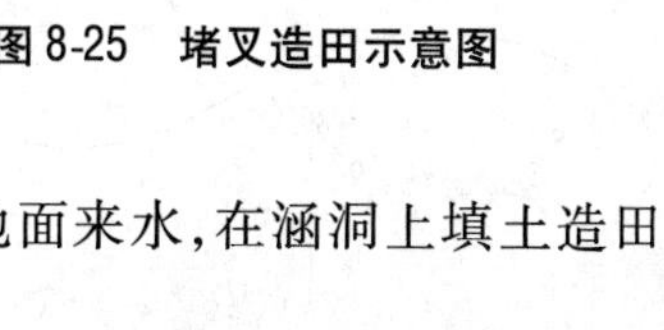

1—顺河堤；2—老叉道；3—江心洲

图 8-25　堵叉造田示意图

5. 箍洞造田

在小流域的支沟内顺着河道方向砌筑涵洞，宣泄地面来水，在涵洞上填土造田（见图 8-26）。

（二）整治线的规划

整治线（又称治导线）是指河道经过整治以后，在设计流量下的平面轮廓，它是布置整治建筑物的重要依据。因此，整治线规划设计得是否合理，往往决定着工程量和工程效益的大小，甚至决定工程的成败。

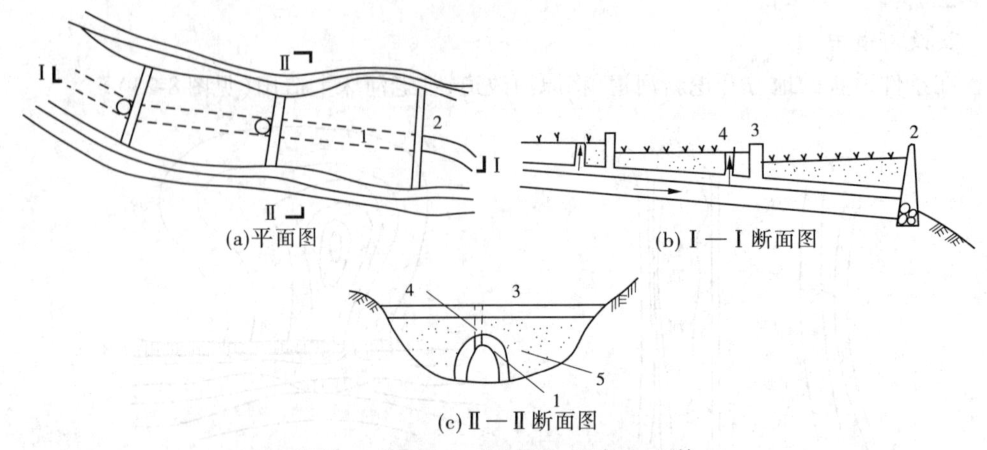

1—造地涵洞;2—闸沟埂;3—地边埂;4—天窗;5—回填土

图8-26　箍洞造田示意图

1. 整治线的布置原则

整治线的布置,应根据河道治理的目的,按照因势利导的原则来确定,应能很好地满足国民经济各有关部门的要求。

(1)多造地和造好地,新河应力求不占耕地或少占耕地,造出的地耕种条件应较好,最好能成片相连,以做到"河靠阴,地向阳"。

(2)因势利导。充分研究水流、泥沙运动的规律及河床演变的趋势。顺其势、尽其利,应尽量利用已有的整治工程和长期比较稳定的深槽及较耐冲的河岸,力求上、下游呼应;左、右岸兼顾;洪、中、枯水统一考虑。整治线的上下游应与具有控制作用的河段相衔接。

(3)应照顾原有的渠口、桥梁等建筑物,不要危及村镇厂矿、公路等安全。

2. 整治线的形式

1)蜿蜒式

整治线一般都是圆滑的曲线。这种曲线的特点是曲率半径是逐渐变化的。从上过渡段起,曲率半径开始为无穷大,由此往下,逐渐变小,在弯曲顶点处最小,过此后又逐渐增大,至下过渡段又达到无穷大(见图8-27),在曲线与曲线之间连以适当长度的直线。

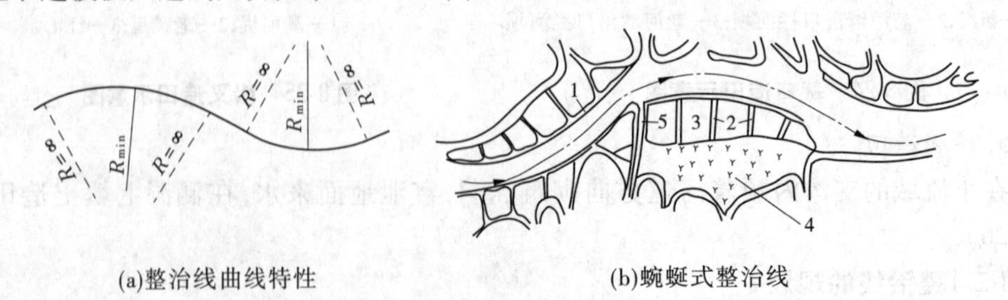

(a)整治线曲线特性　　(b)蜿蜒式整治线

1—顺河石堤;2—格堤;3—新造河滩地;4—原耕地;5—大支沟

图8-27　整治线示意图

这种曲线形式的整治线，比较符合河流的水流结构特点与河床演变规律，不仅水流平顺、滩槽分明，且较稳定。但河道占地面积大，造出的新田不能连成大片，不利于机械化。一般适用于流域面积大，河谷宽阔，中、枯水历时较长的河流。

2）直线式

这种整治线基本上把新河槽设计成直线，根据河势和地形，自上游到下游分段取直（见图8-28）。

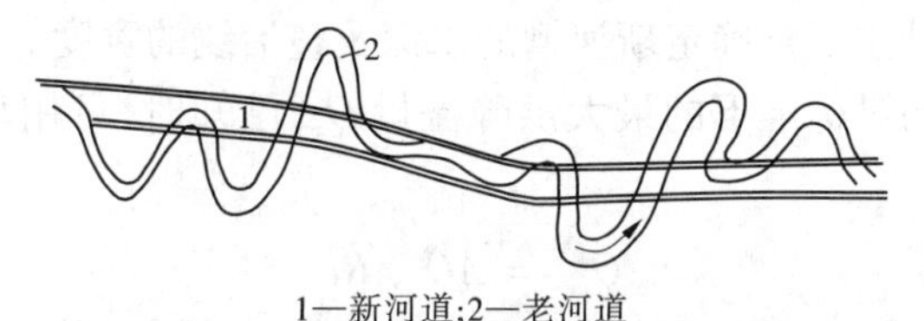

1—新河道；2—老河道

图8-28　直线式整治线示意图

直线式整治线可缩短河长，增加造地面积，使耕地连片，且新河槽中洪水流动顺畅，阻力小，减小对凹岸的横向冲刷，但河长的缩短，增大了河床比降，势必增强流水对河床的冲刷作用。因此，不仅要求在两岸修建导流堤，且要求对治河建筑物进行防护或将老河全部填平，沿山脚另开河，在老河上造地。

3）绕山转式

这种整治线是将新河槽挤向山脚一侧，河道环绕山脚走向流动，或将老河全部填平，沿山脚另开新河，在老河上造地（见图8-29）。

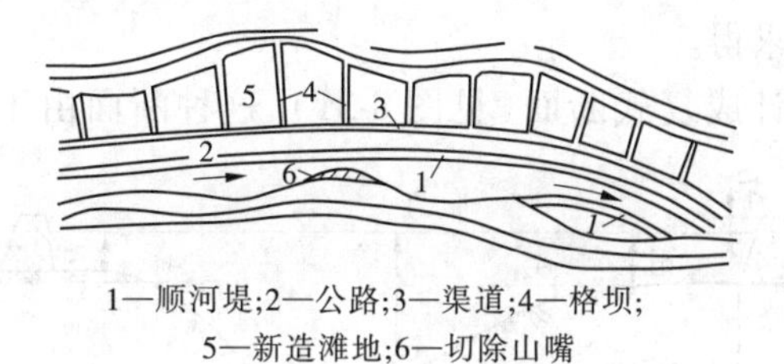

1—顺河堤；2—公路；3—渠道；4—格坝；
5—新造滩地；6—切除山嘴

图8-29　绕山转式整治线示意图

绕山转式整治线占地少，有利于土地连片。但对原来的水流运动规律改变较大，整治线难以防护，此外，山脚处一般地势较高，可能使新河槽床面较高，河床难以冲深，加之山脚一带山嘴、石崖较多，造成河槽宽窄不一，水流紊乱。因此，为达到新河槽的设计断面，必须平顺水流，挖深河床，在凹段还要修建顺河堤工程，实施困难，一般适用于小河流。

3. 整治线的曲率半径

整治线的曲率半径和宽度，应根据河流的水文、地理及地质条件来确定。

在缺乏资料时，曲率半径可按式（8-5）确定

$$R = KB \tag{8-5}$$

式中　R——曲率半径（见图8-30）；

K——系数，一般可取4～9；

B——直线段河宽。

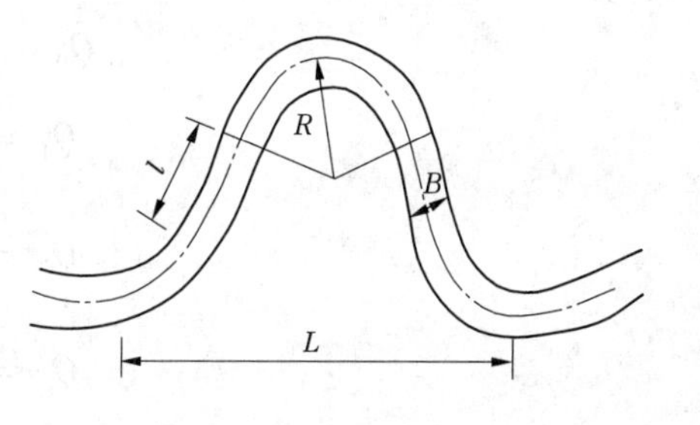

图8-30　弯道水流

整治线两反面之间的直线段长度 l 应适当。l 过短则在过渡段的某些断面上产生反向环流，造成交错浅滩；l 过长则可能加重过渡段的淤积。一般按式(8-6)确定

$$l = (1 \sim 3)B \tag{8-6}$$

整治线两同向弯顶之间的距离 L，可参照式(8-7)确定

$$L = (12 \sim 14)B \tag{8-7}$$

(三)新河槽断面设计

新河槽的断面设计主要指确定新河槽的水深及整治线的宽度。

当某河段在一定防洪标准下的最大洪峰流量 Q_{mp} 已知时，可用均匀流流量公式进行计算，即

$$Q_{mp} = AC\sqrt{Ri}$$

$$C = \frac{1}{n}R^{1/6} \tag{8-8}$$

当河道为宽浅式断面时，可用式(8-9)计算

$$Q_{mp} = \frac{1}{n}BH^{5/3}i^{1/2} \tag{8-9}$$

式中　B——水面宽度，m；

H——过水断面平均水深，m；

n——河床糙率；

i——河床比降。

H 与 B 可用试算法求得。

有些地方将河槽设计成复式断面(见图8-31)，这种断面由于两边滩地与主槽的水

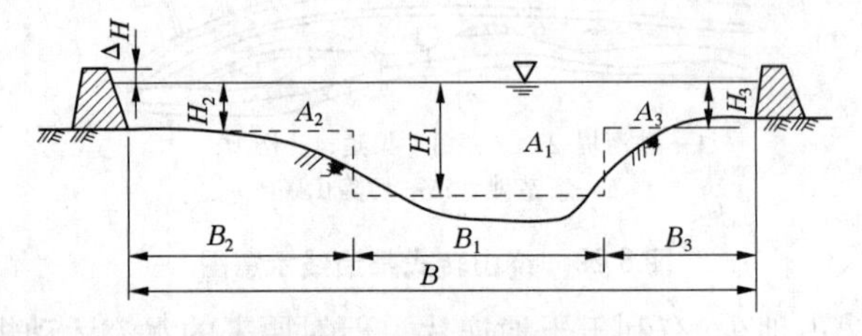

图8-31　复式断面设计图

深、糙率和流速均不相同，所以计算时应将断面分为 A_1、A_2、A_3 三部分进行，这三部分面积之和应与原过水断面面积相等，滩、槽坡降可取相同值，然后根据式(8-10)~式(8-13)进行计算

$$Q_0 = Q_1 + Q_2 + Q_3 \tag{8-10}$$

$$Q_1 = \frac{1}{n_1}B_1H_1^{5/3}i^{1/2} \tag{8-11}$$

$$Q_2 = \frac{1}{n_2}B_2H_2^{5/3}i^{1/2} \tag{8-12}$$

$$Q_3 = \frac{1}{n_3}B_3H_3^{5/3}i^{1/2} \tag{8-13}$$

式中　Q_0——设计洪峰流量，m^3/s；

Q_1、Q_2、Q_3——通过主槽 A_1 及左、右两滩地 A_2、A_3 的流量，m^3/s；

n_1、n_2、n_3——河床主槽及左、右两滩地的糙率系数；

B_1、B_2、B_3 及 H_1、H_2、H_3——河床主槽及左、右滩地的宽度及平均水深，B、H 的计算仍用试算法。

应该指出的是，河道是水流与河床长期相互作用下的产物，在一定的边界条件下，在一定的来沙来水的作用下，就会塑造出一定形态的河床。根据这个道理，通过大量调查分析发现，河床形态因素（如河宽、水深、曲率半径等）之间，或这些因素与水力、泥沙因素（如流量、比降、泥沙粒径等）之间具有某种关系，这种关系通常称为“河相关系”。

河道的整治涉及河床的稳定性，而河床的稳定性与这种“河相关系”是密切相关的。因此，在进行新河断面设计时，应重视这种关系，以防河床失稳。

（四）整治建筑物设计

在整治线确定之后，根据不同类型整治线的要求，可采用不同类型的整治建筑物，以保证整治线的实施。整治建筑物的类型很多，治滩造地工程中常用的有丁坝、顺河坝等。

值得提出的是，修筑了某些治河造田工程以后，束窄了天然河道，改变了原来的水流状态，使流速增大，一般能引起河床纵深方向的冲刷。因此，在修筑治河工程的同时，还应根据建筑物和河道的情况，设置护底工程。

（五）河滩造田的方法

为了把治滩后造成的土地建成高产稳产的基本农田，必须做好滩地的园田化建设，其内容包括建设灌溉排水系统、营造防护林、平滩垫地、引洪漫地、改良土壤等内容。常见的河滩造地的方法有以下几种。

1. 修筑格坝

根据滩地园田化的规划，首先应当在河滩上用砂卵石或土料修成与顺河坝相垂直的，把滩地分成若干条块的横坝，叫做格坝，它是河滩造地中的一项重要工程。

格坝的主要作用是将格坝地与原有滩地分划成若干小块，形成许多造田单元，可以使平整土地及垫土的工程量大大减小，当顺河坝局部被冲毁时，格坝可发挥减轻洪灾的作用。

格坝间距的大小主要取决于河滩地形条件和河滩坡度的大小，坡度愈大，间距愈小。另外，布置格坝时要尽量与道路、排灌系统、防护林网协调一致，格坝间距一般为 30～100 m。

格坝高度与间距有着密切的关系，见图 8-32。

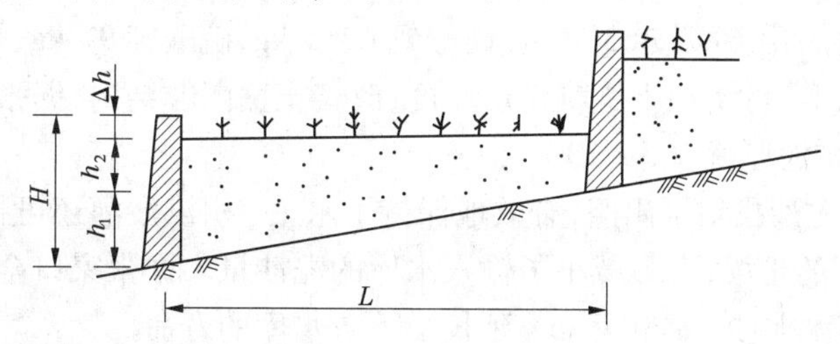

图 8-32　格坝的高度与间距

当格坝间距 L 确定后，格坝的高度可用下式计算

$$H = h_1 + h_2 + \Delta h \tag{8-14}$$

$$h_1 = iL \tag{8-15}$$

式中 H——格坝高度,m;

h_1——两格之间河滩地面的高差,m;

i——河滩的纵比降;

h_2——新造河滩地所需要的最小垫土厚度,根据各地经验,第一次垫土厚度要 40 cm 左右才能种植作物,以后逐年增加土层厚度达 80 cm 时,才能高产稳产;

Δh——格坝超高,一般高出河滩新地面 20 ~ 30 cm。

根据试验,格坝的高度一般以 1.0 ~ 1.5 m 为宜。过高,则费工费时,而且稳定性差;过低,则格坝过密,田块太小,减少土地利用率。

格坝的形式和修筑方法视河滩实际情况而定。当为沙质河滩时,格坝可由河沙堆筑,其形式为梯形,顶宽一般为 1.5 ~ 2.0 m,边坡为 1:1.5 ~ 1:2.0。在卵石河滩上修筑格坝时,可用河滩上较大的卵石垒砌而成,若高度较高,可筑成浆砌石格坝,格坝的基础应在原地面 0 ~ 40 cm 处,用卵石或块石垒砌的格坝,其顶宽为 0.6 ~ 0.8 m,边坡为 1:0.2 ~ 1:0.5,基础底宽为 1 ~ 2 m,当格坝与道路、排灌渠道统一布置时,应加大格坝断面尺寸和提高修筑质量。

2. 引洪漫淤造地

在洪水季节,把河流中含有大量泥沙的洪水引进河滩,使泥沙沉积下来后再排走清水,这种造地方法叫作引洪漫淤造地或引洪淤灌。

1)引洪淤灌的好处

引洪淤灌是我国劳动人民在长期与洪水斗争中所积累的一项宝贵经验,在我国北方一些丘陵山区已有近 2 000 年的历史,主要有以下两方面的好处:

(1)充分利用山洪中的水、肥、土资源,变“洪害”为“洪利”。

①在缺水的山区和半山区,洪汛时期正是“卡脖旱”的时节,玉米、谷子等大田作物需水量很大,这时引洪淤灌,正好满足作物需水要求,对增产有显著作用,“一年淤灌,两年不旱”,因为洪水中的泥沙落淤后,具有“铺盖”与截断土壤毛细管的作用,保墒能力较强。

②洪水中含有大量的牲畜粪便、腐殖质和无机肥料,对增强地力、改良土壤有很大的作用,据张家口地区通桥墩河的调查:洪水落淤后,淤泥中的养分含量百分数氮为 0.206%,磷为 0.17%,钾为 0.802%,有机质为 3.8%。据化验结果计算,每亩地淤 1 cm 厚的泥相当于同时施用硫酸铵 63 kg、过磷酸钙 62.5 kg、硫酸钾 97 kg、马牛粪 1 450 kg。

③利用洪水淤灌,可增加土壤耕作层厚度,改善土壤团粒结构,据张家口地区调查,一次灌水 30 cm 深,淤泥厚就有 5 ~ 10 cm。

(2)为洪水和泥沙找到了出路,有效地保持了水土。引洪淤灌还可把对水库有害的泥沙变为对农业有利的土壤,大大减小了输入水库的泥沙量。据张家口全区估计,每年可拦蓄洪水 2 亿 m^3,落淤泥沙 4 000 万 m^3,延长了下游水库的寿命。

2)引洪淤灌的建筑物

在小面积河滩上引洪漫淤造地,可以在河堤上开口,直接引洪水入滩造地,引洪口沿河堤布置,每隔 80 ~ 150 cm 布置一个,或者每一引洪口负责漫淤 1 ~ 2 块河滩地,引洪口的布置一般与水流方向呈60°夹角，尺寸的大小可根据引洪漫淤面积和一次引洪量多少而定，一般小河滩上多采用宽高各1 m的方形口，底部高程应高出河床80～150 cm。

在较大的河滩上引洪淤地，则需要布置引洪渠系，渠系的设计可参考有关资料，由于山区河道洪水涨落快、历时短、出现次数少，且含沙量大，所以在设计中又有不同于清水灌区之处。

(1)引洪干渠的比降一般以1/300～1/500为宜，断面尺寸大小应根据引洪流量的大小而定，一般渠取深1.0～1.5 m，底宽1～2 m，断面为梯形，边坡系数为1∶1～1∶1.5，渠顶宽为2～2.5 m，引洪支、毛渠的比降大于1/300，以便将洪水迅速流到地里。

(2)与清水灌溉相同，渠口设置进水闸与泄水闸，对于无坝引水的渠口还需设引水坝；对于有坝引水的渠口，则多用滚水坝代替引水坝，也有在泄水闸之间加入一段引水坝的(见图8-33)。

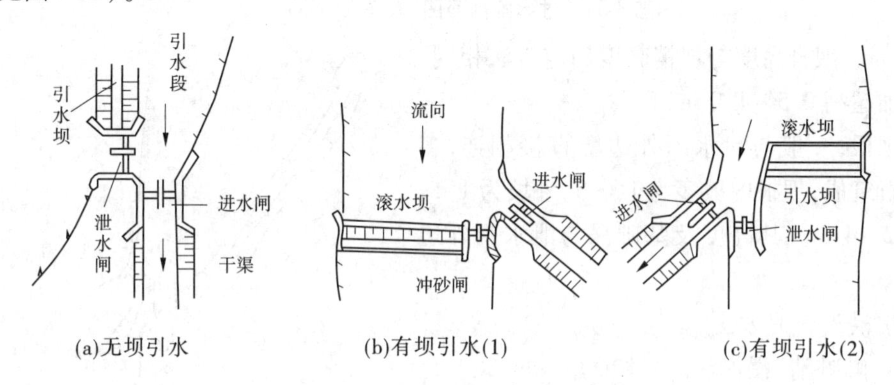

图8-33　渠口三大件示意图

水闸的结构、布置与形式，可参见有关资料，由于洪水灌区闸的过流量大、流速高，河流主槽易变，因此在闸的结构设计上一般要求“基深、底板厚、无消力池”。

①闸基：洪水渠道的闸多是由于淘基倾变而发生破坏，闸在过洪时，流速有时可达到3～4 m/s，因此闸基前后的河床处于不稳定状态，常发生淘刷。为此，需加大闸基埋深，根据群众经验，一般要求“闸基到河底，闸多高、基多深”，在张家口地区，闸的基础深度一般都在河槽以下2.0～2.5 m。

②闸墩：宽度一般为0.8～1.0 m，长度为3～4 m。

③闸底板：厚一般为0.5～1.0 m，后齿墙一般与闸墩基础同深，前齿墙可稍浅一些。

图8-34为通桥河引洪渠一个典型的进水闸设计剖面图。

(3)引水坝的布置常分成软硬两部分，以适应大小不同洪水情况，具体做法是“根硬、头尖、腰子软，保证坝口不出险”(见图8-35)。

①坝梢。是整个引水坝最先迎水的地方，要求结构坚固，一般用河卵石干砌，并用铅丝笼护脚，坝梢高度基本与设计引洪流量的水面平齐。

②薄弱段。在坝梢与坝身的连接部分常做一段薄弱段，其作用是在小洪水时可引洪入渠，大洪水时可牺牲局部，保存整体，洪水可由此段漫越而过，冲开缺口，保证整个引水坝安全。薄弱段迎水面一般用卵石干砌，背面用砂砾石堆积而成。

③坝身。常用浆砌块石做成，或卵石干砌，用卵石时一般内坡为1∶1，外坡为1∶2，顶

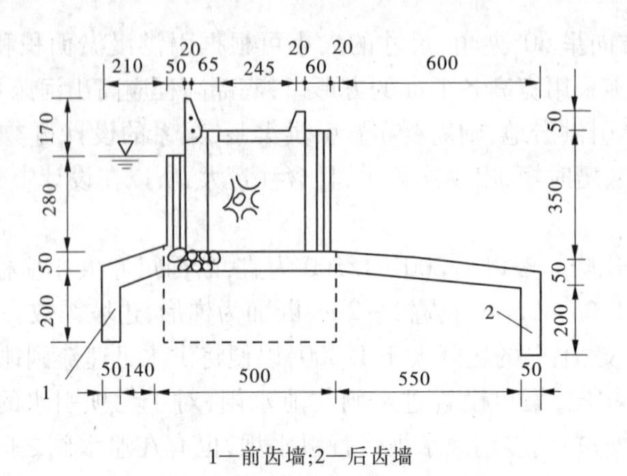

1—前齿墙;2—后齿墙

图 8-34　进水闸剖面图　(单位:cm)

宽 2 ~4 m。坝身高度与坝梢高度确定方法相同,但应增加超高 0.5 ~1.0 m。

④坝根,一般与泄水闸外边墩直接相连,多用浆砌石筑成,坝根内坡多为 1∶0.5,外坡为 1∶1,顶宽为 2 ~4 m。其高度及基础深与泄水闸外边墩相同。

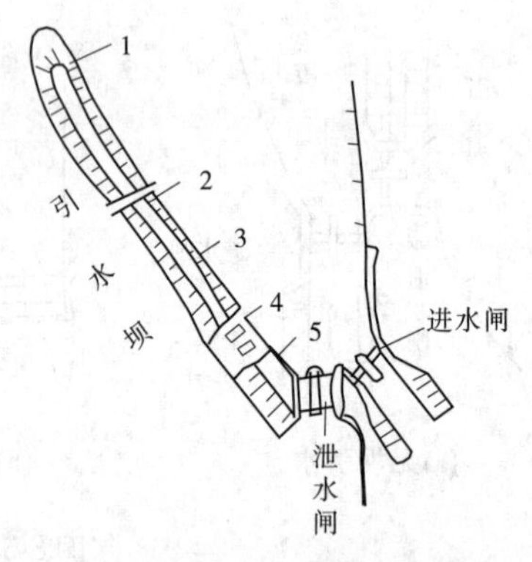

1—坝梢;2—薄弱段;3—坝身;
4—放水孔;5—坝根

图 8-35　引水坝平面图

3)引洪漫淤的方法

(1)“畦畦清”漫淤法。

在地形平坦的河滩上,每块畦田设进、退水口,直接由引洪渠引洪入畦田,水流呈斜线形,每畦自引自排互不干扰。此法因进水口与退水口在畦田内呈对角布置,流程长,落淤效果好(见图 8-36)。

(2)“一串串”漫淤法。

在比降较大的河滩上引洪漫淤,多采用此种方法,洪水入畦后,呈“S”形流动,一串到头,进、出口呈对角线布置(见图 8-37)。

【例 8-1】　试设计一重力式挡土墙,墙高 4.0 m。墙身用浆砌块石砌筑,水泥砂浆用 C10 混凝土,底板用 C15 混凝土。墙身填土与墙顶齐平,回填土为砂壤土,内摩擦角 $\varphi=28°$,土壤容重 $\gamma=17.6\ kN/m^3(1.8\ t/m^3)$,饱和容重 $\gamma_{饱}=19.6\ kN/m^3(2.0\ t/m^3)$,浮容重 $\gamma_{浮}=9.8\ kN/m^3(1.0\ t/m^3)$,基础与地基之间的摩擦系数 $f=0.38$。地基容许承载力为 $156.8\ kN/m^2(16\ t/m^2)$。

解:计算均取墙的纵向长度为 1 m。

1. 断面尺寸拟定

计算前,根据墙高先初步拟定墙断面尺寸,本例题采用墙顶宽 0.5 m,盖顶 0.2 m×0.53 m,突出墙面 3 cm;墙身底宽 2.0 m,为墙高的 0.5 倍;底板宽 3.0 m,为墙高的 0.75

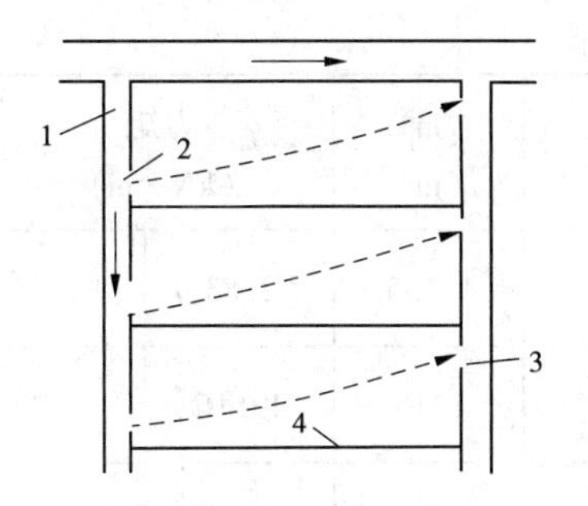

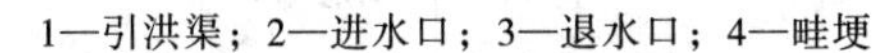

图 8-36　“畦畦清”漫淤法

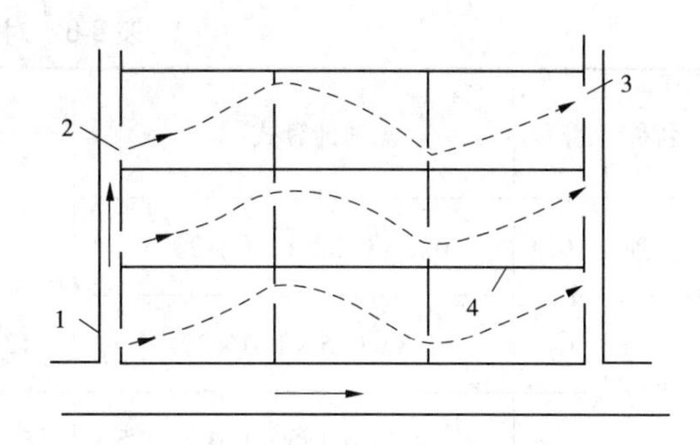

1—引水渠；2—进水口；3—退水口；4—畦埂

图 8-37　“一串串”漫淤法

倍,厚 0.5 m,并加一 0.5 m 的深齿墙。所有尺寸详见图 8-38。

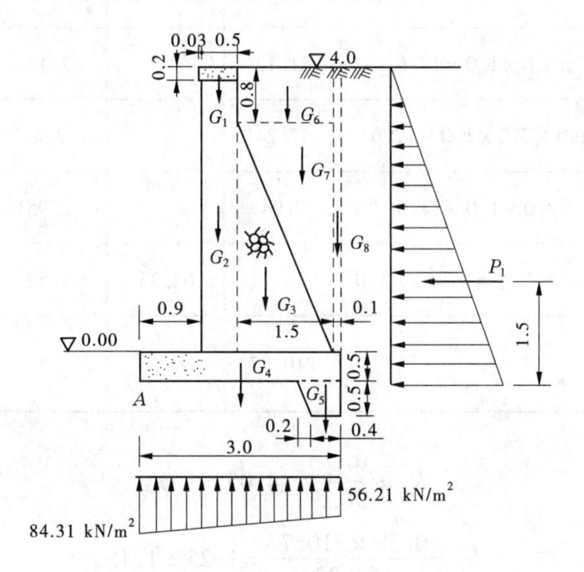

图 8-38　例 8-1 的计算简图　（单位:m）

2. 主动土压力系数

采用朗肯公式计算

$$K_a = \tan^2(45^\circ - \frac{\varphi}{2})$$

所以

$$K_a = \tan^2(45^\circ - \frac{28^\circ}{2}) = 0.361$$

为了简便计算,土压力只算至底板底面,在计算中,不考虑齿墙的作用。而实际上,齿墙对墙的稳定是有作用的。

3. 稳定计算

(1)完建期。墙后填土到顶、墙后地下水位较低,可以忽略不计,现将所有的力以及这些力对 A 点的力矩计算如下,见表 8-6。

表 8-6　对 A 点求距

名称	符号	计算式	作用力(kN)		力臂 (m)	力矩 (kN · m)	
			↓	←			
盖顶	G_1	$0.2\times0.53\times1.0\times23.5$	2.49		1.135	2.83	
墙身	G_2	$3.8\times0.5\times1.0\times22.5$	42.75		1.15	49.16	
	G_3	$\frac{1}{2}\times3.2\times1.5\times1.0\times22.5$	54.00		1.9	102.60	
底板	G_4	$0.5\times3.0\times1.0\times23.5$	35.25		1.5	52.88	
	G_5	$\frac{1}{2}\times(0.4+0.6)\times0.5\times1.0\times23.5$	5.88		2.75	16.17	
土重	G_6	$1.5\times0.8\times1.0\times17.6$	21.12		2.15	45.41	
	G_7	$\frac{1}{2}\times1.5\times3.2\times1.0\times17.6$	42.24		2.4	101.38	
	G_8	$0.1\times4.0\times1.0\times17.6$	7.04		2.95	20.77	
土压力	P_1	$\frac{1}{2}\times17.6\times4.5^2\times0.361\times1.0$		64.33	1.50		96.5
Σ			210.77	64.33		391.2	96.5
						294.7	

抗倾安全系数　　　$K_0=\dfrac{391.2}{96.5}=4.05>1.3$

抗滑安全系数　　　$K_c=\dfrac{0.38\times210.77}{64.33}=1.25>1.15$

抗倾、抗滑均满足要求。

$$e_0=\frac{B}{2}-\frac{\sum M_A}{\sum G}=\frac{3.0}{2}-\frac{294.7}{210.77}=1.5-1.4=0.1(\mathrm{m})$$

合力偏向墙面一边。

地基应力为

$$\sigma_{\max}=\frac{\sum G}{B}(1\pm\frac{6e}{B})$$

$$=\frac{210.77}{3.0}\times(1\pm\frac{6\times0.1}{3.0})=70.26\times(1\pm0.2)$$

$$=\frac{84.31}{56.21}(\mathrm{kN/m^2})(\frac{8.60}{5.73}\mathrm{t/m^2})<[\sigma]=156.8\ \mathrm{kN/m^2}$$

(2)运用期。按最不利情况，墙前最高水位▽3.5 m，墙后水位▽3.2 m 计算。作用荷载除增加水重、水压力外，还要增加浮托力及渗透压力。墙后土压力在墙后水位以下，用浮容重计算。作用荷载见图8-39，所有的力以及这些力对 A 点的力矩，见表8-7。

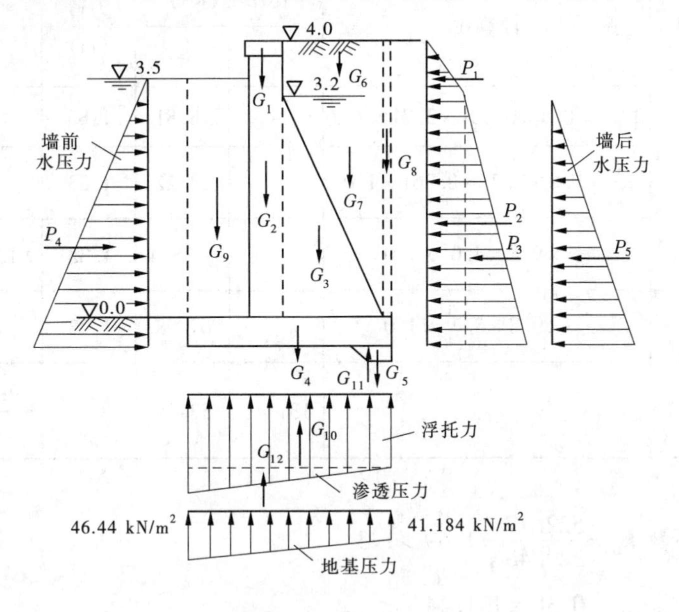

图8-39　运用期计算图

表8-7　对 A 点求矩

名称	符号	计算式	作用力(kN)		力臂	力矩	
			↓	←	(m)	(kN·m)	
墙自重	$G_4 \sim G_5$		140.37			223.64	
土重	G_6	$1.6\times0.8\times1.0\times17.6$	22.53		2.2	49.57	
	G_7	$\frac{1}{2}\times1.5\times3.2\times1.0\times19.6$	47.04		2.4	112.90	
	G_8	$0.1\times3.2\times1.0\times19.6$	6.27		2.95	18.50	
墙前水重	G_9	$0.9\times3.5\times1.0\times9.8$	30.87		0.45	13.89	
浮托力	G_{10}	$3.7\times3\times1.0\times9.8$	-108.78		1.5		163.17
	G_{11}	$\frac{1}{2}\times(0.4+0.6)\times0.5\times1.0\times9.8$	-2.45		2.75		6.74
渗透压力	G_{12}	$\frac{1}{2}\times0.3\times3\times1.0\times9.8$	-4.41		1.0		4.41
土压力	P_1	$\frac{1}{2}\times17.6\times0.8^2\times0.361\times1.0$		2.03	3.97		8.06

续表 8-7

名称	符号	计算式	作用力(kN)		力臂(m)	力矩(kN·m)	
			↓	←			
	P_2	$17.6\times0.8\times0.361\times3.71\times1.0$		18.81	1.85		34.80
	P_3	$\frac{1}{2}\times9.8\times3.7^2\times0.361\times1.0$		24.22	1.23		29.79
墙前水压力	P_4	$\frac{1}{2}\times9.8\times4.0^2\times1.0$		-78.4	1.33	104.27	
墙后水压力	P_5	$\frac{1}{2}\times9.8\times3.7^2\times1.0$		67.08	1.23		82.51
Σ			131.44	33.74		522.77	329.48
						193.29	

抗倾安全系数 $K_0=\dfrac{522.77}{329.48}=1.59>1.3$

抗滑安全系数 $K_c=\dfrac{0.38\times131.44}{33.74}=1.48>1.15$

抗倾与抗滑均满足要求。

$$e_0=\frac{3.0}{2}-\frac{193.29}{131.44}=1.5-1.47=0.03(\text{m})$$

合力偏向墙面一边。

地基应力为

$$\begin{matrix}\sigma_{max}\\\sigma_{min}\end{matrix}=\frac{131.44}{3.0}\times(1\pm\frac{6\times0.03}{3.0})=43.8\times(1\pm0.06)$$

$$=\begin{matrix}46.44\\41.18\end{matrix}(\text{kN/m}^2)<[\sigma]$$

4. 强度计算

(1)墙身应力计算。首先以墙身与底板交界处的断面，按完建期末放水，墙身填土到顶为最不利情况，核算墙身拉应力是否满足要求，取脱离体如图 8-40 所示，并列计算结果于表 8-8。

$$e_0=\frac{B}{2}-\frac{\sum M_A}{\sum G}=\frac{2}{2}-\frac{87.44}{162.6}=1-0.54=0.46(\text{m})$$

合力偏向墙面一边

$$\sigma_{拉}=\frac{\sum G}{B}(\frac{1-6e_0}{B})=\frac{162.6}{2}\times(1-\frac{6\times0.46}{2})=81.3\times(1-1.38)$$

$$=-30.89(\text{kN/m}^2)=-0.031\text{ MPa}$$

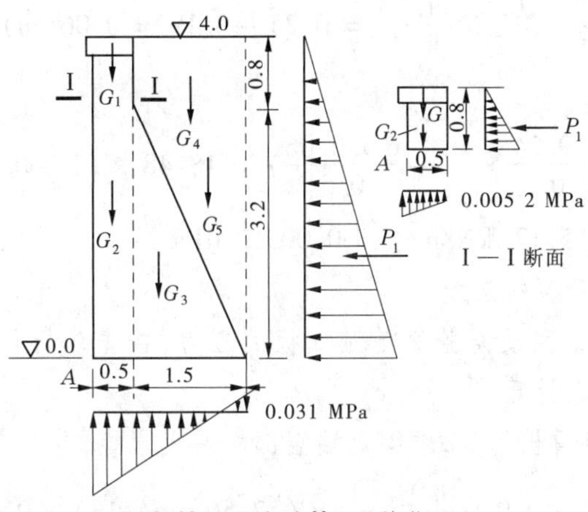

图 8-40　强度验算　(单位:m)

表 8-8　对 *A* 点求矩

名称	符号	计算式	作用力(kN) ↓	作用力(kN) ←	力臂 (m)	力矩 (kN·m)	
盖顶	G_1	$0.2\times0.35\times1.0\times23.5$	2.49		0.235	0.59	
墙身	G_2	$3.8\times0.5\times1.0\times22.5$	42.75		0.25	10.69	
	G_3	$\frac{1}{2}\times3.2\times1.5\times1.0\times22.5$	54.00		1.0	54.00	
土重	G_4	$1.5\times0.8\times1.0\times17.6$	21.12		1.25	26.4	
	G_5	$\frac{1}{2}\times1.5\times3.2\times1.0\times17.6$	42.24		1.5	63.36	
土压力	P_1	$\frac{1}{2}\times17.6\times4.0^2\times0.361\times1.0$		50.83	1.33		67.6
Σ			162.6	50.83		155.04	67.6
						87.44	

负值表示是拉应力,因数值不大,未超过 MU10 号浆砌块石的容许弯曲拉应力 $[\sigma_{WL}]=0.16$ MPa。

另外对Ⅰ—Ⅰ断面进行核算,见表 8-9。

表 8-9　对 *A* 点求矩

名称	符号	计算式	作用力(kN) ↓	作用力(kN) ←	力臂 (m)	力矩 (kN·m)	
盖顶	G_1	$0.2\times0.53\times1.0\times23.5$	2.49		0.235	0.59	
墙身	G_2	$0.5\times0.6\times1.0\times22.5$	6.75		0.25	1.69	
土压力	P_1	$\frac{1}{2}\times17.6\times0.8^2\times0.361\times1.0$		2.03	0.27		0.55
Σ			9.24	2.03		2.28	0.55
						1.73	

$$e_0 = \frac{0.5}{2} - \frac{1.73}{9.24} = 0.25 - 0.19 = 0.06(\text{m})$$

合力偏向墙面。

$$e_{拉} = \frac{9.24}{0.5} \times (1 - \frac{6 \times 0.06}{0.5}) = 18.48 \times (1 - 0.72)$$

$$= 5.17(\text{kN/m}^2) = 0.005\,2\ \text{MPa}$$

正值表示是压应力,不产生拉应力。

(2)底板应力计算。主要是验算前趾底板的应力,首先分析什么时期前趾承受的荷载为最大,因此以完建期计算。

将前趾底板作为悬臂板计算,求固定端端部的最大弯矩,即

$$M_{\max} = 64.13 \times 0.9 \times \frac{0.9}{2} + \frac{1}{2} \times (72.56 - 64.13) \times 0.9 \times \frac{2 \times 0.9}{3}$$

$$= 25.97 + 2.28 = 28.25(\text{kN} \cdot \text{m})$$

$$\sigma = \frac{M}{W} = \frac{28.25}{\frac{1 \times 0.5^2}{6}} = 678(\text{kN/m}^2) = 0.678\ \text{MPa}$$

由规范知,C15 号混凝土的容许弯曲拉应力$[\sigma_{WL}]$为 0.64 MPa,略有超过,可考虑不改,也可以考虑加厚底板或配置钢筋。

从本例题的计算结果可以看出,抗滑安全系数还可以减小一些,墙身应力还可以提高一些,对初步拟定的断面尺寸还可进一步修改。因此,对墙宽和底板宽都可稍微缩小,以减小挡土墙的工程量。

第九章　水利工程质量管理

第一节　水利工程质量管理规定

水利工程质量管理规定,具体内容如下。

1997 年 12 月 21 日水利部发布

第一章　总　则

第一条　根据国务院《质量振兴纲要(1996 年—2010 年)》和有关规定,为了加强对水利工程的质量管理,保证工程质量,制定本规定。

第二条　凡在中华人民共和国境内从事水利工程建设活动的单位(包括项目法人(建设单位)、监理、设计、施工等单位)或个人,必须遵守本规定。

第三条　本规定所称水利工程是指由国家投资、中央和地方合资、地方投资以及其他投资方式兴建的防洪、除涝灌溉、水力发电、供水、围垦等(包括配套与附属工程)各类水利工程。

第四条　本规定所称水利工程质量是指在国家和水利行业现行的有关法律、法规、技术标准和批准的设计文件及工程合同中,对兴建的水利工程的安全、适用、经济、美观等特性的综合要求。

第五条　水利部负责全国水利工程质量管理工作。各流域机构受水利部的委托负责本流域由流域机构管辖的水利工程的质量管理工作,指导地方水行政主管部门的质量管理工作。各省、自治区、直辖市水行政主管部门负责本行政区域内水利工程质量管理工作。

第六条　水利工程质量实行项目法人(建设单位)负责、监理单位控制、施工单位保证和政府监督相结合的质量管理体制。

水利工程质量由项目法人(建设单位)负全面责任。监理、施工、设计单位按照合同及有关规定对各自承担的工作负责。质量监督机构履行政府部门监督职能,不代替项目法人(建设单位)、监理、设计、施工单位的质量管理工作。水利工程建设各方均有责任和权利向有关部门和质量监督机构反映工程质量问题。

第七条　水利工程项目法人(建设单位)、监理、设计、施工等单位的负责人,对本单位的质量工作负领导责任。各单位在工程现场的项目负责人对本单位在工程现场的质量工作负直接领导责任。各单位的工程技术负责人对质量工作负技术责任。具体工作人员为直接责任人。

第八条水利工程建设各单位要积极推行全面质量管理,采用先进的质量管理模式和管理手段,推广先进的科学技术和施工工艺,依靠科技进步和加强管理,努力创建优质工程,不断提高工程质量。

各级水行政主管部门要对提高工程质量做出贡献的单位和个人实行奖励。

第九条 水利工程建设各单位要加强质量法制教育,增强质量法制观念,把提高劳动者的素质作为提高质量的重要环节,加强对管理人员和职工的质量意识和质量管理知识的教育,建立和完善质量管理的激励机制,积极开展群众性质量管理和合理化建议活动。

第二章 工程质量监督管理

第十条 政府对水利工程的质量实行监督的制度。

水利工程按照分级管理的原则由相应水行政主管部门授权的质量监督机构实施质量监督。

第十一条 水利工程质量监督机构,必须按照水利部有关规定设立,经省级以上水行政主管部门资质审查合格,方可承担水利工程的质量监督工作。

各级水利工程质量监督机构,必须建立健全质量监督工作机制,完善监督手段,增强质量监督的权威性和有效性。

各级水利工程质量监督机构,要加强对贯彻执行国家和水利部有关质量法规、规范情况的检查,坚决查处有法不依、执法不严、违法不究以及滥用职权的行为。

第十二条 水利部水利工程质量监督机构负责对流域机构、省级水利工程质量监督机构和水利工程质量检测单位进行统一规划、管理和资质审查。

各省、自治区、直辖市设立的水利工程质量监督机构负责本行政区域内省级以下水利工程质量监督机构和水利工程质量检测单位统一规划管理和资质审查。

第十三条 水利工程质量监督机构负责监督设计、监理、施工单位在其资质等级允许范围内从事水利工程建设的质量工作;负责检查、督促建设、监理、设计、施工单位建立健全质量体系。

水利工程质量监督机构,按照国家和水利行业有关工程建设法规、技术标准和设计文件实施工程质量监督,对施工现场影响工程质量的行为进行监督检查。

第十四条 水利工程质量监督实施以抽查为主的监督方式,运用法律和行政手段,做好监督抽查后的处理工作。工程竣工验收时,质量监督机构应对工程质量等级进行核定。未经质量核定或核定不合格的工程,施工单位不得交验,工程主管部门不能验收,工程不得投入使用。

第十五条 根据需要,质量监督机构可委托经计量认证合格的检测单位,对水利工程有关部位以及所采用的建筑材料和工程设备进行抽样检测。

水利部水利工程质量监督机构认定的水利工程质量检测机构出具的数据是全国水利系统的最终检测。

各省级水利工程质量监督机构认定的水利工程质量检测机构所出具的检测数据是本行政区域内水利系统的最高检测。

第三章　项目法人(建设单位)质量管理

第十六条　项目法人(建设单位)应根据国家和水利部有关规定依法设立,主动接受水利工程质量监督机构对其质量体系的监督检查。

第十七条　项目法人(建设单位)应根据工程规模和工程特点,按照水利部有关规定,通过资质审查招标选择勘测设计、施工、监理单位并实行合同管理。

在合同文件中,必须有工程质量条款,明确图纸、资料、工程、材料、设备等的质量标准及合同双方的质量责任。

第十八条　项目法人(建设单位)要加强工程质量管理,建立健全施工质量检查体系,根据工程特点建立质量管理机构和质量管理制度。

第十九条　项目法人(建设单位)在工程开工前,应按规定向水利工程质量监督机构办理工程质量监督手续。在工程施工过程中,应主动接受质量监督机构对工程质量的监督检查。

第二十条　项目法人(建设单位)应组织设计和施工单位进行设计交底;施工中应对工程质量进行检查,工程完工后,应及时组织有关单位进行工程质量验收、签证。

第四章　监理单位质量管理

第二十一条　监理单位必须持有水利部颁发的监理单位资格等级证书,依照核定的监理范围承担相应水利工程的监理任务。监理单位必须接受水利工程质量监督机构对其监理资格质量检查体系及质量监理工作的监督检查。

第二十二条　监理单位必须严格执行国家法律、水利行业法规、技术标准,严格履行监理合同。

第二十三条　监理单位根据所承担的监理任务向水利工程施工现场派出相应的监理机构,人员配备必须满足项目要求。监理工程师上岗必须持有水利部颁发的监理工程师岗位证书,一般监理人员上岗要经过岗前培训。

第二十四条　监理单位应根据监理合同参与招标工作,从保证工程质量全面履行工程承建合同出发,签发施工图纸;审查施工单位的施工组织设计和技术措施;指导监督合同中有关质量标准、要求的实施;参加工程质量检查、工程质量事故调查处理和工程验收工作。

第五章　设计单位质量管理

第二十五条　设计单位必须按其资质等级及业务范围承担勘测设计任务,并应主动接受水利工程质量监督机构对其资质等级及质量体系的监督检查。

第二十六条　设计单位必须建立健全设计质量保证体系,加强设计过程质量控制,健全设计文件的审核、会签批准制度,做好设计文件的技术交底工作。

第二十七条 设计文件必须符合下列基本要求：

（一）设计文件应当符合国家、水利行业有关工程建设法规、工程勘测设计技术规程、标准和合同的要求。

（二）设计依据的基本资料应完整、准确、可靠，设计论证充分，计算成果可靠。

（三）设计文件的深度应满足相应设计阶段有关规定要求，设计质量必须满足工程质量、安全需要，并符合设计规范的要求。

第二十八条 设计单位应按合同规定及时提供设计文件及施工图纸，在施工过程中要随时掌握施工现场情况，优化设计，解决有关设计问题。对大中型工程，设计单位应按合同规定在施工现场设立设计代表机构或派驻设计代表。

第二十九条 设计单位应按水利部有关规定在阶段验收、单位工程验收和竣工验收中，对施工质量是否满足设计要求提出评价意见。

第六章 施工单位质量管理

第三十条 施工单位必须按其资质等级和业务范围承揽工程施工任务，接受水利工程质量监督机构对其资质和质量保证体系的监督检查。

第三十一条 施工单位必须依据国家、水利行业有关工程建设法规、技术规程、技术标准的规定以及设计文件和施工合同的要求进行施工，并对其施工的工程质量负责。

第三十二条 施工单位不得将其承接的水利建设项目的主体工程进行转包。对工程的分包，分包单位必须具备相应资质等级，并对其分包工程的施工质量向总包单位负责，总包单位对全部工程质量向项目法人（建设单位）负责。工程分包必须经过项目法人（建设单位）的认可。

第三十三条 施工单位要推行全面质量管理，建立健全质量保证体系，制定和完善岗位质量规范、质量责任及考核办法，落实质量责任制。在施工过程中要加强质量检验工作，认真执行“三检制”，切实做好工程质量的全过程控制。

第三十四条 工程发生质量事故，施工单位必须按照有关规定向监理单位、项目法人（建设单位）及有关部门报告，并保护好现场，接受工程质量事故调查，认真进行事故处理。

第三十五条 竣工工程质量必须符合国家和水利行业现行的工程标准及设计文件要求，并应向项目法人（建设单位）提交完整的技术档案、试验成果及有关资料。

第七章 建筑材料、设备采购的质量管理和工程保修

第三十六条 建筑材料和工程设备的质量由采购单位承担相应责任。凡进入施工现场的建筑材料和工程设备均应按有关规定进行检验。经检验不合格的产品不得用于工程。

第三十七条 建筑材料和工程设备的采购单位具有按合同规定自主采购的权利，其他单位或个人不得干预。

第三十八条 建筑材料或工程设备应当符合下列要求：

（一）有产品质量检验合格证明；

（二）有中文标明的产品名称、生产厂名和厂址；

（三）产品包装和商标式样符合国家有关规定和标准要求；

（四）工程设备应有产品详细的使用说明书，电气设备还应附有线路图；

（五）实施生产许可证或实行质量认证的产品，应当具有相应的许可证或认证证书。

第三十九条　水利工程保修期从工程移交证书写明的工程完工日起一般不少于一年。有特殊要求的工程，其保修期限在合同中规定。

工程质量出现永久性缺陷的，承担责任的期限不受以上保修期限制。

第四十条　水利工程在规定的保修期内，出现工程质量问题，一般由原施工单位承担保修，所需费用由责任方承担。

第八章　罚　则

第四十一条　水利工程发生重大工程质量事故，应严肃处理。对责任单位予以通报批评、降低资质等级或收缴资质证书；对责任人给予行政纪律处分，构成犯罪的，移交司法机关进行处理。

第四十二条　因水利工程质量事故造成人身伤亡及财产损失的，责任单位应按有关规定，给予受损方经济赔偿。

第四十三条　项目法人（建设单位）有下列行为之一的，由其主管部门予以通报批评或其他纪律处理。

（一）未按规定选择相应资质等级的勘测设计、施工、监理单位的；

（二）未按规定办理工程质量监督手续的；

（三）未按规定及时进行已完工程验收就进行下一阶段施工和未经竣工或阶段验收，而将工程交付使用的；

（四）发生重大工程质量事故没有按有关规定及时向有关部门报告的。

第四十四条　勘测设计、施工、监理单位有下列行为之一的，根据情节轻重，予以通报批评、降低资质等级直至收缴资质证书，经济处理按合同规定办理，触犯法律的，按国家有关法律处理：

（一）无证或超越资质等级承接任务的；

（二）不接受水利工程质量监督机构监督的；

（三）设计文件不符合本规定第二十七条要求的；

（四）竣工交付使用的工程不符合本规定第三十五条要求的；

（五）未按规定实行质量保修的；

（六）使用未经检验或检验不合格的建筑材料和工程设备，或在工程施工中粗制滥造、偷工减料、伪造记录的；

（七）发生重大工程质量事故没有及时按有关规定向有关部门报告的；

（八）经水利工程质量监督机构核定工程质量等级为不合格或工程需加固或拆除的。

第四十五条　检测单位伪造检验数据或伪造检验结论的，根据情节轻重，予以通报批评、降低资质等级直至收缴资质证书。因伪造行为造成严重后果的，按国家有关规定处理。

第四十六条 对不认真履行水利工程质量监督职责的质量监督机构,由相应水行政主管部门或其上一级水利工程质量监督机构给予通报批评、撤换负责人或撤销授权并进行机构改组。

从事工程质量监督的工作人员执法不严,违法不究或者滥用职权、贪污受贿,由其所在单位或上级主管部门给予行政处分,构成犯罪的,依法追究刑事责任。

第九章 附 则

第四十七条 本规定由水利部负责解释。

第四十八条 本规定自发布之日起施行。

第二节 水利工程质量监督管理规定

第一章 总 则

第一条 根据《质量振兴纲要(1996 年—2010 年)》和《中华人民共和国水法》,为加强水行政主管部门对水利工程质量的监督管理,保证工程质量,确保工程安全,发挥投资效益,制订本规定。

第二条 水行政主管部门主管水利工程质量监督工作。水利工程质量监督机构是水行政主管部门对水利工程质量进行监督管理的专职机构,对水利工程质量进行强制性的监督管理。

第三条 在我国境内新建、扩建、改建、加固各类水利水电工程和城镇供水、滩涂围垦等工程(以下简称水利工程)及其技术改造,包括配套与附属工程,均必须由水利工程质量监督机构负责质量监督。工程建设、监理、设计和施工单位在工程建设阶段,必须接受质量监督机构的监督。

第四条 工程质量监督的依据:

(一)国家有关的法律、法规;

(二)水利水电行业有关技术规程、规范,质量标准;

(三)经批准的设计文件等。

第五条 工程竣工验收前,必须经质量监督机构对工程质量进行等级核验。未经工程质量等级核验或者核验不合格的工程,不得交付使用。

工程在申报优秀设计、优秀施工、优质工程项目时,必须有相应质量监督机构签署的工程质量评定意见。

第二章 机构与人员

第六条 水利部主管全国水利工程质量监督工作,水利工程质量监督机构按总站、中心站、站三级设置。

（一）水利部设置全国水利工程质量监督总站，办事机构设在建设司。水利水电规划设计管理局设置水利工程设计质量监督分站，各流域机构设置流域水利工程质量监督分站作为总站的派出机构。

（二）各省、自治区、直辖市水利（水电）厅（局），新疆生产建设兵团水利局设置水利工程质量监督中心站。

（三）各地（市）水利（水电）局设置水利工程质量监督站。各级质量监督机构隶属于同级水行政主管部门，业务上接受上一级质量监督机构的指导。

第七条　水利工程质量监督项目站（组），是相应质量监督机构的派出单位。

第八条　各级质量监督机构的站长一般应由同级水行政主管部门主管工程建设的领导兼任，有条件的可配备相应级别的专职副站长。各级质量监督机构的正副站长由其主管部门任命，并报上一级质量监督机构备案。

第九条　各级质量监督机构应配备一定数量的专职质量监督员。质量监督员的数量由同级水行政主管部门根据工作需要和专业配套的原则确定。

第十条　水利工程质量监督员必须具备以下条件：

（一）取得工程师职称，或具有大专以上学历并有五年以上从事水利水电工程设计、施工、监理、咨询或建设管理工作的经历。

（二）坚持原则，秉公办事，认真执法，责任心强。

（三）经过培训并通过考核取得“水利工程质量监督员证”。

第十一条　质量监督机构可聘任符合条件的工程技术人员作为工程项目的兼职质量监督员。为保证质量监督工作的公正性、权威性，凡从事该工程监理、设计、施工、设备制造的人员不得担任该工程的兼职质量监督员。

第十二条　各质量监督分站、中心站、地（市）站和质量监督员必须经上一级质量监督机构考核、认证，取得合格证书后，方可从事质量监督工作。质量监督机构资质每四年复核一次，质量监督员证有效期为四年。

第十三条　“水利工程质量监督机构合格证书”和“水利工程质量监督员证”由水利部统一印制。

第三章　机构职责

第十四条　全国水利工程质量监督总站的主要职责：

（一）贯彻执行国家和水利部有关工程建设质量管理的方针、政策。

（二）制订水利工程质量监督、检测有关规定和办法，并监督实施。

（三）归口管理全国水利工程的质量监督工作，指导各分站、中心站的质量监督工作。

（四）对部直属重点工程组织实施质量监督。参加工程的阶段验收和竣工验收。

（五）监督有争议的重大工程质量事故的处理。

（六）掌握全国水利工程质量动态。组织交流全国水利工程质量监督工作经验，组织培训质量监督人员。开展全国水利工程质量检查活动。

第十五条　水利工程设计质量监督分站受总站委托承担的主要任务：

（一）归口管理全国水利工程的设计质量监督工作。

（二）负责设计全面质量管理工作。

（三）掌握全国水利工程的设计质量动态，定期向总站报告设计质量监督情况。

第十六条　各流域水利工程质量监督分站的主要职责：

（一）对本流域内下列工程项目实施质量监督：

1. 总站委托监督的部属水利工程。

2. 中央与地方合资项目，监督方式由分站和中心站协商确定。

3. 省（自治区、直辖市）界及国际边界河流上的水利工程。

（二）监督受监督水利工程质量事故的处理。

（三）参加受监督水利工程的阶段验收和竣工验收。

（四）掌握本流域内水利工程质量动态，及时上报质量监督工作中发现的重大问题，开展水利工程质量检查活动，组织交流本流域内的质量监督工作经验。

第十七条　各省、自治区、直辖市，新疆生产建设兵团水利工程质量监督中心站的职责：

（一）贯彻执行国家、水利部和省、自治区、直辖市有关工程建设质量管理的方针、政策。

（二）管理辖区内水利工程的质量监督工作；指导本省、自治区、直辖市的市（地）质量监督站工作。

（三）对辖区内除第十四条、第十六条规定以外的水利工程实施质量监督；协助配合由部总站和流域分站组织监督的水利工程的质量监督工作。

（四）参加受监督水利工程的阶段验收和竣工验收。

（五）监督受监督水利工程质量事故的处理。

（六）掌握辖区内水利工程质量动态和质量监督工作情况，定期向总站报告，同时抄送流域分站；组织培训质量监督人员，开展水利工程质量检查活动，组织交流质量监督工作经验。

第十八条　市（地）水利工程质量监督站的职责，由各中心站根据本规定制订。

第四章　质量监督

第十九条　水利工程建设项目质量监督方式以抽查为主。大型水利工程应建立质量监督项目站，中、小型水利工程可根据需要建立质量监督项目站（组），或进行巡回监督。

第二十条　从工程开工前办理质量监督手续始，到工程竣工验收委员会同意工程交付使用止，为水利工程建设项目的质量监督期（含合同质量保修期）。

第二十一条　项目法人（或建设单位）应在工程开工前到相应的水利工程质量监督机构办理监督手续，签订《水利工程质量监督书》，并按规定缴纳质量监督费，同时提交以下材料：

（一）工程项目建设审批文件；

(二)项目法人(或建设单位)与监理、设计、施工单位签订的合同(或协议)副本;

(三)建设、监理、设计、施工等单位的基本情况和工程质量管理组织情况等资料。

第二十二条　质量监督机构根据受监督工程的规模、重要性等,制订质量监督计划,确定质量监督的组织形式。在工程施工中,根据本规定对工程项目实施质量监督。

第二十三条　工程质量监督的主要内容为:

(一)对监理、设计、施工和有关产品制作单位的资质进行复核。

(二)对建设、监理单位的质量检查体系和施工单位的质量保证体系以及设计单位现场服务等实施监督检查。

(三)对工程项目的单位工程、分部工程、单元工程的划分进行监督检查。

(四)监督检查技术规程、规范和质量标准的执行情况。

(五)检查施工单位和建设、监理单位对工程质量检验和质量评定情况。

(六)在工程竣工验收前,对工程质量进行等级核定,编制工程质量评定报告,并向工程竣工验收委员会提出工程质量等级的建议。

第二十四条　工程质量监督权限如下:

(一)对监理、设计、施工等单位的资质等级、经营范围进行核查,发现越级承包工程等不符合规定要求的,责成建设单位限期改正,并向水行政主管部门报告。

(二)质量监督人员需持"水利工程质量监督员证"进入施工现场执行质量监督。对工程有关部位进行检查,调阅建设、监理单位和施工单位的检测试验成果、检查记录和施工记录。

(三)对违反技术规程、规范、质量标准或设计文件的施工单位,通知建设、监理单位采取纠正措施。问题严重时,可向水行政主管部门提出整顿的建议。

(四)对使用未经检验或检验不合格的建筑材料、构配件及设备等,责成建设单位采取措施纠正。

(五)提请有关部门奖励先进质量管理单位及个人。

(六)提请有关部门或司法机关追究造成重大工程质量事故的单位和个人的行政、经济、刑事责任。

第五章　质量检测

第二十五条　工程质量检测是工程质量监督和质量检查的重要手段。水利工程质量检测单位,必须取得省级以上计量认证合格证书,并经水利工程质量监督机构授权,方可从事水利工程质量检测工作,检测人员必须持证上岗。

第二十六条　质量监督机构根据工作需要,可委托水利工程质量检测单位承担以下主要任务:

(一)核查受监督工程参建单位的试验室装备、人员资质、试验方法及成果等。

(二)根据需要对工程质量进行抽样检测,提出检测报告。

(三)参与工程质量事故分析和研究处理方案。

(四)质量监督机构委托的其他任务。

第二十七条　质量检测单位所出具的检测鉴定报告必须实事求是,数据准确可靠,并对出具的数据和报告负法律责任。

第二十八条　工程质量检测实行有偿服务,检测费用由委托方支付。收费标准按有关规定确定。在处理工程质量争端时,发生的一切费用由责任方支付。

第六章　工程质量监督费

第二十九条　项目法人(或建设单位)应向质量监督机构缴纳工程质量监督费。工程质量监督费属事业性收费。工程质量监督收费,根据国家计委等部门的有关文件规定,收费标准按水利工程所在地域确定。原则上,大城市按受监工程建筑安装工作量的0.15%,中等城市按受监工程建筑安装工作量的0.20%,小城市按受监工程建筑安装工作量的0.25%收取。城区以外的水利工程可比照小城市的收费标准适当提高。

第三十条　工程质量监督费由工程建设单位负责缴纳。大中型工程在办理监督手续时,应确定缴纳计划,每年按年度投资计划,年初一次结清年度工程质量监督费。中小型水利工程在办理质量监督手续时交纳工程质量监督费的50%,余额由质量监督部门根据工程进度收缴。

水利工程在工程竣工验收前必须缴清全部的工程质量监督费。

第三十一条　质量监督费应用于质量监督工作的正常经费开支,不得挪作它用。其使用范围主要为:工程质量监督、检测开支以及必要的差旅费开支等。

第七章　奖惩

第三十二条　项目法人(或建设单位)未按第二十一条规定要求办理质量监督手续的,水行政主管部门依据《中华人民共和国行政处罚法》对建设单位进行处罚,并责令限期改正或按有关规定处理。

第三十三条　质量检测单位伪造检测数据、检测结论的,视情节轻重,报上级水行政主管部门对责任单位和责任人按有关规定进行处罚,构成犯罪的由司法机关依法追究其刑事责任。

第三十四条　质量监督员滥用职权、玩忽职守、徇私舞弊的,由质量监督机构提交水行政主管部门视情节轻重,给予行政处分,构成犯罪的由司法机关依法追究其刑事责任。

第三十五条　对在工程质量管理和质量监督工作中做出突出成绩的单位和个人,由质量监督部门或报请水行政主管部门给予表彰和奖励。

第八章　附　则

第三十六条　各水利工程质量监督中心站可根据本规定制订实施细则,并报全国水利工程质量监督总站核备。

第三十七条　本规定由水利部负责解释。

第三十八条　本规定自发布之日起施行,原《水利基本建设工程质量监督暂行规定》同时废止。

第三节　工程质量管理的基本概念

水利水电工程项目的施工阶段是根据设计图纸和设计文件的要求,通过工程参建各方及其技术人员的劳动形成工程实体的阶段。这个阶段的质量控制无疑是极其重要的,其中心任务是通过建立健全有效的工程质量监督体系,确保工程质量达到合同规定的标准和等级要求。为此,在水利水电工程项目建设中,建立了质量管理的三个体系,即施工单位的质量保证体系、建设(监理)单位的质量检查体系和政府部门的质量监督体系。

一、工程项目质量和质量控制的概念

(一)工程项目质量

质量是反映实体满足明确或隐含需要能力的特性之总和。工程项目质量是国家现行的有关法律、法规、技术标准、设计文件及工程承包合同对工程的安全、适用、经济、美观等特征的综合要求。

从功能和使用价值来看,工程项目质量体现在适用性、可靠性、经济性、外观质量与环境协调等方面。由于工程项目是依据项目法人的需求而兴建的,故各工程项目的功能和使用价值的质量应满足于不同项目法人的需求,并无一个统一的标准。

从工程项目质量的形成过程来看,工程项目质量包括工程建设各个阶段的质量,即可行性研究质量、工程决策质量、工程设计质量、工程施工质量、工程竣工验收质量。

工程项目质量具有两个方面的含义:一是指工程产品的特征性能,即工程产品质量;二是指参与工程建设各方面的工作水平、组织管理等,即工作质量。工作质量包括社会工作质量和生产过程工作质量。社会工作质量主要是指社会调查、市场预测、维修服务等。生产过程工作质量主要包括管理工作质量、技术工作质量、后勤工作质量等,最终将反映在工序质量上,而工序质量的好坏,直接受人、原材料、机具设备、工艺及环境等五方面因素的影响。因此,工程项目质量的好坏是各环节、各方面工作质量的综合反映,而不是单纯靠质量检验查出来的。

(二)工程项目质量控制

质量控制是指为达到质量要求所采取的作业技术和活动,工程项目质量控制,实际上就是对工程在可行性研究、勘测设计、施工准备、建设实施、后期运行等各阶段、各环节、各因素的全过程、全方位的质量监督控制。工程项目质量有个产生、形成和实现的过程,控制这个过程中的各环节,以满足工程合同、设计文件、技术规范规定的质量标准。在我国的工程项目建设中,工程项目质量控制按其实施者的不同,包括如下三个方面。

1. 项目法人的质量控制

项目法人方面的质量控制,主要是委托监理单位依据国家的法律、规范、标准和工程建设的合同文件,对工程建设进行监督和管理。其特点是外部的、横向的、不间断的控制。

2. 政府方面的质量控制

政府方面的质量控制是通过政府的质量监督机构来实现的，其目的在于维护社会公共利益，保证技术性法规和标准的贯彻执行。其特点是外部的、纵向的、定期或不定期的抽查。

3. 承包人方面的质量控制

承包人主要是通过建立健全质量保证体系，加强工序质量管理，严格施行“三检制”（即初检、复检、终检），避免返工，提高生产效率等方式来进行质量控制。其特点是内部的、自身的、连续的控制。

二、工程项目质量的特点

建筑产品位置固定、生产流动性、项目单件性、生产一次性、受自然条件影响大等特点，决定了工程项目质量具有以下特点。

（一）影响因素多

影响工程质量的因素是多方面的，如人的因素、机械因素、材料因素、方法因素、环境因素等均直接或间接地影响着工程质量。尤其是水利水电工程项目主体工程的建设，一般由多家承包单位共同完成，故其质量形式较为复杂，影响因素多。

（二）质量波动大

由于工程建设周期长，在建设过程中易受到系统因素及偶然因素的影响，产品质量产生波动。

（三）质量变异大

由于影响工程质量的因素较多，任何因素的变异，均会引起工程项目的质量变异。

（四）质量具有隐蔽性

由于工程项目实施过程中，工序交接多，中间产品多，隐蔽工程多，取样数量受到各种因素、条件的限制，产生错误判断的概率增大。

（五）终检局限性大

建筑产品位置固定等自身特点，使质量检验时不能解体、拆卸，所以在工程项目终检验收时难以发现工程内在的、隐蔽的质量缺陷。

此外，质量、进度和投资目标三者之间既对立又统一的关系，使工程质量受到投资、进度的制约。因此，应针对工程质量的特点，严格控制质量，并将质量控制贯穿于项目建设的全过程。

三、工程项目质量控制的原则

在工程项目建设过程中，对其质量进行控制应遵循以下几项原则。

（一）质量第一原则

“百年大计，质量第一”，工程建设与国民经济的发展和人民生活的改善息息相关。质量的好坏，直接关系到国家繁荣富强，关系到人民生命财产的安全，关系到子孙幸福，所以必须树立强烈的“质量第一”的思想。

要确立质量第一的原则，必须弄清并且摆正质量和数量、质量和进度之间的关系。不符合质量要求的工程,数量和进度都将失去意义,也没有任何使用价值,而且数量越多,进度越快,国家和人民遭受的损失也将越大。因此,好中求多,好中求快,好中求省,才是符合质量管理所要求的质量水平。

(二)预防为主原则

对于工程项目的质量,我们长期以来采取事后检验的方法,认为严格检查,就能保证质量,实际上这是远远不够的。应该从消极防守的事后检验变为积极预防的事先管理。因为好的建筑产品是好的设计、好的施工所产生的,不是检查出来的。必须在项目管理的全过程中,事先采取各种措施,消灭种种不符合质量要求的因素,以保证建筑产品质量。如果各质量因素(人、机、料、法、环)预先得到保证,工程项目的质量就有了可靠的前提条件。

(三)为用户服务原则

建设工程项目,是为了满足用户的要求,尤其要满足用户对质量的要求。真正好的质量是用户完全满意的质量。进行质量控制,就是要把为用户服务的原则,作为工程项目管理的出发点,贯穿到各项工作中去。同时,要在项目内部树立“下道工序就是用户”的思想。各个部门、各种工作、各种人员都有个前、后的工作顺序,在自己这道工序的工作一定要保证质量,凡达不到质量要求不能交给下道工序,一定要使“下道工序”这个用户感到满意。

(四)用数据说话原则

质量控制必须建立在有效的数据基础之上,必须依靠能够确切反映客观实际的数字和资料,否则就谈不上科学的管理。一切用数据说话,就需要用数理统计方法,对工程实体或工作对象进行科学的分析和整理,从而研究工程质量的波动情况,寻求影响工程质量的主次原因,采取改进质量的有效措施,掌握保证和提高工程质量的客观规律。

在很多情况下,我们评定工程质量,虽然也按规范标准进行检测计量,也有一些数据,但是这些数据往往不完整,不系统,没有按数理统计要求积累数据,抽样选点,所以难以汇总分析,有时只能统计加估计,抓不住质量问题,既不能完全表达工程的内在质量状态,也不能有针对性地进行质量教育,提高企业素质。所以,必须树立起“用数据说话”的意识,从积累的大量数据中,找出控制质量的规律性,以保证工程项目的优质建设。

四、工程项目质量控制的任务

工程项目质量控制的任务就是根椐国家现行的有关法规、技术标准和工程合同规定的工程建设各阶段质量目标实施全过程的监督管理。由于工程建设各阶段的质量目标不同,因此需要分别确定各阶段的质量控制对象和任务。

(一)工程项目决策阶段质量控制的任务

(1)审核可行性研究报告是否符合国民经济发展的长远规划、国家经济建设的方针政策。

(2)审核可行性研究报告是否符合工程项目建议书或业主的要求。

(3)审核可行性研究报告是否具有可靠的基础资料和数据。

(4)审核可行性研究报告是否符合技术经济方面的规范标准和定额等指标。

(5)审核可行性研究报告的内容、深度和计算指标是否达到标准要求。

(二)工程项目设计阶段质量控制的任务

(1)审查设计基础资料的正确性和完整性。

(2)编制设计招标文件,组织设计方案竞赛。

(3)审查设计方案的先进性和合理性,确定最佳设计方案。

(4)督促设计单位完善质量保证体系,建立内部专业交底及专业会签制度。

(5)进行设计质量跟踪检查,控制设计图纸的质量。在初步设计和技术设计阶段,主要检查生产工艺及设备的选型,总平面布置,建筑与设施的布置,采用的设计标准和主要技术参数;在施工图设计阶段,主要检查计算是否有错误,选用的材料和做法是否合理,标注的各部分设计标高和尺寸是否有错误,各专业设计之间是否有矛盾等。

(三)工程项目施工阶段质量控制的任务

施工阶段质量控制是工程项目全过程质量控制的关键环节。根据工程质量形成的时间,施工阶段的质量控制又可分为质量的事前控制、事中控制和事后控制,其中事前控制为重点控制。

1. 事前控制

(1)审查承包商及分包商的技术资质。

(2)协助承建商完善质量体系,包括完善计量及质量检测技术和手段等,同时对承包商的实验室资质进行考核。

(3)督促承包商完善现场质量管理制度,包括现场会议制度、现场质量检验制度、质量统计报表制度和质量事故报告及处理制度等。

(4)与当地质量监督站联系,争取其配合、支持和帮助。

(5)组织设计交底和图纸会审,对某些工程部位应下达质量要求标准。

(6)审查承包商提交的施工组织设计,保证工程质量具有可靠的技术措施。审核工程中采用的新材料、新结构、新工艺、新技术的技术鉴定书;对工程质量有重大影响的施工机械、设备,应审核其技术性能报告。

(7)对工程所需原材料、构配件的质量进行检查与控制。

(8)对永久性生产设备或装置,应按审批同意的设计图纸组织采购或订货,到场后进行检查验收。

(9)对施工场地进行检查验收。检查施工场地的测量标桩、建筑物的定位放线以及高程水准点,重要工程还应复核,落实现场障碍物的清理、拆除等。

(10)把好开工关。对现场各项准备工作检查合格后,方可发开工令;停工的工程,未发复工令者不得复工。

2. 事中控制

(1)督促承包商完善工序控制措施。工程质量是在工序中产生的,工序控制对工程质量起着决定性的作用。应把影响工序质量的因素都纳入控制状态中,建立质量管理点,及时检查和审核承包商提交的质量统计分析资料和质量控制图表。

(2)严格工序交接检查。主要工作作业包括隐蔽作业需按有关验收规定经检查验收后,方可进行下一工序的施工。

(3)重要的工程部位或专业工程(如混凝土工程)要做试验或技术复核。

(4)审查质量事故处理方案,并对处理效果进行检查。

(5)对完成的分项分部工程,按相应的质量评定标准和办法进行检查验收。

(6)审核设计变更和图纸修改。

(7)按合同行使质量监督权和质量否决权。

(8)组织定期或不定期的质量现场会议,及时分析、通报工程质量状况。

3. 事后控制

(1)审核承包商提供的质量检验报告及有关技术性文性。

(2)审核承包商提交的竣工图。

(3)组织联动试车。

(4)按规定的质量评定标准和办法,进行检查验收。

(5)组织项目竣工总验收。

(6)整理有关工程项目质量的技术文件,并编目、建档。

(四)工程项目保修阶段质量控制的任务

(1)审核承包商的工程保修书。

(2)检查、鉴定工程质量状况和工程使用情况。

(3)对出现的质量缺陷,确定责任者。

(4)督促承包商修复缺陷。

(5)在保修期结束后,检查工程保修状况,移交保修资料。

五、工程项目质量影响因素的控制

在工程项目建设的各个阶段,对工程项目质量影响的主要因素就是“人、机、料、法、环”等五大方面。为此,应对这五个方面的因素进行严格的控制,以确保工程项目建设的质量。

(一)对“人”的因素的控制

人是工程质量的控制者,也是工程质量的“制造者”。工程质量的好与坏,与人的因素是密不可分的。控制人的因素,即调动人的积极性、避免人的失误等,是控制工程质量的关键因素。

1. 领导者的素质

领导者是具有决策权力的人,其整体素质是提高工作质量和工程质量的关键,因此在对承包商进行资质认证和选择时一定要考核领导者的素质。

2. 人的理论和技术水平

人的理论水平和技术水平是人的综合素质的表现,它直接影响工程项目质量,尤其是技术复杂,操作难度大,要求精度高,工艺新的工程对人员素质要求更高,否则,工程质量就很难保证。

3. 人的生理缺陷

根据工程施工的特点和环境,应严格控制人的生理缺陷,如高血压、心脏病的人,不能从事高空作业和水下作业;反应迟钝、应变能力差的人,不能操作快速运行、动作复杂的机械设备等，否则将影响工程质量，引起安全事故。

4. 人的心理行为

影响人的心理行为因素很多，而人的心理因素如疑虑、畏惧、抑郁等很容易使人产生愤怒、怨恨等情绪，使人的注意力转移，由此引发质量、安全事故。所以，在审核企业的资质水平时，要注意企业职工的凝聚力如何，职工的情绪如何，这也是选择企业的一条标准。

5. 人的错误行为

人的错误行为是指人在工作场地或工作中吸烟、打盹、错视、错听、误判断、误动作等，这些都会影响工程质量或造成质量事故。所以，在有危险的工作场所，应严格禁止吸烟、嬉戏等。

6. 人的违纪违章

人的违纪违章是指人的粗心大意、注意力不集中、不履行安全措施等不良行为，会对工程质量造成损害，甚至引起工程质量事故。所以，在使用人的问题上，应从思想素质、业务素质和身体素质等方面严格控制。

（二）对材料、构配件的质量控制

1. 材料质量控制的要点

（1）掌握材料信息，优选供货厂家。应掌握材料信息，优先选有信誉的厂家供货，对主要材料、构配件在订货前，必须经监理工程师论证同意后，才可订货。

（2）合理组织材料供应。应协助承包商合理地组织材料采购、加工、运输、储备。尽量加快材料周转，按质、按量、如期满足工程建设需要。

（3）合理地使用材料，减少材料损失。

（4）加强材料检查验收。用于工程上的主要建筑材料，进场时必须具备正式的出厂合格证和材质化验单。否则，应作补检。工程中所有各种构配件，必须具有厂家批号和出厂合格证。

凡是标志不清或质量有问题的材料，对质量保证资料有怀疑或与合同规定不相符的一般材料，应进行一定比例的材料试验，并需要追踪检验。对于进口的材料和设备以及重要工程或关键施工部位所用材料，则应进行全部检验。

（5）重视材料的使用认证，以防错用或使用不当。

2. 材料质量控制的内容

1）材料质量的标准

材料质量的标准是用以衡量材料标准的尺度，并作为验收、检验材料质量的依据。其具体的材料标准指标可参见相关材料手册。

2）材料质量的检验、试验

材料质量的检验目的是通过一系列的检测手段，将取得的材料数据与材料的质量标准相比较，用以判断材料质量的可靠性。

（1）材料质量的检验方法。

①书面检验。

书面检验是通过对提供的材料质量保证资料、试验报告等进行审核，取得认可方能使用。

②外观检验。

外观检验是对材料从品种、规格、标志、外形尺寸等进行直观检查，看有无质量问题。

③理化检验。

理化检验是借助试验设备和仪器对材料样品的化学成分、机械性能等进行科学的鉴定。

④无损检验。

无损检验是在不破坏材料样品的前提下，利用超声波、X 射线、表面探伤仪等进行检测。

(2)材料质量检验程度。

材料质量检验程度分为免检、抽检和全部检查三种。

①免检。

免检就是免去质量检验工序。对有足够质量保证的一般材料，以及实践证明质量长期稳定而且质量保证资料齐全的材料，可予以免检。

②抽检。

抽检是按随机抽样的方法对材料抽样检验。如对材料的性能不清楚，对质量保证资料有怀疑，或对成批生产的构配件，均应按一定比例进行抽样检验。

③全检。

对进口的材料、设备和重要工程部位的材料，以及贵重的材料，应进行全部检验，以确保材料和工程质量。

(3)材料质量检验项目。

材料检验项目一般可分为一般检验项目和其他检验项目。

(4)材料质量检验的取样。

材料质量检验的取样必须具有代表性，也就是所取样品的质量应能代表该批材料的质量。在采取试样时，必须按规定的部位、数量及采选的操作要求进行。

(5)材料抽样检验的判断。

抽样检验是对一批产品(个数为 m)根据一次抽取 n 个样品进行检验，用其结果来判断该批产品是否合格。

3)材料的选择和使用要求

材料的选择不当和使用不正确，会严重影响工程质量或造成工程质量事故。因此，在施工过程中，必须针对工程项目的特点和环境要求及材料的性能、质量标准、适用范围等多方面综合考察，慎重选择和使用材料。

(三)对方法的控制

对方法的控制主要是指对施工方案的控制，也包括对整个工程项目建设期内所采用的技术方案、工艺流程、组织措施、检测手段、施工组织设计等的控制。对一个工程项目而言，施工方案恰当与否，直接关系到工程项目质量，关系到工程项目的成败，所以应重视对方法的控制。这里说的方法控制，在工程施工的不同阶段，其侧重点也不相同，但都是围绕确保工程项目质量这个纲。

（四）对施工机械设备的控制

施工机械设备是工程建设不可缺少的设施，目前，工程建设的施工进度和施工质量都与施工机械关系密切。因此，在施工阶段，必须对施工机械的性能、选型和使用操作等方面进行控制。

1. 机械设备的选型

机械设备的选型应因地制宜，按照技术先进、经济合理、生产适用、性能可靠、使用安全、操作和维修方便等原则来选择施工机械。

2. 机械设备的主要性能参数

机械设备的性能参数是选择机械设备的主要依据，为满足施工的需要，在参数选择上可适当留有余地，但不能选择超出需要很多的机械设备，否则，容易造成经济上的不合理。机械设备的性能参数很多，要综合各参数，确定合适的施工机械设备。在这方面，要结合机械施工方案，择优选择机械设备，要严格把关，对不符合需要和有安全隐患的机械，不准进场。

3. 机械设备的使用、操作要求

合理使用机械设备，正确地进行操行，是保证工程项目施工质量的重要环节，应贯彻"人机固定"的原则，实行定机、定人、定岗位的制度。操作人员必须认真执行各项规章制度，严格遵守操作规程，防止出现安全质量事故。

（五）对环境因素的控制

影响工程项目质量的环境因素很多，有工程技术环境、工程管理环境、劳动环境等。环境因素对工程质量的影响复杂而且多变，因此应根据工程特点和具体条件，对影响工程质量的环境因素严格控制。

第四节　质量体系建立与运行

一、施工阶段的质量控制

（一）质量控制的依据

施工阶段的质量管理及质量控制的依据，大体上可分为两类，即共同性依据及专门技术法规性依据。

共同性依据是指那些适用于工程项目施工阶段与质量控制有关的，具有普遍指导意义和必须遵守的基本文件。主要有工程承包合同文件，设计文件，国家和行业现行的有关质量管理方面的法律、法规文件。

工程承包合同中分别规定了参与施工建设的各方在质量控制方面的权利和义务，并据此对工程质量进行监督和控制。

有关质量检验与控制的专门技术法规性依据是指针对不同行业、不同的质量控制对象而制定的技术法规性的文件，主要包括：

（1）已批准的施工组织设计。它是承包单位进行施工准备和指导现场施工的规划性、指导性文件，详细规定了工程施工的现场布置，人员设备的配置，作业要求，施工工序和工艺,技术保证措施,质量检查方法和技术标准等,是进行质量控制的重要依据。

(2)合同中引用的国家和行业的现行施工操作技术规范、施工工艺规程及验收规范。它是维护正常施工的准则,与工程质量密切相关,必须严格遵守执行。

(3)合同中引用的有关原材料、半成品、配件方面的质量依据。如水泥、钢材、骨料等有关产品技术标准;水泥、骨料、钢材等有关检验、取样、方法的技术标准;有关材料验收、包装、标志的技术标准。

(4)制造厂提供的设备安装说明书和有关技术标准。这是施工安装承包人进行设备安装必须遵循的重要技术文件,也是进行检查和控制质量的依据。

(二)质量控制的方法

施工过程中的质量控制方法主要有旁站检查、测量、试验等。

1. 旁站检查

旁站是指有关管理人员对重要工序(质量控制点)的施工所进行的现场监督和检查,以避免质量事故的发生。旁站也是驻地监理人员的一种主要现场检查形式。根据工程施工难度及复杂性,可采用全过程旁站、部分时间旁站两种方式。对容易产生缺陷的部位,或产生了缺陷难以补救的部位,以及隐蔽工程,应加强旁站检查。

在旁站检查中,必须检查承包人在施工中所用的设备、材料及混合料是否符合已批准的文件要求,检查施工方案、施工工艺是否符合相应的技术规范。

2. 测量

测量是对建筑物的尺寸控制的重要手段。应对施工放样及高程控制进行核查,不合格者不准开工。对模板工程、已完工程的几何尺寸、高程、宽度、厚度、坡度等质量指标,按规定要求进行测量验收,不符合规定要求的需进行返工。测量记录,均要事先经工程师审核签字后方可使用。

3. 试验

试验是工程师确定各种材料和建筑物内在质量是否合格的重要方法。所有工程使用的材料,都必须事先经过材料试验,质量必须满足产品标准,并经工程师检查批准后,方可使用。材料试验包括水源、粗骨料、沥青、土工织物等各种原材料,不同等级混凝土的配合比试验,外购材料及成品质量证明和必要的试验鉴定,仪器设备的校调试验,加工后的成品强度及耐用性检验,工程检查等。没有试验数据的工程不予验收。

(三)工序质量监控

1. 工序质量监控的内容

工序质量控制主要包括对工序活动条件的监控和对工序活动效果的监控。

1)工序活动条件的监控

所谓工序活动条件监控,就是指对影响工程生产因素进行的控制。工序活动条件的控制是工序质量控制的手段。尽管在开工前对生产活动条件已进行了初步控制,但在工序活动中有的条件还会发生变化,使其基本性能达不到检验指标,这正是生产过程产生质量不稳定的重要原因。因此,只有对工序活动条件进行控制,才能达到对工程或产品的质量性能特性指标的控制。工序活动条件包括的因素较多,要通过分析,分清影响工序质量的主要因素,抓住主要矛盾,逐渐予以调节,以达到质量控制的目的。

2)工序活动效果的监控

工序活动效果的监控主要反映在对工序产品质量性能的特征指标的控制上。通过对工序活动的产品采取一定的检测手段进行检验,根据检验结果分析、判断该工序活动的质量效果,从而实现对工序质量的控制,其步骤如下:首先是工序活动前的控制,主要要求人、材料、机械、方法或工艺、环境能满足要求;然后采用必要的手段和工具,对抽出的工序子样进行质量检验;应用质量统计分析工具(如直方图、控制图、排列图等)对检验所得的数据进行分析,找出这些质量数据所遵循的规律。根据质量数据分布规律的结果,判断质量是否正常;若出现异常情况,寻找原因,找出影响工序质量的因素,尤其是那些主要因素,采取对策和措施进行调整;再重复前面的步骤,检查调整效果,直到满足要求,这样便可达到控制工序质量的目的。

2. 工序质量监控实施要点

对工序活动质量监控,首先应确定质量控制计划,它是以完善的质量监控体系和质量检查制度为基础。一方面,工序质量控制计划要明确规定质量监控的工作程序、流程和质量检查制度;另一方面,需进行工序分析,在影响工序质量的因素中,找出对工序质量产生影响的重要因素,进行主动的、预防性的重点控制。例如,在振捣混凝土这一工序中,振捣的插点和振捣时间是影响质量的主要因素,为此,应加强现场监督并要求施工单位严格予以控制。

同时,在整个施工活动中,应采取连续的动态跟踪控制,通过对工序产品的抽样检验,判定其产品质量波动状态,若工序活动处于异常状态,则应查出影响质量的原因,采取措施排除系统性因素的干扰,使工序活动恢复到正常状态,从而保证工序活动及其产品质量。此外,为确保工程质量,应在工序活动过程中设置质量控制点,进行预控。

3. 质量控制点的设置

质量控制点的设置是进行工序质量预防控制的有效措施。质量控制点是指为保证工程质量而必须控制的重点工序、关键部位、薄弱环节。应在施工前,全面、合理地选择质量控制点,并对设置质量控制点的情况及拟采取的控制措施进行审核。必要时,应对质量控制实施过程进行跟踪检查或旁站监督,以确保质量控制点的施工质量。

设置质量控制点的对象,主要有以下几方面:

(1)关键的分项工程。如大体积混凝土工程,土石坝工程的坝体填筑,隧洞开挖工程等。

(2)关键的工程部位。如混凝土面板堆石坝面板趾板及周边缝的接缝,土基上水闸的地基基础,预制框架结构的梁板节点,关键设备的设备基础等。

(3)薄弱环节。指经常发生或容易发生质量问题的环节,或承包人无法把握的环节,或采用新工艺(材料)施工的环节等。

(4)关键工序。如钢筋混凝土工程的混凝土振捣,灌注桩钻孔,隧洞开挖的钻孔布置、方向、深度、用药量和填塞等。

(5)关键工序的关键质量特性。如混凝土的强度、耐久性,土石坝的干容重、黏性土的含水率等。

(6)关键质量特性的关键因素。如冬季混凝土强度的关键因素是环境(养护温度),

支模的关键因素是支撑方法，泵送混凝土输送质量的关键因素是机械，墙体垂直度的关键因素是人等。

控制点的设置应准确有效，因此究竟选择哪些作为控制点，需要由有经验的质量控制人员进行选择。一般可根据工程性质和特点来确定，表 9-1 列举出某些分部分项工程的质量控制点，可供参考。

表 9-1　质量控制点的设置

分部分项工程		质量控制点
建筑物定位		标准轴线桩、定位轴线、标高
地基开挖及清理		开挖部位的位置、轮廓尺寸、标高；岩石地基钻爆过程中的钻孔、装药量、起爆方式；开挖清理后的建基面；断层、破碎带、软弱夹层、岩熔的处理；渗水的处理
基础处理	基础灌浆帷幕灌浆	造孔工艺、孔位、孔斜；岩芯获得率；洗孔及压水情况；灌浆情况；灌浆压力、结束标准、封孔
	基础排水	造孔、洗孔工艺；孔口、孔口设施的安装工艺
	锚桩孔	造孔工艺锚桩材料质量、规格、焊接；孔内回填
混凝土生产	砂石料生产	毛料开采、筛分、运输、堆存；砂石料质量（杂质含量、细度模数、超逊径、级配）、含水率、骨料降温措施
	混凝土拌和	原材料的品种、配合比、称量精度；混凝土拌和时间、温度均匀性；拌和物的坍落度；温控措施（骨料冷却、加冰、加冰水）、外加剂比例
混凝土浇筑	建基面清理	岩基面清理（冲洗、积水处理）
	模板、预埋件	位置、尺寸、标高、平整性、稳定性、刚度、内部清理；预埋件型号、规格、埋设位置、安装稳定性、保护措施
	钢筋	钢筋品种、规格、尺寸、搭接长度、钢筋焊接、根数、位置
	浇筑	浇筑层厚度、平仓、振捣、浇筑间歇时间、积水和泌水情况、埋设件保护、混凝土养护、混凝土表面平整度、麻面、蜂窝、露筋、裂缝、混凝土密实性、强度
土石料填筑	土石料	土料的黏粒含量、含水率、砾质土的粗粒含量、最大粒径、石料的粒径、级配、坚硬度、抗冻性
	土料填筑	防渗体与岩石面或混凝土面的结合处理、防渗体与砾质土、黏土地基的结合处理、填筑体的位置、轮廓尺寸、铺土厚度、铺填边线、土层接面处理、土料碾压、压实干密度
	石料砌筑	砌筑体位置、轮廓尺寸、石块重量、尺寸、表面顺直度、砌筑工艺、砌体密实度、砂浆配比、强度
	砌石护坡	石块尺寸、强度、抗冻性、砌石厚度、砌筑方法、砌石孔隙率、垫层级配、厚度、空隙率

4. 见证点、停止点的概念

在工程项目实施控制中，通常是由承包人在分项工程施工前制定施工计划时，就选定设置控制点，并在相应的质量计划中进一步明确哪些是见证点，哪些是停止点。所谓见证点和停止点是国际上对于重要程度不同及监督控制要求不同的质量控制对象的一种区分方式。见证点监督也称为 W 点监督。凡是被列为见证点的质量控制对象,在规定的控制点施工前,施工单位应提前 24 h 通知监理人员在约定的时间内到现场进行见证并实施监督。如监理人员未按约定到场,施工单位有权对该点进行相应的操作和施工。停止点也称为待检查点或 H 点,它的重要性高于见证点,是针对那些由于施工过程或工序施工质量不易或不能通过其后的检验和试验而充分得到论证的“特殊过程”或“特殊工序”而言的。凡被列入停止点的控制点,要求必须在该控制点来临之前 24 h 通知监理人员到场实验监控,如监理人员未能在约定时间内到达现场,施工单位应停止该控制点的施工,并按合同规定等待监理方,未经认可不能超过该点继续施工,如水闸闸墩混凝土结构在钢筋架立后,混凝土浇筑之前,可设置停止点。

在施工过程中,应加强旁站和现场巡查的监督检查;严格实施隐蔽式工程工序间交接检查验收、工程施工预检等检查监督;严格执行对成品保护的质量检查。只有这样才能及早发现问题,及时纠正,防患于未然,确保工程质量,避免导致工程质量事故。

为了对施工期间的各分部、分项工程的各工序质量实施严密、细致和有效的监督、控制,应认真地填写跟踪档案,即施工和安装记录。

(四)施工合同条件下的工程质量控制

工程施工是使业主及工程设计意图最终实现并形成工程实体的阶段,也是最终形成工程产品质量和工程项目使用价值的重要阶段。由此可见,施工阶段的质量控制不但是工程师的核心工作内容,也是工程项目质量控制的重点。

1. 质量检查(验)的职责和权力

施工质量检查(验)是建设各方质量控制必不可少的一项工作,它可以起到监督、控制质量,及时纠正错误,避免事故扩大,消除隐患等作用。

1)承包商质量检查(验)的职责

(1)提交质量保证计划措施报告。保证工程施工质量是承包商的基本义务。承包商应按 ISO9000 系列标准建立和健全所承包工程的质量保障计划,在组织上和制度上落实质量管理工作,以确保工程质量。

承包商质量检查(验)职责。根据合同规定和工程师的指示,承包商应对工程使用的材料和工程设备以及工程的所有部位及其施工工艺进行全过程的质量自检,并作质量检查(验)记录,定期向工程师提交工程质量报告。同时,承包商应建立一套全部工程的质量记录和报表,以便于工程师复核检验和日后发现质量问题时查找原因。当合同发生争议时,质量记录和报表还是重要的当时记录。

自检是检验的一种形式,它是由承包商自己来进行的。在合同环境下,承包商的自检包括:班组的“初检”;施工队的“复检”;公司的“终检”。自检的目的不仅在于判定被检验实体的质量特性是否符合合同要求,更为重要的是用于对过程的控制。因此,承包商的自检是质量检查(验)的基础,是控制质量的关键。为此,工程师有权拒绝对那些“三检”资料不完善或无“三检”资料的过程(工序)进行检验。

2)工程师的质量检查(验)权力

按照我国有关法律、法规的规定:工程师在不妨碍承包商正常作业的情况下,可以随时对作业质量进行检查(验)。这表明工程师有权对全部工程的所有部位及其任何一项工艺、材料和工程设备进行检查和检验,并具有质量否决权。具体内容包括:

(1)复核材料和工程设备的质量及承包商提交的检查结果。

(2)对建筑物开工前的定位定线进行复核签证,未经工程师签认不得开工。

(3)对隐蔽工程和工程的隐蔽部位进行覆盖前的检查(验),上道工序质量不合格的不得进入下一工序施工。

(4)对正在施工中的工程在现场进行质量跟踪检查(验),发现问题及时纠正等。

这里需要指出,承包商要求工程师进行检查(验)的意向,以及工程师要进行检查(验)的意向均应提前24 h通知对方。

2. 材料、工程设备的检查和检验

《水利水电土建工程施工合同条件》通用条款及技术条款规定,材料和工程设备的采购分两种情况:承包商负责采购的材料和工程设备。业主负责采购的工程设备,承包商负责采购的材料。

对材料和工程设备进行检查和检验时应区别对待以上两种情况。

1)材料和工程设备的检验和交货验收

对承包商采购的材料和工程设备,其产品质量承包商应对业主负责。材料和工程设备的检验和交货验收由承包商负责实施,并承担所需费用,具体做法:承包商会同工程师进行检验和交货验收,查验材质证明和产品合格证书。此外,承包商还应按合同规定进行材料的抽样检验和工程设备的检验测试,并将检验结果提交给工程师。工程师参加交货验收不能减轻或免除承包商在检验和验收中应负的责任。

对业主采购的工程设备,为了简化验交手续和重复装运,业主应将其采购的工程设备由生产厂家直接移交给承包商。为此,业主和承包商在合同规定的交货地点(如生产厂家、工地或其他合适的地方)共同进行交货验收,由业主正式移交给承包商。在交货验收过程中,业主采购的工程设备检验及测试由承包商负责,业主不必再配备检验及测试用的设备和人员,但承包商必须将其检验结果提交工程师,并由工程师复核签认检验结果。

2)工程师检查或检验

工程师和承包商应商定对工程所用的材料和工程设备进行检查和检验的具体时间和地点。通常情况下,工程师应到场参加检查或检验,如果在商定时间内工程师未到场参加检查或检验,且工程师无其他指示(如延期检查或检验),承包商可自行检查或检验,并立即将检查或检验结果提交给工程师。除合同另有规定外,工程师应在事后确认承包商提交的检查或检验结果。

对于承包商未按合同规定检查或检验材料和工程设备,工程师指示承包商按合同规定补做检查或检验。此时,承包商应无条件地按工程师的指示和合同规定补做检查或检验,并应承担检查或检验所需的费用和可能带来的工期延误责任。

3)额外检验和重新检验

(1)额外检验。

在合同履行过程中,如果工程师需要增加合同中未作规定的检查和检验项目,工程师有权指示承包商增加额外检验,承包商应遵照执行,但应由业主承担额外检验的费用和工期延误责任。

(2)重新检验。

在任何情况下,如果工程师对以往的检验结果有疑问,有权指示承包商进行再次检验即重新检验,承包商必须执行工程师指示,不得拒绝。"以往检验结果"是指已按合同规定要求得到工程师的同意,如果承包商的检验结果未得到工程师同意,则工程师指示承包商进行的检验不能称为重新检验,应为合同内检测。

重新检验带来的费用增加和工期延误责任的承担视重新检验结果而定。如果重新检验结果证明这些材料、工程设备、工序不符合合同要求,则应由承包商承担重新检验的全部费用和工期延误责任;如果重新检验结果证明这些材料、工程设备、工序符合合同要求,则应由业主承担重新检验的费用和工期延误责任。

当承包商未按合同规定进行检查或检验,并且不执行工程师有关补做检查或检验指示和重新检验的指示时,工程师为了及时发现可能的质量隐患,减少可能造成的损失,可以指派自己的人员或委托其他人进行检查或检验,以保证质量。此时,不论检查或检验结果如何,工程师因采取上述检查或检验补救措施而造成的工期延误和增加的费用均应由承包商承担。

4)不合格工程、材料和工程设备

(1)禁止使用不合格材料和工程设备。

工程使用的一切材料、工程设备均应满足合同规定的等级、质量标准和技术特性。工程师在工程质量的检查或检验中发现承包商使用了不合格材料或工程设备时,可以随时发出指示,要求承包商立即改正,并禁止在工程中继续使用这些不合格的材料和工程设备。

如果承包商使用了不合格材料和工程设备,其造成的后果应由承包商承担责任,承包商应无条件地按工程师指示进行补救。业主提供的工程设备经验收不合格的应由业主承担相应责任。

(2)不合格工程、材料和工程设备的处理。

①如果工程师的检查或检验结果表明承包商提供的材料或工程设备不符合合同要求,工程师可以拒绝接收,并立即通知承包商。此时,承包商除立即停止使用外,应与工程师共同研究补救措施。如果在使用过程中发现不合格材料,工程师应视具体情况,下达运出现场或降级使用的指示。

②如果检查或检验结果表明业主提供的工程设备不符合合同要求,承包商有权拒绝接收,并要求业主予以更换。

③如果因承包商使用了不合格材料和工程设备造成了工程损害,工程师可以随时发出指示,要求承包商立即采取措施进行补救,直至彻底清除工程的不合格部位及不合格材料和工程设备。

④如果承包商无故拖延或拒绝执行工程师的有关指示,则业主有权委托其他承包商执行该项指示。由此而造成的工期延误和增加的费用由承包商承担。

3. 隐蔽工程

隐蔽工程和工程隐蔽部位是指已完成的工作面经覆盖后将无法事后查看的任何工程

部位和基础。由于隐蔽工程和工程隐蔽部位的特殊性及重要性,因此没有工程师的批准,工程的任何部分均不得覆盖或使之无法查看。

对于将被覆盖的部位和基础在进行下一道工序之前,首先由承包商进行自检("三检"),确认符合合同要求后,再通知工程师进行检查,工程师不得无故缺席或拖延,承包商通知时应考虑到工程师有足够的检查时间。工程师应按通知约定的时间到场进行检查,确认质量符合合同规定要求,并在检查记录上签字后,才能允许承包商进入下一道工序,进行覆盖。承包商在取得工程师的检查签证之前,不得以任何理由进行覆盖,否则,承包商应承担因补检而增加的费用和工期延误责任。如果由于工程师未及时到场检查,承包商因等待或延期检查而造成工期延误则承包商有权要求延长工期和赔偿其停工、窝工等损失。

4. 放线

1) 施工控制网

工程师应在合同规定的期限内向承包商提供测量基准点、基准线和水准点及其书面资料。业主和工程师应对测量点、基准线和水准点的正确性负责。

承包商应在合同规定期限内完成测设自己的施工控制网,并将施工控制网资料报送工程师审批。承包商应对施工控制网的正确性负责。此外,承包商还应负责保管全部测量基准和控制网点。工程完工后,应将施工控制网点完好地移交给业主。

工程师为了监理工作的需要,可以使用承包商的施工控制网,并不为此另行支付费用。此时,承包商应及时提供必要的协助,不得以任何理由加以拒绝。

2) 施工测量

承包商应负责整个施工过程中的全部施工测量放线工作,包括地形测量、放样测量、断面测量、支付收方测量和验收测量等,并应自行配置合格的人员、仪器、设备和其他物品。

承包商在施测前,应将施工测量措施报告报送工程师审批。

工程师应按合同规定对承包商的测量数据和放样成果进行检查。工程师认为必要时还可指示承包商在工程师的监督下进行抽样复测,并修正复测中发现的错误。

5. 完工和保修

1) 完工验收

完工验收指承包商基本完成合同中规定的工程项目后,移交给业主接收前的交工验收,不是国家或业主对整个项目的验收。基本完成是指不一定要合同规定的工程项目全部完成,有些不影响工程使用的尾工项目,经工程师批准,可待验收后在保修期中去完成。

(1) 完工验收申请报告。当工程具备了下列条件,并经工程师确认时,承包商即可向业主和工程师提交完工验收申请报告,并附上完工资料:

①除工程师同意可列入保修期完成的项目外,已完成了合同规定的全部工程项目。

②已按合同规定备齐了完工资料,包括:工程实施概况和大事记,已完工程(含工程设备)清单,永久工程完工图,列入保修期完成的项目清单,未完成的缺陷修复清单,施工期观测资料,各类施工文件、施工原始记录等。

③已编制了在保修期内实施的项目清单和未修复的缺陷项目清单以及相应的施工措

施计划。

(2)工程师审核。

工程师在接到承包商完工验收申请报告后的28 d内进行审核并作出决定,或者提请业主进行工程验收,或者通知承包商在验收前尚应完成的工作和对申请报告的异议,承包商应在完成工作后或修改报告后重新提交完工验收申请报告。

(3)完工验收和移交证书。

业主在接到工程师提请进行工程验收的通知后,应在收到完工验收申请报告后56 d内组织工程验收,并在验收通过后向承包商颁发移交证书。移交证书上应注明由业主、承包商、工程师协商核定的工程实际完工日期。此日期是计算承包商完工工期的依据,也是工程保修期的开始。从颁交证书之日起,照管工程的责任即应由业主承担,且在此后14 d内,业主应将保留金总额的50%退还给承包商。

(4)分阶段验收和施工期运行。

水利水电工程中分阶段验收有两种情况。第一种情况是在全部工程验收前,某些单位工程,如船闸、隧洞等已完工,经业主同意可先行单独进行验收,通过后颁发单位工程移交证书,由业主先接管该单位工程。第二种情况是业主根据合同进度计划的安排,需提前使用尚未全部建成的工程,如大坝工程达到某一特定高程可以满足初期发电时,可对该部分工程进行验收,以满足初期发电要求。验收通过应签发临时移交证书。工程未完成部分仍由承包商继续施工。对通过验收的部分工程由于在施工期运行而使承包商增加了修复缺陷的费用,业主应给予适当的补偿。

(5)业主拖延验收。

如业主在收到承包商完工验收申请报告后,不及时进行验收,或在验收通过后无故不颁发移交证书,则业主应从承包商发出完工验收申请报告56 d后的次日起承担照管工程的费用。

2)工程保修

(1)保修期(FIDIC条款中称为缺陷通知期)。

工程移交前,虽然已通过验收,但是还未经过运行的考验,而且还可能有一些尾工项目和修补缺陷项目未完成,所以还必须有一段期间用来检验工程的正常运行,这就是保修期。水利水电土建工程保修期一般为一年,从移交证书中注明的全部工程完工日期开始起算。在全部工程完工验收前,业主已提前验收的单位工程或部分工程,若未投入正常运行,其保修期仍按全部工程完工日期起算;若验收后投入正常运行,其保修期应从该单位工程或部分工程移交证书上注明的完工日期起算。

(2)保修责任。

①保修期内,承包商应负责修复完工资料中未完成的缺陷修复清单所列的全部项目。

②保修期内如发现新的缺陷和损坏,或原修复的缺陷又遭损坏,承包商应负责修复。至于修复费用由谁承担,需视缺陷和损坏的原因而定,由于承包商施工中的隐患或其他承包商原因所造成,应由承包商承担;若由于业主使用不当或业主其他原因所致,则由业主承担。

保修责任终止证书(F1DIC条款中称为履约证书)。在全部工程保修期满,且承包商不遗留任何尾工项目和缺陷修补项目,业主或授权工程师应在 28 d 内向承包商颁发保修责任终止证书。

保修责任终止证书的颁发,表明承包商已履行了保修期的义务,工程师对其满意,也表明了承包商已按合同规定完成了全部工程的施工任务,业主接受了整个工程项目。但此时合同双方的财务账目尚未结清,可能有些争议还未解决,故并不意味合同已履行结束。

3)清理现场与撤离

圆满完成清场工作是承包商进行文明施工的一个重要标志。一般而言,在工程移交证书颁发前,承包商应按合同规定的工作内容对工地进行彻底清理,以便业主使用已完成的工程。经业主同意后也可留下部分清场工作在保修期满前完成。

承包商应按下列工作内容对工地进行彻底清理,并需经工程师检验合格为止:

(1)工程范围内残留的垃圾已全部焚毁、掩埋或清除出场。

(2)临时工程已按合同规定拆除,场地已按合同要求清理和平整。

(3)承包商设备和剩余的建筑材料已按计划撤离工地,废弃的施工设备和材料亦已清除。

(4)施工区内的永久道路和永久建筑物周围的排水沟道,均已按合同图纸要求和工程师指示进行疏通和修整。

(5)主体工程建筑物附近及其上、下游河道中的施工堆积场,已按工程师的指示予以清理。

此外,在全部工程的移交证书颁发后 42 d 内,除了经工程师同意,由于保修期工作需要留下部分承包商人员、施工设备和临时工程外,承包商的队伍应撤离工地,并做好环境恢复工作。

二、全面质量管理的基本概念

全面质量管理(Total Quality Management,简称 TQM)是企业管理的中心环节,是企业管理的纲,它和企业的经营目标是一致的。这就是要求将企业的生产经营管理和质量管理有机地结合起来。

(一)全面质量管理的基本概念

全面质量管理是以组织全员参与为基础的质量管理模式,它代表了质量管理的最新阶段,最早起源于美国,菲根堡姆指出:全面质量管理是为了能够在最经济的水平上,并充分考虑到满足用户的要求的条件下进行市场研究、设计、生产和服务,把企业内各部门研制质量,维持质量和提高质量的活动构成为一体的一种有效体系。他的理论经过世界各国的继承和发展,得到了进一步的扩展和深化。1994 版 ISO9000 族标准中对全面质量管理的定义为:一个组织以质量为中心,以全员参与为基础,目的在于通过让顾客满意和本组织所有成员及社会受益而达到长期成功的管理途径。

(二)全面质量管理的基本要求

1.全过程的管理

任何一个工程(和产品)的质量,都有一个产生、形成和实现的过程;整个过程是由多个相互联系、相互影响的环节所组成的，每一环节都或重或轻地影响着最终的质量状况。因此，要搞好工程质量管理，必须把形成质量的全过程和有关因素控制起来，形成一个综合的管理体系，做到以防为主，防检结合，重在提高。

2. 全员的质量管理

工程（产品）的质量是企业各方面、各部门、各环节工作质量的反映。每一环节，每一个人的工作质量都会不同程度地影响着工程（产品）最终质量。工程质量人人有责，只有人人都关心工程的质量，做好本职工作，才能生产出好质量的工程。

3. 全企业的质量管理

全企业的质量管理一方面要求企业各管理层次都要有明确的质量管理内容，各层次的侧重点要突出，每个部门应有自己的质量计划、质量目标和对策，层层控制；另一方面就是要把分散在各部门的质量职能发挥出来。如水利水电工程中的“三检制”，就充分反映这一观点。

4. 多方法的管理

影响工程质量的因素越来越复杂：既有物质的因素，又有人为的因素；既有技术因素，又有管理因素；既有内部因素，又有企业外部因素。要搞好工程质量，就必须把这些影响因素控制起来，分析它们对工程质量的不同影响。灵活运用各种现代化管理方法来解决工程质量问题。

（三）全面质量管理的基本指导思想

1. 质量第一、以质量求生存

任何产品都必须达到所要求的质量水平，否则就没有或未实现其使用价值，从而给消费者、给社会带来损失。从这个意义上讲，质量必须是第一位的。贯彻“质量第一”就要求企业全员，尤其是领导层，要有强烈的质量意识；要求企业在确定质量目标时，首先应根据用户或市场的需求，科学地确定质量目标，并安排人力、物力、财力予以保证。当质量与数量、社会效益与企业效益、长远利益与眼前利益发生矛盾时，应把质量、社会效益和长远利益放在首位。

“质量第一”并非“质量至上”。质量不能脱离当前的市场水准，也不能不问成本一味地讲求质量。应该重视质量成本的分析，把质量与成本加以统一，确定最适合的质量。

2. 用户至上

在全面质量管理中，这是一个十分重要的指导思想。“用户至上”就是要树立以用户为中心，为用户服务的思想。要使产品质量和服务质量尽可能满足用户的要求。产品质量的好坏最终应以用户的满意程度为标准。这里，所谓用户是广义的，不仅指产品出厂后的直接用户，而且指在企业内部，下道工序是上道工序的用户。如混凝土工程，模板工程的质量直接影响混凝土浇筑这一下道关键工序的质量。每道工序的质量不仅影响下道工序质量，也会影响工程进度和费用。

3. 质量是设计、制造出来的，而不是检验出来的

在生产过程中，检验是重要的，它可以起到不允许不合格品出厂的把关作用，同时还可以将检验信息反馈到有关部门。但影响产品质量好坏的真正原因并不在检验，而主要在于设计和制造。设计质量是先天性的，在设计的时候就已经决定了质量的等级和水平；

而制造只是实现设计质量,是符合性质的。二者不可偏废,都应重视。

4. 强调用数据说话

这就是要求在全面质量管理工作中具有科学的工作作风,在研究问题时不能满足于一知半解和表面,对问题不仅有定性分析还尽量有定量分析,做到心中有"数",这样才可以避免主观盲目性。

在全面质量管理中广泛地采用了各种统计方法和工具,其中用得最多的有"七种工具",即因果图、排列图、直方图、相关图、控制图、分层法和调查表。常用的数理统计方法有回归分析、方差分析、多元分析、实验分析、时间序列分析等。

5. 突出人的积极因素

从某种意义上讲,在开展质量管理活动过程中,人的因素是最积极、最重要的因素。与质量检验阶段和统计质量控制阶段相比较,全面质量管理阶段格外强调调动人的积极因素的重要性。这是因为现代化生产多为大规模系统,环节众多,联系密切复杂,远非单纯靠质量检验或统计方法就能奏效的。必须调动人的积极因素,加强质量意识,发挥人的主观能动性,以确保产品和服务的质量。全面质量管理的特点之一就是全体人员参加的管理。"质量第一,人人有责"。

要提高质量意识,调动人的积极因素,一靠教育,二靠规范,需要通过教育培训和考核,同时还要依靠有关质量的立法以及必要的行政手段等各种激励及处罚措施。

(四)全面质量管理的工作原则

1. 预防原则

在企业的质量管理工作中,要认真贯彻预防为主的原则,凡事要防患于未然。在产品制造阶段应该采用科学方法对生产过程进行控制,尽量把不合格品消灭在发生之前。在产品的检验阶段,不论是对最终产品或是在制品,都要把质量信息及时反馈并认真处理。

2. 经济原则

全面质量管理强调质量,但无论质量保证的水平或预防不合格的深度都是没有止境的,必须考虑经济性,建立合理的经济界限,这就是所谓经济原则。因此,在产品设计制定质量标准时,在生产过程进行质量控制时,在选择质量检验方式为抽样检验或全数检验时等场合,都必须考虑其经济效益。

3. 协作原则

协作是大生产的必然要求。生产和管理分工越细,就越要求协作。一个具体单位的质量问题往往涉及许多部门,如无良好的协作是很难解决的。因此,强调协作是全面质量管理的一条重要原则,也反映了系统科学全局观点的要求。

4. 按照 PDCA 循环组织活动

PDCA 循环是质量体系活动所应遵循的科学工作程序,周而复始,内外嵌套,循环不已,以求质量不断提高。

(五)全面质量管理的运转方式

质量保证体系运转方式是按照计划(P)、执行(D)、检查(C)、处理(A)的管理循环进行的。它包括四个阶段和八个工作步骤。

1.四个阶段

1)计划阶段

按使用者要求,根据具体生产技术条件,找出生产中存在的问题及其原因,拟定生产对策和措施计划。

2)执行阶段

按预定对策和生产措施计划,组织实施。

3)检查阶段

对生产成品进行必要的检查和测试,即把执行的工作结果与预定目标对比,检查执行过程中出现的情况和问题。

4)处理阶段

把经过检查发现的各种问题及用户意见进行处理。凡符合计划要求的予以肯定,成文标准化。对不符合设计要求和不能解决的问题,转入下一循环以进一步研究解决。

2.八个步骤

(1)分析现状,找出问题,不能凭印象和表面作判断。结论要用数据表示。

(2)分析各种影响因素,要把可能因素一一加以分析。

(3)找出主要影响因素,要努力找出主要因素进行解剖,才能改进工作,提高产品质量。

(4)研究对策,针对主要因素拟定措施,制定计划,确定目标。

以上属P阶段工作内容。

(5)执行措施为D阶段的工作内容。

(6)检查工作成果,对执行情况进行检查,找出经验教训,为C阶段的工作内容。

(7)巩固措施,制定标准,把成熟的措施订成标准(规程、细则)形成制度。

(8)遗留问题转入下一个循环。

以上(7)和(8)为A阶段的工作内容。PDCA管理循环的工作程序如图9-1所示。

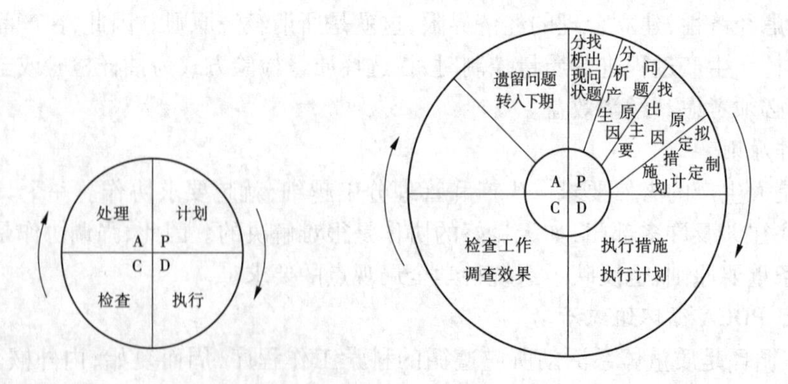

图9-1 PDCA管理循环的工作程序

3.PDCA循环的特点

(1)四个阶段缺一不可,先后次序不能颠倒。就好像一只转动的车轮,在解决质量问题中滚动前进逐步使产品质量提高。

(2)企业的内部PDCA循环各级都有,整个企业是一个大循环,企业各部门又有自己的循环,如图9-2所示。大循环是小循环的依据,小循环又是大循环的具体和逐级贯彻落实的体现。

(3)PDCA循环不是在原地转动,而是在转动中前进。每个循环结束,质量便提高一步。图9-3为循环上升示意图,它表明每一个PDCA循环都不是在原地周而复始地转动,而是像爬楼梯那样,每转一个循环都有新的目标和内容。因而就意味前进了一步,从原有水平上升到了新的水平,每经过一次循环,也就解决了一批问题,质量水平就有新的提高。

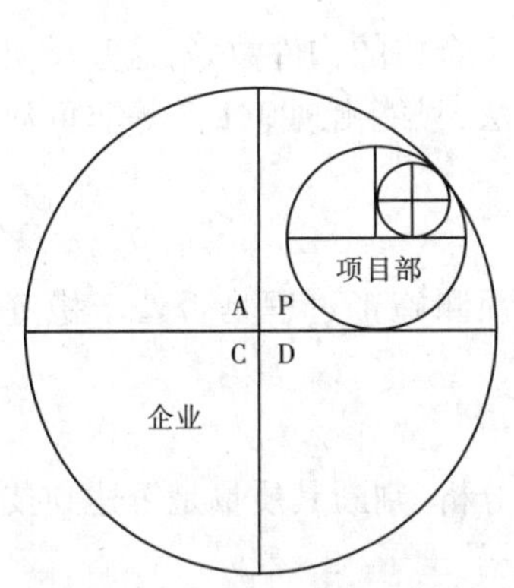

图9-2　某工程的质量保证机构

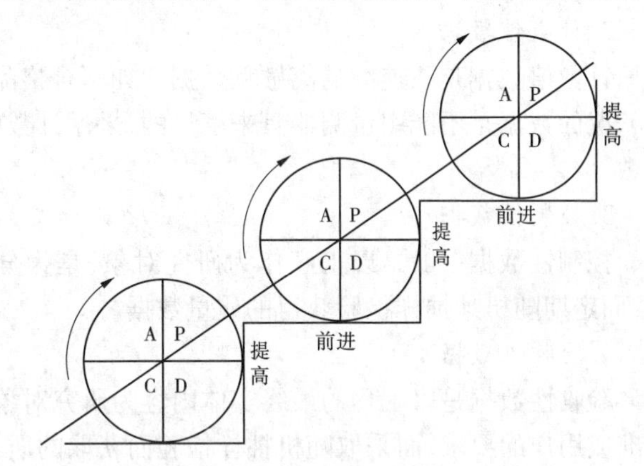

图9-3　某工程项目的质量保证体系

(4)A阶段是一个循环的关键,这一阶段(处理阶段)的目的在于总结经验,巩固成果,纠正错误,以利于下一个管理循环。为此必须把成功和经验纳入标准,定为规程,使之标准化、制度化,以便在下一个循环中遵照办理,使质量水平逐步提高。

必须指出,质量的好坏反映了人们质量意识的强弱,也反映了人们对提高产品质量意义的认识水平。有了较强的质量意识,还应使全体人员对全面质量管理的基本思想和方法有所了解。这就需要开展全面质量管理,必须加强质量教育的培训工作,贯彻执行质量责任制并形成制度,持之以恒,才能使工程施工质量水平不断提高。

(六)质量保证体系的建立和运转

工程项目在实施过程中,要建立质量保证机构和质量保证体系,图9-2和图9-3即为某工程项目的质量保证机构和质量保证体系。

第五节　工程质量统计与分析

一、质量数据

利用质量数据和统计分析方法进行项目质量控制,是控制工程质量的重要手段。通常,通过收集和整理质量数据,进行统计分析比较,找出生产过程的质量规律,判断工程产品质量状况,发现存在的质量问题,找出引起质量问题的原因,并及时采取措施,预防和纠正质量事故,使工程质量始终处于受控状态。

质量数据是用以描述工程质量特征性能的数据。它是进行质量控制的基础,没有质量数据，就不可能有现代化的科学的质量控制。

（一）质量数据的类型

质量数据按其自身特征，可分为计量值数据和计数值数据；按其收集目的可分为控制性数据和验收性数据。

1. 计量值数据

计量值数据是可以连续取值的连续型数据。如长度、质量、面积、标高等特征，一般都是可以用量测工具或仪器等量测，一般都带有小数。

2. 计数值数据

计数值数据是不连续的离散型数据。如不合格品数、不合格的构件数等，这些反映质量状况的数据是不能用量测器具来度量的，采用计数的办法，只能出现0、1、2等非负数的整数。

3. 控制性数据

控制性数据一般是以工序作为研究对象，是为分析、预测施工过程是否处于稳定状态，而定期随机地抽样检验获得的质量数据。

4. 验收性数据

验收性数据是以工程的最终实体内容为研究对象，以分析、判断其质量是否达到技术标准或用户的要求，而采取随机抽样检验而获取的质量数据。

（二）质量数据的波动及其原因

在工程施工过程中常可看到在相同的设备、原材料、工艺及操作人员条件下，生产的同一种产品的质量不同，反映在质量数据上，即具有波动性，其影响因素有偶然性因素和系统性因素两大类。偶然性因素引起的质量数据波动属于正常波动，偶然因素是无法或难以控制的因素，所造成的质量数据的波动量不大，没有倾向性，作用是随机的，工程质量只有偶然因素影响时，生产才处于稳定状态。由系统因素造成的质量数据波动属于异常波动，系统因素是可控制、易消除的因素，这类因素不经常发生，但具有明显的倾向性，对工程质量的影响较大。

质量控制的目的就是要找出出现异常波动的原因，即系统性因素是什么，并加以排除，使质量只受随机性因素的影响。

（三）质量数据的收集

质量数据的收集总的要求应当是随机地抽样，即整批数据中每一个数据都有被抽到的同样机会。常用的方法有随机法、系统抽样法、二次抽样法和分层抽样法。

（四）样本数据特征

为了进行统计分析和运用特征数据对质量进行控制，经常要使用许多统计特征数据。统计特征数据主要有均值、中位数、极值、极差、标准偏差、变异系数，其中均值、中位数表示数据集中的位置；极差、标准偏差、变异系数表示数据的波动情况，即分散程度。

二、质量控制的统计方法简介

通过对质量数据的收集、整理和统计分析，找出质量的变化规律和存在的质量问题，提出进一步的改进措施，这种运用数学工具进行质量控制的方法是所有涉及质量管理的人员所必须掌握的,它可以使质量控制工作定量化和规范化。下面介绍几种在质量控制中常用的数学工具及方法。

(一)直方图法

1. 直方图的用途

直方图又称频率分布直方图,它们将产品质量频率的分布状态用直方图形来表示,根据直方图形的分布形状和与公差界限的距离来观察、探索质量分布规律,分析和判断整个生产过程是否正常。

利用直方图可以制定质量标准,确定公差范围,可以判明质量分布情况是否符合标准的要求。

2. 直方图的分析

直方图有以下几种分布形式,见图9-4。

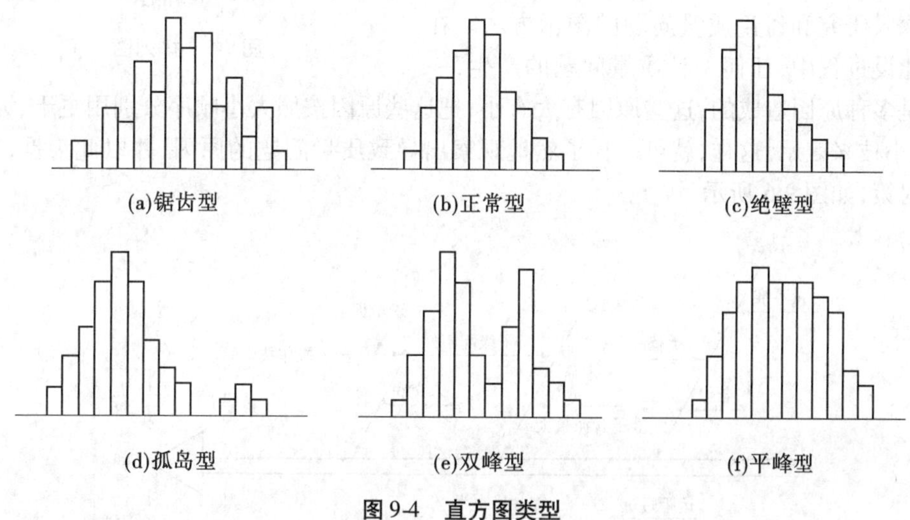

图9-4　直方图类型

(1)正常对称型。说明生产过程正常,质量稳定,如图9-4(b)所示。

(2)锯齿型。原因一般是分组不当或组距确定不当,如图9-4(a)所示。

(3)孤岛型。原因一般是材质发生变化或他人临时替班,如图9-4(d)所示。

(4)绝壁型。一般是剔除下限以下的数据造成的,如图9-4(e)所示。

(5)双峰型。把两种不同的设备或工艺的数据混在一起造成的,如图9-4(e)所示。

(6)平峰型。生产过程中有缓慢变化的因素起主导作用,如图9-4(f)所示。

3. 注意事项

(1)直方图属于静态的,不能反映质量的动态变化。

(2)画直方图时,数据不能太少,一般应大于50个数据,否则画出的直方图难以正确反映总体的分布状态。

(3)直方图出现异常时,应注意将收集的数据分层,然后画直方图。

(4)直方图呈正态分布时,可求平均值和标准差。

(二)排列图法

排列图法又称巴雷特法、主次排列图法,是分析影响质量主要问题的有效方法,将众多的因素进行排列，主要因素就一目了然，如图 9-5所示。

排列图法是由一个横坐标、两个纵坐标、几个长方形和一条曲线组成的。左侧的纵坐标是频数或件数，右侧纵坐标是累计频率，横轴则是项目或因素，按项目频数大小顺序在横轴上自左而右画长方形，其高度为频数，再根据右侧的纵坐标，画出累计频率曲线，该曲线也称巴雷特曲线。

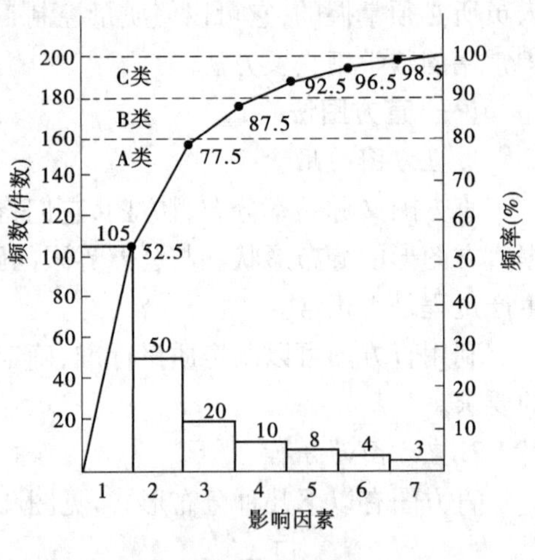

图 9-5　排列图

(三)因果分析图法

因果分析图也叫鱼刺图、树枝图，这是一种逐步深入研究和讨论质量问题的图示方法。在工程建设过程中，任何一种质量问题的产生，一般都是多种原因造成的，这些原因有大有小，把这些原因按照大小顺序分别用主干、大枝、中枝、小枝来表示，这样，就可一目了然地观察出导致质量问题的原因，并以此为据，制定相应对策，如图 9-6 所示。

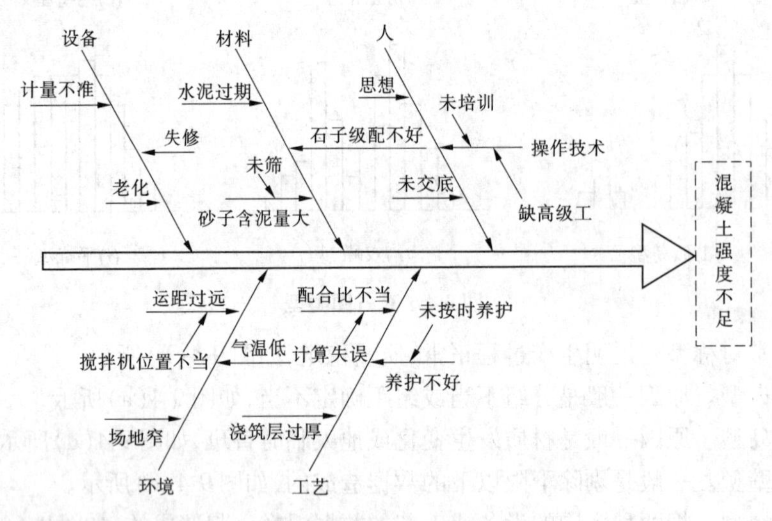

图 9-6　因果分析图

(四)管理图法

管理图也称控制图，它是反映生产过程随时间变化而变化的质量动态，即反映生产过程中各个阶段质量波动状态的图形，如图 9-7 所示。管理图利用上下控制界限，将产品质量特性控制在正常波动范围内，一旦有异常反映，通过管理图就可以发现，并及时处理。

(五)相关图法

产品质量与影响质量的因素之间，常有一定的相互关系，但不一定是严格的函数关系，这种关系称为相关关系，可利用直角坐标系将两个变量之间的关系表达出来。相关图的形式有正相关、负相关、非线性相关和无相关。

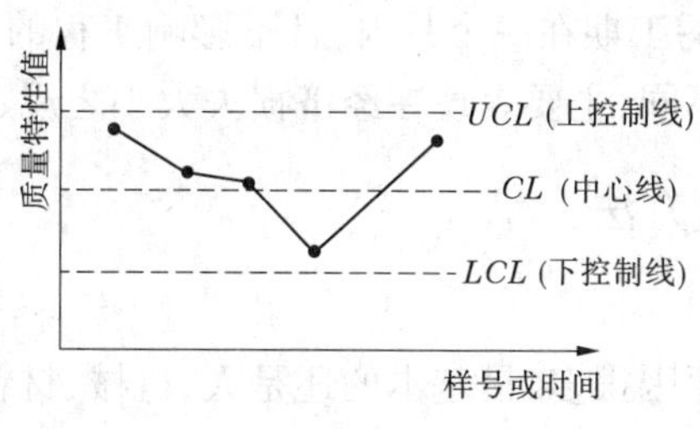

图 9-7　控制图

此外,还有调查表法、分层法等。

第六节　工程质量事故的处理

工程建设项目不同于一般工业生产活动,其项目实施的一次性、生产组织特有的流动性、综合性、劳动的密集性、协作关系的复杂性和环境的影响,均导致建筑工程质量事故具有复杂性、严重性、可变性及多发性的特点,事故是很难完全避免的。因此,必须加强组织措施、经济措施和管理措施,严防事故发生,对发生的事故应调查清楚,按有关规定进行处理。

需要指出的是,不少事故开始时经常只被认为是一般的质量缺陷,容易被忽视。随着时间的推移,待认识到这些质量缺陷问题的严重性时,则往往处理困难,或难以补救,或导致建筑物失事。因此,除明显的不会有严重后果的缺陷外,对其他的质量问题,均应分析,进行必要处理,并做出处理意见。

一、工程事故的分类

凡水利水电工程在建设中或完工后,由于设计、施工、监理、材料、设备、工程管理和咨询等方面造成工程质量不符合规程、规范和合同要求的质量标准,影响工程的使用寿命或正常运行,一般需作补救措施或返工处理的,统称为工程质量事故。日常所说的事故大多指施工质量事故。

在水利水电工程中,按对工程的耐久性和正常使用的影响程度,检查和处理质量事故对工期影响时间的长短以及直接经济损失的大小,将质量事故分为一般质量事故、较大质量事故、重大质量事故和特大质量事故。

一般质量事故是指对工程造成一定经济损失,经处理后不影响正常使用,不影响工程使用寿命的事故。小于一般质量事故的统称为质量缺陷。

较大质量事故是指对工程造成较大经济损失或延误较短工期,经处理后不影响正常使用,但对工程使用寿命有较大影响的事故。

重大质量事故是指对工程造成重大经济损失或延误较长工期,经处理后不影响正常使用,但对工程使用寿命有较大影响的事故。

特大质量事故是指对工程造成特大经济损失或长时间延误工期,经处理后仍对工程正常使用和使用寿命有较大影响的事故。

《水利工程质量事故处理暂行规定》规定:一般质量事故,它的直接经济损失在

20万~100万元,事故处理的工期在一个月内,且不影响工程的正常使用与寿命。一般建筑工程对事故的分类略有不同,主要表现在经济损失大小之规定。

二、工程事故的处理方法

(一)事故发生的原因

工程质量事故发生的原因很多,最基本的还是人、机械、材料、工艺和环境几方面。一般可分直接原因和间接原因两类。

直接原因主要有人的行为不规范和材料、机械的不符合规定状态。如设计人员不按规范设计、监理人员不按规范进行监理,施工人员违反规程操作等,属于人的行为不规范;又如水泥、钢材等某些指标不合格,属于材料不符合规定状态。

间接原因是指质量事故发生地的环境条件,如施工管理混乱,质量检查监督失职,质量保证体系不健全等。间接原因往往导致直接原因的发生。

事故原因也可从工程建设的参建各方来寻查,业主、监理、设计、施工和材料、机械、设备供应商的某些行为或各种方法也会造成质量事故。

(二)事故处理的目的

工程质量事故分析与处理的目的主要是:正确分析事故原因,防止事故恶化;创造正常的施工条件;排除隐患,预防事故发生;总结经验教训,区分事故责任;采取有效的处理措施,尽量减少经济损失,保证工程质量。

(三)事故处理的原则

质量事故发生后,应坚持"三不放过"的原则,即事故原因不查清不放过,事故主要责任人和职工未受到教育不放过,补救措施不落实不放过。

发生质量事故,应立即向有关部门(业主、监理单位、设计单位和质量监督机构等)汇报,并提交事故报告。

由质量事故而造成的损失费用,坚持事故责任是谁由谁承担的原则。如责任在施工承包商,则事故分析与处理的一切费用由承包商自己负责;施工中事故责任不在承包商,则承包商可依据合同向业主提出索赔;若事故责任在设计或监理单位,应按照有关合同条款给予相关单位必要的经济处罚。构成犯罪的,移交司法机关处理。

(四)事故处理的程序和方法

事故处理的程序是:

(1)下达工程施工暂停令;

(2)组织调查事故;

(3)事故原因分析;

(4)事故处理与检查验收;

(5)下达复工令。

事故处理的方法有两大类:

(1)修补。这种方法适用于通过修补可以不影响工程的外观和正常使用的质量事故,此类事故是施工中多发的。

(2)返工。这类事故严重违反规范或标准,影响工程使用和安全,且无法修补,必须返工。

有些工程质量问题，虽严重超过了规程、规范的要求，已具有质量事故的性质，但可针对工程的具体情况，通过分析论证，不需作专门处理，但要记录在案。如混凝土蜂窝、麻面等缺陷，可通过涂抹、打磨等方式处理；欠挖或模板问题使结构断面被削弱，经设计复核验算，仍能满足承载要求的，也可不作处理，但必须记录在案，并有设计和监理单位的鉴定意见。

第七节　工程质量评定与验收

一、工程质量评定

（一）质量评定的意义

工程质量评定是依据国家或部门统一制定的现行标准和方法，对照具体施工项目的质量结果，确定其质量等级的过程。水利水电工程按《水利水电工程施工质量检验与评定规程》（SL 176—1996）执行。其意义在于统一评定标准和方法，正确反映工程的质量，使之具有可比性；同时也考核企业等级和技术水平，促进施工企业提高质量。

工程质量评定以单元工程质量评定为基础，其评定的先后次序是单元工程、分部工程和单位工程。

工程质量的评定在施工单位（承包商）自评的基础上，由建设（监理）单位复核，报政府质量监督机构核定。

（二）评定依据

（1）国家与水利水电部门有关行业规程、规范和技术标准。

（2）经批准的设计文件、施工图纸、设计修改通知、厂家提供的设备安装说明书及有关技术文件。

（3）工程合同采用的技术标准。

（4）工程试运行期间的试验及观测分析成果。

（三）评定标准

1. 单元工程质量评定标准

单元工程质量等级按《水利水电工程施工质量检验与评定规程》（SL 176—2007）进行。当单元工程质量达不到合格标准时，必须及时处理，其质量等级按如下确定：

（1）全部返工重做的，可重新评定等级；

（2）经加固补强并经过鉴定能达到设计要求，其质量只能评定为合格；

（3）经鉴定达不到设计要求，但建设（监理）单位认为能基本满足安全和使用功能要求的，可不补强加固，或经补强加固后，改变外形尺寸或造成永久缺陷的，经建设（监理）单位认为能基本满足设计要求，其质量可按合格处理。

2. 分部工程质量评定标准

分部工程质量合格的条件是：

（1）单元工程质量全部合格；

(2)中间产品质量及原材料质量全部合格,金属结构及启闭机制造质量合格,机电产品质量合格。

分部工程优良的条件是:

(1)单元工程质量全部合格,其中有50%以上达到优良,主要单元工程、重要隐蔽工程及关键部位的单位工程质量优良,且未发生过质量事故;

(2)中间产品质量全部合格,其中混凝土拌和物质量达到优良,原材料质量、金属结构及启闭机制造质量合格,机电产品质量合格。

3. 单位工程质量评定标准

单位工程质量合格的条件是:

(1)分部工程质量全部合格;

(2)中间产品质量及原材料质量全部合格,金属结构及启闭机制造质量合格,机电产品质量合格;

(3)外观质量得分率达70%以上;

(4)施工质量检验资料基本齐全。

单位工程优良的条件是:

(1)分部工程质量全部合格,其中有70%以上达到优良,主要分部工程质量优良,且未发生过重大质量事故;

(2)中间产品质量全部合格,其中混凝土拌和物质量达到优良,原材料质量、金属结构及启闭机制造质量合格,机电产品质量合格;

(3)外观质量得分率达85%形以上;

(4)施工质量检验资料齐全。

4. 工程质量评定标准

单位工程质量全部合格,工程质量可评为合格;如其中50%以上的单位工程优良,且主要建筑物单位工程质量优良,则工程质量可评优良。

二、工程质量验收

(一)概述

工程验收是在工程质量评定的基础上,依据一个既定的验收标准,采取一定的手段来检验工程产品的特性是否满足验收标准的过程。水利水电工程验收分为分部工程验收、阶段验收、单位工程验收和竣工验收。按照验收的性质,可分为投入使用验收和完工验收。工程验收的目的是:检查工程是否按照批准的设计进行建设;检查已完工程在设计、施工、设备制造安装等方面的质量,并对验收遗留问题提出处理要求;检查工程是否具备运行或进行下一阶段建设的条件;总结工程建设中的经验教训,并对工程作出评价;及时移交工程,尽早发挥投资效益。

工程验收的依据是:有关法律、规章和技术标准,主管部门有关文件,批准的设计文件及相应设计变更、修设文件,施工合同,监理签发的施工图纸和说明,设备技术说明书等。当工程具备验收条件时,应及时组织验收。未经验收或验收不合格的工程不得交付使用或进行后续工程施工。验收工作应相互衔接,不应重复进行。

工程进行验收时必须要有质量评定意见,阶段验收和单位工程验收应有水利水电工程质量监督单位的工程质量评价意见;竣工验收必须有水利水电工程质量监督单位的工程质量评定报告,竣工验收委员会在其基础上鉴定工程质量等级。

(二)工程验收的主要工作

1. 分部工程验收

分部工程验收应具备的条件是该分部工程的所有单元工程已经完建且质量全部合格。分部工程验收的主要工作是:鉴定工程是否达到设计标准;按现行国家或行业技术标准,评定工程质量等级;对验收遗留问题提出处理意见。分部工程验收的图纸、资料和成果是竣工验收资料的组成部分。

2. 阶段验收

根据工程建设需要,当工程建设达到一定关键阶段(如基础处理完毕、截流、水库蓄水、机组启动、输水工程通水等)时,应进行阶段验收。阶段验收的主要工作是:检查已完工程的质量和形象面貌;检查在建工程建设情况;检查待建工程的计划安排和主要技术措施落实情况,以及是否具备施工条件;检查拟投入使用工程是否具备运用条件;对验收遗留问题提出处理要求。

3. 完工验收

完工验收应具备的条件是所有分部工程已经完建并验收合格。完工验收的主要工作是:检查工程是否按批准设计完成;检查工程质量,评定质量等级,对工程缺陷提出处理要求;对验收遗留问题提出处理要求;按照合同规定,施工单位向项目法人移交工程。

4. 竣工验收

工程在投入使用前必须通过竣工验收。竣工验收应在全部工程完建后3个月内进行。进行验收确有困难的,经工程验收主持单位同意,可以适当延长期限。竣工验收应具备以下条件:工程已按批准设计规定的内容全部建成;各单位工程能正常运行;历次验收所发现的问题已基本处理完毕;归档资料符合工程档案资料管理的有关规定;工程建设征地补偿及移民安置等问题已基本处理完毕,工程主要建筑物安全保护范围内的迁建和工程管理土地征用已经完成;工程投资已经全部到位;竣工决算已经完成并通过竣工审计。

竣工验收的主要工作:审查项目法人“工程建设管理工作报告”和初步验收工作组“初步验收工作报告”;检查工程建设和运行情况;协调处理有关问题;讨论并通过“竣工验收鉴定书”。

第十章 水利工程进度管理

第一节 概 述

施工管理水平对于缩短建设工期,降低工程造价,提高施工质量,保证施工安全至关重要。施工管理工作涉及施工、技术、经济等活动。其管理活动是从制定计划开始,通过计划的制定,进行协调与优化,确定管理目标;然后在实施过程中按计划目标进行指挥、协调与控制;根据实施过程中反馈的信息调整原来的控制目标,通过施工项目的计划、组织、协调与控制,实现施工管理的目标。

一、进度的概念

进度通常是指工程项目实施结果的进展情况,在工程项目实施过程中要消耗时间(工期)、劳动力、材料、成本等才能完成项目的任务。当然,项目实施结果应该以项目任务的完成情况,如工程的数量来表达。但由于工程项目对象系统(技术系统)的复杂性,常常很难选定一个恰当的、统一的指标来全面反映工程的进度。有时时间和费用与计划都吻合,但工程实物进度(工作量)末达到目标,则后期就必须投入更多的时间和费用。

在现代工程项目管理中,人们已赋予进度以综合的含义,它将工程项目任务、工期、成本有机地结合起来,形成一个综合的指标,能全面反映项目的实施状况。进度控制已不只是传统的工期控制,而且还将工期与工程实物、成本、劳动消耗、资源等统一起来。

二、进度指标

进度控制的基本对象是工程活动。它包括项目结构图上各个层次的单元,上至整个项目,下至各个工作包(有时直到最低层次网络上的工程活动)。项目进度状况通常是通过各工程活动完成程度(百分比)逐层统计汇总计算得到的。进度指标的确定对进度的表达、计算、控制有很大影响。由于一个工程有不同的子项目、工作包,它们工作内容和性质不同,必须挑选一个共同的、对所有工程活动都适用的计量单位。

(一)持续时间

持续时间(工程活动的或整个项目的)是进度的重要指标。人们常用已经使用的工期与计划工期相比较以描述工程完成程度。例如计划工期 2 年,现已经进行了 1 年,则工期已达 50%。一个工程活动,计划持续时间为 30 d,现已经进行了 15 d,则已完成 50%。但通常还不能说工程进度已达 50%,因为工期与人们通常概念上的进度是不一致的,工程的效率和速度不是一条直线,如通常工程项目开始时工作效率很低,进度慢。到工程中期投入最大,进度最快。而后期投入又较少,所以工期下来一半,并不能表示进度达到了一半,何况在已进行的工期中还存在各种停工、窝工、干扰作用,实际效率可能远低于计划的效率。

（二）按工程活动的结果状态数量描述

这主要针对专门的领域，其生产对象简单、工程活动简单。例如：对设计工作按资料数量（图纸、规范等）；混凝土工程按体积（墙、基础、柱）；设备安装按吨位；管道、道路按长度；预制件按数量或重量、体积；运输量以吨、千米；土石方以体积或运载量等。

特别当项目的任务仅为完成这些分部工程时，以它们作指标比较反映实际。

（三）已完成工程的价值量

已完成工程的价值量即用已经完成的工作量与相应的合同价格（单价），或预算价格计算。它将不同种类的分项工程统一起来，能够较好地反映工程的进度状况，这是常用的进度指标。

（四）资源消耗指标

最常用的有劳动工时、机械台班、成本的消耗等。它们有统一性和较好的可比性，即各个工程活动直到整个项目部可用它们作为指标，这样可以统一分析尺度。但在实际工程中要注意如下问题：

（1）投入资源数量和进度有时会有背离，会产生误导。例如某活动计划需 100 工时，现已用了 60 工时，则进度已达 60%。这仅是偶然的，计划劳动效率和实际效率不会完全相等。

（2）由于实际工作量和计划经常有差别，即计划 100 工时，由于工程变更，工作难度增加，工作条件变化，应该需要 120 工时。现完成 60 工时，实质上仅完成 50%，而不是 60%，所以只有当计划正确（或反映最新情况），并按预定的效率施工时才得到正确的结果。

（3）用成本反映工程进度是经常的，但这里有如下因素要剔除：

①不正常原因造成的成本损失，如返工、窝工、工程停工。

②由于价格原因（如材料涨价、工资提高）造成的成本的增加。

③考虑实际工程量，工程（工作）范围的变化造成的影响。

三、进度控制和工期控制

工期和进度是两个既互相联系，又有区别的概念。

由于工期计划可以得到各项目单元的计划工期的各个时间参数。它分别表示各层次的项目单元（包括整个项目）的持续、开始和结束时间、允许的变动余地（各种时差）等，它们作为项目的目标之一。

工期控制的目的是使工程实施活动与上述工期计划在时间上吻合，即保证各工程活动按计划及时开工、按时完成，保证总工期不推迟。

进度控制的总目标与工期控制是一致的，但控制过程中它不仅追求时间上的吻合，而且还追求在一定的时间内工作量的完成程度（劳动效率和劳动成果）或消耗的一致性。

（1）工期常常作为进度的一个指标，它在表示进度计划及其完成情况时有重要作用，所以进度控制首先表现为工期控制，有效的工期控制能达到有效的进度控制，但仅用工期表达进度会产生误导。

(2)进度的拖延最终会表现为工期拖延。

(3)进度的调整常常表现为对工期的调整,为加快进度,改变施工次序、增加资源投入,则意味着通过采取措施使总工期提前。

四、进度控制的过程

(1)采用各种控制手段保证项目及各个工程活动按计划及时开始,在工程过程中记录各工程活动的开始和结束时间及完成程度。

(2)在各控制期末(如月末、季末,一个工程阶段结束)将各活动的完成程度与计划对比,确定整个项目的完成程度,并结合工期、生产成果、劳动效率、消耗等指标,评价项目进度状况,分析其中的问题。

(3)对下期工作作出安排,对一些已开始、但尚末结束的项目单元的剩余时间作估算,提出调整进度的措施,根据已完成状况作新的安排和计划,调整网络(如变更逻辑关系、延长或缩短持续时间、增加新的活动等),重新进行网络分析,预测新的工期状况。

(4)对调整措施和新计划作出评审,分析调整措施的效果,分析新的工期是否符合目标要求。

第二节　实际工期和进度的表达

一、工作包的实际工期和进度的表达

进度控制的对象是各个层次的项目单元,而最低层次的工作包是主要对象,有时进度控制还要细到具体的网络计划中的工程活动。有效的进度控制必须能迅速且正确地在项目参加者(工程小组、分包商、供应商等)的工作岗位上反映如下进度信息:

(1)项目正式开始后,必须监控项目的进度以确保每项活动按计划进行,掌握各工作包(或工程活动)的实际工期信息,如实际开始时间,记录并报告工期受到的影响及原因,这些必须明确反映在工作包的信息卡(报告)上。

(2)工作包(或工程活动)所达到的实际状态,即完成程度和已消耗的资源。在项目控制期末(一般为月底)对各工作包的实施状况、完成程度、资源消耗量进行统计。

在这时,如果一个工程活动已完成或未开始,则很好办:已完成的进度为100%,未开始的为0%。但这时必然有许多工程活动已开始但尚未完成。为了便于比较精确地进行进度控制和成本核算,必须定义它的完成程度。通常有如下几种定义模式:

①0~100%,即开始后完成前一直为“0”,直到完成才为100%,这是一种比较悲观的反映。

②一经开始直到完成前都认为已完成50%,完成后才为100%。

③实物工作量或成本消耗、劳动消耗所占的比例,即按已完成的工作量占总计划工作量的比例计算。

④按已消耗工期与计划工期(持续时间)的比例计算。这在横道图计划与实际工期对比和网络调整中用到。

⑤按工序(工作步骤)分析定义。这里要分析该工作包的工作内容和步骤,并定义各个步骤的进度份额。例如一基础混凝土工程,它的步骤定义如表10-1所示。

表10-1　某基础混凝土工程步骤

步骤	时间(d)	工时投入	份额(%)	累计进度(%)
放样	0.5	24	3	3
支模	4	216	27	30
钢筋	6	240	30	60
隐蔽工程验收	0.5	0	0	60
混凝土浇捣	4	280	35	95
养护拆模	5	40	5	100
合计	20	800	100	100

各步骤占总进度的份额由进度描述指标的比例来计算,例如可以按工时投入比例,也可以按成本比例。如果到月底隐蔽工程验收刚完,则该分项工程完成60%。而如果混凝土浇捣完成一半,则达77%。

当工作包内容复杂,无法用统一的均衡的指标衡量时,可以用这种方法,这个方法的好处是可以排除工时投入浪费、初期的低效率等造成的影响,可以较好地反映工程进度,例如:上述工程中,支模已经完成,绑扎钢筋工作量仅完成了70%,则如果钢筋全完成为60%,现钢筋仍有30%未完成,则该分项工程的进度为

$$60\% - 30\%(1 - 70\%) = 60\% - 9\% = 51\%$$

这比前面的各种方法精确多了。

工程活动完成程度的定义不仅对进度描述和控制有重要作用,有时它还是业主与承包商之间工程价款结算的重要参数。

(3)预期该工作包到结束尚需要的时间或结束的日期,这常常需要考虑剩余工作量、已有的拖延、后期工作效率的提高等因素。

二、施工进度计划的控制方法

施工项目进度控制是工程项目进度控制的主要环节,常用的控制方法有横道图控制法、S形曲线控制法、香蕉形曲线比较法等。

(一)横道图控制法

人们常用的、最熟悉的方法是用横道图编制实施性进度计划,指导项目的实施。它简明、形象、直观、编制方法简单、使用方便。

横道图控制法是在项目过程实施中,收集检查实际进度的信息,经整理后直接用横道线表示,并直接与原计划的横道线进行比较。

利用横道控制图检查时,图示清楚明了,可在图中用粗细不同的线条分别表示实际进

度与计划进度。在横道图中,完成任务量可以用实物工程量、劳动消耗量和工作量等不同方式表示。

(二)S形曲线控制法

S形曲线是一个以横坐标表示时间,纵坐标表示完成工作量的曲线图。工作量的具体内容可以是实物工程量、工时消耗或费用,也可以是相对的百分比。对于大多数工程项目来说,在整个项目实施期内单位时间(以天、周、月、季等为单位)的资源消耗(人、财、物的消耗)通常是中间多而两头少。由于这一特性,资源消耗累加后便形成一条中间陡而两头平缓的形如S的曲线。

像横道图一样,S形曲线也能直观反映工程项目的实际进展情况。项目进度控制工程师事先绘制进度计划的S形曲线。在项目施工过程中,每隔一定时间按项目实际进度情况绘制完工进度的S形曲线,并与原计划的S形曲线进行比较,如图10-1所示。

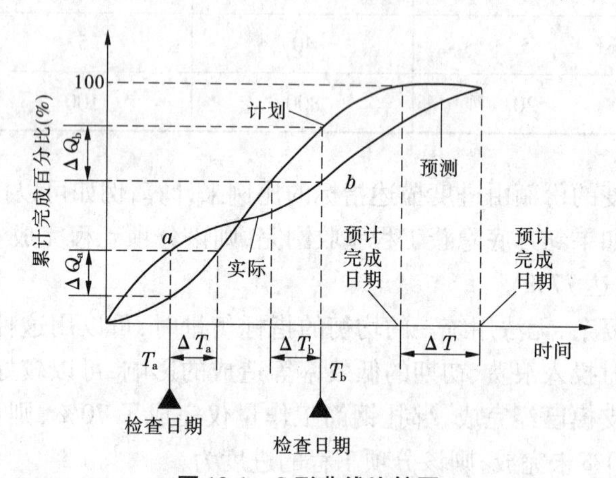

图10-1　S形曲线比较图

(1)项目实际进展速度。如果项目实际进展的累计完成量在原计划的S形曲线左侧,表示此时的实际进度比计划进度超前,如图10-1中a点;反之,如果项目实际进展的累计完成量在原计划的S形曲线右侧,表示实际进度比计划进度拖后,如图10-1中b点。

(2)进度超前或拖延时间。如图10-1中,ΔT_a表示T_a时刻进度超前时间;ΔT_b表示T_b时刻进度拖延时间。

(3)工程量完成情况。在图10-1中,ΔQ_a表示T_a时刻超额完成的工程量;ΔQ_b表示T_b时刻拖欠的工程量。

(4)项目后续进度的预测。在图10-1中,虚线表示项目后续进度若仍按原计划速度实施,总工期拖延的预测值为ΔT_c。

(三)香蕉形曲线比较法

香蕉形曲线是由两条以同一开始时间、同一结束时间的S形曲线组合而成的。其中一条S形曲线是按最早开始时间安排进度所绘制的S形曲线,简称ES曲线;而另一条S形曲线是按最迟开始时间安排进度所绘制的S形曲线,简称LS曲线。除了项目的开始和结束点外,ES曲线在LS曲上方,同一时刻两条曲线所对应完成的工作量是不同的。在项目实施过程中,理想的状况是任一时刻的实际进度在两条曲线所包区域内的曲线R,如

图 10-2所示。

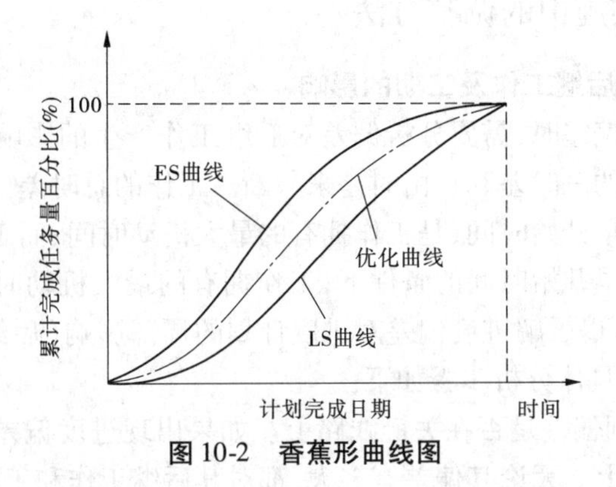

图 10-2　香蕉形曲线图

香蕉形曲线的绘制步骤如下：

(1)计算时间参数。在项目的网络计划基础上，确定项目数目 n 和检查次数 m，计算项目工作的时间参数 ES_i、LS_i（$i=1,2,\cdots,n$）。

(2)确定在不同时间计划完成工程量。以项目的最早时标网络计划确定工作在各单位时间的计划完成工程量 q_{ij}^{ES}，即第 i 项工作按最早开始时间开工，第 j 时段内计划完成的工程量（$1\leqslant i\leqslant n;0\leqslant j\leqslant m$）；以项目的最迟时标网络计划确定工作在各单位时间的计划完成工程量 q_{ij}^{LS}，即第 i 项工作按最迟开始时间开工，第 j 时段内计划完成的工程量（$1\leqslant i\leqslant n;0\leqslant j\leqslant m$）。

(3)计算项目总工程量 Q：

$$Q=\sum_{i=1}^{n}\sum_{j=1}^{m}q_{ij}^{\mathrm{ES}} \tag{10-1}$$

或

$$Q=\sum_{i=1}^{n}\sum_{j=1}^{m}q_{ij}^{\mathrm{ES}} \tag{10-2}$$

(4)计算到 j 时段末完成的工程量。按最早时标网络计划计算完成的工程量 Q_j^{ES}：

$$Q_j^{\mathrm{ES}}=\sum_{i=1}\sum_{j=1}q_{ij}^{\mathrm{ES}}\quad(1\leqslant i\leqslant n;0\leqslant j\leqslant m) \tag{10-3}$$

按最迟时标网络计划计算完成的工程量为 Q_j^{LS}：

$$Q_j^{3}=\sum_{i=1}\sum_{j=1}q_{ij}^{\mathrm{LS}}\quad(1\leqslant i\leqslant n;0\leqslant j\leqslant m) \tag{10-4}$$

(5)计算到 j 时段末完成项目工程量百分比。按最早时标网络计划计算完成工程量的百分比 μ_j^{ES} 为

$$\mu_j^{\mathrm{ES}}=\frac{Q_j^{\mathrm{ES}}}{Q}\times100\% \tag{10-5}$$

按最迟时标网络计划计算完成工程量的百分比 μ_j^{LS} 为

$$\mu_j^{\mathrm{LS}}=\frac{Q_j^{\mathrm{LS}}}{Q}\times100\% \tag{10-6}$$

(6)绘制香蕉形曲线。以(μ_j^{ES},j)($j=0,1,\cdots,m$)绘制 ES 曲线；以(μ_j^{LS},j)($j=0,1,\cdots,m$)绘制 LS 曲线，由 ES 曲线和 LS 曲线构成项目的香蕉形曲线。

三、进度计划实施中的调整方法

(一)分析偏差对后继工作及工期的影响

当进度计划出现偏差时,需要分析偏差对后继工作产生的影响。分析的方法主要是利用网络计划中工作的总时差和自由时差来判断。工作的总时差(TF)不影响项目工期,但影响后继工作的最早开始时间,是工作拥有的最大机动时间;而工作的自由时差是指在不影响后继工作的最早开始时间的条件下,工作拥有的最大机动时间。利用时差分析进度计划出现的偏差,可以了解进度偏差对进度计划的局部影响(后继工作)和对进度计划的总体影响(工期)。具体分析步骤如下:

(1)判断进度计划偏差是否在关键线路上。如果出现进度偏差的工作,则 $TF=0$,说明该工作在关键线路上。无论其偏差有多大,都对其后继工作和工期产生影响,必须采取相应的调整措施;如果 $TF\neq0$,则说明工作在非关键线路上。偏差的大小对后继工作和工期是否产生影响以及影响程度,还需要进一步分析判断。

(2)判断进度偏差是否大于总时差,如果工作的进度偏差大于工作的总时差,说明偏差必将影响后继工作和总工期。如果偏差小于或等于工作的总时差,说明偏差不会影响项目的总工期。但它是否对后继工作产生影响,还需进一步与自由时差进行比较判断来确定。

(3)判断进度偏差是否大于自由时差。如果工作进度偏差大于工作的自由时差,说明偏差将对后继工作产生影响,但偏差不会影响项目的总工期;反之,如果偏差小于或等于工作的自由时差,说明偏差不会对后继工作产生影响,原进度计划可不作调整。

采用上述分析方法,进度控制人员可以根据工作的偏差对后继工作的不同影响采取相应的进度调整措施,以指导项目进度计划的实施。具体的判断分析过程如图 10-3 所示。

(二)进度计划实施中的调整方法

当进度控制人员发现问题后,对实施进度进行调整。为了实现进度计划的控制目标,究竟采取何种调整方法,要在分析的基础上确定。从实现进度计划的控制目标来看,可行的调整方案可能有多种,存在一个方案优选的问题。一般来说,进度调整的方法主要有以下两种。

1. 改变工作之间的逻辑关系

改变工作之间的逻辑关系主要是通过改变关键线路上工作之间的先后顺序、逻辑关系来实现缩短工期的目的。

例如,若原进度计划比较保守,各项工作依次实施,即某项工作结束后,另一项工作才开始。通过改变工作之间的逻辑关系,变顺序关系为平行搭接关系,便可达到缩短工期的目的。这样进行调整,由于增加了工作之间的平行搭接时间,进度控制工作就显得更加重要,实施中必须做好协调工作。

2. 改变工作延续时间

改变工作延续时间主要是对关键线路上的工作进行调整,工作之间的逻辑关系并不发生变化。例如。某一项目的进度拖延后,为了加快进度,可采用压缩关键线路上工作的

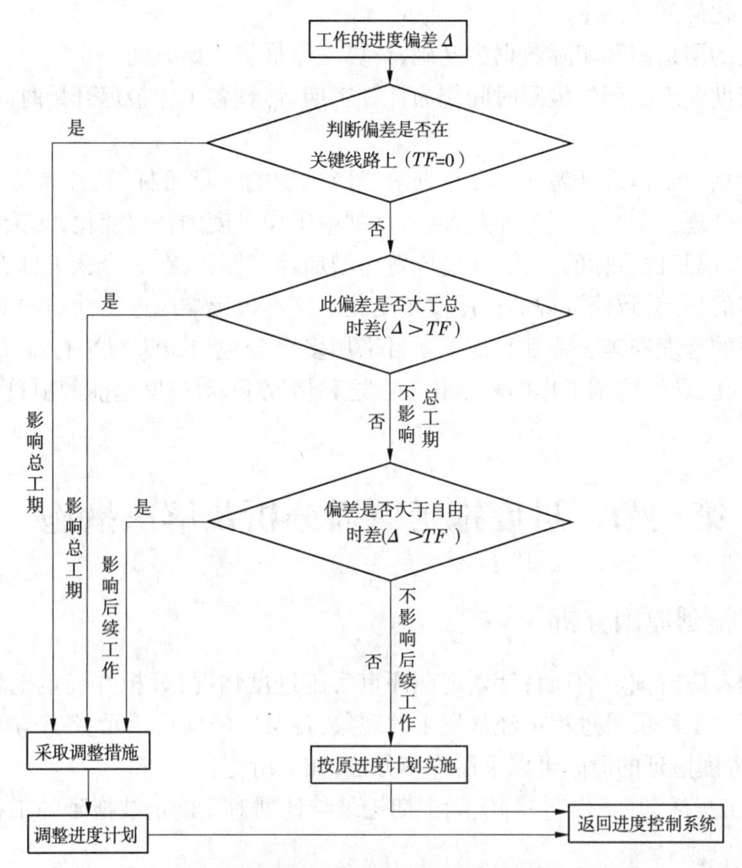

图 10-3 进度偏差对后继工作和工期影响分析过程

持续时间,增加相应的资源来达到加快进度的目的。这种调整通常在网络计划图上直接进行,其调整方法与限制条件及对后继工作的影响程度有关,一般可考虑以下三种情况。

(1)在网络图中,某项工作进度拖延,但拖延的时间在该工作的总时差范围内,自由时差以外。若用Δ表示此项工作拖延的时间,即

$$FF < \Delta < TF$$

根据前面的分析,这种情况不会对工期产生影响,只对后继工作产生影响。因此,在进行调整前,要确定后继工作允许拖延的时间限制,并作为进度调整的限制条件。确定这个限制条件有时很复杂,特别是当后继工作由多个平行的分包单位负责实施时,更是如此。

(2)在网络图中,某项工作进度的拖延时间大于项目工作的总时差,即

$$\Delta > TF$$

这时,该项工作可能在关键线路上($TF=0$);也可能在非关键线路上,但拖延的时间超过了总时差($\Delta > TF$)。调整的方法是,以工期的限制时间作为规定工期,对未实施的网络计划进行工期—费用优化。通过压缩网络图中某些工作的持续时间,使总工期满足规定工期的要求。具体步骤如下:

①化简网络图,去掉已经执行的部分,以进度检查时间作为开始节点的起点时间,将

实际数据代入化简网络图中。

②以简化的网络图和实际数据为基础,计算工作最早开始时间。

③以总工期允许拖延的极限时间作为计算工期,计算各工作最迟开始时间,形成调整后的计划。

在网络计划中工作进度超前。在计划阶段所确定的工期目标,往往是综合考虑各方面因素优选的合理工期。正因为如此,网络计划中工作进度的任何变化,无论是拖延还是超前,都可能造成其他目标的失控,如造成费用增加等。例如,在一个施工总进度计划中,由于某项工作的超前,致使资源的使用发生变化。这不仅影响原进度计划的继续执行,也影响各项资源的合理安排。特别是施工项目采用多个分包单位进行平行施工时,因进度安排发生了变化,导致协调工作的复杂化。在这种情况下,对进度超前的项目也需要加以控制。

第三节　进度拖延原因分析及解决措施

一、进度拖延原因分析

项目管理者应按预定的项目计划定期评审实施进度情况,分析并确定拖延的根本原因。进度拖延是工程项目过程中经常发生的现象,各层次的项目单元,各个阶段都可能出现延误,分析进度拖延的原因可以采用许多方法,如下所述:

(1)通过工程活动(工作包)的实际工期记录与计划对比确定被拖延的工程活动及拖延量:

(2)采用关键线路分析的方法确定各拖延对总工期的影响。由于各工程活动(工作包)在网络中所处的位置(关键线路或非关键线路)不同,它们对整个工期拖延影响不同。

(3)采用因果关系分析图(表)、影响因素分析表、工程量、劳动效率对比分析等方法,详细分析各工程活动(工作包)对整个工期拖延的影响因素及各因素影响量的大小。

进度拖延的原因是多方面的,常见的有以下几种。

(一)工期及计划的失误

计划失误是常见的现象。人们在计划期将持续时间安排得过于乐观,包括:

(1)计划时忘记(遗漏)部分必需的功能或工作。

(2)计划值(例如计划工作量、持续时间)不足,相关的实际工作量增加。

(3)资源或能力不足,例如计划时没考虑到资源的限制或缺陷,没有考虑如何完成工作。

(4)出现了计划中未能考虑到的风险或状况,未能使工程实施达到预定的效率。

(5)在现代工程中,上级(业主、投资者、企业主管)常常在一开始就提出很紧迫的工期要求,使承包商或其他设计人、供应商的工期太紧,而且许多业主为了缩断工期,常常压缩承包商的做标期、前期准备的时间。

(二)边界条件变化

(1)工作量的变化,可能是由于设计的修改,设计的错误、业主新的要求、修改项目的目标及系统范围的扩展造成的。

(2)外界(如政府、上层系统)对项目新的要求或限制,设计标准的提高可能造成项目资源的缺乏,使得工程无法及时完成。

(3)环境条件的变化,如不利的施工条件不仅造成对工程实施过程的干扰,有时直接要求调整原来已确定的计划。

(4)发生不可抗力事件,如地震、台风、动乱、战争等。

(三)管理过程中的失误

(1)计划部门与实施者之间,总分包商之间,业主与承包商之间缺少沟通。

(2)工程实施者缺乏工期意识,例如管理者拖延了图纸的供应和批准,任务下达时缺少必要的工期说明和责任落实,拖延了工程活动。

(3)项目参加单位对各个活动(各专业工程和供应)之间的逻辑关系(活动链)没有清楚地了解,下达任务时也没有作详细的解释,同时对活动的必要的前提条件准备不足,各单位之间缺少协调和信息沟通,许多工作脱节,资源供应出现问题。

(4)其他方面未完成项目计划规定的任务造成拖延。例如设计单位拖延设计、运输不及时、上级机关拖延批准手续、质量检查拖延、业主不果断处理问题等。

(5)承包商没有集中力量施工,材料供应拖延,资金缺乏,工期控制不紧。这可能是承包商同期工程太多,力量不足造成的。

(6)业主没有集中资金的供应,拖欠工程款,或业主的材料、设备供应不及时。

(四)其他原因

采取其他调整措施造成工期的拖延,如设计的变更,质量问题的返工,实施方案的修改。

二、解决进度拖延的措施

(一)基本策略

对已产生的进度拖延可以有如下的基本策略:

(1)采取积极的措施赶工,以弥补或部分地弥补已经产生的拖延。主要通过调整后期计划,采取措施赶工,修改网络等方法解决进度拖延问题。

(2)不采取特别的措施,在目前进度状态的基础上,仍按照原计划安排后期工作。但通常情况下,拖延的影响会越来越大。有时刚开始仅一两周的拖延,到最后会导致一年拖延的结果。这是一种消极的办法,最终结果必然损害工期目标和经济效益,如被工期罚款,由于不能及时投产而不能实现预期收益。

(二)可以采取的赶工措施

与在计划阶段压缩工期一样,解决进度拖延有许多方法,但每种方法都有它的适用条件、限制,必然会带来一些负面影响。在人们以往的讨论以及实际工作中,都将重点集中在时间问题上,这是不对的。许多措施常常没有效果,或引起其他更严重的问题,最典型的是增加成本开支、现场的混乱和引起质量问题。所以,应该将它作为一个新的计划过程来处理。

在实际工程中经常采用如下赶工措施:

(1)增加资源投入,例如增加劳动力、材料、周转材料和设备的投入量,这是最常用的办法。它会带来如下问题:

①造成费用增加,如增加人员的调遣费用、周转材料一次性费用、设备的进出场费用。

②由于增加资源造成资源使用效率的降低。

③加剧资源供应困难,如有些资源没有增加的可能性,加剧项目之间或工序之间对资源激烈的竞争。

(2)重新分配资源,例如将服务部门的人员投入到生产中去,投入风险准备资源,采用加班或多班制工作。

(3)减少工作范围,包括减少工作量或删去一些工作包(或分项工程)。但这可能产生如下影响:

①损害工程的完整性、经济性、安全性、运行效率,或提高项目运行费用。

②必须经过上层管理者,如投资者、业主的批准。

(4)改善工具器具以提高劳动效率。

(5)提高劳动生产率,主要通过辅助措施和合理的工作过程,这里要注意如下问题:

①加强培训,通常培训应尽可能的提前;

②注意工人级别与工人技能的协调;

③工作中的激励机制,例如奖金、小组精神发扬、个人负责制、目标明确;

④改善工作环境及项目的公用设施(需要花费);

⑤项目小组时间上和空间上合理的组合和搭接;

⑥避免项目组织中的矛盾,多沟通。

(6)将部分任务转移,如分包、委托给另外的单位,将原计划由自己生产的结构构件改为外购等。当然,这不仅有风险,产生新的费用,而且需要增加控制和协调工作。

(7)改变网络计划中工程活动的逻辑关系,如将前后顺序工作改为平行工作,或采用流水施工的方法。这又可能产生如下问题:

①工程活动逻辑上的矛盾性;

②资源的限制,平行施工要增加资源的投入强度,尽管投入总量不变;

③工作面限制及由此产生的现场混乱和低效率问题。

(8)将一些工作包合并,特别是在关键线路上按先后顺序实施的工作包合并,与实施者一道研究,通过局部的调整实施过程和人力、物力的分配,达到缩短工期。

通常,A_1、A_2 两项工作如果由两个单位分包按次序施工(见图 10-4),则持续时间较长。而如果将它们合并为 A,由一个单位来完成,则持续时间就大大的缩短。这是由于:

①两个单位分别负责,则它们都经过前期准备低效率,正常施工,后期低效率过程,则总的平均效率很低。

②由于由两个单位分别负责,中间有一个对 A_1 工作的检查、打扫和场地交接和对 A_2 工作准备的过程,会使工期延长,这由分包合同或工作任务单所决定的。

③如果合并由一个单位完成,则平均效率会较高,而且许多工作能够穿插进行。

④实践证明。采用“设计—施工”总承包,或项目管理总承包,比分阶段、分专业平行包工期会大大缩短。

⑤修改实施方案，例如将现浇混凝土改为场外预制、现场安装，这样可以提高施工速度。例如在一国际工程中，原施工方案为现浇混凝土，工期较长。进一步调查发现该国技术木工缺乏，劳动力的素质和可培训性较差，无法保证原工期，后来采用预制装配施工方案，则大大缩短了工期。当然，这一方面必须有可用的资源，另一方面又考虑会造成成本的超支。

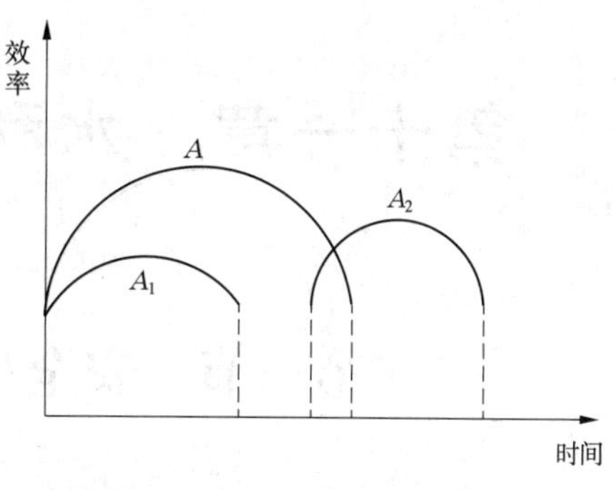

图 10-4　工作时间—效率图

（三）应注意的问题

在选择措施时，要考虑到：

（1）赶工应符合项目的总目标与总战略；

（2）措施应是有效的、可以实现的；

（3）花费比较省；

（4）对项目的实施、承包商、供应商的影响面较小。

在制订后续工作计划时，这些措施应与项目的其他过程协调。

在实际工作中，人们常常采用了许多事先认为有效的措施，但实际效力却很小，常常达不到预期的缩短工期的效果。这是由于：

（1）这些计划是无正常计划期状态下的计划，常常是不周全的。

（2）缺少协调，没有将加速的要求、措施、新的计划、可能引起的问题通知相关各方，如其他分包商、供应商、运输单位、设计单位。

（3）人们对以前造成拖延的问题的影响认识不清。例如由于外界干扰，到目前为止已造成两周的拖延，实质上，这些影响是有惯性的，还会继续扩大。所以，即使现在采取措施，在一段时间内，其效果是很小的，拖延仍会继续扩大。

第十一章　水利工程施工安全管理

第一节　安全生产事故的应急救援

一、基本概念

（一）应急预案

应急预案是指针对可能发生的事故，为迅速、有序地开展应急行动而预先制定的行动方案。

（二）应急准备

应急准备是指针对可能发生的事故，为迅速、有序地开展应急行动而预先进行的组织准备和应急保障。

（三）应急响应

应急响应是指事故发生后，有关组织或人员采取的应急行动。

（四）应急救援

应急救援是指在应急响应过程中，为消除、减少事故危害，防止事故扩大或恶化，最大限度地降低事故造成的损失或危害而采取的救援措施或行动。

（五）恢复

恢复是指事故的影响得到初步控制后，为使生产、工作、生活和生态环境尽快恢复到正常状态而采取的措施或行动。

（六）综合应急预案

综合应急预案是从总体上阐述处理事故的应急方针、政策，应急组织结构及相关应急职责，应急行动、措施和保障等基本要求和程序，是应对各类事故的综合性文件。

（七）专项应急预案

专项应急预案是针对具体的事故类别（如煤矿瓦斯爆炸、危险化学品泄漏等事故）、危险源和应急保障而制定的计划或方案，是综合应急预案的组成部分，应按照综合应急预案的程序和要求组织制定，并作为综合应急预案的附件。专项应急预案应制定明确的救援程序和具体的应急救援措施。

（八）现场处置方案

现场处置方案是针对具体的装置、场所或设施、岗位所制定的应急处置措施。现场处置方案应具体、简单、针对性强。现场处置方案应根据风险评估及危险性控制措施逐一编制，做到事故相关人员应知应会，熟练掌握，并通过应急演练，做到迅速反应、正确处置。

二、综合应急预案的主要内容

(一)总则

1. 编制目的

简述应急预案编制的目的、作用等。

2. 编制依据

简述应急预案编制所依据的法律法规、规章,以及有关行业管理规定、技术规范和标准等。

3. 适用范围

说明应急预案适用的区域范围,以及事故的类型、级别。

4. 应急预案体系

说明本单位应急预案体系的构成情况。

5. 应急工作原则

说明本单位应急工作的原则,内容应简明扼要、明确具体。

(二)生产经营单位的危险性分析

1. 生产经营单位概况

主要包括单位地址、从业人数、隶属关系、主要原材料、主要产品、产量等内容,以及周边重大危险源、重要设施、目标、场所和周边布局情况。必要时,可附平面图进行说明。

2. 危险源与风险分析

主要阐述本单位存在的危险源及风险分析结果。

(三)组织机构及职责

1. 应急组织体系

明确应急组织形式,构成单位或人员,并尽可能以结构图的形式表示出来。

2. 指挥机构及职责

明确应急救援指挥机构总指挥、副总指挥、各成员单位及其相应职责。

应急救援指挥机构根据事故类型和应急工作需要,可以设置相应的应急救援工作小组,并明确各小组的工作任务及职责。

(四)预防与预警

1. 危险源监控

明确本单位对危险源监测监控的方式、方法,以及采取的预防措施。

2. 预警行动

明确事故预警的条件、方式、方法和信息的发布程序。

3. 信息报告与处置

按照有关规定,明确事故及未遂伤亡事故信息报告与处置办法。

1)信息报告与通知

明确24小时应急值守电话、事故信息接收和通报程序。

2)信息上报

明确事故发生后向上级主管部门和地方人民政府报告事故信息的流程、内容和时限。

3)信息传递

明确事故发生后向有关部门或单位通报事故信息的方法和程序。

(五)应急响应

1.响应分级

针对事故危害程度、影响范围和单位控制事态的能力,将事故分为不同的等级。按照分级负责的原则,明确应急响应级别。

2.响应程序

根据事故的大小和发展态势,明确应急指挥、应急行动、资源调配、应急避险、扩大应急等响应程序。

3.应急结束

明确应急终止的条件。事故现场得以控制,环境符合有关标准,导致次生、衍生事故隐患消除后,经事故现场应急指挥机构批准后,现场应急结束。

应急结束后,应明确:

(1)事故情况上报事项;

(2)需向事故调查处理小组移交的相关事项;

(3)事故应急救援工作总结报告。

(六)信息发布

明确事故信息发布的部门,发布原则。事故信息应由事故现场指挥部及时准确向新闻媒体通报事故信息。

(七)后期处置

后期处置主要包括污染物处理、事故后果影响消除、生产秩序恢复、善后赔偿、抢险过程和应急救援能力评估及应急预案的修订等内容。

(八)保障措施

1.通信与信息保障

明确与应急工作相关联的单位或人员通信联系方式和方法,并提供备用方案。建立信息通信系统及维护方案,确保应急期间信息通畅。

2.应急队伍保障

明确各类应急响应的人力资源,包括专业应急队伍、兼职应急队伍的组织与保障方案。

3.应急物资装备保障

明确应急救援需要使用的应急物资和装备的类型、数量、性能、存放位置、管理责任人及其联系方式等内容。

4.经费保障

明确应急专项经费来源、使用范围、数量和监督管理措施,保障应急状态时生产经营单位应急经费的及时到位。

5.其他保障

根据本单位应急工作需求而确定的其他相关保障措施(如交通运输保障、治安保障、技术保障、医疗保障、后勤保障等)。

（九）培训与演练

1. 培训

明确对本单位人员开展的应急培训计划、方式和要求。如果预案涉及社区和居民，要做好宣传教育和告知等工作。

2. 演练

明确应急演练的规模、方式、频次、范围、内容、组织、评估、总结等内容。

（十）奖惩

明确事故应急救援工作中奖励和处罚的条件和内容。

（十一）附则

1. 术语和定义

对应急预案涉及的一些术语进行定义。

2. 应急预案备案

明确本应急预案的报备部门。

3. 维护和更新

明确应急预案维护和更新的基本要求，定期进行评审，实现可持续改进。

4. 制定与解释

明确应急预案负责制定与解释的部门。

5. 应急预案实施

明确应急预案实施的具体时间。

三、专项应急预案的主要内容

（一）事故类型和危害程度分析

在危险源评估的基础上，对其可能发生的事故类型和可能发生的季节及其严重程度进行确定。

（二）应急处置基本原则

明确处置安全生产事故应当遵循的基本原则。

（三）组织机构及职责

1. 应急组织体系

明确应急组织形式，构成单位或人员，并尽可能以结构图的形式表示出来。

2. 指挥机构及职责

根据事故类型，明确应急救援指挥机构总指挥、副总指挥以及各成员单位或人员的具体职责。应急救援指挥机构可以设置相应的应急救援工作小组，明确各小组的工作任务及主要负责人职责。

（四）预防与预警

1. 危险源监控

明确本单位对危险源监测监控的方式、方法，以及采取的预防措施。

2. 预警行动

明确具体事故预警的条件、方式、方法和信息的发布程序。

（五）信息报告程序

信息报告程序主要包括：

（1）确定报警系统及程序；

（2）确定现场报警方式，如电话、警报器等；

（3）确定24小时与相关部门的通信、联络方式；

（4）明确相互认可的通告、报警形式和内容；

（5）明确应急反应人员向外求援的方式。

（六）应急处置

1. 响应分级

针对事故危害程度、影响范围和单位控制事态的能力，将事故分为不同的等级。按照分级负责的原则，明确应急响应级别。

2. 响应程序

根据事故的大小和发展态势，明确应急指挥、应急行动、资源调配、应急避险、扩大应急等响应程序。

3. 处置措施

针对本单位事故类别和可能发生的事故特点、危险性，制定的应急处置措施（如煤矿瓦斯爆炸、冒顶片帮、火灾、透水等事故应急处置措施，危险化学品火灾、爆炸、中毒等事故应急处置措施）。

（七）应急物资与装备保障

明确应急处置所需的物质与装备数量、管理和维护、正确使用等。

四、现场处置方案的主要内容

（一）事故特征

事故特征主要包括：

（1）危险性分析，可能发生的事故类型；

（2）事故发生的区域、地点或装置的名称；

（3）事故可能发生的季节和造成的危害程度；

（4）事故前可能出现的征兆。

（二）应急组织与职责

应急组织与职责主要包括：

（1）基层单位应急自救组织形式及人员构成情况；

（2）应急自救组织机构、人员的具体职责，应同单位或车间、班组人员工作职责紧密结合，明确相关岗位和人员的应急工作职责。

（三）应急处置

应急处置主要包括以下内容：

（1）事故应急处置程序。根据可能发生的事故类别及现场情况，明确事故报警、各项应急措施启动、应急救护人员的引导、事故扩大及同企业应急预案的衔接的程序。

（2）现场应急处置措施。针对可能发生的火灾、爆炸、危险化学品泄漏、坍塌、水患、机动车辆伤害等,从操作措施、工艺流程、现场处置、事故控制、人员救护、消防、现场恢复等方面制定明确的应急处置措施。

(3)报警电话及上级管理部门、相关应急救援单位联络方式和联系人员,事故报告的基本要求和内容。

(四)注意事项

注意事项主要包括:

(1)佩戴个人防护器具方面的注意事项;

(2)使用抢险救援器材方面的注意事项;

(3)采取救援对策或措施方面的注意事项;

(4)现场自救和互救注意事项;

(5)现场应急处置能力确认和人员安全防护等事项;

(6)应急救援结束后的注意事项;

(7)其他需要特别警示的事项。

五、应急预案的评审和发布

应急预案编制完成后,应进行评审。

(一)要素评审

评审由本单位主要负责人组织有关部门和人员进行。

(二)形式评审

外部评审由上级主管部门或地方政府负责安全管理的部门组织审查。

(三)备案和发布

评审后,按规定报有关部门备案,并经生产经营单位主要负责人签署发布。

建筑施工企业的综合应急预案和专项应急预案,按照隶属关系报所在地县级以上地方人民政府安全生产监督管理部门和有关主管部门备案。

建筑施工企业申请应急预案备案,应当提交以下材料:

(1)应急预案备案申请表;

(2)应急预案评审或者论证意见;

(3)应急预案文本及电子文档。

六、预案的修订

(1)生产经营单位制定的应急预案应当至少每三年修订一次,预案修订情况应有记录并归档。

(2)下列情形之一的,应急预案应当及时修订:

①生产经营单位因兼并、重组、转制等导致隶属关系、经营方式、法定代表人发生变化的;

②生产经营单位生产工艺和技术发生变化的;

③周围环境发生变化,形成新的重大危险源的;

④应急组织指挥体系或者职责已经调整的;

⑤依据的法律、法规、规章和标准发生变化的；

⑥应急预案演练评估报告要求修订的；

⑦应急预案管理部门要求修订的。

七、法律责任

(1)生产经营单位应急预案未按照相关规定备案的，由县级以上安全生产监督管理部门给予警告，并处三万元以下罚款。

(2)生产经营单位未制定应急预案或者未按照应急预案采取预防措施，导致事故救援不力或者造成严重后果的，由县级以上安全生产监督管理部门依照有关法律、法规和规章的规定，责令停产停业整顿，并依法给予行政处罚。

第二节　水利工程重大质量安全事故应急预案

为提高应对水利工程建设重大质量与安全事故的能力，做好水利工程建设重大质量与安全事故应急处置工作，有效预防、及时控制和消除水利工程建设重大质量与安全事故的危害，最大限度减少人员伤亡和财产损失，保证工程建设质量与施工安全以及水利工程建设顺利进行，根据《中华人民共和国安全生产法》《国家突发公共事件总体应急预案》和《水利工程建设安全生产管理规定》等法律、法规和有关规定，结合水利工程建设实际，水利部制定了《水利工程建设重大质量与安全事故应急预案》(水建管〔2006〕202号)，自2006年6月5日起实施。该应急预案共分为八章。

根据2005年1月26日国务院第79次常务会议通过的《国家突发公共事件总体应急预案》，按照不同的责任主体，国家突发公共事件应急预案体系设计为国家总体应急预案、专项应急预案、部门应急预案、地方应急预案、企事业单位应急预案五个层次。

《水利工程建设重大质量与安全事故应急预案》属于部门预案，是关于事故灾难的应急预案，其主要内容包括：

(1)《水利工程建设重大质量与安全事故应急预案》适用于水利工程建设过程中突然发生且已经造成或者可能造成重大人员伤亡、重大财产损失，有重大社会影响或涉及公共安全的重大质量与安全事故的应急处置工作。按照水利工程建设质量与安全事故发生的过程、性质和机理，水利工程建设重大质量与安全事故主要包括：

①施工中土石方塌方和结构坍塌安全事故。

②特种设备或施工机械安全事故。

③施工围堰坍塌安全事故。

④施工爆破安全事故。

⑤施工场地内道路交通安全事故。

⑥施工中发生的各种重大质量事故。

⑦其他原因造成的水利工程建设重大质量与安全事故。水利工程建设中发生的自然灾害(如洪水、地震等)、公共卫生事件、社会安全事件等，依照国家和地方相应应急预案执行。

(2)应急工作应当遵循“以人为本,安全第一;分级管理,分级负责;属地为主,条块结合;集中领导,统一指挥;信息准确,运转高效;预防为主,平战结合”的原则。

(3)水利工程建设重大质量与安全事故应急组织指挥体系由水利部及流域机构、各级水行政主管部门的水利工程建设重大质量与安全事故应急指挥部、地方各级人民政府、水利工程建设项目法人以及施工等工程参建单位的质量与安全事故应急指挥部组成。

(4)在本级水行政主管部门的指导下,水利工程建设项目法人应当组织制定本工程项目建设质量与安全事故应急预案(水利工程项目建设质量与安全事故应急预案应当报工程所在地县级以上水行政主管部门以及项目法人的主管部门备案)。建立工程项目建设质量与安全事故应急处置指挥部。工程项目建设质量与安全事故应急处置指挥部的组成如下:

①指挥:项目法人主要负责人;

②副指挥:工程各参建单位主要负责人;

③成员:工程各参建单位有关人员。

(5)承担水利工程施工的施工单位应当制定本单位施工质量与安全事故应急预案,建立应急救援组织或者配备应急救援人员,配备必要的应急救援器材、设备,并定期组织演练。水利工程施工企业应明确专人维护救援器材、设备等。在工程项目开工前,施工单位应当根据所承担的工程项目施工特点和范围,制定施工现场施工质量与安全事故应急预案,建立应急救援组织或配备应急救援人员并明确职责。在承包单位的统一组织下,工程施工分包单位(包括工程分包和劳务作业分包)应当按照施工现场施工质量与安全事故应急预案,建立应急救援组织或配备应急救援人员并明确职责。施工单位的施工质量与安全事故应急预案、应急救援组织或配备的应急救援人员和职责应当与项目法人制定的水利工程项目建设质量与安全事故应急预案协调一致,并将应急预案报项目法人备案。

(6)重大质量与安全事故发生后,在当地政府的统一领导下,应当迅速组建重大质量与安全事故现场应急处置指挥机构,负责事故现场应急救援和处置的统一领导与指挥。

(7)预警预防行动。施工单位应当根据建设工程的施工特点和范围,加强对施工现场易发生重大事故的部位、环节进行监控,配备救援器材、设备,并定期组织演练。

(8)按事故的严重程度和影响范围,将水利工程建设质量与安全事故分为Ⅰ、Ⅱ、Ⅲ、Ⅳ四级。对应相应事故等级,采取Ⅰ级、Ⅱ级、Ⅲ级、Ⅳ级应急响应行动。其中:

①Ⅰ级(特别重大质量与安全事故)。已经或者可能导致死亡(含失踪)30人以上(含本数,下同),或重伤(中毒)100人以上,或需要紧急转移安置10万人以上,或直接经济损失1亿元以上的事故。

②Ⅱ级(特大质量与安全事故)。已经或者可能导致死亡(含失踪)10人以上、30人以下(不含本数,下同),或重伤(中毒)50人以上、100人以下,或需要紧急转移安置1万人以上、10万人以下,或直接经济损失5 000万元以上、1亿元以下的事故。

③Ⅲ级(重大质量与安全事故)。已经或者可能导致死亡(含失踪)3人以上、10人以下,或重伤(中毒)30人以上、50人以下,或直接经济损失1 000万元以上、5 000万元以下的事故。

④Ⅳ级(较大质量与安全事故)。已经或者可能导致死亡(含失踪)3人以下,或重伤

(中毒)30 人以下,或直接经济损失 1 000 万元以下的事故。

(9)水利工程建设重大质量与安全事故报告程序如下:

①水利工程建设重大质量与安全事故发生后,事故现场有关人员应当立即报告本单位负责人。项目法人、施工等单位应当立即将事故情况按项目管理权限如实向流域机构或水行政主管部门和事故所在地人民政府报告,最迟不得超过 4 h。流域机构或水行政主管部门接到事故报告后,应当立即报告上级水行政主管部门和水利部工程建设事故应急指挥部。水利工程建设过程中发生生产安全事故的,应当同时向事故所在地安全生产监督局报告;特种设备发生事故,应当同时向特种设备安全监督管理部门报告。接到报告的部门应当按照国家有关规定,如实上报。报告的方式可先采用电话口头报告,随后递交正式书面报告。在法定工作日向水利部工程建设事故应急指挥部办公室报告,夜间和节假日向水利部总值班室报告,总值班室归口负责向国务院报告。

②各级水行政主管部门接到水利工程建设重大质量与安全事故报告后,应当遵循“迅速、准确”的原则,立即逐级报告同级人民政府和上级水行政主管部门。

③对于水利部直管的水利工程建设项目以及跨省(自治区、直辖市)的水利工程项目,在报告水利部的同时应当报告有关流域机构。

④特别紧急的情况下,项目法人和施工单位以及各级水行政主管部门可直接向水利部报告。

(10)事故报告内容分为事故发生时报告的内容以及事故处理过程中报告的内容,其中:

①事故发生后及时报告以下内容:发生事故的工程名称、地点、建设规模和工期,事故发生的时间、地点、简要经过、事故类别和等级、人员伤亡及直接经济损失初步估算;有关项目法人、施工单位、主管部门名称及负责人联系电话,施工等单位的名称、资质等级;事故报告的单位、报告签发人及报告时间和联系电话等。

②根据事故处置情况及时续报以下内容:有关项目法人、勘察、设计、施工、监理等工程参建单位名称、资质等级情况,单位以及项目负责人的姓名以及相关执业资格;事故原因分析;事故发生后采取的应急处置措施及事故控制情况;抢险交通道路可使用情况;其他需要报告的有关事项等。

(11)事故现场指挥协调和紧急处置:

①水利工程建设发生质量与安全事故后,在工程所在地人民政府的统一领导下,迅速成立事故现场应急处置指挥机构负责统一领导、统一指挥、统一协调事故应急救援工作。事故现场应急处置指挥机构由到达现场的各级应急指挥部和项目法人、施工等工程参建单位组成。

②水利工程建设发生重大质量与安全事故后,项目法人和施工等工程参建单位必须迅速、有效地实施先期处置,防止事故进一步扩大,并全力协助开展事故应急处置工作。

(12)各级应急指挥部应当组织好三支应急救援基本队伍:

①工程设施抢险队伍,由工程施工等参建单位的人员组成,负责事故现场的工程设施抢险和安全保障工作。

②专家咨询队伍,由从事科研、勘察、设计、施工、监理、质量监督、安全监督、质量检测

等工作的技术人员组成,负责事故现场的工程设施安全性能评价与鉴定,研究应急方案、提出相应应急对策和意见;并负责从工程技术角度对已发事故还可能引起或产生的危险因素进行及时分析预测。

③应急管理队伍,由各级水行政主管部门的有关人员组成,负责接收同级人民政府和上级水行政主管部门的应急指令,组织各有关单位对水利工程建设重大质量与安全事故进行应急处置,并与有关部门进行协调和信息交换。

经费与物资保障应当做到地方各级应急指挥部确保应急处置过程中的资金和物资供给。

(13)宣传、培训和演练。

其中,公众信息交流应当做到:

①水利部应急预案及相关信息公布范围至流域机构、省级水行政主管部门。

②项目法人制定的应急预案应当公布至工程各参建单位及相关责任人,并向工程所在地人民政府及有关部门备案。

培训应当做到:

①水利部负责对各级水行政主管部门以及国家重点建设项目的项目法人应急指挥机构有关工作人员进行培训。

②项目法人应当组织水利工程建设各参建单位人员进行各类质量与安全事故及应急预案教育,对应急救援人员进行上岗前培训和常规性培训。培训工作应结合实际,采取多种形式,定期与不定期相结合,原则上每年至少组织一次。

(14)监督检查。水利部工程建设事故应急指挥部对流域机构、省级水行政主管部门应急指挥部实施应急预案进行指导和协调。按照水利工程建设管理事权划分,由水行政主管部门应急指挥部对项目法人以及工程项目施工单位应急预案进行监督检查。项目法人应急指挥部对工程各参建单位实施应急预案进行督促检查。

第三节 水利工程施工安全管理

一、施工安全管理的目的和任务

施工项目安全管理的目的是最大限度地保护生产者的人身安全,控制影响工作环境内所有员工(包括临时工作人员、合同方人员、访问者和其他有关人员)安全的条件和因素,避免因使用不当对使用者造成安全危急,防止安全事故的发生。

施工安全管理的任务是建筑生产安全企业为达到建筑施工过程中安全的目的,所进行的组织、控制和协调活动,主要内容包括制定、实施、实现、评审和保持安全方针所需的组织机构、策划活动、管理职责、实施程序、所需资源等。施工企业应根据自身实际情况制定方针,并通过实施、实现、评审、保持、改进来建立组织机构、策划活动、明确职责、遵守安全法律法规、编制程序控制文件、实施过程控制,提供人员、设备、资金、信息等资源,对安全与环境管理体系按国家标准进行评审,按计划、实施、检查、总结循还过程进行提高。

二、施工安全管理的特点

（一）安全管理的复杂性

水利工程施工具有项目固定性、生产的流动性、外部环境影响的不确定性，决定了施工安全管理的复杂性。

（1）生产的流动性主要是指生产要素的流动性，它是指生产过程中人员、工具和设备的流动，主要表现有以下几个方面：

①同一工地不同工序之间的流动；

②同一工序不同工程部位之间的流动；

③同一工程部位不同时间段之间流动；

④施工企业向新建项目迁移的流动。

（2）外部环境对施工安全影响因素很多，主要表现在：

①露天作业多；

②气候变化大；

③地质条件变化；

④地形条件影响；

⑤地域、人员交流障碍影响。

以上生产因素和环境因素的影响，使施工安全管理变的复杂，考虑不周会出现安全问题。

（二）安全管理的多样性

受客观因素影响，水利工程项目具有多样性的特点，使得建筑产品具有单件性，每一个施工项目都要根据特定条件和要求进行施工生产，安全管理具有多样性特点，表现有以下几个方面：

（1）不能按相同的图纸、工艺和设备进行批量重复生产；

（2）因项目需要设置组织机构，项目结束组织机构不存在，生产经营的一次性特征突出；

（3）新技术、新工艺、新设备、新材料的应用给安全管理带来新的难题；

（4）人员的改变、安全意识、经验不同带来安全隐患。

（三）安全管理的协调性

施工过程的连续性和分工决定了施工安全管理的协调性。水利施工项目不能像其他工业产品一样可以分成若干部分或零部件同时生产，必须在同一个固定的场地按严格的程序连续生产，上一道工序完成才能进行下一道工序，上一道工序生产的结果往往被下一道工序所掩盖，而每一道工序都是由不同的部门和人员来完成的，这样，就要求在安全管理中，不同部门和人员做好横向配合和协调，共同注意各施工生产过程接口部分的安全管理的协调，确保整个生产过程和安全。

（四）安全管理的强制性

工程建设项目建设前，已经通过招标投标程序确定了施工单位。由于目前建筑市场供大于求，施工单位大多以较低的标价中标，实施中安全管理费用投入严重不足，不符合安全管理规定的现象时有发生,从而要求建设单位和施工单位重视安全管理经费的投入,达到安全管理的要求,政府也要加大对安全生产的监管力度。

三、施工安全控制的特点、程序、要求

(一)基本概念

1. 安全生产的概念

安全生产是指施工企业使生产过程避免人身伤害、设备损害及其不可接受的损害风险的状态。

不可接受的损害风险通常是指超出了法律、法规和规章的要求,超出了方针、目标和企业规定的其他要求,超出了人们普遍接受的要求(通常是隐含的要求)。

安全与否是一个相对的概念,根据风险接受程度来判断。

2. 安全控制的概念

安全控制是指企业通过对安全生产过程中涉及的计划、组织、监控、调节和改进等一系列致力于满足施工安全措施所进行的管理活动。

(二)安全控制的方针与目标

1. 安全控制的方针

安全控制的目的是安全生产,因此安全控制的方针是"安全第一,预防为主"。

安全第一是指把人身的安全放在第一位,安全为了生产,生产必须保证人身安全,充分体现以人为本的理念。

预防为主是实现安全第一的手段,采取正确的措施和方法进行安全控制,从而减少甚至消除事故隐患,尽量把事故消除在萌芽状态,这是安全控制最重要的思想。

2. 安全控制的目标

安全控制的目标是减少和消除生产过程中的事故,保证人员健康安全,避免财产损失。安全控制目标具体包括:

(1)减少和消除人的不安全行为的目标;

(2)减少和消除设备、材料的不安全状态的目标;

(3)改善生产环境和保护自然环境的目标;

(4)安全管理的目标。

(三)施工安全控制的特点

1. 安全控制面大

水利工程,由于规模大、生产工序多、工艺复杂、流动施工作业多、野外作业多、高空作业多、作业位置多、施工中不确定因素多,因此施工中安全控制涉及范围广、控制面大。

2. 安全控制动态性强

水利工程建设项目的单件性,使得每个工程所处的条件不同,危险因素和措施也会有所不同,员工进驻一个新的工地,面对新的环境,需要时间去熟悉、对工作制度和安全措施进行调整。

工程施工项目施工的分散性,现场施工分散于场地的不同位置和建筑物的不同部位,

面对新的具体的生产环境，熟悉各种安全规章制度和技术措施外，还需作出自己的研判和处理。有经验的人员也必须适应不断变化的新问题、新情况。

3. 安全控制体系交叉性

工程项目施工是一个系统工程，受自然和社会环境影响大，施工安全控制和工程系统、质量管理体系、环境和社会系统联系密切，交叉影响，建立和运行安全控制体系要相互结合。

4. 安全控制的严谨性

安全事故的出现是随机的，偶然中存在必然性，一旦失控，就会造成伤害和损失，因此安全状态的控制必须严谨。

（四）施工安全控制程序

1. 确定项目的安全目标

按目标管理的方法，在以项目经理为首的项目管理系统内进行分解，从而确定每个岗位的安全目标，实现全员安全控制。

2. 编制项目安全技术措施计划

对生产过程中的不安全因素，应采取技术手段加以控制和消除，并采用书面文件的形式，作为工程项目安全控制的指导性文件，落实预防为主的方针。

3. 落实项目安全技术措施计划

安全技术措施包括安全生责任制、安全生产设施、安全教育和培训、安全信息的沟通和交流，通过安全控制使生产作业的安全状况处于可控制状态。

4. 安全技术措施计划的验证

安全技术措施计划的验证包括安全检查、纠正不符合因素、检查安全记录、安全技术措施修改与再验证。

5. 安全生产控制的持续改进

安全生产控制应持续改进，直到完成工程项目全面工作的结束。

（五）施工安全控制的基本要求

（1）必须取得安全行政主管部门颁发的“安全施工许可证”后方可施工。

（2）总承包企业和每一个分包单位都应持有“施工企业安全资格审查认可证”。

（3）各类人员必须具备相应的执业资格才能上岗。

（4）新员工都必须经过安全教育和必要的培训。

（5）特种工种作业人员必须持有特种工种作业上岗证，并严格按期复查。

（6）对查出的安全隐患要做到五个落实：落实责任人、落实整改措施、落实整改时间、落实整改完成人、落实整改验收人。

（7）必须控制好安全生产的六个节点：技术措施、技术交底、安全教育、安全防护、安全检查、安全改进。

（8）现场的安全警示设施齐全、所有现场人员必须戴安全帽，高空作业人员必须系安全带等防护工具，并符合国家和地方的有关安全规定。

（9）现场施工机械尤其是起重机械等设备必须经安全检查合格后方可使用。

四、施工安全控制的方法

(一)危险源

1. 危险源的定义

危险源是可能导致人身伤害或疾病、财产损失、工作环境破坏或出现几种情况同时出现的危险和有害因素。

危险因素强调突发性和瞬时作用,有害因素强调在一定时间内的慢性损害和积累作用。

危险源是安全控制的主要对象,也可以将安全控制称为危险源控制或安全风险控制。

2. 危险源分类

施工生产中的危险源是以多种多样的形式存在的,危险源所导致的事故主要有能量的意外释放和有害物质的泄露。根据危险源在事故中的作用,把危险源分为两大类,即第一类危险源和第二类危险源。

1)第一类危险源

可能发生能量意外释放的载体或危险物质称为第一类危险源。能量或危险物质的意外释放是事故发生的物理本质,通常把产生能量的能量源或拥有能量的载体作为第一类危险源进行处理。

2)第二类危险源

造成约束、限制能量的措施破坏或失效的各种不安全因素称为第二种危险源。

在施工生产中,为了利用能量,使用各种施工设备和机器,让能量在施工过程中流动、转换、做功,加快施工进度,而这些设备和设施可以看成约束能量的工具,正常情况下,生产过程中的能量和危险物是受到控制和约束的,不会发生意外释放,也就是不会发生事故,一旦这些约定或限制措施受到破坏或者失效,包括出现故障,则会发生安全事故。这类危险源包括三个方面:人的不安全行为、物的不安全状态、环境的不良条件。

3. 危险源与事故

安全事故的发生是以上两种危险源共同作用的结果。第一类危险源是事故发生的前提,第二类危险源的出现是第一类危险源导致安全事故的必要条件。在事故发生和发展过程中,两类危险源相互依存和作用,第一类是事故的主体,决定事故的严重程度,第二类危险源出现决定事故发生的大小。

(二)危险源控制方法

1. 风险源识别与风险评价

1)危险源识别方法

(1)专家调查法。

专家调查法是通过向有经验的专家咨询、调查、分析、评价危险源的方法。

专家调查法的优点是简便、易行,缺点是受专家的知识、经验、限制,可能出现疏漏。常用方法是头脑风暴法和德尔菲法。

(2)检查表法。

安全检查表法就是运用事先编制好的检查表实施安全检查和诊断项目,进行系统的安全检查,识别工程项目存在的危险源。检查表的内容一般包括项目类型、检查内容及要求、检查后处理意见等。可用回答是、否或做符号标识,注明检查日期,并由检查人和被检查部门或单位签字。

安全检查表法的优点是简单扼要,容易掌握,可以先组织专家编制检查表,制定检查项目,使施工安全检查系统化、规范化,缺点是只做一些定性分析和评价。

2)风险评价方法

风险评价是评估危险源所带来的风险大小,及确定风险是否允许的过程。根据评价结果对风险进行分级,按不同的风险等级有针对性地采取风险控制措施。

2. 危险源的控制方法

1)第一类风险源的控制方法

防止事故发生的方法:消除风险源,限制能量,对危险物质隔离。

避免或减少事故损失的方法有:隔离,个体防护,使能量或危险物质按事先要求释放,采取避难、援救措施;

2)第二类风险源的控制方法

减少故障:增加安全系数、提高可靠度、设置安全监控系统。

故障安全设计:包括最乐观方案(故障发生后,在没有采取措施前,使用系统和设备处于安全的能量状态之下)、最悲观方案(故障发生后,系统处于最低能量状态下,直到采取措施前,不能运转)、最可能方案(保证采取措施前,设备、系统发挥正常功能)。

3. 危险源的控制策划

(1)尽可能完全消除有不可接受风险的风险源,如用安全品取代危险品。

(2)不可能消除时,应努力采取降低风险的措施,如使用低压电器等。

(3)在条件允许时,应使工作环境适合于人,如考虑降低人精神压力和体能消耗。

(4)应尽可能利用先进技术来改善安全控制措施。

(5)应考虑采取保护每个工作人员的措施。

(6)应将技术管理与程序控制结合起来。

(7)应考虑引入设备安全防护装置维护计划的要求。

(8)应考虑使用个人防护用品。

(9)应有可行有效的应急方案。

(10)预防性测定指标要符合监视控制措施计划要求。

(11)组织应根据自身的风险选择适合的控制策略。

五、施工安全生产组织机构建立

人人都知道安全的重要,但是安全事故却又频频发生,为了保证施工过程不发生安全事故,必须建立安全管理的组织机构,健全安全管理规章制度。统一施工生产项目的安全管理目标、安全措施、检查制度、考核办法、安全教育措施等。具体工作如下:

(1)成立以项目经理为首的安全生产施工领导小组,具体负责施工期间的安全工作;

(2)项目副经理、技术负责人、各科负责人和生产工段的负责人作为安全小组成员,共同负责安全工作;

(3)设立专职安全员,聘用有国家安全员职业资格或经培训持证上岗的人员,专门负责施工过程中安全工作,只要施工现场有施工作业人员,安全员就要上岗值班,在每个工序开工前,安全员要检查工程环境和设施情况,认定安全后方可进行工序施工。

(4)各技术及其他管理科室和施工段队要设兼职安全员,负责本部门的安全生产预防和检查工作,各作业班组组长要兼本班组的安全检员,具本负责本班组的安全检查。

(5)工程项目部应定期召开安全生产工作会议,总结前期工作,找出问题,布置落实后面工作,利用施工空闲时间进行安全生产工作培训,在培训工作中和其他安全工作会议上,安全小组领导成员要讲解安全工作的重要意义,学习安全知识,增强员工安全警觉意识,把安全工作落实在预防阶段。根据工程的具体特点,把不安全的因素和相应措施制定成册,使全体员工学习和掌握。

(6)严格按国家有关安全生产规定,在施工现场设置安全警示标识,在不安全因素的部位设立警示牌,严格检查进场人员配戴安全帽、高空作业配带安全带,严格持证上岗工作,风雨天禁止高空作业工作,施工设备专人使用制度,严禁在场内乱拉乱用电线路,严禁非电工人员从事电工作业。

(7)安全生产工作和现场管理结合起来,同时进行,防止因管理不善产生安全隐患,工地防风、防雨、防火、防盗、防疾病等预防措施要健全,都有专人负责,以确保各项措施及时落实到位。

(8)完善安全生产考核制度,实行安全问题一票否决制,安全生产互相监督制,提高自检自查意识,开展科室、班组经验交流和安全教育活动。

(9)对构件和设备吊装、爆破、高空作业、拆除、上下交叉作业、夜间作业、疲劳作业、带电作业、汛期施工、地下施工、脚手架搭设拆除等重要安全环节,必须开工前进行技术交底、安全交底,联合检查后,确认安全,方可开工。施工过程中,加强安全员的旁站检查。加强专职指挥协调工作。

六、施工安全技术措施计划与实施

(一)工程施工措施计划

1.施工措施计划的主要内容

施工措施计划的主要内容包括工程概况、控制目标、控制程序、组织机构、职责权限、规章制度、资源配置、安全措施、检查评价、激励机制等。

2.特殊情况应考虑安全计划措施

(1)对高处作业、井下作业等专性强的作业,电器、压力容器等特殊工种作业,应制定单项安全技术规程,并对管理人员和操作人员的安全作业资格和身体状况进行检查。

(2)对结构复杂、施工难度大、专业性较强的工程项目,除制定总体安全保证计划外,还须制定单位工程和分部分项工程安全技术措施。

(3)制定和完善施工安全操作规程,编制各施工工种,特别是危险性大的工种的施工安全操作要求,作为施工安全生产规范和考核的依据。

(4)施工安全技术措施包括安全防护设施和安全预防措施,主要有防火、防毒、防爆、防洪、防尘、防雷击、防触电、防坍塌、防物体打击、防机械伤害、防起重机械滑落、防高空坠落、防交通事故、防寒、防暑、防疫、防环境污染等方面的措施。

(二)施工安全措施计划的落实

1. 安全生产责任制

安全生产责任制是指企业对项目经理部各部门、各类人员所规定的在他们各自职责范围内对安全生产应负责任的制度,建立安全生产责任制是施工安全技术措施的重要保证。

2. 安全教育

要树立全员安全意识,安全教育的要求如下:

(1)广泛开展安全生产的宣传教育,使全体员工真正认识到安全生产的重要性和必要性,掌握安全生产的基本知识,牢固树立安全第一的思想,自觉遵守安全生产的各项法律、法规和规章制度。

(2)安全教育的主要内容有安全知识、安全技能、设备性能、操作规程、安全法规等。

(3)对安全教育要建立经常性的安全教育考核制度。考核结果要记入员工人事档案。

(4)一些特殊工种,如电工、电焊工、架子工、司炉工、爆破工、机操工、起重工、机械司机、机动车辆司机等,除一般安全教育外,还要进行专业技能培训、经考试合格后,取得资格,才能上岗工作。

(5)工程施工中采用新技术、新工艺、新设备时,或人员调动新工作岗位,也要进行安全教育和培训,否则不能上岗。

3. 安全技术交底

1)基本要求

(1)实行逐级安全技术交底制度,从上到下,直到全体作业人员。

(2)安全技术交底工作必需具体、明确、有针对性;

(3)交底的内容要针对分部分项工程施工中给作业人员带来的潜在危害,应优先采用新的安全技术措施。

(4)应将施工方法、施工程序、安全技术措施等优先向工段长、班级组长进行详细交底

(5)定期向多工种交叉施工或多个作业队同时施工的作业队进行书面交底,并保持书面交底的交接的书面签字记录。

2)主要内容

(1)工程施工项目作业特点和危险点。

(2)针对各危险点具体措施。

(3)应注意的安全事项。

(4)对应的安全操作规和标准。

(5)发生事故应及时采取的应急措施。

七、施工安全检查

施工项目安全检查的目的是消除安全隐患、防止安全事发生、改善劳动条件及提高员

工的安全生产意识。施工安全检查是施工安全控制工作的重要内容,通过安全检查可以发现工程中的危险因素,以便有计划地采取相应措施,保证安全生产的顺利进行。项目的施工生产安全检查应由项目经理组织,定期进行检查。

(一)安全检查的类型

施工项目安全检查类型分为日常性检查、专业性检查、季节性检查、节假日前后检查、及不定期检查等。

1. 日常性检查

日常性检查是经常的、普遍的检查,一般每年进行1~4次。项目部、科室每月至少进行一次,施工班组每周、每班次都应进行检查,专职安全技术人员的日常检查应有计划、有部位、有记录、有总结,周期性进行。

2. 专业性检查

专业性检查是指针对特种作业、特种设备、特殊场地进行的检查,如电焊、气焊、起重设备、运输车辆、锅炉压力熔器、易燃易爆场所等,由专业检查员进行。

3. 季节性检查

季节性检查是根据季节性的特点,为保障安全生产的特殊要求所进行的检查,如春季空气干燥、风大,重点查防火、防爆;夏季多雨雷电、高温,重点防暑、降温、防汛、防雷击、防触电;冬季防寒、防冻等。

4. 节假日前后检查

节假日前后的检查是针对节假期间容易产生的麻痹思想的特点而进行的安全检查,包括假前的综合检查和假后的遵章守纪检查等。

5. 不定期检查

不定期检查是指在工程开工前、停工前、施工中、竣工、试运转时进行的安全检查。

(二)安全检查的注意事项

(1)安全检查要深入基层,紧紧依靠员工,坚持领导与群众相结合的原则,组织好检查工作。

(2)建立检查的组织领导机构,配备适当的检查力量,选聘具有较高的技术业务水平的专业人员。

(3)做好检查各项准备工作,包括思想、业务知识、法规政策、检查设备和奖励等准备工作。

(4)明确检查的目的、要求,既严格要求,又防止一刀切,从实际出发,分清主次,力求实效。

(5)把自查与互查相结合,基层以自查为主,管理部门之间相互检查,互相学习,取长补短,交流经验。

(6)检查与整改相结合,检查是手段,整改是目的,发现问题及时采取切实可行的防范措施。

(7)建立检查档案,结合安全检查的实施,逐步建立健全检查档案,收集基本数据,掌握基本安全状态,为及时消除隐患提供数据,同时也为以后的职业健康安全检查打下基础。

(8)制定安全检查表时,应根据用途和目的具体确定安全检查表的种类。安全检查表的种类主要有设计用安全检查表、厂级安全检查表、车间安全检查表、班组安全检查表、岗位安全检查表、专业安全检查表，制定检查表要在安全技术部门的指导下，充分依靠员工来进行，初步制定检查表后，经过讨论、试用再加以修订，制定安全检查表。

（三）安全检查的主要内容

安全生产检查的主要内容作好以下五方面的内容。

1. 查思想

主要检查企业干部和员工对安全生产工作的认识。

2. 查管理

主要检查安全管理是否有效，包括安全生产责任制、安全技术措施计划、安全组织机构、安全保证措施、安全技术交底、安全教育、持证上岗、安全设施、安全标识、操作规程、违规行为、安全记录等。

3. 检隐患

主要检查作业现场是否符合安全生产的要求，存在的不安全因素。

4. 查事故

查明安全事故的原因、明确责任、对责任人作出处理，明确落实整改措施等要求。还要检查对伤亡事故是否及时报告、认真调查、严肃处理。

5. 查整改

主要检查对过去提出的问题的整改情况。

（四）安全检查的主要规定

（1）定期对安全控制计划的执行情况进行检查、记录、评价、考核，对作业中存在的安全隐患，签发安全整改通知单，要求相应部门落实整改措施并进行检查。

（2）根据工程施工过程的特点和安全目标的要求确定安全检查的内容。

（3）安全检查应配备必要的设备，确定检查组成人员，明确检查方法和要求。

（4）检查方法采取随机抽样、现场观察、实地检测等，记录检查结果，纠正违章指挥和违章作业。

（5）对检查结果进行分析，找出安全隐患，评价安全状态。

（6）编写安全检查报告并上交。

（五）安全事故处理的原则

安全事故处理要坚持以下四个原则：

（1）事故原因不清楚不放过；

（2）事故责任者和员工没受教育不放过；

（3）事故责任者没受处理不放过；

（4）没有制定防范措施不放过。

八、安全事故处理程序

安全事故处理程序如下：

（1）报告安全事故；

（2）处理安全事故，抢救伤员，排除险情，防止事故扩大，做好标识、保护现场；

(3)进行安全事故调查;
(4)对事故责任者进行处理;
(5)编写调查报告并上报。

第四节　水利工程文明建设工地的要求

一、规范文件

《水利系统文明建设工地评审管理办法》(建设指导委员会办公室建地〔1998〕4 号)

二、评选组织及申报条件

(1)水利系统文明建设工地的评审工作由水利部优质工程审定委员会负责。其审定委员会办公室负责受理工程项目的申报、资格初审等日常工作。

(2)水利系统文明建设工地每两年评选一次。

(3)申报水利系统文明建设工地的项目,应满足下列条件;

①已完工程量一般应达全部建安工程量的 30% 以上。

②工程未发生过严重违法乱纪事件和重大质量、安全事故。

③符合《水利系统文明建设工地考核标准》的要求。

(4)水利系统文明建设工地由项目法人或建设单位负责申报。

①部直属项目,由项目法人或建设单位直接上报。

②以水利部投资为主的项目、跨省区边界的项目由流域机构进行审查后上报。

③地方项目,由省、自治区、直辖市水利(水电)厅(局)审查后上报。

(5)各流域机构或省级水行政主管部门需根据《水利系统文明建设工地考核标准》,在进行检查评比的基础上,推荐工程项目,要坚持高标准、严要求,认真审查,严格把关。

(6)申报单位须填写《水利系统文明建设工地申报表》一式二份,其中一份应附项目简介以及反映工程文明工地建设的录相带或照片(至少 10 张)等有关资料,于当年的 4 月报水利部优质工程审定委员会办公室。

三、评审

(1)根据申报工程情况,由审定委员会办公室组织对有关工程的现场进行复查,并提出复查报告。

(2)申报单位申报和接受复查,不得弄虚作假,不得行贿送礼,不得超标准接待。对违反者,视情节轻重,给予通报批评、警告或取消其申报资格。

(3)评审人员要秉公办事,严守纪律,自觉抵制不正之风。对违反者,视其情节轻重,给予通报批评、警告或取消其评审资格。

四、奖励

评为水利系统文明建设工地的项目,由水利部建设司、人事劳动教育司、精神文明建设指导委员会办公室联合授予建设单位奖牌；授予设计、监理、有关施工单位奖状。项目获奖将作为评选水利部优质工程的重要因素予以考虑。

五、获奖后违纪处理

工程项目获奖后，如发生严重违法违纪案件和重大质量、安全事故，将取消其曾获得的"水利系统文明建设工地"称号。

六、水利系统文明建设工地考核标准

（一）精神文明建设（30%）

（1）认真组织学习《中共中央关于加强社会主义精神文明建设若干问题的决议》，坚决贯彻执行党的路线、方针、政策。

（2）成立创建文明建设工地的组织机构，制定创建文明建设工地的规划和办法并认真实行。

（3）有计划地组织广大职工开展爱国主义、集体主义、社会主义教育活动。

（4）积极开展职业道德、职业纪律教育，制定并执行岗位和劳动技能培训计划。

（5）群众文体生活丰富多彩，职工有良好的精神面貌，工地有良好的文明氛围，宣传工作抓得好。

（6）工程建设各方能够遵纪守法，无违法违纪和腐败现象。

（二）工程建设管理水平（40%）

（1）工程实施符合基本建设程序：

①工程建设符合国家的政策、法规，严格按基建程序办事；

②按部有关文件实行招标投标制和建设监理制规范；

③工程实施过程中，能严格按合同管理，合理控制投资、工期、质量，验收程序符合要求；

④建设单位与监理、施工、设计单位关系融洽、协调。

（2）工程质量管理井然有序：

①工程施工质量检查体系及质量保证体系健全；

②工地实验室拥有必要的检测设备；

③各种档案资料真实可靠，填写规范、完整；

④工程内在、外观质量优良，单元工程优良品率达到70%以上，未发生过重大质量事故；

⑤出现质量事故能按"三不放过原则"及时处理。

（3）施工安全措施周密：

①建立了以责任制为核心的安全管理和保证体系，配备了专职或兼职安全员；

②认真贯彻国家有关施工安全的各项规定及标准，并制定了安全保证制度；

③施工现场无不符合安全操作规程状况；

④一般伤亡事故控制在标准内，未发生重大安全事故。

（4）内部管理制度健全，建设资金使用合理合法。

(三)施工区环境(30%)

(1)现场材料堆放、施工机械停放有序、整齐;

(2)施工现场道路平整、畅通;

(3)施工现场排水畅通,无严重积水现象;

(4)施工现场做到工完场清,建筑垃圾集中堆放并及时清运;

(5)危险区域有醒目的安全警示牌,夜间作业要设警示灯;

(6)施工区与生活区应挂设文明施工标牌或文明施工规章制度;

(7)办公室、宿舍、食堂等公共场所整洁卫生、有条理;

(8)工区内社会治安环境稳定,未发生严重打架斗殴事件,无黄、赌、毒等社会丑恶现象;

(九)能注意正确协调处理与当地政府和周围群众关系。

第十二章　水利工程环境安全管理

第一节　环境安全管理的概念及意义

一、环境安全管理的概念

环境安全是指在工程项目施工过程中保持施工现场良好的作业环境、卫生环境和工作秩序。环境安全主要包括以下几个方面的工作：

(1)规范施工现场的场容,保持作业环境的清洁卫生。

(2)科学组织施工,使生产有序进行。

(3)减少施工对当地居民、过路车辆和人员及环境的影响。

(4)保证职工的安全和身体健康。

环境保护是按照法律法规、各级主管部门和企业的要求,保护和改善作业现场的环境,控制现场的各种粉尘、废水、固体废弃物、噪声、振动等对环境的污染和危害。环境保护也是文明施工的重要内容之一。

二、环境安全的意义

文明施工能促进企业综合管理水平的提高。保持良好的作业环境和秩序,对促进安全生产、加快施工进度、保证工程质量、降低工程成本、提高经济和社会效益有较大作用。文明施工涉及人、财、物各个方面,贯穿于施工全过程之中,体现了企业在工程项目施工现场的综合管理水平,也是项目部人员素质的充分反映。

文明施工是适应现代化施工的客观要求。现代化施工更需要采用先进的技术、工艺、材料、设备和科学的施工方案,需要严密组织、严格要求、标准化管理和较好的职工素质等。文明施工能适应现代化施工的要求,是实现优质、高效、低耗、安全、清洁、卫生的有效手段。

文明施工代表企业的形象。良好的施工环境与施工秩序能赢得社会的支持和信赖,提高企业的知名度和市场竞争力。

文明施工有利于员工的身心健康,有利于培养和提高施工队伍的整体素质。文明施工可以提高职工队伍的文化、技术和思想素质,培养尊重科学、遵守纪律、团结协作的大生产意识,促进企业精神文明建设,从而达到促进施工队伍整体素质的提高。

三、现场环境保护的意义

保护和改善施工环境是保证人们身体健康和社会文明的需要。采取专项措施防止粉尘、噪声和水源污染,保护好作业现场及其周围的环境是保证职工和相关人员身体健康、体现社会总体文明的一项利国利民的重要工作。

保护和改善施工现场环境是消除外部干扰、保护施工顺利进行的需要。随着人们的法制观念和自我保护意识的增强，尤其对距离当地居民或公路等较近的项目，施工扰民和影响交通的问题比较突出，项目部应针对具体情况及时采取防治措施，减少对环境的污染和对他人的干扰，这也是施工生产顺利进行的基本条件。

保护和改善施工环境是现代化大生产的客观要求。现代化施工广泛应用新设备、新技术、新的生产工艺，对环境质量要求很高，如果粉尘、振动超标就可能损坏设备、影响功能发挥，使设备难以发挥作用。

保护人类生存环境、保证社会和企业可持续发展的需要。人类社会即将面临环境污染危机的挑战。为了保护子孙后代赖以生存的环境条件，每个公民和企业都有责任和义务保护环境。良好的环境和生存条件，也是企业发展的基础和动力。

第二节　环境安全的组织与管理

一、组织和制度管理

施工现场应成立以项目经理为第一责任人的文明施工管理组织。分单位应服从总包单位的文明施工管理组织的统一管理，并接受监督检查。

各项施工现场管理制度应有文明施工的规定。包括个人岗位责任制、经济责任制、安全检查制度、持证上岗制度、奖惩制度、竞赛制度和各项专业管理制度等。

加强和落实现场文明检查、考核及奖惩管理，以促进施工文明和管理工作的提高。检查范围和内容应全面周到，包括生产区、生活区、场容场貌、环境文明及制度落实等内容。应对检查发现的问题采取整改措施。

二、收集环境安全管理材料

环境安全管理材料主要包括：

(1)上级关于文明施工的标准、规定、法律法规等资料。

(2)施工组织设计(方案)中对施工环境安全的管理规定、各阶段施工现场环境安全的措施。

(3)施工环境安全自检资料。

(4)施工环境安全教育、培训、考核计划的资料。

(5)施工环境安全活动各项记录资料。

三、加强环境安全的宣传和教育

(1)在坚持岗位练兵的基础上，要采取派出去、请进来、短期培训、上技术课、登黑板报、广播、看录像、看电视等方法狠抓教育工作。

(2)要特别注意对临时工的岗前教育。

(3)专业管理人员应熟练掌握文明施工的规定。

第三节　现场环境安全的基本要求

现场环境安全管理的基本要求如下所述:

(1)施工现场必须设置明显的标牌,标明工程项目名称、建设单位、设计单位、施工单位、项目经理和施工现场总代理人的姓名、开工日期、竣工日期、施工许可证批准文号等。施工单位负责施工现场标牌的保护工作。

(2)施工现场的管理人员在施工现场应当佩戴证明其身份的证卡。

(3)应当按照施工中平面布置图设置各项临时设施。现场堆放的大宗材料、成品、半成品和机具设备不得侵占场内道路及安全防护设施。

(4)施工现场的用电线路、用电设施的安装和使用必须符合安装规范和安全操作规程,并按照施工组织设计进行架设,严禁任意拉线接电。施工现场必须设有保证施工安全要求的夜间照明;危险潮湿场所的照明以及手持照明灯具,必须采用符合安全要求的电压。

(5)施工机械应当按照施工总平面布置图规定的位置和线路设置,不得任意侵占场内道路。施工机械进场需经过安全检查,经检查合格的方能使用。施工机械人员必须建立机组责任制,并依照有关规定安全检查,经检查合格的方能使用。施工机械操作人员必须建立机组责任制,并依照有关规定持证上岗,禁止无证人员操作。

(6)应保持施工现场道路畅通,排水系统处于良好使用状态;保持场容场貌的整洁,随时清理建筑垃圾。在车辆、行人通行的地方施工,应当设置施工标志,并对沟井坎穴进行覆盖和铺垫。

(7)施工现场的各种安全设施和劳动保护器具,必须定期进行检查和维护,及时消除隐患,保证其安全有效。

(8)施工现场应当设置各类必要的职工生活设施,并符合卫生、通风、照明等要求。职工的膳食、饮水供应等应当符合卫生要求。

(9)应当做好施工现场安全保卫工作,采取必要的防盗措施,在现场周边设立围护设施。

(10)应当严格依照《中华人民共和国消防法》的规定,在施工现场建立和执行防火管理制度,设置符合消防要求的消防设施,并保持完好的备用状态。在容易发生火灾的地区施工,或者储存、使用易燃易爆器材时,应当采取特殊的消防安全措施。

(11)施工现场发生工程建设重大事故的处理,应依照《工程建设重大事故报告和调查程序规定》执行。

(12)对项目部所有人员应进行言行规范教育工作,大力提倡精神文明建设,严禁赌、毒、黄、打架、斗殴等行为的发生,用强有力的制度和频繁的检查教育,杜绝不良行为的出现。对经常外出的采购、财务、后勤等人员,应进行专门的用语和礼貌培训,增强交流和协调能力,预防因用语不当或不礼貌、无能力等原因发生争执和纠纷。

(13)大力提倡团结协作精神,鼓励内部工作经验交流和传帮学活动,专人负责并认真组织参建人员业余生活,订购健康文明的书刊,组织职工收看、收听健康活泼的音像节目,定期参加组织项目部进行友谊联欢和简单的体育比赛活动,丰富职工的业余生活。

(14)重要节假日项目部应安排专人负责采购生活物品,集体组织轻松活泼的宴会活动,并尽可能提供条件让所有职工与家人进行短时间的通话交流,以改善他们的心情。定期将职工在工地上的良好的表现反馈给企业人事部门和职工家属,以激励他们的积极性。

第四节　现场环境污染防治

要达到环境安全管理的基本要求,主要是应防治施工现场的空气污染、水污染、噪声污染,同时对原有的及新产生的固体废弃物进行必要的处理。

一、施工现场空气污染的防治

(1)施工现场垃圾、渣土要及时清理出现场。

(2)上部结构清理施工垃圾时,要使用封闭式的容器或者采取其他措施处理高空废弃物,严禁临空随意抛撒。

(3)施工现场道路应指定专人定期洒水清扫,形成制度,防止道路扬尘。

(4)对于细颗粒散体材料(如水泥、粉煤灰、白灰等)的运输、储存要注意遮盖、密封,防止和减少飞扬。

(5)车辆开出工地要做到不带泥沙,基本做到不扬尘,减少对周围环境的污染。

(6)除设有符合规定的装置外,禁止在施工现场焚烧油毡、橡胶、塑料、皮革、树叶、枯草、各种包装物等废弃物品以及其他会产生有毒、有害烟尘和恶臭气体的物质。

(7)机动车都要安装减少尾气排放的装置,确保符合国家标准。

(8)工地锅炉应尽量采用电热水器。若只能使用烧煤锅炉,应选用消烟除尘型锅炉,大灶应选用消烟节能回风炉灶,使烟尘降至允许排放范围内。

(9)在离村庄较近的工地应当将搅拌站封闭严密,并在进料仓上方安装除尘装置,采取可靠措施控制工地粉尘污染。

(10)拆除旧建筑物时,应适当洒水,防止扬尘。

二、施工现场水污染的防治

(一)水污染主要来源

(1)工业污染源:指各种工业废水向自然水体的排放。

(2)生活污染源:主要有食物废渣、食油、粪便、合成洗涤剂、杀虫剂、病原微生物等。

(3)农业污染源:主要有化肥、农药等。

(4)施工现场废水和固体废弃物随水流流入水体的部分,包括泥浆、水泥、油罐、各种油类、混凝土外加剂、重金属、酸碱盐和非金属无机毒物等。

(二)施工过程水污染的防治措施

(1)禁止将有毒有害废弃物作土方回填。

(2)施工现场搅拌站废水、现制水磨石的污水、电石(碳化钙)的污水必须经沉淀池沉淀合格后再排放,最好将沉淀水用于工地洒水降尘或采取措施回收利用。

(3)现场存放油料的,必须对库房地面进行防渗处理,如采取防渗混凝土地面、铺油毡等措施。使用时,要采取防止油料跑、冒、滴、漏的措施,以免污染水体。

(4)施工现场100人以上的临时食堂,污水排放时可设置简易有效的隔油池,定期清理,防止污染。

(5)工地临时厕所、化粪池应采取防渗漏措施。中心城市施工现场的临时厕所可采取水冲式厕所,并有防蝇、灭蛆措施,防止污染水体和环境。

三、施工现场的噪声控制

(一)施工现场噪声的控制措施

噪声控制技术可以从声源、传播途径、接收者的防护等方面来考虑。

1.从噪声产生的声源上控制

(1)尽量采用低噪声设备和工艺代替高噪声设备与工艺,如低噪声振捣器、风机、电机空压机、电锯等。

(2)在声源处安装消声器消声,即在通风机、压缩机、燃气机、内燃机及各类排气放空装置等进出风管的适当位置设置消声器。

2.从噪声传播的途径上控制

在传播途径上控制噪声的方法主要有以下几种:

(1)吸声。利用吸声材料(大多由多孔材料制成)或由吸声结构形成的共振结构(金属或木质薄板钻孔制成的空腔体)吸收声能,降低噪声。

(2)隔声。应用隔声结构,阻碍噪声向空间传播,将接收者与噪声声源分隔。隔声结构包括隔声室、隔声罩、隔声屏障、隔声墙等。

(3)消声。利用消声器阻止传播。允许气流通过消声器降噪是防治空气动力性噪声的主要装置,如控制空气压缩机、内燃机产生的噪声等。

(4)减振降噪。对来自振动引起的噪声,通过降低机械振动减小噪声,如将阻尼材料涂在振动源上,或改变振动源与其他刚性结构的连接方式等。

3.对接收者的防护

让处于噪声环境下的人员使用耳塞、耳罩等防护用品,减少相关人员在噪声环境中的暴露时间,以减轻噪声对人体的危害。

4.严格控制人为噪声

进入施工现场不得高声呐喊、无故甩打模版、乱吹口哨,限制高音喇叭的使用,最大限度地减少噪声扰民。

5.控制强噪声作业的时间

凡在人口稠密区进行强噪声作业时,须严格控制作业时间,一般晚10点到次日早6点之间停止强噪声作业。确系特殊情况必须昼夜施工时,尽量采取降低噪声的措施,并会同建设单位找当地居委会、村委会或当地居民协调,出安民告示,求得群众谅解。

(二)施工现场噪声的控制标准

根据国家标准《建筑施工场界噪声限值》(GB 12523—90)的要求,对不同施工作业的噪声限值如表12-1所列。在距离村庄较近的工程施工中,要特别注意噪声尽量不得超过国家标准的限值,尤其是夜间工作时。

表 12-1　不同施工阶段作业噪声限值　（单位:dB(A))

施工阶段	主要噪声源	噪声限制	
		昼间	夜间
土石方	推土机、挖掘机、装载机等	75	75
打桩	各种打桩机	85	禁止施工
结构	混凝土、振捣棒、电锯等	70	55
装修	吊车、升降机等	62	55

四、固体废物的处理

(一)建筑工地常见的固体废弃物

(1)建筑渣土,包括砖瓦、碎石、渣土、混凝土碎块、废钢铁、废屑、废弃材料等。

(2)废弃建筑材料,如袋装水泥、石灰等。

(3)生活垃圾,包括炊厨废弃物、丢弃食品、废纸、生活用具、碎玻璃、陶瓷碎片、废电池、废旧日用品、废塑料制品、煤灰渣、废交通工具等。

(4)设备、材料等的废弃包装材料。

(5)粪便。

(二)固体废弃物的处理和处置

1. 回收利用

回收利用是对固体废弃物进行资源化、减量化处理的重要手段之一。建筑渣土可视其情况加以利用,废钢可按需要用作金属原材料,废电池等废弃物应分散回收,集中处理。

2. 减量化处理

减量化是对已经产生的固体废弃物进行分选、破碎、压实浓缩、脱水等减少最终处置量,降低处理成本,减少随环境的污染。减量化处理的过程中,也包括和其他处理技术相关的工艺方法,如焚烧、热解、堆肥等。

3. 焚烧技术

焚烧用于不适合再利用且不宜直接予以填埋处理的废弃物,尤其是对于受到病菌、病毒污染的物品,可以用焚烧进行无害化处理。焚烧处理应使用符合环境要求的处理装置,注意避免对大气的二次污染。

4. 稳定的固化技术

利用水泥、沥青等胶结材料,将松散的废物包裹起来,减少废物的毒性和可迁移,减少二次污染。

5. 填埋

填埋是固体废弃物处理的最终技术,将经过无害化、减量化处理的废弃物残渣集中的填埋场进行处置。填埋场利用天然或人工屏障,尽量使需处理的废弃物与周围的生态环境隔离,并注意废弃物的稳定性和长期安全性。

第十三章　水利工程招标投标

第一节　工程招标与投标

一、概念

(一)招标

招标是指招标人对货物、工程和服务,事先公布采购的条件和要求,邀请投标人参加投标,招标人按照规定的程序确定中标人的行为。

招标方式分为公开招标和邀请招标两种。

(1)公开招标。指招标人以招标公告的方式,邀请不特定的法人或其他组织投标。其特点是能保证竞争的充分性。

(2)邀请招标。指招标人以投标邀请书的方式,邀请三个以上特定的法人或其他组织投标。对其使用法律作出了限制性规定。

1.招标人

招标人是指依照招标投标法的规定提出招标项目,进行招标的法人或其他组织。招标人不得为自然人。

招标人应当具备以下进行招标的必要条件:第一,应有进行招标项目的相应资金或资金来源已落实,并应当在招标文件中如实载明;第二,招标项目按规定履行审批手续的,应先履行审批手续并获得批准。

2.招标程序

1)招标公告与投标邀请书

公开招标的,应在国家指定的报刊、网络或其他媒介发布招标公告。招标公告应载明:招标人的名称和地址、招标项目的性质、数量、实施地点和时间以及获得招标文件的办法等事项。

邀请招标的,应向三个以上具备承担招标项目能力、资信良好的特定法人或组织发出投标邀请书。投标邀请书应载明的事项与招标公告应载明的事项相同。

2)对投标人的资格审查

由于招标项目一般都是大中型建设项目或技术复杂项目,为了确保工程质量以及避免招标工作上的财力和时间的浪费,招标人可以要求潜在投标人提供有关资质证明文件和业绩情况,并对其进行资格审查。

3)编制招标文件

招标文件是要约邀请内容的具体化。招标文件要根据招标项目的特点编制,还要涵盖法律规定的共性内容:招标项目的技术要求、投标人资格审查标准、投标报价要求、评标标准等所有实质性要求和条件以及拟签订合同的主要条款。

招标文件不得要求或标明特定的生产供应商，不得含有排斥潜在投标人的内容及含有排斥潜在投标人倾向的内容。不得透露已获得的潜在投标人的有可能影响公平竞争的情况，设有标底的标底必须保密。

（二）投标

投标是指投标人按照招标人提出的要求和条件回应合同的主要条款，参加投标竞争的行为。

1. 投标人

投标人是指响应招标、参加投标竞争的法人或其他组织，依法招标的科研项目允许个人参加投标。投标人应当具备承担招标项目的能力，有特殊规定的，投标人应当具备规定的资格。

2. 投标文件的编制

投标人应当按照招标文件的要求编制投标文件，且投标文件应当对招标文件提出的实质性要求和条件做出响应。涉及中标项目分包的，投标人应当在投标文件中载明，以便在评审时了解分包情况，决定是否选中该投标人。

3. 联合体投标

联合体投标是指两个以上的法人或其他组织共同组成一个非法人的联合体，以该联合体名义作为一个投标人，参加投标竞争。联合体各方均应当具备承担招标项目的相应能力，由同一专业的单位组成的联合体，按照资质等级较低的单位确定资质等级。

在联合体内部，各方应当签订共同投标协议，并将共同投标协议连同投标文件一并提交招标人。联合体中标后，应当由各方共同与招标人签订合同，就中标项目向招标人承担连带责任。招标人不得强制投标人联合共同投标，投标人之间的联合投标应出于自愿。

4. 禁止行为

投标人不得相互串通投标或与招标人串通投标；不得以行贿的手段谋取中标；不得以低于成本的报价竞标；不得以他人名义投标或其他方式弄虚作假，骗取中标。

二、招标过程

（一）施工招标应具备的条件

根据《中华人民共和国招标投标法》和《水利工程建设项目施工招标投标管理规定》的规定，结合水利水电工程建设的特点和招标承包实践的要求，水利水电工程项目招标前应当具备以下条件：

（1）具有项目法人资格（或法人资格）；

（2）初步设计和概算文件已经审批；

（3）工程已正式列入国家或地方水利工程建设计划，业主已按规定办理报价手续；

（4）建设资金已经落实；

（5）有关建设项目永久性征地、临时征地和移民搬迁的实施、安置工作已经落实或有明确的安排；

（6）施工图设计已完成或能够满足招标（编制招标文件）的需要，并能够满足工程开工后连续施工的要求；

(7)招标文件已经编制并通过了审查，监理单位已经选定。

重视和充分注意施工招标的基本条件，对于搞好招标工作，特别是保障合同的正常履行是很重要的。忽视或没有认真做好这一点，将会严重影响施工的连续性和合同的严肃性，并且会给建设方造成不必要的施工索赔，严重者还会给国家和社会造成重大损失。

(二)施工招标的基本程序

招标程序主要包括招标准备、组织投标、评标定标等三个阶段。在准备阶段应附带编制标底，在组织投标阶段需要审定标底，在开标会上还要公布标底。

(三)招标的组织机构及职能

成立办事得力、工作效率高的招标组织机构是有效地开展招标工作的先决条件。一个完整的招标组织机构应当包括决策机构与日常机构两个部分。

1.决策机构及工作职能

招标的决策机构一般由政府设立，通常称为招标办公室。决策机构应严格以《中华人民共和国招标投标法》《水利工程建设项目施工招标投标管理规定》以及项目法人制的要求为依据，充分发挥业主的自主决策作用，转变政府职能，认真落实业主招标的自主决策权，由业主自己根据项目的特点、规模和需要来选择招标的日常机构人选。通常决策机构的工作职能如下：

(1)确定招标方案，包括制订招标计划、合理划分标段等工作。

(2)确定招标方式，即根据法律、法规和项目的特点，确定拟招标的项目是采用公开招标方式还是邀请招标方式。

(3)选定承包方式(即承包合同形式)，根据工程结构特点和管理需要确定招标项目的计价方式，是采用总价合同、单价合同，还是采用成本加酬金合同的合同形式。

(4)划分标段，根据工程规模、结构特点、要求工期以及建筑市场竞争程度确定各个标段的承包范围。

(5)确定招标文件的合同参数，根据工程技术难易程度、工程发挥效益的规划时间的要求，确定各个合同段工程的施工工期、预付款比例、质量缺陷责任期、保留金比例、延迟付款利息的利率、拖期损失赔偿金或按时竣工奖金的额度、开工时间等。

(6)根据招标项目的需要选择招标代理单位，当业主自己没有能力或人员不足时可以选择具有资质的中介机构代为行使招标工作，对有意向的投标人进行资格预审，通过资格预审确定符合要求的投标单位，评标定标时依法组建评标委员会，依法确定中标单位。

2.日常机构及工作职能

招标的日常机构又称招标单位，其工作职能主要包括准备招标文件和资格预审文件、组织对投标单位进行资格预审、发布招标广告和投标邀请书、发售招标文件、组织现场考察、组织标前会议、组织开标评标等事宜。日常工作可由业主自己来组织，也可委托专业监理单位或招标代理单位来承担。

根据《中华人民共和国招标投标法》的规定，当业主具备编制招标文件和组织评标的能力时，可以自行办理招标事宜，但得向有关行政监督主管部门备案。

当业主不具备上述能力时，有权自行选择招标代理机构，委托其办理招标事宜。这种代理机构就是依法成立的、专门从事技术咨询服务工作的社会中介组织，通常称为招标代理公司，成立的门槛比较低，对注册资金要求不高，但是对技术能力要求较高。能否具有从事建设项目招标代理的中介服务机构的资格，是需要通过国务院或省级人民政府的建设行政主管部门认定的。具备了以下条件就可以申请成立中介服务机构：

(1)有从事招标代理业务的场所和相应资金；

(2)有能够编制招标文件和组织评标的相应专业力量；

(3)有符合法定条件、可以作为评标委员会人选的技术、经济等方面的专家库。

由于施工招标是合同的前期管理(合同订立)工作，而施工监理是合同履行中的管理工作，监理工程师参加招标工作或者将整个招标工作都委托给监理单位承担，对搞好工程施工监理工作是很有好处的，国际上通常也是这样操作的。因此，选择监理单位的招标工作或选聘工作应当在施工招标前完成。为了更好地实现业主利益最大化和顺利完成日后的工程施工活动的管理工作，采用招标的方式确定监理单位对于业主单位更有利。

(四)承包合同类型

对于施工承包合同，根据其计价的不同，可以划分为总价合同、单价合同、成本加酬金合同三种主要形式。

1. 总价合同

总价合同是按施工招标时确定的总报价一笔包死的承包合同。招标前由招标单位编制了详细的、施工图纸完备的招标文件，承包商据此中标的投标总报价来签订的施工合同。合同执行过程中不对工程造价进行变更，除非合同范围发生了变化，比如施工图出现变更或工程难度加深等，否则合同总价保持不变。

总价合同的特点是业主的管理工作量较少，施工任务完成后的竣工结算比较简单，投资标的明确。施工开始前，建设方能够比较清楚地知道自己需要承担的资金义务，以便提早做好资金准备工作。但总价合同的可操作性较差，一旦出现工程变更，就会出现结算工作复杂化甚至没有计价依据的现象，其结果是合同价格需要另行协商，招标成果不能有效地发挥作用。此外，这种合同对承包商而言其风险责任较大，承包商为承担物价上涨、恶劣气候等不可预见因素的应变风险，会在报价中加大不可预见费用，不利于降低总报价。因此，总价合同对施工图纸的质量要求很高，只适用于施工图纸明确、工程规模较小且技术不太复杂的中小型工程。

2. 单价合同

常见的单价合同是总价招标、单价结算的计量型合同。招标前由招标单位编制包含工程量清单的招标文件，承包商据此提出各工程细目的单价和根据投标工程量(不等于项目总工程量)计算出来的总报价，业主根据总报价的高低确定中标单位，进而同该中标单位签订工程施工承包合同。在合同执行过程中，单价原则上不变，完成的工程量根据计量结果来确定。单价合同的特点是合同的可操作性强，对图纸质量和设计深度的适应范围广，特别是合同执行过程中，便于处理工程变更和施工索赔(即使出现工程变更，依然有计价依据)，合同的公平性更好，承包商的风险责任小，有利于降低投标报价。但这种合同对业主的管理工作量较大，且对监理工程师的素质有很高的要求(否则，合同的公平性难以得到保证)。此外，业主采用这种合同时，易遭受承包商不平衡报价带来的造价增加风险。值得注意的是,单价合同中所说的总价是指业主为了招标需要,对项目工程所指定部分工程量的总价,而并非项目工程的全部工程造价。

3. 成本加酬金合同

成本加酬金合同的基本特点是按工程实际发生的成本(包括人工费、施工机械使用费、其他直接费和施工管理费以及各项独立费,但不包括承包企业的总管理费和应缴所得税),加上商定的总管理费和利润,来确定工程总造价。这种承包方式主要适用于开工前对工程内容尚不十分清楚的项目,例如边设计边施工的紧急工程,或遭受地震、战火等灾害破坏后需修复的工程。在实践中可有以下四种不同的具体做法。

1)成本加固定百分比酬金

计算方法可用下式说明

$$C = C_d(1 + P) \tag{13-1}$$

式中　C——总造价;

C_d——实际发生的工程成本;

P——固定的百分数。

从式(13-1)中可以看出,总造价 C 将随工程成本 C_d 的增加而增加,显然不能鼓励承包商关心缩短工期和降低成本,因而对建设单位的投资控制是不利的。现在这种承包方式已很少被采用。

2)成本加固定酬金

工程成本实报实销,但酬金是事先商定的一个固定数目。计算式为

$$C = C_d + F \tag{13-2}$$

式中　F——酬金,通常按估算的工程成本的一定百分比确定,数额是固定不变的;

其他符号意义同前。

这种承包方式虽然不能鼓励承包商关心降低成本;但从尽快取得酬金出发,承包商将会关心缩短工期,这是其可取之处。

3)成本加浮动酬金

这种承包方式要事先商定工程成本和酬金的预期水平。如果实际成本恰好等于预期水平,工程造价就是成本加固定酬金;如果实际成本低于预期水平,则增加酬金;如果实际成本高于预期水平,则减少酬金。这三种情况可用算式表示如下

$$C = C_d + F + \Delta F \tag{13-3}$$

式中　ΔF——酬金增减部分,可以是一个百分数,也可以是一个固定的绝对数;

其他符号意义同前。

采用这种承包方式时,通常规定,当实际成本超支而减少酬金时,以原定的固定酬金数额为减少的最高限度。也就是在最坏的情况下,承包人将得不到任何酬金,但不必承担赔偿超支的责任。这种承包方式既对承发包双方都没有太多风险,又能促使承包商关心降低成本和缩短工期;但在实践中估算预期成本比较困难,所以要求当事双方具有丰富的经验。

4)目标成本加奖罚

在仅有初步设计和工程说明书即迫切要求开工的情况下,可根据粗略估算的工程量

和适当的单价表编制概算，作为目标成本；随着详细设计逐步具体化，工程量和目标成本可加以调整，另外规定一个百分数作为酬金；最后结算时，如果实际成本高于目标成本并超过事先商定的界限（例如5%），则减少酬金，如果实际成本低于目标成本（也有一个幅度界限），则增加酬金。用算式表示如下

$$C = C_d + P_1 C_0 + P_2 (C_0 - C_d) \tag{13-4}$$

式中　C_0——目标成本；

P_1——基本酬金百分数；

P_2——奖罚百分数；

其他符号意义同前。

此外，还可另加工期奖罚。

这种承包方式可以促使承包商关心降低成本和缩短工期，而且目标成本是随设计的进展而加以调整才确定下来的，故建设单位和承包商双方都不会承担多大风险，这是其可取之处。当然，也要求承包商和建设单位的代表都须具有比较丰富的经验。

4.承包合同类型的选择

以上是根据计价方式不同常见的三种施工承包类型。科学地选择承包方式对保证合同的正常履行，搞好合同管理工作是十分重要的。施工招标中到底采用哪种承包方式，应根据项目的具体情况选定。

1）总价合同宜采用的情况

（1）业主的管理人员较少或缺乏项目管理的经验。

（2）监理制度不太完善或缺少高水平的监理队伍。

（3）施工图纸明确、技术不太复杂、规模较小的工程。

（4）工期较紧急的工程。

2）单价合同宜采用的情况

（1）业主的管理人员多，且有较丰富的项目管理经验。

（2）施工图设计尚未完成，要边组织招标，边组织施工图设计。

（3）工程变更较多的工程。

（4）监理队伍的素质较高，监理人员行为公正，监理制度完善。

（五）施工招标文件

1.编制要求

招标文件的编制是招标准备工作的一个重要环节，规范化的招标文件对于搞好招标投标工作至关重要。为满足规范化的要求，编写招标文件时，应遵循合法性、公平性和可操作性的编写原则。在此基础上，根据建设部《建设工程施工招标文件范本》以及水利部、国家电力公司、国家工商行政管理局《水利水电土建工程施工合同条件》（GF—2000—0208），结合各个项目的具体情况和相应的法律法规的要求予以补充。根据范本的格式和当前招标工作的实践，施工招标文件应包括以下内容：投标邀请书、投标人须知、合同条件、技术规范、工程量清单、图纸、勘察资料、投标书（及附件）、投标担保书（及格式）等。

因合同类型的不同，招标文件的组成有所差别。例如，对总价合同而言，招标文件中须包括施工图纸但无须工程量清单；而单价合同可以没有完整的施工图纸，但工程量清单

必不可少。

2. 投标邀请书

投标邀请书是招标人向经过资格预审合格的投标人正式发出参加本项目投标的邀请,因此投标邀请书也是投标人具有参加投标资格的证明,而没有得到投标邀请书的投标人,无权参加本项目的投标。投标邀请书很简单,一般只要说明招标人的名称、招标工程项目的名称和地点、招标文件发售的时间和费用、投标保证金金额和投标截止时间、开标时间等。

3. 投标须知

投标须知是一份为让投标人了解招标项目及招标的基本情况和要求而准备的一份文件。其应包括本项目工程量情况及技术特点,资金来源及筹措情况,投标的资格要求(如果在招标之前已对投标人进行了资格预审,这部分内容可以省略),投标中的时间安排及相应的规定(如发售招标文件、现场考察、投标答疑、投标截止日期、开标等的时间安排),投标中须遵守和注意的事项(如投标书的组成、编制要求及密封和递送要求等),开标程序,投标文件的澄清,招标文件的响应性评定,算术数性错误的改正,评标与定标的基本原则、程序、标准和方法。同时,在投标须知中还应当注明签订合同、重新招标、中标中止、履约担保等事项。

4. 合同条件

合同条件又被称为合同条款,主要规定了在合同履行过程中,当事人基本的权利和义务以及合同履行中的工作程序、监理工程师的职责与权力也应在合同条款中进行说明,目的是让承包商充分了解施工过程中将面临的监理环境。合同条款包括通用条款和专用条款。

通用条款在整个项目中是相同的,甚至可以直接采用范本中的合同条款,这样既可节省编制招标文件的时间,又能较好地保证合同的公平性和严密性(也便于投标单位节省阅读招标文件的时间)。

专用条款是对通用条款的补充和具体化,应根据各标段的情况来组织编写。但是在编写专用条款时,一定要满足合同的公平性及合法性的要求,以及合同条款具体明确和满足可操作性的要求。

5. 技术规范

技术规范是十分重要的文件,应详细具体地说明对承包商履行合同时的质量要求、验收标准、材料的品级和规格。为满足质量要求应遵守的施工技术规范,以及计量与支付的规定等。由于不同性质的工程,其技术特点和质量要求及标准等均不相同,所以技术规范应根据不同的工程性质及特点,分章、分节、分部、分项来编写。例如,水利工程的技术规范中,通常被分成了一般规定、施工导截流、土石方开挖、引水工程、钻孔与灌浆、大坝、厂房、变电站等章节,并针对每一章节工程的特点,按质量要求、验收标准、材料规格、施工技术规范及计量支付等,分别进行规定和说明。

技术规范中施工技术的内容应简化,因为施工技术是多种多样的,招标中不应排斥承包商通过先进的施工技术降低投标报价的机会。承包商完全可以在施工中"八仙过海,各显神通",采用自己所掌握的先进施工技术。

技术规范中的计量与支付规定也是非常重要的。可以说,没有计量与支付的规定,承包商就无法进行投标报价(编制单价),施工中也无法进行计量与支付工作。计量与支付的规定不同,承包商的报价也会不同。计量与支付的规定中包括计量项目、计量单位、计量项目中的工作内容、计量方法以及支付规定。

6.工程量清单

工程量清单是招标文件的组成部分,是一份以计量单位说明工程实物数量,并与技术规范相对应的文件,它是伴随招标投标竞争活动产生的,是单价合同的产物。其作用有两点:一是向投标人提供统一工程信息和用于编制投标报价的部分工程量,以便投标人编制有效、准确的标价;二是对于中标签订合同的承包商而言,标有单价的工程量清单是办理中期支付和结算以及处理工程变更计价的依据。

根据工程量清单的作用和性质,它具有两种显著的特点:首先是清单的内容与合同文件中的技术规范、设计图纸一一对应,章节一致;其次是工程量清单与概预算定额有同有异,清单所列数量与实际完成数量(结算数量)有着本质的差别,且工程量清单所列单价或总额反映的是市场综合单价或总额。

工程量清单主要由工程量清单说明、工程细目、计日工明细表和汇总表四部分组成。其中,工程量清单说明规定了工程量清单的性质、特点以及单价的构成和填写要求等。工程细目反映了施工项目中各工程细目的数量,它是工程量清单的主体部分,其格式如表13-1所示。

表13-1　工程量清单

编号	项目名称	单位	工程量	单价(元)	合价(元)

工程量清单的工程量是反映承包商的义务量大小及影响造价管理的重要数据。在整理工程量时,应根据设计图纸及调查所得的数据,在技术规范的计量与支付方法的基础上进行综合计算。同一工程细目,其计量方法不同,所整理出来的工程量会不一样。在工程量的整理计算中,应保证其准确性。否则,承包商在投标报价时会利用工程量的错误,实施不平衡报价、施工索赔等策略,给业主带来不可挽回的损失、增加工程变更的处理难度和投资失控等危害。

计日工是表示工程细目里没有,工程施工中需要发生,且得到工程师同意的工料机费用。根据工种、材料种类以及机械类别等技术参数分门别类编制的表格,称为计日工明细表。

工程量清单汇总表是根据上述费用加上暂定金额编制的表格。

7.投标书及其附件

1)投标书

投标书是由招标人为投标人填写投标总报价而准备的一份空白文件。投标书中主要应反映下列内容:投标人、投标项目(名称)、投标总报价(签字盖章)、投标有效期。投标人在详细研究了招标文件并经现场考察工地后,即可以依据所掌握的信息,确定投标报价策略,然后通过施工预算和单价分析,填写工程量清单,并确定该项工程的投标总报价,最后将投标总报价填写在投标书上。招标文件中提供投标书格式的目的:一是为了保持各投标人递送的投标书具有统一的格式,二是提醒各投标人投标以后需要注意和遵守有关规定。

投标书的格式如下:

________省________项目________合同段(或大坝)

投标书

致:(招标人全称)

(1)在研究了上述项目第____合同段(或大坝)的招标文件(含补遗书第____号)和考察了工程现场后,我们愿意按人民币(大写)________________________元(小写¥________元)的投标总价,或根据上述招标文件核实并确定的另一金额,遵照招标文件的要求,承担本合同工程的实施、完成及其缺陷修复工作。

(2)第____ 合同段由________技术标准的主体结构工程和附属结构工程组成。

(3)如果你单位接受我们的投标,我们将保证在接到监理工程师的开工通知后,在本投标书附录内写明的开工期内开工,并在____个月的工期内完成本合同工程,达到合同规定的要求,该工期从本投标书附录内写明的开工期的最后一天算起。

(4)如果你单位接受我们的投标,我们将保证按照你单位认可的条件,以本投标书附录内写明的金额提交履约担保。

(5)我们同意,在从规定的开标之日起____天的投标文件有效期内,严格遵守本投标书的各项承诺。在此期限届满之前,本投标书始终将对我方具有约束力,并随时接受中标。

(6)在合同协议书正式签署生效之前,本投标书连同你单位的中标通知书,将构成我们双方之间共同遵守的文件,对双方具有约束力。

(7)我们理解,你单位不一定接受最低标价的投标或你单位接到的其他任何投标。同时也理解,你单位不负担我们的任何投标费用。

(8)随同本投标书,我们出具金额为人民币____________元的投标担保。如果我们在本投标文件有效期内撤回投标文件;或在接到中标通知书后的28天内未能或拒绝签订合同协议书;或未能提交履约担保,你单位有权没收投标担保金,另选中标单位。

2)投标书附录

投标书附录是用于说明合同条款中的重要参数(如工期、预付款等内容)及具体标准的招标文件。该文件在投标单位投标时签字确认后,即成为投标文件及合同的重要组成部分。在编制招标文件时,投标书附录的编制是一项重要的工作内容,其参数的具体标准对造价及质量等方面有重要影响。全部内容及格式如下:

序号	事　项	合同条款	数　据
1	投标担保金额		不低于投标价的____%，或人民币__________万元
2	履约担保金额		合同价格的____%
3	发开工令期限(从发合同协议书之日算起)		天内
4	开工期(接到监理工程师的开工令之日算起)		天内
5	工期		个月
6	拖期损失偿金		人民币__________元/天
7	拖期损失偿金限额		合同价格的____%
8	缺陷责任期		年
9	中期(月进度)支付证书最低限额		合同价格的____%，或人民币__________万元
10	保留金的百分比		月支付额的____%
11	保留金限额		合同价格的5%
12	开工预付款		合同价格的____%
13	材料、设备预付款		主要材料、设备单据所列费用的____%
14	支付时间		中期支付证书开出后____天； 最后支付证书开出后42天
15	未支付款的利率		____‰/天

3)预付款的确定

支付预付款的目的是使承包商在施工中，有能满足施工要求的流动资金。制定招标文件时，不提供预付款，甚至要求承包商垫资施工的做法是错误的，既违反了工程项目招标投标的有关法律、法规的规定，也加大了承包商的负担，影响了合同的公平性。预付款有动员预付款和材料预付款两种，动员预付款于开工前(一般中标通知书签发后28天内)，在承包商提交预付款担保书后支付，一般为10%左右；材料预付款是根据承包商材料到工地的数量，按某一百分数支付的。

8.投标担保书

投标担保的目的是约束投标人承担施工投标行为的法律后果。其作用是约束投标人在投标有效期内遵守投标文件中的相关规定，在接到中标通知书后按时提交履约担保书，认真履行签订工程施工承包合同的义务。

投标担保书通常采用银行保函的形式，投标保证金额一般不低于投标报价的2%。投标保证书的格式如下(为保证投标书的一致性，业主或招标人应在准备招标文件时，编写统一的投标担保书格式)。

投标银行保函

致:(招标人全称)

鉴于______(投标人全称)______(下称"投标人")拟向______(招标人全称)______(下称"招标人")送交关于______(项目名称)______第____合同段(或____大坝)的投标书,根据招标文件的规定,投标人须按规定的金额由其委托的银行出具一份投标保函(下称"保函")作为履行招标文件中规定的义务担保。

我行同意为投标人出具人民币(大写)__________________元(________元)的保函,作为向招标人的投标担保。本保函的条件是:

(1)如果投标人在投标文件有效期内撤回投标文件;或(2)如果投标人不接受按投标人须知第23条规定的对其投标价格算术错误的修正;(3)如果投标人在接到中标通知书后28天内:①未能或拒绝签署合同协议书;或②未能按照招标文件规定提供履约担保;或③不接受对投标文件中算术差错的修正。

我行将履行担保义务,保证在收到招标人的书面要求,说明其索款是由于出现了上述任何一种原因的具体情况后,即凭招标人出具的索款凭证,向招标人支付上述款项。

本保函在按投标须知第____________条规定的投标文件有效期或经延长的投标文件有效期期满后28天内保持有效,任何索款要求应在上述期限内交到我行。招标人延长投标文件有效期的决定,应通知我行。

银行地址:____________　　担保银行:______(全称)(盖章)______

邮　　编:____________　　法定代表人或其授权代理人:

电　　话:____________　　______(职务)(姓名)(签名)______

传　　真:____________　　日期:____年____月____日

(六)资格预审

投标人资格审查分为资格预审和资格后审两种形式。资格预审有时也称为预投标,即投标人首先对自己的资格进行一次投标。资格预审在发售招标文件之前进行,投标人只有在资格预审通过后才能取得投标资格,参加施工投标。而资格后审则是在评标过程中进行的。为减小评标难度,简化评标手续,避免一些不合格的投标人,在投标上的人力、物力和财力上的浪费,投标人资格审查以资格预审形式为好。

资格预审具有如下积极作用:

(1)保证施工单位主体的合法性;

(2)保证施工单位具有相应的履约能力;

(3)减小评标难度;

(4)抑制低价抢标现象。

无论是资格预审还是资格后审,其审查的内容是基本相同的。主要是根据投标须知的要求,对投标人的营业执照、企业资质等级证书、市场准入资格、主要施工经历、技术力量简况、资金或财务状况以及在建项目情况(可通过现场调查予以核实)等方面的情况进行符合性审查。

（七）投标组织阶段的组织工作

投标组织阶段的工作内容包括发售招标文件、组织现场考察、组织标前会议（标前答疑）、接受投标人的标书等事项。

发售招标文件前，招标人通常召开一个发标会，向全体投标人再次强调投标中应注意和遵守的主要事项。发售招标文件过程中，招标人要查验投标人代表的法人代表委托书（防止冒领文件），收取招标文件工本费，在投标人代表签字后，方可将招标文件交投标人清点。

在投标人领取招标文件并进行了初步研究后，招标人应组织投标人进行现场考察，以便投标人充分了解与投标报价有关的施工现场的地形、地质、水文、气象、交通运输、临时进出场道路及临时设施、施工干扰等方面的情况和风险，并在报价中对这些风险费用作出准确的估计和考虑。为了保证现场考察的效果，现场考察的时间安排通常应考虑投标人研究招标文件所需要的合理时间。在现场考察过程中，招标人应派比较熟悉现场情况的设计代表详细地介绍各标段的现场情况，现场考察的费用由投标人自己承担。

组织标前会议的目的是解答投标人提出的问题。投标人在研究招标文件、进行现场考察后，会对招标文件中的某些地方提出疑问。这些疑问，有些是投标人不理解招标文件产生的，有些是招标文件的遗漏和错误产生的。根据投标人须知中的规定，投标人的疑问应在标前会议 7 天前提出。招标人应将各投标人的疑问收集汇总，并逐项研究处理。如属于投标人未理解招标文件而产生的疑问，可将这些问题放在“澄清书”中予以澄清或解释；如属于招标文件的错误或遗漏，则应编制“招标补遗”对招标文件进行补充和修正。总之，投标人的疑问应统一书面解答，并在标前会议中将“澄清书”、“补遗书”发给各家投标人。

根据《中华人民共和国招标投标法》的规定，“招标补遗”、“澄清书”应当在投标截止日期至少 28 天前，书面通知投标人。因此：一方面，应注意标前会议的组织时间符合法律、法规的规定；另一方面，当“招标补遗”很多且对招标文件的改动较大时，为使投标人有合理的时间将“补遗书”的内容在编标时予以考虑，招标人（或业主）可视情况，宣布延长投标截止日期。

为了投标的保密，招标人一般使用投标箱（也有不设投标箱的做法），投标箱的钥匙由专人保管（可设双锁，分人保管钥匙），箱上加贴启封条。投标人投标时，将标书装入投标箱，招标人随即将盖有日期的收据交给投标人，以证明是在规定的投标截止日期前投标的。投标截止期限一到，立即封闭投标箱，在此以后的投标概不受理（为无效标书）。投标截止日期在招标文件或投标邀请书中已列明，投标期（从发售招标文件到投标截止日期）的长短视标段大小、工程规模、技术复杂程度及进度要求而定，一般为 45 ~ 90 天。

（八）标底

标底是建筑产品在市场交易中的预期市场价格。在招标投标过程中，标底是衡量投标报价是否合理，是否具有竞争力的重要工具。此外，实践中标底还具有制止盲目报价、抑制低价抢标、工程造价、核实投资规模的作用，同时也具有（评标中）判断投标单位是否有串通哄抬标价的作用。

设立标底的做法是针对我国目前建筑市场发育状况和国情而采取的措施，是具有中国特色的招标投标制度的一个具体体现。

但是,标底并不是决定投标能否中标的标准价,而只是对投标进行评审和比较时的一个参考价。如果被评为最低评标价的投标超过标底规定的幅度,招标人应调查超出标底的原因,如果是合理的话,该投标应有效;如果被评为最低评标价的投标大大低于标底的话,招标人也应调查,如果是属于合理成本价,该投标也应有效。

因此,科学合理地制定标底是搞好评标工作的前提和基础。科学合理的标底应具备以下经济特征:

(1)标底的编制应遵循价值规律,即标底作为一种价格应反映建设项目的价值。价格与价值相适应是价值规律的要求,是标底科学性的基础。因此,在标底编制过程中,应充分考虑建设项目在施工过程中的社会必要劳动消耗量、机械设备使用量以及材料和其他资源的消耗量。

(2)标底的编制应服从供求规律,即在编制标底时,应考虑建设市场的供求状况对产品价格的影响,力求使标底和产品的市场价格相适应。当建设市场的需求增大或缩小时,相应的市场价格将上升或下降。所以,在编制标底时,应考虑到建筑市场供求关系的变化所引起的市场价格的变化,并在底价上作出相应的调整。

(3)标底在编制过程中,应反映建筑市场当前平均先进的劳动生产力水平,即标底应反映竞争规律对建设产品价格的影响,以图通过标底促进投标竞争和社会生产力水平的提高。

以上三点既是标底的经济特征,也是编制标底时应满足的原则和要求。因此,标底的编制一般应注意以下几点:

(1)根据设计图纸及有关资料、招标文件,参照国家规定的技术、经济标准定额及规范,确定工程量和设定标底。

(2)标底价格应由成本、利润和税金组成,一般应控制在批准的建设项目总概算及投资包干的限额内。

(3)标底价格作为招标人的期望价,应力求与市场的实际变化相吻合,要有利于竞争和保证工程质量。

(4)标底价格要考虑人工、材料、机械台班等价格变动因素,还应包括施工不可预见费、包干费和措施费等。要求工程质量达到优良的,还应增加相应费用。

(5)一个标段只能编制一个标底。

标底不同于概算、预算,概算、预算反映的是建筑产品的政府指导价格,主要受价值规律的作用和影响,着重体现的是施工企业过去平均先进的劳动生产力水平;而标底则反映的是建设产品的市场价格,它不仅受价值规律的作用,同时还会受市场供求关系的影响,主要体现的是施工企业当前平均先进的劳动生产力水平。

在不同的市场环境下,标底编制方法亦随之变化。通常,在完全竞争市场环境下,由于市场价格是一种反映了资源使用效率的价格,标底可直接根据建设产品的市场交易价格来确定。这样的环境条件中,议标是最理想的招标方式,其交易成本可忽略不计。然而,在不完全竞争市场环境下,标底编制要复杂得多,不能再根据市场交易价格予以确定,更不宜采用议标形式进行招标。此时,则应当根据工料单价法和统计平均法来进行标底编制。关于不完全竞争市场条件下的标底编制程序及具体方法可参阅相关书籍。

(九)开标、评标与定标

1. 开标的工作内容及方法

开标的过程是启封标书、宣读标价并对投标书的有效性进行确认的过程。参加开标的单位有招标人、监理单位、投标人、公证机构、政府有关部门等。开标的工作人员有唱标人、记录人、监督人、公证人及后勤人员。开标日期一到,即在规定的时间、地点组织开标工作。开标的工作内容有:

(1)宣布(重申)投标人须知的评标定标原则、标准与方法。

(2)公布标底。

(3)检查标书的密封情况。按照规定,标书未密封,封口上未签字盖章的标书为无效标书;国际招标中要求标书有双层封套,且外层封套上不能有识别标志。

(4)检查标书的完备性。标书(包括投标书、法人代表授权书、工程量清单、辅助资料表、施工进度计划等内容)、投标保证书(前列文件都要密封)以及其他要交回的招标文件。标书不完备,特别是无投标保证书的标书是无效标书。

(5)检查标书的符合性。即标书是否与招标文件的规定有重大出入或保留,是否会造成评标困难或给其他投标人的竞争地位造成不公正的影响;标书中的有关文件是否有投标人代表的签字盖章。标书中是否有涂改(一般规定标书中不能有涂改痕迹,特殊情况需要涂改时,应在涂改处签字盖章)等。

(6)宣读和确定标价,填写开标记录(有特殊降价申明或其他重要事项的,也应一起在开标中宣读、确认或记录)。

除上述内容外,公证单位还应确认招标的有效性。在国际工程招标中,如遇下列情况,在经公证单位公证后,招标人会视情况决定全部投标作废:

(1)投标人串通哄抬标价,致使所有投标人的报价大大高出标底价;

(2)所有投标人递交的标书严重违反投标人须知的规定,致使全部标书都是无效标书;

(3)投标人太少(如不到三家),没有竞争性。

一旦发现上述情况之一,正式宣布了投标作废,招标人应当依照招标投标法的规定,重新组织招标。

2. 评标与定标

评标定标是招投标过程中比较敏感的一个环节,也是对投标人的竞争力进行综合评定并确定中标人的过程,因此在评标与定标工作中,必须坚持公平竞争原则、投标人的施工方案在技术上可靠原则和投标报价应当经济合理原则。只有认真坚持上述原则,才能够通过评标与定标环节,体现招标工作的公开、公平与公正的竞争原则。综合市场竞争程度、社会环境条件(法律法规和相关政策)以及施工企业平均社会施工能力等因素,可以根据实际情况选用最低评标价法、合理评标价法或在合理评标价基础上的综合评分法,确定中标人。在我国市场经济体制尚未完善的条件下,上述三种方法各有其优缺点,实践中应当扬长避短。我国土建工程招标投标的实践经验证明,技术含量高、施工环节比较复杂的工程,宜采用综合评分法评标;而技术简单、施工环节少的一般工程,可以采用最低标价的方法评标。

招标人或其授权评标委员会在评标报告的基础之上,从推荐的合格中标候选人中,确定出中标人的过程称为定标。定标不能违背评标原则、标准、方法以及评标委员会的评标结果。

当采用最低评标价评标时,中标人应是评标价最低,而且有充分理由说明这种低标是合理的,且能满足招标文件的实质性要求,为技术可靠、工期合理、财务状况理想的投标人。当采用综合评分法评标时,中标人应是能够最大限度地满足招标文件中规定的各项综合评价标准且综合评分最高的单位。

在确定了中标人之后,招标人即可向中标人颁发"中标通知书",明确其中标项目(标段)和中标价格(如无算术错误,该价格即为投标总价)等内容。

第二节　投标过程

招标与投标构成以围绕标的物的买方与卖方经济活动,是相互依存、不可分割的两个方面。施工项目投标是施工单位对招标的响应和企业之间工程造价的竞争,也是比管理能力、生产能力、技术措施、施工方案、融资能力、社会信誉、应变能力与掌握信息本领的竞争,是企业通过竞争获得工程施工权利的过程。

施工项目投标与招标一样,有其自身的运行规律与工作程序。参加投标的施工企业,在认真掌握招标信息、研究招标文件的基础上,根据招标文件的要求,在规定的期限内向招标单位递交投标文件,提出合理报价,以争取获胜中标,最终实现获取工程施工任务的目的。

(一)投标报价程序

投标工作与招标工作一样也要遵循自身的规律和工作程序,工程项目投标工作程序可用图 13-1 所示的流程图予以表示,参照本流程,施工投标工作程序主要有以下步骤:

(1)根据招标公告或招标人的邀请,筛选投标的有关项目,选择适合本企业承包的工程参加投标。

(2)向招标人提交资格预审申请书,并附上本企业营业执照及承包工程资格证明文件、企业简介、技术人员状况、历年施工业绩、施工机械装备等情况。

(3)经招标人投标资格审查合格后,向招标人购买招标文件及资料,并交付一定的投标保证金。

(4)研究招标文件合同要求、技术规范和图纸,了解合同特点和设计要点,制订出初步施工方案,提出考察现场提纲和准备向招标人提出的疑问。

(5)参加招标人召开的标前会议,认真考察现场、提出问题、倾听招标人解答各单位的疑问。

(6)在认真考察现场及调查研究的基础上,修改原有施工方案,落实和制定出切实可行的施工组织设计。在工程所在地材料单价、运输条件、运距长短的基础上编制出确切的材料单价,然后计算和确定标价,填好合同文件所规定的各种表函,盖好印鉴密封,在规定的时间内送达招标人。

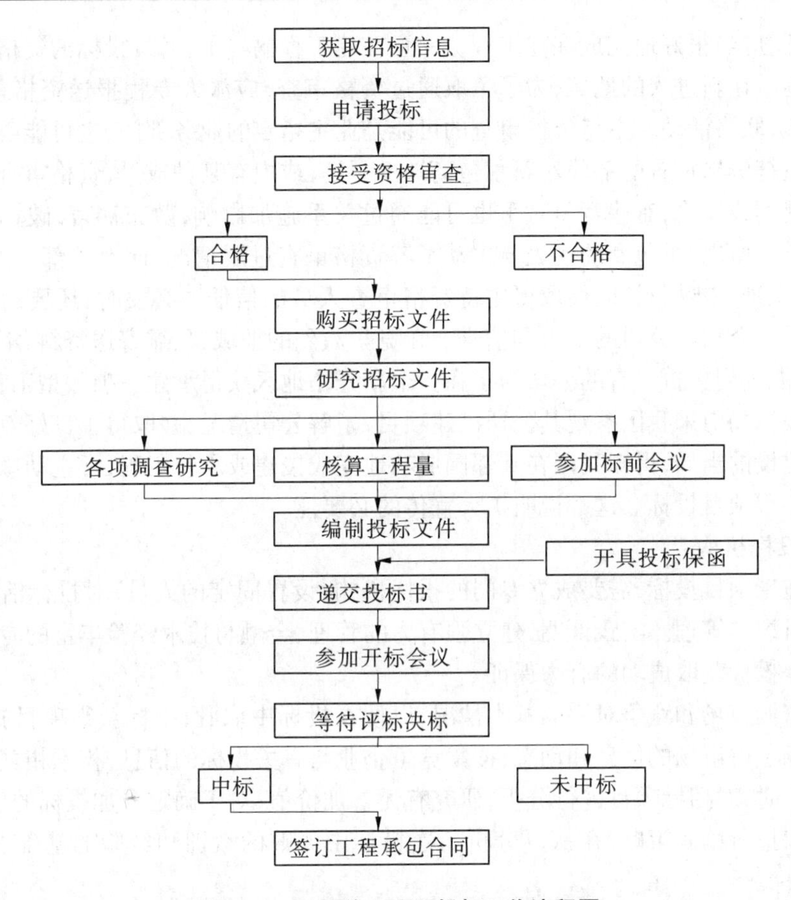

图13-1　工程施工项目投标工作流程图

(7)参加招标人召开的开标会议,提供招标人要求补充的资料或回答须进一步澄清的问题。

(8)如果中标,与招标人一起依据招标文件规定的时间签订承包合同,并送上银行履约保函;如果不中标,及时总结经验和教训,按时撤回投标保证金。

(二)投标资格

根据《中华人民共和国招标投标法》第二十六条的规定,投标人应当具备承担招标项目的能力,企业资质必须符合国家或招标文件对投标人资格方面的要求,当企业资格不符合要求时,不得允许参加施工项目投标活动,如果采用联合体的投标人,其资质按联合体中资质最低的一个企业的资质,作为联合体的资质进行审核。

根据建筑市场准入制度的有关规定,在异地参加投标活动的施工企业,除了需要满足上述条件外,投标前还需要到工程所在地政府建设行政主管部门,进行市场准入注册,获得行政许可,未能获准建设行政主管部门注册的施工企业,仍然不能够参加工程施工投标活动,特别是国际工程,注册是投标必不可缺的手续。

资格预审是承包商投标活动的前奏,与投标一样存在着竞争。除认真按照业主要求,编送有关文件外,还要开展必要的宣传活动,争取资格审查获得通过。

在已有获得项目的地域,业主更多地注重承包商在建工程的进展和质量。为此,要获得业主信任,应当很好地完成在建工程。一旦在建工程搞好了,通过投标的资格审查就没有多大问题。在新进入的地域,为了争取通过资格审查,应派人专程报送资格审查文件,并开展宣传、联络活动。主持资格审查的可能是业主指定的业务部门,也可能委托咨询公司。如果主持资格审查的部门对新承包商缺乏了解,或抱有某种成见,资格审查人员可能对承包商提问或挑剔,有些竞争对手也可能通过关系施加影响,散布谣言,破坏新来的承包商的名誉。所以,承包商的代表要主动了解资格审查进展情况,向有关部门、人员说明情况,并提供进一步资料,以便取得主持资格审查人员的信任。必要时,还要通过驻外人员或别的渠道介绍本公司的实力和信誉。在竞争激烈的地域,只靠寄送资料,不开展必要活动,就可能受到挫折。有的公司为了在一个新开拓地区获得承建一项大型工程,不惜出资邀请有关当局前来我国参观其公司已建项目,了解公司情况,并取得了良好效果。有的国家主管建设的当局,得知我国在其邻国成功地完成援建或承包工程,常主动邀请我国参加他们的工程项目投标。这都说明扩大宣传的必要性。

(三)投标机构

进行施工项目投标,需要成立专门的投标机构,设置固定的人员,对投标活动的全部过程进行组织与管理。实践证明,建立强有力的管理、金融与技术经验丰富的专家组成的投标组织是投标获取成功的有力保证。

为了掌握市场和竞争对手的基本情况,以便在投标中取胜,中标获得项目施工任务,平时要注意了解市场的信息和动态,搜集竞争企业与有关投标的信息,积累相关资料。遇有招标项目时,对招标项目进行分析,研究有无参加价值;对于确定参加投标的项目,则应研究投标和报价编制策略,在认真分析历次投标中失败的教训和经验的基础上,编制标书,争取中标。

投标机构主要由以下人员组成:

(1)经理或业务副经理作为投标负责人和决策人,其职责是决定最终是否参加投标及参加投标项目的报价金额。

(2)建造工程师的职责是编制施工组织设计方案、技术措施及技术问题。

(3)造价工程师负责编制施工预算及投标报价工作。

(4)机械管理工程师要根据本投标项目工程特点,选型配套组织本项目施工设备。

(5)材料供应人员要了解、提供当地材料供应及运输能力情况。

(6)财务部门人员提供企业工资、管理费、利润等有关成本资料。

(7)生产技术部门人员负责安排施工作业计划等。

建设市场竞争越来越激烈,为了最大限度地争取投标的成功,对参与投标的人员也提出了更高的要求。要求有丰富经验的建造师和设计师,还要求有精通业务的经济师和熟悉物资供应的人员。这些人员应熟悉各类招标文件和合同条件;如果是国际投标,则这些人员最好具有较高的外语水平。

(四)投标报价

投标报价是潜在承包商投标时报出的工程承包价格。招标人常常将投标人的报价作为选择中标者的主要依据,同时报价也是投标文件中最重要的内容、影响投标人中标与否的关键所在和中标后承包商利润大小的主要指标。标价过低虽然容易中标,但中标后容易给承包商造成亏损的风险;报价过高对于投标人又存在失标的危险。因此,标价过高与过低都不可取,如何作出合适的投标报价是投标人能否中标的关键。

1. 现场考察

从购买招标文件到完成标书这一期间,投标人为投标而做的工作可统称为编标报价。在这个过程中,投标工作组首先应当充分仔细研究招标文件。招标文件规定了承包人的职责和权利,以及对工程的各项要求,投标人必须高度重视。积极参加招标人组织的现场考察活动,是投标过程中一个非常重的环节,其作用有两大方面:一是如果投标人不参加由招标人安排的正式现场考察,可能会被拒绝投标;二是通过参加现场考察活动的机会,可以了解工程所在地的政治局势(对国际工程)与社会治安状态,工程地质地貌和气象条件,工程施工条件(交通、供电供水、通信、劳动力供应、施工用地等),经济环境以及其他方面同施工相关的问题。当现场考察结束后,应当抓紧时间整理在现场考察中收集到的材料,把现场考察和研究招标文件中存在的疑问整理成书面文件,以便在标前会议上,请招标人给予解释和明确。

按照国际、国内规定,投标人提出的报价,一般被认为是在现场考察的基础上编制的。一旦标书交出,如在投标日期截止后发现问题,投标人就无法因现场考察不周,情况不了解而提出修改标书,或调整标价给予补偿的要求。另外,编制标书需要的许多数据和情况也要从现场调查中得出。因此,投标人在报价以前,必须认真地进行工程现场考察,全面、细致地了解工地及其周围的政治、经济、地理、法律等情况。如考察时间不够,参加编标人员在标前会结束后,一定要留下几天,再到现场查看一遍,或重点补充考察,并在当地作材料、物资等调查研究,仔细收集编标的资料。

2. 标前会议

标前会议也称投标预备会,是招标人给所有投标人提供的一次答疑的机会,有利于投标人加深对招标文件的理解、了解施工现场和准确认识工程项目施工任务。凡是想参加投标并希望获得成功的投标人,都应认真准备和积极参加标前会议。投标人参加标前会议时应注意以下几点:

(1)对工程内容、范围不清的问题,应提请解释、说明,但不要提出任何修改设计方案的要求。

(2)如招标文件中的图纸、技术规范存在相互矛盾之处,可请求说明以何者为准,但不要轻易提出修改的要求。

(3)对含糊不清、容易产生理解上歧义的合同条款,可以请求给予澄清、解释,但不要提出任何改变合同条件的要求。

(4)应注意提问的技巧,注意不使竞争对手从自己的提问中,获悉本公司的投标设想和施工方案。

(5)招标人或咨询工程师在标前会议上,对所有问题的答复均应发出书面文件,并作为招标文件的组成部分。投标人不能仅凭口头答复来编制自己的投标文件。

3. 报价编制原则

1)报价要合理

在对招标文件进行充分、完整、准确理解的基础上,编制出的报价是投标人施工措施、能力和水平的综合反映，应是合理的较低报价。当标底计算依据比较充分、准确时，适当的报价不应与标底相差太大。当报价高出标底许多时，往往不被招标人考虑；当报价低于标底较多时，则会使投标人盈利减少，风险加大，且易造成招标人对投标者的不信任。因此，合理的报价应与投标者本身具备的技术水平和工程条件相适应，接近标底，低而适度，尽可能为招标者理解和接受。

2）单价合理可靠

各项目单价的分析、计算方法应合理可行，施工方法及所采用的设备应与投标书中施工组织设计相一致，以提高单价的可信度与合理性。

3）较高的响应性和完整性

投标单位在编制报价时，应按招标文件规定的工作内容、价格组成与计算填写方式，编制投标报价文件，从形式到实质都要对招标文件给予充分响应。

投标文件应完整，否则招标人可能拒绝这种投标。

4. 编制报价的主要依据

（1）招标文件、设计图纸。

（2）施工组织设计。

（3）施工规范。

（4）国家、部门、地方或企业定额。

（5）国家、部门或地方颁发的各种费用标准。

（6）工程材料、设备的价格及运杂费。

（7）劳务工资标准。

（8）当地生活、物资价格水平。

5. 投标报价的组成及计算

投标总报价的费用组成由招标文件规定，通常由以下几部分组成。

1）主体工程费用

主体工程费用包括由承包人承担的直接工程费、间接费、其他费用、税金等全部费用和要求获得的利润，可采用定额法或实物量法进行分析计算。

主体工程费用中的其他费用主要指不单独列项的临时工程费用、承包人应承担的各种风险费用等。直接工程费、间接费、税金和利润的内容与概算、预算编制的费用组成相同。

在计算主体工程费用时，若采用定额法计算单价，人、材、机的消耗量可在行业有关定额基础上结合企业情况进行调整，以使投标价具有竞争力，或直接采用本企业自己的定额。人工单价可参照现行概算、预算编制办法规定的人工费组成，结合本企业的具体情况和建筑市场竞争情况进行确定。计算材料、设备价格时，如果属于业主供应部分则按业主提供的价格计算，其余材料应按市场调查的实际价格计算。其他直接费、间接费、施工利润等，要根据投标工程的类别和地区及合同要求，结合本单位的实际情况，参考现行有关概（估）算费用构成及计算办法的有关规定计算。

2)临时工程费用

临时工程费用计算一般有以下三种情况:

第一种情况,工程量清单中列出了临时工程量。此时,临时工程费用的计算方法同主体工程费用的计算方法。

第二种情况,工程量清单中列出了临时工程项目,但未列具体工程量,要求总价承包。此时,投标人应根据施工组织设计估算工程量,计算该费用。

第三种情况,分项工程量清单中未列临时工程项目。此时,投标人应将临时工程费用摊入主体工程费用中,其分摊方法与标底编制中分摊临时工程费用的方法相同。

3)保险种类及金额

招标文件中的"合同条款"和"技术条款"一般都对项目保险种类及金额作出了具体规定。

(1)工程险和第三者责任险。若合同规定由承包人负责投保工程险和第三者责任险,承包人应按"合同条款"的规定和"工程量清单"所列项目专项列报。若合同规定由发包人负责投保工程险和第三者责任险,则承包人不需列报。

(2)施工设备险和人身意外伤害险。通常都由承包人负责投保,发包人不另行支付。前者保险费用计入施工设备运行费用内,后者保险费用摊入各项目的人工费内。

投标人投标时,工程险的保险金额可暂按工程量清单中各项目的合计金额(不包括备用金以及工程险和第三者责任险的保险费)加上附加费计算,其保险费按保险公司的保险费率进行计算。第三者责任险的保险金额则按招标文件的工程量清单中规定的投保金额(或投标人自己确定的金额)计算,其保险费按保险公司的保险费率进行计算。上述两项保险费分别填写在工程量清单内该两项各自的合价栏内。

4)中标服务费

当采用代理招标时,招标人支付给招标代理机构的费用可以采用中标服务费名义列在投标报价汇总表中。中标服务费按招标项目的报价总金额乘以规定的费率进行计算。

5)备用金

备用金指用于签订协议书时,尚未确定或不可预见项目的备用金额。备用金额由发包人在招标文件"工程量清单"中列出,投标人在计算投标总报价时不得调整。

6.报价编制程序

编制投标报价与编制标底的程序和方法基本相同,只是两者的作用和分析问题的角度不同,报价编制程序主要有:

(1)研究并"吃透"招标文件。

(2)复核工程量,在总价承包中,此项工作尤为重要。

(3)了解投标人编制的施工组织设计。

(4)根据标书格式及填写要求,进行报价计算。要根据报价策略作出各个报价方案,供投标决策人参考。

(5)投标决策确定最终报价。

(6)编制投标书。

第三节　投标决策与技巧

在激烈竞争的环境下,投标人为了企业的生存与发展,采用的投标对策被称为报价策略。能否恰当地运用报价策略,对投标人能否中标或中标后完成该项目能否获得较高利润,影响极大。在工程施工投标中,常用的报价策略大致有如下几种。

一、以获得较大利润为投标策略

施工企业的经营业务近期比较饱和,该企业施工设备和施工水平又较高,而投标的项目施工难度较大、工期短、竞争对手少,非我莫属。在这种情况下所投标的报价,可以比一般市场价格高一些并获得较大利润。

二、以保本或微利为投标策略

施工企业的经营业务近期不饱满,或预测市场将要开工的工程项目较少,为防止窝工,投标策略往往是多抓几个项目,标价以微利、保本为主。

要确定一个低而适度的报价,首先要编制出先进合理的施工方案。在此基础上计算出能够确保合同工期要求和质量标准的最低预算成本。降低项目预算成本要从降低直接费、现场经费和间接费着手,其具体做法和技巧如下:

(1)发挥本施工企业优势,降低成本。每个施工企业都有自身的长处和优势。如果发挥这些优势来降低成本,从而降低报价,这种优势才会在投标竞争中起到实质作用,即把企业优势转化为价值形态。

一个施工企业的优势,一般可以从下列几个方面来表示:①职工素质高:技术人员云集、施工经验丰富、工人技术水平高、劳动态度好、工作效率高。②技术装备强:本企业设备新、性能先进、成套齐全、使用效率高、运转劳务费低、耗油低。③材料供应:有一定的周转材料,有稳定的来源渠道、价格合理、运输方便、运距短、费用低。④施工技术设计:施工人员经验丰富、提出了先进的施工组织设计、方案切实可行、组织合理、经济效益好。⑤管理体制:劳动组合精干、管理机构精炼、管理费开支低。

当投标人具有某些优势时,在计算报价的过程中,就不必照搬统一的工程预算定额和费率,而是结合本企业实际情况将优势转化为较低的报价。另外,投标人可以利用优势降低成本,进而降低报价,发挥优势报价。

(2)运用其他方法降低预算成本。有些投标人采用预算定额不变,而利用适当降低现场经费、间接费和利润的策略,降低标价,争取中标。

三、以最大限度的低报价为投标策略

有些施工企业为了参加市场竞争,打入其他新的地区、开辟新的业务,并想在这个地区占据一定的位置,往往在第一次参加投标时,用最大限度的低报价、保本价、无利润价甚至亏5%的报价,进行投标。中标后在施工中充分发挥本企业专长,在质量上、工期上(出乎业主估计的短工期)取胜,创优质工程、创立新的信誉,缩短工期,使业主早得益。自己

取得立足,同时取得业主的信任和同情,以提前奖的形式给予补助,使总价不亏本。

四、超常规报价

在激烈的市场竞争中,有的投标人报出超常规的低价,令业主和竞争对手吃惊。超常规的报价方法,常用于施工企业面临生存危机或者竞争对手较强,为了保住施工地盘或急于解决本企业窝工问题的情况。

一旦中标,除解决窝工的危机,同时保住地盘,并且促进企业加强管理,精兵简政,优化组合,采取合理的施工方法,采用新工艺、降低消耗和成本来完成此项目,力争减少亏损或不亏损。

为了在激烈的市场竞争中能够战胜对手、获得中标、最大限度地争取高额利润,投标人投标报价时除要灵活运用上述策略外,在计算标价中还需要采用一定的技巧,即在工程成本不变的情况下,设法把对外标价报得低一些,待中标后再按既定办法争取获得较多的收益。报价中这两方面必须相辅相成,以提高战胜竞争对手的可能性。以下介绍一些投标中经常采用的报价技巧与思路,以供参考。

(一)不平衡单价法

不平衡单价法是投标报价中最常采用的一种方法。所谓不平衡单价,即在保持总价格水平的前提下,将某些项目的单价定得比正常水平高些,而另外一些项目的单价则可以比正常水平低些,但这种提高和降低又应保持在一定限度内,避免因为某一单价的明显不合理而成为无效报价。常采用的“不平衡单价法”有下列几种:

(1)为了将初期投入的资金尽早回收,以减少资金占用时间和贷款利息,而将待摊入单价中的各项费用多摊入早收款的项目(如施工动员费、基础工程、土方工程等)中,使这些项目的单价提高,而将后期的项目单价适当降低,这样可以提前回收资金,既有利于资金周转,存款也有利息。

(2)对在工程实施中工程量可能增加的项目适当提高单价,而对在工程实施中工程量可能减少的项目则适当降低单价。这样处理,虽然表面上维持总报价不变,但在今后实施过程中,承包商将会得到更多的工程付款。这种做法在公路、铁路、水坝以及各类难以准确计算工程量的室外工程项目的投标中常被采用。这一方法的成功与否取决于承包商在投标复核工程量时,对今后增减某些分项工程量所作的估计是否正确。

(3)图纸不明确或有错误的,估计今后有可能修改的项目的单价可提高,工程内容说明不清楚的项目的单价可降低,这样做有利于以后的索赔。

(4)工程量清单中无工程量而只填单价的项目(如土方工程中的挖淤泥、岩石等备用单价),其单价宜高些。因为这样做不会影响总标价,而一旦发生工程量时可以多获利。

(5)对于暂定金额(或工程),分析其将来要做的可能性大的,价格可定高些;估计不一定发生的,价格可定低些,以增加中标机会。

(6)零星用工(计日工)单价,一般可稍高于工程单价中的工资单价,因它不属于承包价的范围,发生时实报实销,也可多获利。但有的招标文件为了限制投标人随意提高计日工价,对零星用工给出一个“名义工程量”而计入总价,此时则不必提高零星用工单价了。

(二)利用可谈判的“无形标价”

在投标文件中,某些不以价格形式表达的“无形价格”,在开标后有谈判的余地,承包人可利用这种条件争取收益。如一些发展中国家的货币对世界主要外币的兑换率逐年贬值,在这些国家投标时,投标文件填报的外汇比率可以提高些。因为投标时一般是规定采用投标截止日前30天官方公布的固定外汇兑换率。承包商在多得到汇差的外汇付款后,再及早换成当地货币使用,就可以由其兑换率的差值而得到额外收益。

(三)调价系数的利用

多数施工承包合同中都包括有关价格调整的条款,并给出利用物价指数计算调价系数的公式,付款时承包人可根据该系数得到由于物价上涨的补偿。投标人在投标阶段就应对该条款进行仔细研究,以便利用该条款得到最大的补偿。对此,可考虑如下几种情况:

(1)有的合同提供的计算调价系数的公式中各项系数未定,标书中只给出一个系数的取值范围,要求承包者自己确定系数的具体值。此时,投标人应在掌握全部物价趋势的基础上,对于价格增长较快的项目取较高的系数,对于价格较稳定的项目取较低的系数。这样,最终计算出的调价系数较高,因而可得到较高的补偿。

(2)在各项费用指数或系数已确定的情况下,计算各分项工程的调价指数,并预测公式中各项费用的变化趋势。在保持总报价不变的情况下,利用上述不平衡报价的原理,对计算出的调价指数较大的工程项目报较高的单价,可获较大的收益。

(3)公式中外籍劳务和施工机械两项,一般要求承包人提供承包人本国或相应来源国的有关当局发布的官方费用指数。有的招标文件还规定,在投标人不能提供这类指数时,则采用工程所在国的相应指数。利用这一规定,就可以在本国的指数和工程所在国的指数间选择。国际工程施工机械常可能来源于多个国家,在主要来源国不明确的条件下,投标人可在充分调查研究的基础上,选用费用上涨可能性较大的国家的官方费用指数。这样,计算出的调价系数值较大。

(四)附加优惠条件

如在投标书中主动附加带资承包、延期付款、缩短工期或留赠施工设备等,可以吸引业主,提高中标的可能性。

五、其他手法

国际上还有一些报价手法,我们也可了解以资借鉴,现择要介绍如下。

(一)扩大标价法

这种方法比较常用,即除按正常的已知条件编制价格外,对工程中变化较大或没有把握的工程项目,采用扩大单价,增加“不可预见费”的方法来减少风险。但是这种投标方法,往往因总价过高而不易中标。

(二)先亏后盈法

采用这种方法必须要有十分雄厚的实力或有国家或大财团作后盾,即为了想占领某一市场或想在某一地区打开局面时,而采取的一种不惜代价,只求中标的手段。这种方法虽然是报价低到其他承包商无法与之竞争的地步,但还要看其工程质量和信誉如何。如果以往的工程质量和信誉不好,则业主也不一定选他中标,而第二、三中标候选人反而有了中标机会。此外,这种方法即使一时奏效,但这次中标承包的结果必然是亏本,而今后能否盈利赚回来还难说。因此,这种方法实际上是一种冒险方法。

(三)开口升级报价法

这种方法是报价时把工程中的一些难题,如特殊基础等造价较多的部分抛开作为活口,将标价降至无法与之竞争的数额(在报价中应加以说明)。利用这种"最低报价"来吸引业主,从而取得与业主商谈的机会,再利用活口进行升级加价,以达到最终赢利的目的。

(四)多方案报价法

这是利用工程说明书或合同条款不够明确之处,以争取达到修改工程说明书和合同为目的的一种报价方法。当工程说明书和合同条款中有某些不够明确之处时,往往承包商要承担很大的风险。为了减少风险就须扩大工程单价,增加"不可预见费",但这样做又会因报价过高而增加被淘汰的可能性。多方案报价法就是为对付这种两难局面而出现的,其具体做法是在标书上报两个单价:一是按原工程说明书和合同条款报一个价;二是加以注释"如工程说明书或合同条款可作某些改变时",则可降低多少费用,使报价成为最低的,以吸引业主修改说明书和合同条款。还有一种方法是对工程中一部分没把握的工作注明按成本加若干酬金结算的办法。但有些国家规定,政府工程合同文字是不准改动的,经过改动的报价单即为无效时,这个方法就不能用。

(五)突然袭击法

这是一种迷惑对手的竞争手段。在整个报价过程中,仍然按一般情况进行,甚至故意宣扬自己对该工程兴趣不大(或甚大),等快到投标截止时,来一个突然降低(或加价),使竞争对手措手不及。采用这种方法是因为竞争对手之间总是相互探听对方报价情况,绝对保密是很难做到的。如果不搞突然袭击,则自己的报价很可能被竞争对手所了解,对手会将他的报价压到稍低的价格,从而提高了他的中标机会。

参考文献

[1] 刘庆飞,梁丽.水利工程施工组织与管理[M].郑州:黄河水利出版社,2013.
[2] 黄晓林,马会灿.水利工程施工管理与实务[M].郑州:黄河水利出版社,2012.
[3] 王胜源,等.水利工程合同管理[M].郑州:黄河水利出版社,2011.
[4] 陈雅副.土木工程材料[M].广州:华南理工大学出版社,2001.
[5] 杨娜.水利工程造价预算[M].郑州:黄河水利出版社,2010.
[6] 陆吾华,侯作启.橡胶坝设计与管理[M].北京:中国水利水电出版社,2005.
[7] 张韬.钢筋混凝土与水工程结构[M].上海:同济大学出版社,2008.
[8] 国家质量技术监督局,中华人民共和国建设部.GB 50296—99 管井供水技术规范[S].北京:中国计划出版社,1999.
[9] 钱家欢.土力学[M].南京:河海大学出版社,1988.
[10] 白继中,王长运.水工建筑物设计与习题[M].北京:地图出版社,2006.
[11] 杨邦柱,焦爱萍.水工建筑物[M].北京:中国水利水电出版社,2005.
[12] 白继中,田利萍,张保同.水工建筑物[M].郑州:黄河水利出版社,2010.
[13] 张朝晖.城市水工程建筑物[M].郑州:黄河水利出版社,2010.
[14] 黄晓林,马会灿.水利工程施工管理与实务[M].郑州:黄河水利出版社,2012.